中国沙漠变迁的地质记录和人类活动遗址调查成果丛书

主编：杨小平　副主编：张晓虹　安成邦　张　峰　郑江华

中国沙漠与环境演变

杨小平　梁　鹏　方伊曼
付　晓　李鸿威　张德国　等　著

科学出版社

北　京

内 容 简 介

本书是对中国沙漠/沙地自然环境现状和晚更新世以来环境演变研究的阶段性系统梳理。以中国北方八大沙漠、四大沙地为核心研究区,本书通过分析近数十年来的各类观测数据,详细阐述沙区的自然环境特征,编绘 12 幅新的风沙地貌类型图,并据此分析风沙地貌的空间分布格局。以沙区地层剖面为主要依据,论述沙漠/沙地的形成演化过程和可能的驱动机制,剖析非地带性沙丘的特征及其成因。本书不仅提供了反映中国沙区晚更新世以来环境演变过程的百余个新增剖面的详细信息,还整编了已发表的典型地层资料以供对比。书中全面展示了我国北方沙漠、沙地所保留的晚更新世以来的较湿润时期的地层证据,立体呈现了我国沙区环境之巨变。

本书可供地理学、地质学、地貌学、年代学、考古学、全球变化和环境演变等诸领域的科研人员和高校师生,以及防风治沙规划和实践部门使用和参考。

审图号:GS 京(2024)1071 号

图书在版编目(CIP)数据

中国沙漠与环境演变 / 杨小平等著. -- 北京 : 科学出版社,2024. 6.
-- (中国沙漠变迁的地质记录和人类活动遗址调查成果丛书 / 杨小平主编). -- ISBN 978-7-03-078915-0

Ⅰ. P942.73

中国国家版本馆 CIP 数据核字第 2024YN0273 号

责任编辑:孟美岑 韩 鹏/责任校对:樊雅琼
责任印制:赵 博/封面设计:北京图阅盛世

科 学 出 版 社 出版
北京东黄城根北街 16 号
邮政编码:100717
http://www.sciencep.com
北京市金木堂数码科技有限公司印刷
科学出版社发行 各地新华书店经销
*
2024 年 6 月第 一 版 开本:787×1092 1/16
2024 年 11 月第二次印刷 印张:23 1/4
字数:540 000
定价:328.00 元

Chinese Deserts and Environmental Changes

YANG Xiaoping, LIANG Peng, FANG Yiman, FU Xiao,
LI Hongwei, ZHANG Deguo et al.

Science Press

Beijing

《中国沙漠变迁的地质记录和人类活动遗址调查成果丛书》

编辑委员会

丛 书 序

我国地理位置独特，自然环境多样，但从气候格局来讲，可以划分为东亚夏季风环流主导的东部湿润季风区和以西风环流主导及处于西风-季风过渡区的我国干旱半干旱区，后者约占陆地国土面积的 1/3，其中干旱半干旱区最引人关注的是沙漠景观。在中文语境中，沙漠包括了以流动沙丘为主的沙漠景观和半固定的沙地景观，面积约 60 万 km²，是生物生存最严酷的自然环境，也是我们人类面对的最严酷生存环境。正确认识国情、建设生态文明，都离不开对沙漠的科学认识。尤其是要以发展的眼光，把中国的沙漠放在历史的长河中，理解生态环境对人类活动的约束和促进、人类对自然环境的改造和影响。人类文明从何而来？中华文明因何而兴？沙漠区域在中华文明多源一体形成过程中有何作用？史前的跨大陆文化、技术和人群交流，历史时期的丝绸之路，以及新形势下"一带一路"倡议打通欧亚大陆实现一体化发展等都需要经过我国和中亚的干旱半干旱的沙漠地区，其对中华文明发展起到了什么作用？在新的国际竞争形势下，如何建设不同自然环境区域的生态文明？这些关键的科学问题，都是沙漠科学可以发力之处。

纵观人类文明的演化历史，人类社会的每一次进步，都和科学技术的发展相关。当前我国的科学事业正在蓬勃发展、方兴未艾，与沙漠相关的诸多学科，正在迎来最好的发展时期。习近平总书记多次强调，要努力建设中国特色、中国风格、中国气派的学科体系，更好认识源远流长、博大精深的中华文明，为弘扬中华优秀传统文化、增强文化自信提供坚强支撑。他还指出，要从历史长河、时代大潮、全球风云中分析演变机理、探究历史规律。值此民族复兴的伟大时刻，与沙漠相关的诸多学科，是大有可为的。

纵观数千年的灿烂历程，我们中华文明大多数时候都是开放、包容的，不仅向过去开放、向中华文化圈开放，也向未来开放、向世界开放。在航海时代到来之前，中华文明对外开放交流的主要通道是经过干旱半干旱的沙漠地区，其典型代表就是丝绸之路。说到丝绸之路，首先浮现在我们脑海中的场景是大漠驼铃、黄沙古道。其实，沙漠对世界文明和中华文明的贡献远远超出了这一范畴。目前已知的人类最早的文明都和沙漠环境关系密切，比如古埃及文明（周边沙漠和尼罗河冲积平原）、古巴比伦文明（沙漠、沼泽和草原）、古印度河谷文明（高原山地和塔尔沙漠）以及中华文明（高原、平原、西部浩瀚的干旱半干旱环境和沙漠）。

世界上的多数大沙漠和干旱区都是地带性的，与副热带高压的影响密切相关，比如撒哈拉沙漠，就是纬度地带性规律的体现。亚洲中部形成了世界上最大的中纬度内陆干旱和沙漠地带，横亘在欧亚之间，形成了世界上既是经向地带性也可以讲是最大的非地带性干旱区和沙漠景观，而且长期以来是绿洲农业和游牧经济的活动战场，存在历史悠久的强烈人类活动。它们的存在，是地球历史环境演化的结果，需要干旱的气候条件、强烈的风力作用、丰富的沙源供应和能够保持沙子积累的特殊地形，这四者缺一不可，否则就会形成荒漠的其他景观，如戈壁、岩漠、盐漠、泥漠等。沙漠是适应特殊气候条件下的一种自然景观，是生态环境多样性的体现，本身也是优美的，非人力可以强行改变，也不需要人类强行改变，"不为尧存，不为桀亡"。但有的沙漠的发生发展和人类活动密切相关，尤其是汉语语境中的沙地景观。沙漠并不全是黄沙漫天的单调景象，仅从色彩来说，就有红色的、金色的、白色的；沙漠的面貌是多样的，在风和日丽的时候，连绵的沙丘仿佛凝固的浪涛；而在暴风肆虐的时候，狂风卷携着黄沙，把一切都吞噬在直冲天际的滚滚沙尘之中。沙漠环境虽然艰苦，却不是不毛之地，我国的大沙漠如巴丹吉林沙漠内有上百个湖泊，湖泊被高大沙山环绕，湖边有草地、湖滨有胡杨，湖内有水草、有的有卤盐虫、有的有多种鱼类，湖上有候鸟及本地鸟，湖边有黄羊、有骆驼，跨越大沙漠边缘的高大沙山，沙漠内部绝对是另一番景象，已经成为人们欣赏自然风景的探险旅游之地。当然，在这严酷环境，生命一旦孕育，便都会奋力生长，因为艰苦的环境，往往可以磨砺伟大而顽强的生命。

沙漠里的河流和绿洲为人类的生产生活提供了基本的环境保障。但和农耕区、草原区相比，这里的环境更加脆弱，也更加易变。西域古代三十六国不少位于塔里木大沙海区域，且许多早已废弃。很多人听说过尼雅遗址的传说，它确实是深入塔克拉玛干沙漠之中的一个古城，尼雅遗址出土的汉代织锦护臂上"五星出东方利中国"八个汉字清晰可见。但因为尼雅河的变迁，当然更多的是向上游不断扩大的农业绿洲发展，导致径流减少，这里早已没有了富饶祥和的绿洲景象。这只是诸多沙漠演变以及人类活动遗址现状的一个缩影。

中国的沙漠地区自古以来也是多民族交错分布的区域，其绿洲、城镇和交通路线的变化往往与民族的迁徙、繁衍密切相关，长期以来也是影响社会稳定的重要因素。此外，沙漠地区自然环境恶劣、风沙活动频繁、环境变化剧烈，加之长期以来大量开发建设工程的实施，许多自然遗迹和人类遗迹面临着被损毁、侵蚀、埋压甚至永久消失的风险，在全球气候变化背景下生态环境恶化的问题愈加突出。

从科学研究的角度来看，对沙漠自然景观的形成与演变、历史环境变迁、干旱区人地关系的深入研究，都需要深入沙漠看沙漠并准确掌握沙漠的基本特征和人类活动的详细数据。对这一关键区域的研究必将对诸多国际学术界关注的重要科学问题，如全球气候变化的区域响应、农业和驯化家畜的跨大陆扩散、中西方文明和技术交流、人群迁徙等的深入研究起到重要的推动作用。从社会需求的角度来看，充分认识沙漠地区自然状况和人类活动的空间分布和存留现状，一方面可以为总结过去水土资源利用、绿洲开发、聚落城镇发展及其演变规律以及当下国家"山水林田湖草沙冰"一体化治理提供基础数据，另一方面可以对区域可持续发展、生态保护和国防建设起到警示和借鉴作用，同时也对揭示文物古迹的背景和内涵、提升旅游资源品位以及发展旅游经济起到促进作用。

杨小平、张晓虹、安成邦、张峰、郑江华等撰写的这套丛书是国家科技基础资源调查专项调查研究的结果，也是他们在中国沙漠及其毗邻地区过去多年来工作的一个阶段性总结。该丛书从我国八大沙漠、四大沙地的沉积地层记录和人类活动遗迹入手，运用地质、地貌、历史地理、环境考古、遥感等多学科研究方法，勾勒了气候变化背景下我国沙漠和绿洲的环境演化与变迁历史，总结了生态脆弱地区人类适应自然、利用自然、改造自然的宝贵经验与深刻教训。其对中国沙漠的环境演变、现状和特征，以及中国沙漠及其毗邻地区人地关系变迁、中西方文明交流等重大科学问题都有涉及。我很高兴看到这样一套丛书出版，期待以此为契机，给中国沙漠地区的科学研究、学科发展和人才培养注入新的活力，为实施科教兴国的战略做出新的贡献。

中国科学院院士
第三世界科学院院士
中国地理学会理事长

丛书前言

本套丛书是国家科技基础资源调查专项"中国沙漠变迁的地质记录和人类活动遗址调查"（2017FY101000）项目成果的系统梳理和全面总结。时光流转、四时更替，项目立项已五年有余。荏苒岁月中，来自九家项目联合申报单位的三十余位科研工作者紧密围绕项目目标团结协作，多位研究生积极参与科研实践并顺利完成学业，一起为推动祖国沙漠科学研究事业的发展做出了应有贡献。我们的目标简单来讲就是努力提升对我国沙漠环境演变与人类适应的认知水平。这种认知提升一方面源于借助新的技术手段和工具对沙漠地区地质、地貌和人类活动遗迹的广泛野外考察及室内样品分析，另一方面源于对历史文献记录和现代各种观测数据的准确解读。

本套丛书由 5 部各成体系又相互关联的专著组成，它们是《中国沙漠与环境演变》《历史时期中国沙漠地区环境演变与人地关系研究》《万里古道瀚海沙——环境考古视角下的中国沙漠及其毗邻地区的人类活动》《中国北方沙漠/沙地沙丘表沙的粒度与可溶盐地球化学特征》及《中国北方沙漠/沙地调查数据库标准研制、应用与典型沙丘类型遥感识别》。回想起来， 2016 年盛夏时节，当看到科技部科技基础资源调查专项申请指南中有一个方向为"中国沙漠变迁的地质记录与人类活动遗迹调查"时，大家难掩激动与兴奋。犹记得当时一起深入讨论，并通力合作起草申请书的场景。五年多来，项目组成员的考察足迹遍布我国八大沙漠、四大沙地及毗邻地区，在艰苦的野外环境中挥汗如雨，寻找沙漠环境变迁与人类活动的印记。野外考察期间，虽偶有沙漠陷车、酷暑、疫情之扰，所幸一一克服；至今想来，颇为欣慰。团队成员虽成长于不同年代，学科领域也不尽相同，却凭借着对科研工作的诚挚热爱凝心聚力。作为此项目的阶段性研究成果，本丛书是团队集体讨论与合作的结晶。自项目构思伊始，团队每一位参与者都付出了大量的时间和精力，我们殷切希望这种合作精神能够不断发扬光大。

在项目实施过程中，相关领导部门给予了我们莫大的关怀与指导，让我们能够满怀激情地工作。我们特别感谢科技部基础研究司、国家科技基础条件平台中心和教育部科学技术与信息化司的领导及有关负责同志对我们工作的领导与指导；感谢浙江大学地球科学学院、浙江大学科研院、复旦大学科研处、兰州大学科研处、新疆大学科研处等部门对项目的管理、监督和支持。

项目专家组为本项目的顺利实施提供了极大的指导与帮助，值此丛书出版之际，谨向专家组组长陈发虎院士，专家组成员郑度院士、杨树锋院士、周成虎院士、陈汉林教授、董治宝教授、鹿化煜教授、吕厚远研究员等表示诚挚的谢意。在整个项目的实施过程中，我们也有幸得到了多位前辈、专家的热情帮助和广泛支持。囿于篇幅，我们难以将成书的全部过程展现在前言里，也难以将为本项目的顺利实施和本丛书的撰写工作提供无私帮助的全体专家学者一一提及。但我们仍想借此机会，对叶大年院士、杨文采院士、傅伯杰院士、葛剑雄教授、黄鼎成研究员、黄铁青研究员、郯秀书研究员、周少平研究员、雷加强研究员等的悉心指导和鼎力支持表示衷心感谢。值得一提的是，陈发虎院士自始至终都对本项目的具体内容提出了诸多建设性意见，并在百忙中挤出时间为本丛书作序。我们也由衷感谢科学出版社韩鹏编审对本套丛书的详细审阅、编辑和修改。

"不积跬步，无以至千里；不积小流，无以成江海。"希望本套丛书的出版能形成良好的开端，引导更多的有志之士尤其是青年学者投身于沙漠研究之中，引起社会各界的关注与支持，为国际舞台中发出中国沙漠科研之声作出应有的贡献。

在成书过程中，虽然我们得到了多位前辈、学者的指导与指点，但因水平所限，丛书中难免还有诸多不足之处，我们热忱欢迎广大读者不吝指正。

杨小平　张晓虹　安成邦　张　峰　郑江华

本 书 前 言

 虽然沙漠占我国陆地面积比例甚高，但是专门论述中国沙漠环境演变的书籍并不多见。我国以现代科学思维、科学方法武装的沙漠研究肇始于 20 世纪五六十年代的中国科学院治沙队的综合考察。中国沙漠研究的先驱——朱震达先生、吴正先生等将考察成果进行系统总结，于 1974 年出版了《中国沙漠概论》，又于 1980 年出版了《中国沙漠概论（修订版）》，该著作是当之无愧的认识中国沙漠总体面貌和风沙活动规律的奠基之作，至今仍发挥着举足轻重的作用。

 自《中国沙漠概论（修订版）》问世以来，我国沙漠领域的相关研究经过四十余年的发展和几代人的努力，尤其是将中国沙漠环境变化研究放眼于自 20 世纪 80 年代以来兴起的全球变化研究的大背景下，取得了可喜的进展。这些进展多以英文论文的形式发表于国际学术期刊，为中国沙漠研究走向世界舞台、向国际同行讲好中国沙漠故事做出了应有的贡献。1978 年，德国著名古气候学家 Michael Sarnthein 对全球范围内反映沙丘活动的地质证据及其年龄进行了梳理，勾勒了末次盛冰期和中全新世适宜期全球沙漠的总体格局，相关成果在 *Nature* 杂志发表。然而，在这篇影响深远的工作中，关于北半球中纬度最重要的沙漠带——中国北方沙漠/沙地的工作几乎是缺失的。而 2014 年剑桥大学出版社出版的澳大利亚著名第四纪环境学家 Martin Williams 的专著 *Climate Change in Deserts：Past，Present，and Future* 中，就有大量篇幅论述中国沙漠地区的环境演变，其立论的依据正是近几十年中国沙漠学界开展的以野外考察和实验分析为基础的研究工作。这种变化从侧面展示了中国沙漠古环境研究取得的突出进展。在拜读他人论著的过程中，我时常感到意犹未尽。站在朱先生等老一辈科学家筑起的沙漠研究地基上，我们这一代人及更年轻的后辈青年也正在为沙漠研究大厦添砖加瓦，主动向国际沙漠学界发出中国声音，致力于打造"向世界展示中国"的重要基础科学窗口。"一代人有一代人的使命，一代人有一代人的担当"，尽管我们所做的还远远不够，尽管我国的沙漠研究方兴未艾，但是，我们有必要对近四十年来全球变化研究背景下的中国沙漠环境演变研究做出阶段性总结。

 特别是近二十年来，沙漠地区沉积地层的断代因释光测年方法的不断发展而发生了革命性变化，使得学术界能够对此前难以定年的沙漠沉积序列建立可靠的年代学标尺。近年来，我有幸负责国家科技基础资源调查专项"中国沙漠变迁的地质记录和人类活动遗址调查"项目并担任课题"中国沙漠变迁地质记录调查（2017FY101001）"的负责人。在项目的实施过程中，我与团队成员得到了进一步较系统地考察我国沙漠、沙地的良好机遇，研究了诸多新的佐证沙漠环境演变的地层序列。相比 2016 年国际第四纪研究联合会全球沙丘年代数据库（The INQUA Dunes Atlas chronologic database）首次发布时，关于中国沙区沙丘的测年结果已有了成倍增加。作为一名沙漠地区的科研工作者，本人深感撰写新书的重要性，这本书不仅是"中国沙漠变迁地质记录调查"课题成果的系统总结，更要尽可能全面反映当代学界对中国沙漠地质时期环境演变的认知水平。值得欣慰的是，在《中国沙漠变迁的地质记录和人类活动遗址调查成果丛书》出版任务中，有三部书籍都与沙漠地区的环境演变有着密切的关系，其中《万里古道瀚海沙——环境考古视角下的中国沙漠及其毗邻地区的人类活动》和《历史时期中国沙漠地区环境演变与人地关系研究》两部著作分别侧重对人类活动遗迹和历史地理文献的调查研究。本书取名为《中国沙漠与环境演变》，旨在依据新的野外实地考察、数十年来的遥感与气象观测数据，较系统地梳理我国沙漠地区的自然环境特征，识别和总结风沙地貌的类型及其空间分布规律和动态变化趋势，并依据沉积地层记录详细解读我国沙漠地区的环境演变历史及其可能的驱动机制。但愿能和其他两部著作相呼应，为提升我国沙漠的认知水平贡献力量。

虽然《中国沙漠概论（修订版）》里已有中国各个沙漠、沙地的地貌类型图，那些精美的地貌图也常被之后的论著重印，但在本书的撰写过程中，我们参考本项目第四课题骨干吴世新完成的中国北方沙漠地貌分布现状数据集（该数据集依据 2015 年 Landsat-8 卫星影像解译），经过类型合并绘制了八大沙漠、四大沙地风沙地貌类型图，并依此底图数据重新计算了各个沙漠、沙地的面积。对于各个沙漠、沙地的气候特征的总结主要依靠近四五十年来的气象观测数据及部分再分析数据，并统一用 Walter-Lieth 气候图、风玫瑰图和 Fryberger 输沙势玫瑰图来表达。

本书的地质记录部分来自项目执行五年来，课题参加人员多次深入沙漠腹地新获取的有关沙漠环境变迁的沉积序列以及地貌证据。同时，我们梳理了文献中的地层剖面信息，力争向读者呈现我国沙漠环境变化的实地证据，并据此构建中国沙漠演变的全局图景。虽然在三十多年的研究生涯中，我曾实地考察了我国北方所有沙漠、沙地，但在本书的成书过程中，本人只负责了部分区域的野外工作，主要涉及塔克拉玛干沙漠、库姆塔格沙漠、巴丹吉林沙漠、库布齐沙漠、分布于柴达木盆地的沙漠及科尔沁沙地等。古尔班通古特沙漠的野外工作由付晓、李再军、穆桂金负责，沙漠深钻由李再军负责实施。腾格里沙漠和乌兰布和沙漠的野外工作由张德国负责。浑善达克沙地、毛乌素沙地的野外工作由李鸿威负责。呼伦贝尔沙地的野外考察由梁鹏负责。本书中新的光释光测年工作主要由王旭龙、杜金花和付晓完成。

本书第一章第一节至第三节由杨小平执笔，第四节由张莉撰写；第二章由付晓撰写；第三章由陈波、梁鹏撰写初稿；第四章由付晓主笔，李再军和穆桂金参与；第五章由宋昊泽撰写初稿；第六章由王远撰写初稿；第七章由方伊曼撰写初稿；第八章由张德国、郑珺戈撰写初稿；第九章由张德国撰写初稿；第十章由朱铭卿撰写初稿；第十一章由王远、李鸿威、俞鑫晨、方伊曼和鲍亚婷撰写初稿；第十二章由李鸿威撰写；第十三章由李艾芮撰写初稿；第十四章由梁鹏撰写，第十五章由龚俊峰、梁鹏撰写初稿（该章可作为认识非地带性近源沙丘的典型案例）。在成书过程中梁鹏负责绘制风沙地貌类型图、分析各沙漠、沙地气象数据，编写绘制 Walter-Lieth 气候图、风玫瑰图、输沙势玫瑰图的程序，并对各沙漠、沙地自然环境与风沙地貌特征的内容进行增删修订；方伊曼负责本丛书撰稿人之间的沟通；吴吉威、朱铭卿、纵浩然、陈波等协助绘制插图。全书由杨小平统稿、修改和补充。

在本书出版之际，我心中充满了对多位前辈、老师、同仁、同学的感激之情，对在本丛书前言里已致谢的老师和机构不再重复，但我对他（她）们的感谢之情难以尽意。虽因字数所限无法向为本书提供帮助和鼓励的所有老师和朋友表达谢意，但我仍想借此机会表达对我的老师、学长和学生的感谢。我在单位现已常被归到"老"教师队列中，但我仍记得 20 世纪 80 年代初在陕西师范大学聆听多位老师特别是方正先生、宋德明先生、刘守忠先生答疑解惑的情景，他们深厚的学术修养和诲人不倦的教学态度成为我日后工作的楷模。1983 年春天的一个下午，古都西安突然被沙尘笼罩，天昏地暗；几日后，家父来信告知家乡也经历了同样的天气现象。正是怀着对那场特大沙尘暴的疑问并受杨思植先生等多位老师的鼓励，我本科毕业时报考了中国科学院兰州沙漠研究所朱震达研究员的研究生，1986 年便跟随朱老参加了中国-西德的昆仑山-塔克拉玛干沙漠联合考察。之后又前往彼时隶属联邦德国的哥廷根大学，在 Jürgen Hövermann 教授的指导下继续学习。因为有幸得到刘东生先生等前辈的关怀和提携，回国时我就到了中国科学院地质研究所（后合并为中国科学院地质与地球物理研究所）工作。在地质与地球物理所的 20 年间，所里和室里的老师和学长们都给予了我莫大的支持和帮助，使我能够潜心研究沙漠并组建了沙漠学科组；特别是那时也有幸能时常见到刘东生先生和孙枢先生等前辈先贤，他们的音容笑貌至今还常浮现在我的脑海里，谆谆教诲，言犹在耳；历届所领导（刘嘉麒所长、丁仲礼所长和朱日祥所长等）和室领导（韩家懋主任、郭正堂主任和肖举乐主任等）都对我的研究工作给予了悉心指导和大力支持。本书是国家科技基础资源调查专项成果总结的一部分，但对我而言，本书更是对自己多年学习及研究工作的一次梳理。值本书出版之际，我谨向先后学习、工作过的国内外多家单位，以及那些单位的老师和学长们表示诚挚的谢意，也由衷感谢中国科学院和国家自然科学基金委员会多年以来的支持。

本课题的顺利实施是集体努力的结果，本书的完稿得益于丛书编委会和科学出版社孟美岑编辑的大力支持。我之前指导过的一些研究生也先后参加了与本书相关的野外考察和样品的实验室测试工作。时过境迁，有的学生继续从事沙漠研究，个别学生已离开了"本行"而在其他行业发光发热。我的老师和学长们均希望我能不断进步，对于我以前的和现在的学生，我也寄予同样的厚望。

虽然我已三次阅读、修改全书，并反复监督部分原撰稿人检查原始数据，核查野外描述的准确性和对参考文献引用、理解的正确性，本书从构思到定稿的过程对我本人而言也是一个愉快的、持续数年的研究与学习的实践过程，但因本人水平和时间所限，书中难免还存在不少不足之处，敬望读者批评指正。

谨以此书致敬《中国沙漠概论》首发五十周年。

杨小平
2023 年夏于浙江大学海纳苑

目　录

第一章

中国沙漠、沙地概况

虽然不少学者将"沙漠"一词理解为英语单词"desert"的同义词，但其实中文的"沙漠"和英文的"desert"的科学内涵是有明显区别的。在我国沙漠研究领域的经典著作《中国沙漠概论（修订版）》里，"沙漠"被定义为"干旱地区地表为大片沙丘覆盖的沙质荒漠，也包括了沙漠化土地和半干旱地区的沙地"（朱震达等，1980）。而"desert"在英文文献中却不一定和沙质荒漠有关，且在很多情况下，"desert"区域是没有风沙沉积物的。例如，在美国颇具权威性的地质学词典 *Glossary of Geology*（Jackson，1997）里，"desert"是指多年平均降水量小于等于 10 in（254 mm）的地区，这些区域植被匮乏，难以维持一定数量的人口的生存。"desert"在该词典中实际上义同中文的"广义的荒漠"，因为它在该词典中被分为以下四大类型：①极地及高纬地区的被永久积雪覆盖的区域，寒冷的气候是这一区域的主要特征；②中纬度的荒漠，多位于大陆中心区域的盆地底部，如蒙古国境内的戈壁，其主要特征是降水稀少，夏季高温；③位于信风带的荒漠，以北非撒哈拉沙漠为典型代表，区域降水极其稀少，个别年份甚至少到可以忽略不计，而气温的日较差巨大；④沿着海岸带分布的荒漠，主要是指在大陆西岸受冷洋流影响的区域，如位于秘鲁的荒漠。

就分布面积而言，干旱、半干旱区约占地球陆地表面的 1/3，这个数字在不同学者的气候分类方案里也都基本一致。但以我国当代沙漠研究奠基人朱震达定义的以沙丘为主要特征的沙漠而论，其面积在各大洲干旱、半干旱区所占比例相差较大。例如，在南北美洲，沙漠景观仅占其干旱区面积的 1%，而那里半干旱的沙地则较为常见（Lancaster，2023）；在阿拉伯半岛、澳大利亚和非洲南、北部，沙漠占干旱区的比例为 15%～30%（Goudie，2002）；而在中国这一比例可高达 45%（朱震达等，1980）。也正是因为沙质荒漠在中国分布面积广，即使在学术界，人们也时常把"desert"和朱震达等（1980）定义的沙漠错误地画上等号。

随着研究方法的不断改进和新的研究技术手段的问世，人类对沙漠的认识在近几十年来有了明显的提高，对于前人所提出的"沙漠是干旱气候的产物"也赋予了新的内涵。特别是在地球系统科学的框架下，探讨沙漠的形成不仅要考虑干旱气候的主导作用，而且需要分析岩石圈所提供的沙源的影响，以及地表植被覆盖程度、风力的搬运能力、人类活动等要素，以及这些要素之间的内在的联系与相互作用。因此，沙漠是地球系统中多种要素相互影响与相互作用的产物。沙漠地区作为全球大气圈中粉尘的主要源区，对全球生物-地球化学循环及地球天气、气候系统发挥着重要影响与作用（Yang et al.，2007b；Liang et al.，2022）。矿物学、元素和同位素地球化学证据显示，东亚地区是欧洲北部格陵兰岛冰心中粉尘的主要源区。特别是自末次冰期以来，格陵兰冰心中粉尘大部分来自塔克拉玛干沙漠（Bory，2014），可见中国沙漠对整个地球表层系统的重要影响与作用。

因篇幅所限及中国干旱、半干旱区的独特性，本书将展示的研究成果主要针对《中国沙漠概论（修订版）》（朱震达等，1980）中所定义的沙漠。另外，本书的主要目的是总结国家科技基础资源调查专项"中国沙漠变迁的地质记录和人类活动遗址调查"之课题一"中国沙漠变迁地质记录调查"的科学成果，所以侧重点在于对沙漠变迁的询证。在中国除沙漠之外，沙漠边缘及其毗邻地区还有大面积的戈壁，戈壁的面积总和虽已接近沙漠面积的总和，沙漠和戈壁的边界也因区域和全球环境的变化而发生改变。由于本项目计划没有涉及对戈壁的调查研究，所以本书对其涉足较少。

要准确理解中国沙漠、沙地的分布规律，首先需对地球陆地表面干旱、半干旱区分布规律有总体的认识。虽说一个区域的干旱程度并非单纯取决于降水量的多少，而是与地表蒸发、植物蒸腾及气温都有着紧密的联系，但学术界通常把多年平均降水量<200 mm的地区划分为干旱地区，并将多年平均降水量介于 200~500 mm 的地区定义为半干旱地区，而两者之和统称为干旱土地。干旱土地在地球表面各个大洲都有分布，其总面积约占地球陆地表面的 1/3（表 1.1）。

表 1.1　世界各大洲（南极洲除外）干旱、半干旱地区的面积　　（单位：$10^6\,km^2$）

大洲	干旱地区	半干旱地区	合计
非洲	11.862	6.081	17.943
亚洲	8.96	7.516	16.476
北美洲	1.31	2.657	3.967
南美洲	1.388	1.626	3.014
澳洲	3.864	2.517	6.381
欧洲	0.171	0.844	1.015
合计	27.555	21.241	48.796

第一节　中国沙漠、沙地的分布及特征

大尺度干旱土地的分布有四种主要类型。第一类正如前面所提到的，出现在信风带，其直接原因是副热带高压的控制，因该纬度上气流的垂直运动主要是下沉气流，难

以产生降水，这类干旱土地集中分布在南北半球 10°～15°的范围内。副热带高压的地理位置其实是有着明显的季节变化的。就北半球而言，冬季时副热带高压向赤道方向移动，而夏季时向极地方向移动，其影响范围在有些年份甚至可达 35°N 左右，造成季节性干旱，但这类季节性的干旱通常不会形成荒漠景观。实际上副热带高压带在地图上是分裂为多个高压单体的，并非是绕地球一圈的一个连续整体。在每个单体高压的不同部位，气流来向与气层稳定度的情况也是不一致的，这使得副热带地区内不同地点气候也存在一定差异。在中国，副热带的地理位置大概是长江以南、南海以北的广大区域。众所周知，这一广大区域的东部地区为热带、亚热带湿润气候，而其西部则为青藏高原的南部地区，以高寒气候为主要特色。这种巨大的反差是由于中国的气候特征主要受东亚季风气候系统的控制所致。第二类干旱土地则是指冷洋流所经过的海岸地带，受冷洋流的影响，近地表气温低，形成逆温层，难以使空气抬升产生降水，因而导致干旱少雨。秘鲁西海岸的干旱区就是这样形成的。第三类干旱土地是指因地形阻挡，水汽在迎风坡产生地形雨，而背风坡则只有干洁的空气，从而干旱缺水造成的。我国青藏高原的北部地区就属于这类干旱区。而第四类则是地处大陆的中心地带，远离海洋，因而当湿润气流到达时已成强弩之末，难以产生降水而呈现干旱气候。我国西北和中亚的干旱区则属于这种类型。

在过去的研究中，前人虽对我国的自然区划提出了多种不同方案，但总体而言，可以将我国从区域地理的视角分为三大区域：即西北干旱区、东部季风区及青藏高原区。前文已提到多年平均降水量是划分干旱、半干旱地区的一个直接指标。其实早在 20 世纪 50 年代末，中国科学家首创性地定义了干燥度的概念，并据此区分干旱区内部的干旱程度。以著名地理学家黄秉维等为主要骨干的中国科学院自然区域工作委员会（1959）曾将干燥度用 $A = E/r = 0.16\sum t/r$ 来计算，这里 A 为干燥度，E 为可能蒸发量，$\sum t$ 为 10℃ 以上积温，r 为同时期降水量。

$A \geq 4$ 的区域为干旱地区，在中国北方地区，$A \approx 4$ 的分界线和多年平均降水量 200 mm 的等值线基本一致（图 1.1），这一分界线大致位于 106°E 沿线，和贺兰山的山脊线走向接近，越往西，干燥度越高，在新疆东部及位于南疆的塔克拉玛干沙漠地区，A 值可达 20～60。我国北方的半干旱地区是指贺兰山以东、大兴安岭以西的广阔区域。中国北方干旱、半干旱地区地处北半球中纬度西风带，介于 35°N 至 50°N，东西方向连绵 4000 km 余，横跨经度 50° 之多，总体上属于温带气候。这一区域的主要特征是幅员辽阔，干燥程度东西差异明显。

除了库布齐沙漠位于鄂尔多斯高原北缘的半干旱地区之外，我国的其他七大沙漠都位于干旱地区。而我国有四大沙地，也就是以固定、半固定沙丘及平沙地为主要特征的地貌单元（图 1.2）。八大沙漠、四大沙地是中国沙漠、沙地的主要组成部分。除此之外，中国还有一些零星分布的小沙地，如河西走廊绿洲边缘也有沙丘分布。本书研究的对象主要是这八大沙漠和四大沙地（图 1.2）。

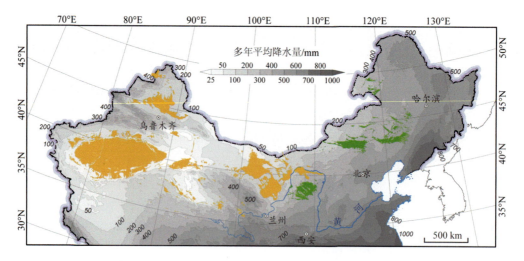

图 1.1　中国北方多年（1990～2018 年）平均降水量分布图

底图来源：国家基础地理信息中心，http://bzdt.ch.mnr.gov.cn/index.html；

降水量数据来源于 WorldClim 数据集（Fick and Hijmans，2017）

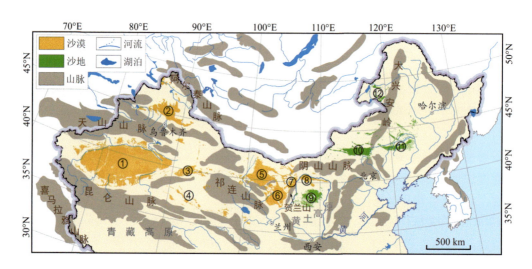

图 1.2　中国北方沙漠、沙地分布图

①塔克拉玛干沙漠；②古尔班通古特沙漠；③库姆塔格沙漠；④柴达木盆地的沙漠；⑤巴丹吉林沙漠；⑥腾格里沙漠；
⑦乌兰布和沙漠；⑧库布齐沙漠；⑨毛乌素沙地；⑩浑善达克沙地；⑪科尔沁沙地；⑫呼伦贝尔沙地

　　从区域地理学的角度出发，我国北方干旱地区通常东以贺兰山为界，南以祁连山、昆仑山北麓为界，西界、北界均为国界。空间上包括新疆的绝大部分、甘肃与内蒙古的西部以及宁夏的西北边缘。干旱荒漠是这一广大区域的主要景观特征。由于地处欧亚大陆的腹部，四周距离海洋遥远。若以乌鲁木齐为中心，东距太平洋 3400 km，西到大西洋为 6900 km，北到北冰洋为 3400 km，南到印度洋为 2600 km。加上周围高山的阻挡，海洋水汽难以到达，降水量远比同纬度其他地区为少。除高大山地及北疆北部的伊犁、塔城等地区外，西北地区平均年降水量不足 200 mm。南疆地区普遍不足 80 mm，阿拉善地区东部仅为 100 mm 左右。降水的季节分配，区内差异也较大，北疆与塔里木盆地西部，夏季降水只占全年降水的 40%左右。我国干旱地区气候的基本特征是：光照长、热量资源丰富、气温变化大、干燥少雨，多风沙天气。西北地区与我国同纬度其他地区相比较，气温也偏高，最热月与最冷月平均气温之差高达 35℃以上。各地气温日变化都很大，年平均气温日振幅均高于 11℃，南疆和河西走廊可达 16～20℃，甚至 20～30℃。这样一个广阔的地区，很早以来就引起了人们的关注与重视。例如，玄奘、辩机的巨著《大唐西域记》便对丝绸之路沿线的地理特征作了较详细的描述。特别是 19 世纪末至 20 世纪初以来，不少地学工作者都热衷于西北地区的考察研究。例如，20 世纪 50 年代成立的中国科学院治沙队和西北各考察队对沙漠进行了较全面的科学考察。

提到我国西北，人们自然会想到广袤的沙漠和高峻的山岭。单就对沙漠的定义而言，在多数中文文献里都专指由活动沙丘组成的地貌单元，并将之与由砾石组成的戈壁、由盐、泥组成的盐漠以及由固定沙丘组成的沙地区别开来。事实上，即使在我国的干旱地区，沙丘的分布也是有限的，戈壁、盐漠及由基岩组成的岩漠的面积所占比例仍然较大。在我们国家，沙漠的面积略大于戈壁。我国沙漠不仅分布地域广，而且跨多个海拔高程区。就分布地势而言，在我国地形的三大台阶上均分布沙漠或沙地。根据实地考察、航空相片判读及沙漠分布图的量算，朱震达等（1980）提出，我国沙漠、戈壁及荒漠化土地的总面积为 130.8 万 km²，约占国土总面积的 13.6%，其中沙质荒漠占 45.3%，戈壁占 43.5%，沙漠化土地（沙地）占 11.2%。我国沙漠、戈壁的 90%分布在乌鞘岭和贺兰山以西的内陆区域。除了新疆北部的古尔班通古特沙漠部分区块以固定沙丘为主外，西北地区的沙漠都以流动沙丘为主，流动沙丘的比例高达 75%，而戈壁则以裸露地为主，实际上属于洪积物。除塔里木盆地北缘的博斯腾湖等个别湖泊外，西北干旱地区较大的湖泊（如塔里木盆地东部的罗布泊、准噶尔盆地的玛纳斯湖、阿拉善高原西北部的居延海等）都曾先后干枯，通过持续的人为调节，近几年部分湖泊才有一定水量，但现代湖泊面积远远小于地质历史上高水位时期的湖泊范围。

上面提到的朱震达等（1980）的研究结果是我国沙漠、戈壁及荒漠化土地的总面积为 130.8 万 km²，但干旱气候和半干旱气候区域在中国所占面积则是这个数字的 3 倍多。赵松乔等（1990）曾提出，中国干旱区的面积约 280 万 km²，半干旱区的面积约 175 万 km²，两者加起来达 455 万 km²，占全国陆地面积的 47%。从这两组数据的差别不难看出，干旱区不等于沙漠、戈壁，而半干旱区也不等于沙地。

《中国沙漠概论（修订版）》（朱震达等，1980）中已有关于我国主要沙漠的面积统计表，彼时量算的依据包括航测地形图和卫星相片及野外考察，这些成果至今仍然具有重要的参考价值。在国家科技基础资源调查专项的资助下，我们项目组的骨干成员——吴世新研究员（中国科学院新疆生态与地理研究所）以 2015 年 Landsat 影像为基础，并结合新的野外考察，参考《中国沙漠概论（修订版）》中的沙丘分类方法，对我国北方沙漠、沙地的风沙地貌类型进行了新的系统识别和划分。在本书成书过程中，依据 2015 年 Landsat 影像和吴世新通过人机对话编制的风沙数字地貌图对我国各个沙漠、沙地的面积开展了新的测量，在计算各沙漠面积时以沙漠的主体为标准，将其外围轮廓内的区域都算作该沙漠的面积，计算出基于 2015 年 Landsat 影像的各个沙漠面积的新数据（表 1.2）：有的和朱震达等（1980）的数据基本一致，但个别沙漠的统计结果和之前的数据还是有较大差别的，其原因在于对沙漠边界划定上的不确定性，以及是否应在面积值中减去沙漠沙地内部的农田、城镇等地物。

表 1.2　我国各个主要沙漠的面积

沙漠名称	面积/万 km²	
	朱震达等（1980）	本书计算统计（依据 2015 年影像）
塔克拉玛干沙漠	33.76	32.46
古尔班通古特沙漠	4.88	4.64
库姆塔格沙漠	1.95	2.11
柴达木盆地的沙漠	3.49（包含风蚀地貌）	1.07（若包含风蚀地，则为 3.19）
巴丹吉林沙漠	4.43	5.29（若不包含西部边缘的草灌丛沙丘，则为 4.46）
腾格里沙漠	4.27	3.98
乌兰布和沙漠	0.99	0.90
库布齐沙漠	未给出	1.23
毛乌素沙地	3.21	3.13（若不包含区内农田、城镇等，则为 2.17）
浑善达克沙地	2.14	2.80
科尔沁沙地	4.23	2.38
呼伦贝尔沙地	未给出	0.63
其他零星沙区	/	2.42
合计	/	63.04

即使在我国北方沙漠、沙地区域，各个沙漠、沙地也都有着其自身独有的特征。在世界范围内也是如此（Blümel，2013）。例如，许多植物种类都是沙漠特有的，沙漠对地球的生物多样性和景观多样性等起着举足轻重的作用。与我国东部湿润季风区相比，沙漠地区的总体特征可以概括为：①气候虽然总体干旱、降水极少、蒸发旺盛，全年的降水常集中在一个短促的时间内。但是，因人们对防洪设施的日常维护不够重视，即使是干旱沙漠地区，也常有洪涝灾害发生。例如，2021 年 7 月底在塔克拉玛干沙漠北缘的塔里木河流域发生水灾，给当地工业设施造成了较大损失。②植被稀疏、旱生特征发育。半干旱区植被景观主要为干草原，干旱区植被景观主要为荒漠草原和荒漠。干旱区生长的植物一般具有矮小、少叶或无叶、带茸毛或带角质、耐旱、耐盐、生长期短、根系发达等特征。组成荒漠植被的植物种类非常贫乏，但植物生活型多样，有旱生小半灌木、半灌木、灌木和半乔木等。而在我国半干旱地区的沙地经常有乔木树种，从景观上类同于稀树草原。③沙漠地区多内陆水系。在雨量稀少、蒸发旺盛而降水又易于渗漏的条件下，沙漠几乎没有当地地面径流所形成的河流，中国西北沙漠地区属于无水外泄的内陆流域，多数河流流向盆地中心或低地，常因强烈蒸发而中途干枯。但发源于中国北方沙

地的多数河流却是能够汇入其下游大河并入海的。④风力作用强盛。在沙漠、沙地地区，风是地表形态的塑造者，可以说是这类区域地表系统最活跃的营力，在学术界人们通常把沙丘称为风积地貌，而将雅丹地形称为风蚀地貌。⑤人口密度总体虽小，但畜牧业发达。1977 年，联合国荒漠化会议曾提出干旱区人口临界指标为 7 人/km²，半干旱区人口临界指标为 20 人/km²。事实上，在绝大多数干旱、半干旱地区人口密度远大于这两个指标。沙漠地区的人口主要集中于水分条件较好的绿洲，农业活动也主要在绿洲进行。所以绿洲被赞誉为"沙海明珠"。

中国北方干旱、半干旱地区蕴藏着丰富多样的土地资源、矿产资源，以及太阳能和风能资源，也有着一定的水资源和生物资源，为国家经济建设和国家安全提供着宝贵的物质基础。

第二节　中国沙漠/沙地的成因

要深入认识沙漠、沙地的环境特征，首先要了解它们的成因。要预测沙区环境在未来全球变化背景下的变化趋势，从而制定合理且可持续的开发利用策略，第一步是正确重建其演变历史和探讨其演变机制。关于沙漠的成因，"沙漠是干燥气候的产物"（朱震达等，1980）这个基本观点是被学术界普遍接受的。但对于一个特定沙漠的形成时代及其演变历史往往存在多种不同的看法和解释（王涛，2003）。探究我国沙漠的形成原因无疑需要从认识我国干旱区的形成入手，因为干燥少雨是沙漠形成的必要条件。就地表动力过程而言，干旱环境内部是有差异的。沙丘及风蚀雅丹地形主要是风力作用的结果，气候的干燥程度显得极为重要，而这类地貌也可以称为风营力地貌；戈壁分布区既受风力作用的影响，也有流水地貌过程的作用，流水形成的侵蚀沟谷很快就会被风积作用充填，地表保持基本平坦形态，所以戈壁是流水和风力相互作用的产物；而沙地通常指固定沙丘，沙丘在自然条件下会被植被覆盖，所以，沙地分布区气候往往呈现为半干旱的特征，而沙地的形成离不了植物的固沙作用，所以沙地实际上是岩石圈、大气圈和生物圈相互作用的结果，若没有植物的固沙，沙地将是沙漠。

中国北方广袤的沙漠、沙地是什么时候形成的？我国过去沙漠、沙地的分布格局同今天的一样吗？古沙漠和现今沙漠在成因上有何联系？确切地说，在地质历史的白垩纪时期，地球表面的平均温度比现在高出 10℃以上，那时地球上许多地方都是处于干旱的环境，地球表面许多地方都有侏罗纪、白垩纪的砂岩，且这类砂岩不少都保留有交错层理，说明曾是沙漠沙丘。例如，位于德国中部的红色砂岩大多是这一时期形成的。这种类型的古沙漠和今天的地表景观已没有实质性的联系了，这就类同于许多海相地层出露区今天并不是海洋。另外，地质历史上海陆分布格局曾多次发生重大变化。例如，澳大利亚在古近纪早期时处于中纬度地区，那时澳大利亚上空盛行南半球的西风环流，呈现中纬度的湿润气候而非干旱气候。长期以来，澳大利亚大陆板块整体向赤道方向移动，大约在 50 Ma 前后到达了今天的纬度，即副热带，因而在大约 50 Ma 时就已呈现干旱化（Goudie，2002）。只因沙源有限，澳大利亚的沙漠面积并不大。

所以，本书所研究的沙漠形成时代不是指我国北方最早什么时候曾出现过沙漠，而是指今天的沙漠景观在哪个时期就已形成。即便是这个问题，也是很难回答的。我国不同地区的沙漠、沙地和戈壁可能在形成时间上是有明显区别的，不同学者的看法也不尽相同（Yang et al.，2004）。作为黄土的源区，沙漠的形成与演化历史与黄土的堆积和成壤历史有一定的关联性，并能为认识黄土的堆积过程提供重要佐证。

在讨论中国北方沙漠、沙地区域气候干旱化的成因时，除了前面提到的深处欧亚大陆腹地、远离海洋外，更为重要的则是东亚季风系统的形成。东亚季风系统的冬季风主要来自蒙古-西伯利亚高压的干、冷空气，冬季风又对中国西北广大区域起着控制作用，而来自南部海洋的夏季风在到达中国北方沙漠、沙地时已是强弩之末，只在夏季风能够到达的区域产生一定降雨，因而在中国北方偏东区域形成半干旱气候。

Manabe 和 Terpstra（1974）依据数值模拟提出青藏高原隆升是蒙古-西伯利亚高压形成的主要原因，并直接导致了中国西北乃至整个中亚的干旱化。出生于日本的科学家 Manabe 长期就职于美国普林斯顿大学，曾用数值模拟首次提出大气中 CO_2 增加会导致地球表面的温度增加。他因这一杰出成就于 2021 年获得诺贝尔物理学奖。与他分享这一奖项的还有德国学者 K. Hasselmann，他用气候数值模型解释了自然要素和人类活动对全球变暖的不同作用与贡献。

吴国雄（2004）在对青藏高原动力气象和动力气候学开展的新的研究基础上提出，青藏高原是全球最强的一个"感热驱动气泵"，并对全球环流产生巨大影响。1 月时，青藏高原是全球最强的气流辐散中心，地表空气由青藏高原经阿拉伯海、孟加拉湾、南海和西太平洋流向南半球，而 7 月时，气流沿着相同路径反向地从南半球向青藏高原辐合。所以高原上空气流的下沉和上升运动就像一部巨大的气泵，对四周低空排放或抽吸空气，从而对亚洲和澳大利亚的季风起着调节作用。虽然不少学者都认为青藏高原隆升与东亚季风系统有着直接的因果关系，但吴国雄（2004）的研究表明这种说法缺乏依据，并提出青藏高原隆升加强了而不是产生了东亚季风。

地质学家和地理学家在探讨中国干旱区形成时间时大多是依据风尘堆积的时代来推断的，因为多数学者认为中国的风尘堆积（包括黄土和红黏土）的物源应是沙漠。虽然世界上许多地区的黄土并非来自于沙漠，但世界上其他地区的黄土的厚度远远小于中国黄土高原地区的黄土厚度。

地处塔里木盆地的塔克拉玛干沙漠是我国最大的沙漠，因此，我国早期的沙漠研究工作主要集中在这个沙漠，并取得了一系列的研究成果。塔里木盆地位于天山和昆仑山两大山系之间，在气候区划上属暖温带，盆地地势由南向北缓斜并由西向东稍斜。昆仑山北麓海拔 1400～1500 m，天山南麓降低到 1000 m 左右，东部罗布泊降低到 780 m。盆地中堆积巨厚的第四纪沉积物。塔克拉玛干沙漠被当地居民描述为"进去出不来"，其面积达 32.46 万 km^2，是世界第二大流动沙漠。且因其沙丘形态复杂多样，长期以来，塔克拉玛干沙漠在我国沙漠研究领域的地位可与黄土高原在黄土研究领域中的地位相媲美。

虽然流动沙丘在这样一个茫茫沙海中占主导地位，但依然有发源于周围山地的河流流入沙漠。沿河谷可以找到一些反映沙漠历史的地层剖面。由于周围山地冰川融水的浇灌，在荒凉的沙海中出现了大面积连片的绿洲景观，这些绿洲受自然和人为因素的影响，经历了漫长的时间和空间尺度上的演变过程。

归纳起来，近若干年来探究我国沙漠的形成时间的研究主要通过三种途径开展了较多尝试，并取得了实质性进展。①朱震达等（1980）依据塔克拉玛干沙漠边缘地区河流阶地及冲积扇的时代，提出塔克拉玛干沙漠大规模发育的时期是中更新世。周廷儒（1963）认为昆仑山北坡广泛分布的黄土状亚沙土（图 1.3）是中更新世的沉积，并与中更新世沙漠的大规模发展有关。②依据古近纪时我国西北、华北、华中和东南沿海地区盛行行星风系控制的干旱气候，董光荣等（1991）认为，在古近纪时期曾有过一个斜贯中国中亚热带的红色沙漠带，新近纪时这个红色沙漠范围缩减，位于秦岭以北，大兴安岭以西，在早、中更新世出现了黄色沙漠。这种推断沙漠形成时间较早的观点在很大程度上是基于我国的石膏和盐的沉积记录，其局限性在于忽视了有盐湖并不等于有沙漠。另外，即使那时已有大面积的红色沙漠，这些沙漠和今天的黄色沙漠之间有哪些联系呢？理论上讲，这些红色沙漠会为其后的沙漠发育提供物源，但在景观演变方面可能是没有直接联系的。③另一认识我国沙漠的途径是黄土沉积。数十年的研究一再证实，我国黄土高原的黄土堆积和亚洲内陆的干旱化有着密切联系，亚洲内陆是我国黄土的主要物源区，没有我国西北的干旱化，就没有黄土高原巨厚的黄土堆积。

图 1.3 直接覆盖于昆仑山北坡克里雅河上游普鲁村冰水沉积物之上的沙黄土（亚沙土）
沙黄土与下伏冰水沉积物呈不整合接触。从胶结程度和所获得的光释光测年初步结果得出这些沙黄土应是
全新世晚期才堆积的。或许更新世时期的黄土在后期的剥蚀过程中已被剥蚀

孙鸿烈和郑度（1998）主编的《青藏高原形成演化与发展》一书也对中国大陆干旱带的地质时期的演化作了较详细的论述。书中提出自白垩纪晚期至古近纪时期，中国区域长期处于地壳稳定阶段，地势低平，地形对大气环流的影响较小，那时中国的大气环流属于行星风系统，在古新世时中国在 18°N～35°N 有一个宽阔的干旱地带，也就是大约在副热带的纬度上，而当今的干旱带则位于此纬度带的北部，即中纬度地区。在中新世时期，中国西南部形成许多煤盆地，说明那时气候已变得相当湿润，暗示了西南季风开始形成并由之带来印度洋的暖湿气流。同时东南季风也得到加强，促成了诸多煤田的形成，而中国干旱区的位置在那时就已接近现在的地理位置。

对于黄土沉积的起始年代及沉积旋回的认识，近年来进展突出，以前认为是约 2 Ma 前，后来延伸到 7～8 Ma 前。郭正堂（Guo et al.，2002）率先在黄土高原西部地区找到了 22 Ma 前的黄土，推断亚洲内部的干旱化至少在 22 Ma 前就已出现了。塔克拉玛干沙漠所处的塔里木地区曾是"副特提斯"的浅海。关于该浅海的确切干涸年代尚存争议，但多数观点认为是在 40～30 Ma 前发生的。郑洪波（Zheng et al.，2015）对塔克拉玛干沙漠南部的"西域砾岩"进行了深入研究，并在这套地层中找到了风成黄土，进一步推测这些黄土是沙漠形成的标志。他在阿尔塔什和柯克亚剖面的西域砾岩中发现了一层火山灰/火山泥流沉积，并利用放射性同位素测年方法（氩/氩和铀铅同位素）获得了火山灰的绝对年代，在此基础上，结合沙漠南缘西域砾岩沉积，提出塔克拉玛干沙漠在晚渐新世至早中新世即大约 25 Ma 前就已经出现。而孙继敏（Sun and Liu，2006）认为塔克拉玛干沙漠的形成时代是大约 5 Ma 前。

从黄土-沙漠沉积系统出发，有几百万年甚至几十百万年前的黄土，就应该有与之年代对应的沙漠，但由于沙漠地层的测年难度大，要确定这样久远的沙漠还是比较困难的。例如，有的学者认为兰州市安宁区的红色地层就是新近纪的红色沙漠沉积，而也有学者认为那是典型的丹霞地貌，构建丹霞地貌的红层在成因上和沙漠确实是不一样的。在我国黄土高原的许多剖面上，都存在黄土与古土壤的反复交替，反映出气候暖湿-干冷的交替变化。通常认为，黄土堆积期间对应的是沙漠地区沙漠扩张、气候干旱的时期，而古土壤发育时期应该也是沙漠地区比较湿润的时期。也就是说，沙漠地区应该有与黄土记录相对应的、反映气候变化的沉积记录。如果找到这样的沉积剖面，则有利于完善黄土-古土壤序列所反映的气候记录的系统性。但是，由于沙丘运动规律的复杂性，到目前为止，还没有挖掘出这样理想的沙漠-沙地沉积记录。从长时间尺度的气候变化来看，我国内陆干旱区形成的主导原因是地壳的构造运动，即青藏高原隆升，这应是一个持久的过程，干旱区沙漠一旦形成，在高原存在的情况下，应是长期存在的。吴正（1981）也认为沙漠、黄土沉积和青藏高原隆升是一个耦合系统，没有青藏高原，位于蒙古的冷高压则会很弱或不存在。

总而言之，学术界对于我国沙漠年龄的认知经常与对黄土沉积年龄、青藏高原抬升的认识联系在一起。反言之，在季风系统形成之前，行星风系影响下形成的干旱区沙漠是否也曾在其边缘地区导致了黄土沉积呢？那时我国大部分地区应该是比较平坦的（孙鸿烈和郑度，1998），黄土分布区可能也是比较平坦的，由于构造运动，那时的黄土可能已被埋入地下多米深处。自古新世起，我国西北地区就已处于干旱气候的影响之下（Liu and Guo，1997），假如那时我国西北的纬度与现在相同，行星风系的格局并未发生变化，那么西北地区是中纬度地带，而不受副热带高压控制。由于地处欧亚大陆的中心，距海遥远，西北地区气候可能比较干旱一些，但在西风环流的影响下，雨量不应太低，能否造就大面积的沙漠是一个值得探讨的问题。

据董光荣等（1991）的研究，古近纪时期，沙漠在我国多分布于盐湖周围，并遍及西北、华北、华中和东南沿海地区的干旱盆地内。如果那时的沙漠以湖滨沙丘为主，其规模是无法与我国今天的巨大沙海相提并论的。不管我国沙漠地区的沙丘形成于哪个时代，原则上说，它们在黄土堆积时就已出现了，但暂时还难以用沙漠地区独立的沉积记录来反推其与黄土-古土壤沉积序列的关联性。沙漠地区风沙运动主要是沙粒从迎风坡向背风坡迁移，在一个沙丘剖面上，采样部位高低与沉积年龄常常不一致，这也使得沙漠地区风沙沉积的年代确定比较困难，不宜使用沉积地层学的内插方法推算。风沙沉积的不连续性使得人们难以在沙漠地区找到能记录较长时段环境演变历史的连续沉积序列。

虽然沙漠地区记录的气候变化的起始时间与黄土区的记录还难以统一起来，却证明了在晚第四纪以来干旱区环境还是有波动、有变化的，沙漠地区记录的这个原则性的结论和黄土-古土壤记录是一致的，时代、频率等方面的差异可望在今后的研究中得到解决和解释。本书的重点是系统介绍和分析、讨论国家科技基础资源调查专项"中国沙漠变迁的地质记录和人类活动遗址调查"中关于地质记录的调查成果，侧重点在于依据地质记录剖析沙漠、沙地的演变过程，即深入沙漠看沙漠。

第三节　中国沙漠、沙地环境演变研究进展窥视

近几十年来，在全球变暖及人类活动增强的背景下，以水源枯竭、植被退化、极端天气事件（干旱、洪涝和沙尘暴等）频发、沙漠扩张为主要标志的荒漠化是中国及众多其他发展中国家环境面临的严峻挑战。研究干旱、半干旱地区（包括沙漠和沙地）的环境演变已成为国际、国内学术界的研究前沿和紧迫任务（Williams，2014）。特别是光释光测年技术的不断发展和完善使得沙漠/沙地地区沉积地层的定年迈出了新的步伐（Radtke et al.，2001；Forman et al.，2005），沙区古环境研究因而有了革命性的突破。本书后面章节将详细阐述各个沙漠、沙地的地质记录和地层剖面所展示的环境演变历史，本节仅对部分有一定共性的研究进展做一简要概述。

一、沙漠地区水面、陆面蒸发量的观测与评估

长期以来，在学术期刊论文和科普报道中，大家都已习惯了一种观点，即使在新的

研究论文中，也会引用这个观点，即"沙漠地区不仅雨量稀少，而且蒸发量大，一般为1400～3000 mm，沙漠内部常达 3000～3800 mm"（朱震达等，1980）。这个观点当然是通过调查研究得来的，也就是说在蒸发容器中加满水，准确读取一年之内因蒸发而损失的水量。但由于这种蒸发容器的边界条件和自然界的真实环境是不一样的，所以严格来说，也只能称其为潜在蒸发量而非实际蒸发量。

在我们对位于阿拉善高原西部的巴丹吉林沙漠地区的环境演变研究的工作过程中，一个重要的方面就是要评估当地降雨对巴丹吉林沙漠地区的湖水是否有补给作用。巴丹吉林沙漠的湖泊和沙丘构成了极其美丽的自然风景，湖泊和高大沙丘的成因是学术界和社会大众关注的问题。对于环境演变研究工作而言，湖泊周围保留的古湖岸线和湖岸阶地是湖泊水位变化的重要佐证。但是起初困扰我们的另一个问题是那里湖泊水位变化的起因是什么？如果湖水主要来源于当地和区域降水，而不是主要依赖于远源的地下水，湖泊水位变化才可以作为区域气候变化的证据，否则应是地下水流向和流量变化所造成的，与当地气候的关联性有待验证。

为了回答上述问题，我们曾对巴丹吉林沙漠地区湖面的蒸发量进行了新的评估。就观测手段而言，目前还没有任何仪器可以直接观测广阔湖面的蒸发量，原因是沙区湖泊都是开放系统。在影响蒸发量的各种要素中，气候因素最为重要，所以依据气候要素的数学模型有望给出正确答案。为了推求水面蒸发量，Penman 和 Keen（1948）将热量平衡与质量转移理论结合，提出计算蒸发量的组合公式。彭曼（Penman）公式物理意义简单明了，公式中所包含的水面蒸发诸多影响因素的数据易于获得，因而也成为国内学术界计算水面蒸发量的主要途径之一（王懿贤，1983；李万春等，2001），即

$$E_{\mathrm{L}} = \frac{\delta H / L + \gamma E_{\mathrm{a}}}{\delta + \gamma}$$

式中，E_{L} 为湖（水）面蒸发量（mm/d）；H 为辐射平衡［J/(m^2·d)］；L 为蒸发潜热（J/kg）；δ 为气温等于 t（℃）时饱和水汽压曲线的斜率（hPa/℃）；γ 为干湿球常数（hPa/℃）；E_{a} 为空气干燥力（mm/d）。Penman 和 Keen（1948）比较详尽地讨论了每个参数的计算方法和热力学原理，考虑到计算过程中可能出现的各种误差，最后给出的蒸发量误差仅为5%～10%。虽然沙漠湖区没有气象站，但沙漠周边地区有多个国家级气象站，我们选用地理学常用的多站资料插值方法，依据沙漠周边地区多个气象站的数据计算出沙漠地区湖泊位置的气象数据，包括 1961～2001 年间月总辐射量、月平均气温、月平均气压、月平均水汽压、月平均风速及月日照时数等要素（数据来源：中国气象局气象数据网站）。依据上述公式我们先计算出 1961～2001 年间每月的平均蒸发量（图 1.4），其总和则为年蒸发量。由此获得的结论是当地湖面实际蒸发量大约为 1000 mm/a，这个值只相当于传统数据的 1/3 左右（Yang et al.，2010）。在此基础上，结合水化学等方面的证据，Yang 等（2010）提出巴丹吉林沙漠地区地下水和湖水主要是受当地降水和区域降水等近源补给。

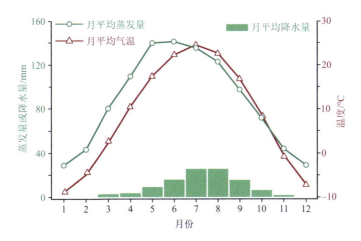

图 1.4　巴丹吉林沙漠东南部湖面蒸发量、气温、降水量的月际变化（Yang et al., 2010）

在每年 5 月、6 月，太阳直射点逐渐接近北回归线，北半球太阳辐射强，而雨季还未到来，空气湿度小，温度较高，饱和差大，因此这两个月份是巴丹吉林沙漠湖泊水面蒸发量最大的月份，图中显示 1961～2001 年的 5 月、6 月平均蒸发量分别为 140 mm 和 141 mm

　　Yang 等（2010）提出的巴丹吉林沙漠湖面蒸发量大约为 1000 mm/a 的结论是和之前的主流学术观点有明显区别的，但也得到了水文地质领域一些知名学者的研究结论的基本认同。例如，王旭升等（2014）报道了他们 2012～2013 年间利用 E601 型蒸发皿在巴丹吉林庙湖区的观测结果，即为 1171 mm。他们也统计分析了阿拉善右旗气象站 1978～2000 年的气象观测资料，数据显示阿拉善右旗政府所在地多年平均降水量为 116 mm，而同一时期用 20 cm 蒸发皿观测到的多年平均蒸发量为 3452 mm，也就是说这两个数据的差别源于不同的观测装置以及不同的周边环境。无须置疑，蒸发量是有年际变化的，但从与水文部门使用的 20 m² 蒸发池在毛乌素沙地的观测结果的对比中可以肯定，巴丹吉林沙漠地区湖面多年平均蒸发量约为 1000±100 mm（误差以 10% 计算）的结论是比较接近实际的。同时，已有的结果显示，在干旱地区，陆面蒸发量大约是水面蒸发量的 10%～30%。陆面水分含量越低，则陆面蒸发量越低。因巴丹吉林沙漠属于干旱地区，那么这一区域的陆面（包括沙丘表面）蒸发量应在 100 mm/a 上下（即约为水面蒸发量的 10%），但是陆面蒸发量估算值的误差可能高达 30%（Yang et al., 2010）。尽管如此，有必要在这里强调一下，陆面蒸发量在干旱、半干旱区是远远小于同一区域湖面蒸发量的，但可惜这一点在不少学者的水量平衡的计算中都被忽视了。

二、风沙沉积地层的空间异质性及沙丘发育影响因素的多元性

　　风沙的侵蚀、搬运和沉积过程虽然主要发生在干旱、半干旱地区，但即使在同一沙漠同一时期，有些地点以活动沙丘为主，有些地点（如在丘间地）却可能有湿地存在，并发育土壤。这种现象当下在毛乌素沙地、巴丹吉林沙漠等地多有发生，在地质历史时期也应是一样的，这也是沙漠环境演变研究者必须面对的难题，因为来自不同地貌部位

的剖面可能会显示出不同甚至相反的古环境重建结论。

由于光释光测年技术在风沙沉积地层的广泛适用性，尽管有上面提到的不确定性，风沙沉积地层也已逐步成为认识地球系统过程与气候变化历史的最重要的信息载体之一。国际第四纪研究联合会（INQUA）于 2007 年成立了 INQUA 沙丘年龄数据库建设工作组，该工作组在 INQUA 经费的支持下通过近十年的努力建立了沙丘数据库的规范和标准，并对地球表面有沙丘和风沙沉积（包括海岸沙丘）的地区已发表的年龄数据进行了全面搜集和整理，并以该数据库的数据为依据对各洲沙漠、沙地的环境演变进行了详细分析，前期结论在 INQUA 期刊 *Quaternary International* 以专刊形式发表（Lancaster et al.，2016），数据库目前挂靠在美国沙漠研究所（DRI）。作为该 INQUA 项目的主要参与者，我们也对之前搜集到的关于中国沙漠演变的沙区年代数据进行了详细研究，结果表明风沙年龄本身已能反映风沙活动强弱的变化，在千年尺度上沙丘沉积剖面能够反映气候变化（Li and Yang，2016）。

在国际第四纪研究联合会沙丘年龄数据库工作组的积极推动下，利用区域大量沉积剖面以及对应的年龄重建区域沙丘活动历史及其对气候变化的响应过程成为沙漠古环境研究的新趋势（Lancaster et al.，2016；Thomas and Bailey，2017）。在 INQUA 目前数据库中，我国沙漠/沙地风沙沉积年龄记录相对偏少，时空分布不均衡。截至 2016 年，在 INQUA 沙丘年龄数据库中关于我国沙漠、沙地的年龄数据不足 400 条，而非洲南部沙漠和澳大利亚沙漠的释光年龄数据均超过 600 条，北美沙漠年龄数据接近 1000 条（Halfen et al.，2016；Hesse，2016；Lancaster et al.，2016），可见中国沙漠地区古环境记录与世界其他沙漠研究仍有明显差距。

在年龄的时间分布方面，关于中国沙区的大多数年龄记录都集中在末次冰盛期以来，且约 85%的记录都是关于全新世的（Li and Yang，2016）。学界通常在解读风成沉积剖面（如黄土剖面）时将其作为连续记录，而沙漠/沙地所在的干旱-半干旱区经常有风蚀作用，风沙沉积记录中的风蚀过程其实是难以识别的。在空间分布上，我国东部沙地虽然面积远小于西部的沙漠，但因容易到达而研究程度较高，其年龄记录数量明显高于西部沙漠，我国面积最大的沙漠塔克拉玛干则仅有零星的地层测年结果（Liang et al.，2021）。东部沙地数据较多，但记录的时间尺度普遍较短，这可能是因为老的风成沙被翻新所致。在干旱与半干旱地区，风沙沉积在古环境重建方面有着不可替代的作用。然而，对其进行古环境解读时，由于沙丘发育影响因素的多元性，以下常见的不确定性难以在近期内彻底解决，但需要在研究中给予高度关注。

首先，沙漠景观的空间异质性问题在北方沙区比较突出。同一区域内，流动沙丘与半固定沙丘、固定沙丘时常共存；特别是在东部沙地的同一个沙丘上，其迎风坡或风蚀坑与背风坡的植被覆盖常有明显差别。因此，在重建沙漠古环境时，应力争获取较多的沉积记录，以减小空间异质性带来的影响。

特别是在我国北方沙带的西部地区，沙海茫茫，八大沙漠中，除库布齐沙漠之外，都有不少相对高度大于 50 m 的沙丘，有的甚至大于 300 m；但高度大于 300 m 的沙丘仅出现在巴丹吉林沙漠。根据现有调查资料，巴丹吉林沙漠的高大沙丘也是世界上最高大的沙丘。对于高大沙丘的成因众说纷纭。沙丘是地球系统中不同动力过程相互作用的产物，学术界以往对于沙丘形成问题多从大气边界层厚度、风向多变性、沙源等要素入手（Andreotti et al.，2009；Lorenz and Zimbelman，2014；Gunn et al.，2022）。有风沙物理学家通过论证大气圈中对流层的厚度来论述沙丘的可能高度（Andreotti et al.，2009），这在理论上无疑是有创新意义的。但只要看一下我国北方地区的卫星影像，就不难发现，我国的沙漠、沙地主要集中在中国地貌格局的第二级阶梯上，在同一阶梯上且纬度相近的情况下大气对流层的高度应该是基本一致的，显然用对流层的厚度是不能诠释我国沙漠地区沙丘高度空间变化规律的。

以前通过对沙丘露头研究所获得的"点"上的认识往往无法同整个沙丘联系起来。Yang 等（2011a）曾在沙漠地区系统地实验了不同浅层地球物理探测方法的有效性，最后选用高精度重力法，借助基岩和沙丘沙粒密度之间的差异，反演出巴丹吉林沙漠东南部四个高大沙丘的下伏基岩形态，通过下伏基岩形态与其沙丘表面形态的比较研究，对沙丘内部空间实现了可视化，证实下伏基岩形态对所研究的四个高大沙丘形成都起到了一定的作用。同时，利用数字高程、遥感影像数据，分析了整个沙漠地区沙丘高度与下伏基岩埋藏深度之间的关系，认为区域地质环境、气候变化对沙丘发育有着重要的作用，发现沙丘下伏基岩形态起伏、气候的干湿交替所形成的胶结面利于多期风沙沉积叠加、沙源的多源性等因素共同促成了巴丹吉林沙漠高大沙丘的形成。

其次，测年样品的具体取样位置影响古环境的重建。在风成沙-古土壤/湖相沉积序列中，为了消除样品信号未完全晒退的疑虑，光释光样品常被选在风成沙层位，而采集自古土壤/湖相沉积层的释光样品总体较少（杨小平等，2019）。风沙沉积也常因为翻新活化，使得较老的沉积物被保存下来的概率降低（Kocurek，1998），致使样品年龄集中在最近的某些时段（图 1.5）。

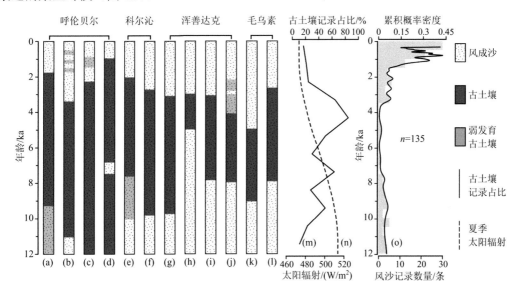

图 1.5　全新世以来中国东部沙地风沙活动变化特征及其与 30°N 夏季太阳辐射量变化之对比
[引自杨小平等（2019）]

　　再次，风沙活动强弱与气候条件并非线性关系。经典的观点是古土壤的出现代表了适宜的气候，暗示了植被覆盖度增加、沙漠收缩的过程，而风成沙则是气候干旱化、沙漠扩张的标志（Lehmkuhl et al.，2016；Yang and Eitel，2016）。Qiang 等（2016）的研究表明青藏高原共和盆地风沙地貌的出现主要受制于沉积物供应量的变化。甚至地表水与地下水的相互作用所导致的河流溯源侵蚀和地下水水文过程也会造成沙地内部水文网干涸并诱发土地沙漠化，也就是说，沙地的干旱化可能是气候系统过程和地貌地表过程共同驱动的（Yang et al.，2015b）。在毛乌素沙地西北部，活动沙丘目前主要出现在海拔较高的丘陵顶部，丘间地则因地下水汇集而形成湖泊（图 1.6）。

图 1.6　毛乌素沙地西部的沙丘与丘间地湖泊

三、中国北方沙区晚更新世以来环境演变特征要略

　　沙漠地区地表过程复杂多变，其环境变迁历史历来都是古环境研究领域的难点和弱点。因此，前人对沙漠古环境的认识不少都是根据沙漠边缘的沉积记录来间接推断的。但因干旱、半干旱区面积大，沙漠作为这一广阔区域的主要景观在很大程度上已形成其独立的气候系统，边缘地区的间接记录是否能真正再现沙区环境演变其实还是个疑问，且有多解性。随着热释光测年技术的问世，以及由其衍生出的光释光测年技术的进一步完善和不断推广，世界各地的沙漠研究者都逐步深入沙漠地区考察和寻求能够直接展示沙漠演变历史的地质记录和人类活动的踪迹，这和之前瑞典地理学家 S. Hedin 等以探险为主要目的的沙漠考察是有着明显区别的。目前从环境地质学、古地理学、第四纪地质学、地貌学、地球化学和遥感等多学科的研究思路开展工作已成为沙漠古环境重建领域新的发展趋势，并为探究沙漠环境变迁提供了有力的直接证据和注入了新的活力。在中国北方所有的沙漠、沙地都保留有晚更新世以来的较湿润环境的岩石地层学证据，有些

沙漠曾经历了大片沙区变为湿地和湖泊的历史。

如前所述，位于南疆塔里木盆地的塔克拉玛干沙漠是中国最大的沙漠，或者说沙海（sand sea）。世界上最大的沙漠是位于北非的撒哈拉沙漠，其名称源于阿拉伯语，意思是"荒漠"或"荒野"。因不同学者对沙漠的特征在理解上有所不同，因此文献中关于撒哈拉沙漠总面积的介绍普遍为 700 万～900 万 km^2，这样一个范围比世界上许多国家的国土面积还大，可以说是远大于塔克拉玛干沙漠的面积的。但依据国际著名沙漠地貌学家 Andrew Goudie（Goudie，2002）的研究，撒哈拉沙漠实际上是由 27 个沙海组成的，其中最大的是位于非洲西北部的 Chech Adrar 沙海，其面积为 31.9 万 km^2，其余 26 个沙海的面积都小于 30 万 km^2。若对比单个沙海，塔克拉玛干沙漠比撒哈拉沙漠中任何一个沙海的面积都大。

即使是如此浩瀚的一个沙海，塔克拉玛干沙漠在晚更新世以来也曾经历了多期较为湿润的时段。受限于光释光测年在测>10 万年的样品时的不确定性增加以及 ^{14}C 测年的上限仅为 4 万年，所以沙漠地区地层有直接测年数据的研究多是关于 10 万年以来的环境演变历史的。

（1）晚更新世时期

虽说塔克拉玛干被描述为"进去出不来"，但自 20 世纪 80 年代以来，国家先后修筑了两条横穿塔克拉玛干沙漠的沙漠公路，使得深入该沙漠腹地考察比以前容易了很多。在塔克拉玛干沙漠的边缘地区及腹地都不难找到包含不同类型沉积相（如风成沙、河流沙、湖泊沉积和静水沉积等）的地层剖面（图 1.7）。近若干年来，不同研究团队在克里雅河流域、尼雅河流域及罗布泊等地区开展了一定的考察与研究，这些研究工作总体上显示，不同的研究区目前虽都以流动沙丘或干湖盆为特征，但在晚更新世以及全新世时期都出现过湿地或湖泊环境，代表了当地有效湿度的增加。甚至在千年尺度上，塔克拉玛干沙漠在晚第四纪以来也经历了干旱和相对湿润的环境演替。

图 1.7　塔克拉玛干沙漠古尼雅河流域出露的由风成沙与河流沙、湖泊沉积、静水沉积组成的沉积剖面

在塔克拉玛干沙漠的塔中地区（Yang et al.，2006a）、克里雅河流域（Yang et al.，2002）、尼雅河流域（杨小平等，2021）及沙漠南缘（Shu et al.，2018）的风沙地层剖面中都保留有代表湖泊或河流沉积过程的地质证据。Shu 等（2018）通过对位于沙漠南缘于田县绿洲区域的 10 m 厚的风成沉积剖面的有机碳年代测定和地球化学代用指标分析，提出近三万年来在该沙漠曾出现过五个相对比较湿润的时期，因该剖面底部已到达砾石层，所以最早的湿润时期出现在剖面底部，时代为距今约 30～27 ka。其实距今 30 ka 前后在塔中和克里雅河流域也出现过较为湿润的环境。近年来对尼雅河流域和塔中地区新挖掘的剖面的研究表明，在距今 70～50 ka、17～11 ka 和 5～2 ka 三个时段，塔克拉玛干沙漠也经历了较为湿润的时期（杨小平等，2021；图 1.8）。因为沙漠地区生态环境的关键限制因素为有效湿度，已有的对于沙漠地区温度变化的研究更为匮乏。Hövermann 和 Hövermann（1991）率先在塔里木盆地南缘海拔 1600 m 和 1800 m 的戈壁地区发现了代表多年冻土发育过程的沙楔地貌，后期的研究对这些沙楔中保存的沙质组分进行了光释光测年，获得的年龄分别是海拔 1600 m 处约为 18 ka，海拔 1800 m 处约为 40 ka，并以此推断在这两个时期这些区域的多年平均气温比现在低 13～18℃（Yang et al.，2006a）。这个结论属于为数不多的关于沙漠地区温度变化的解释，但也暗示在末次冰盛期时（约 18 ka）塔里木盆地边缘地区降温幅度可能明显大于同纬度其他地区。

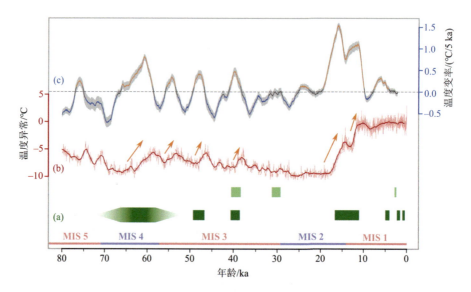

图 1.8　塔克拉玛干沙漠近 80 ka 以来的湿润地质记录及其与南极气温异常的对比
［修改自杨小平等（2021）］

（a）塔克拉玛干沙漠风沙与湖泊、河流沉积地层记录的近 80 ka 以来的湿润时期，深绿色数据来自杨小平等（2021）；浅绿色数据来自 Yang 等（2006a）；（b）依据南极冰心记录重建的南极地区相对于过去 1 ka 的温度异常（Jouzel et al.，2007），其中淡红色为原始数据记录，深红色为 1 ka 窗口的滑动平均，箭头指示迅速转暖时段；（c）据曲线 b 计算的 5 ka 窗口温度变率（℃/5 ka），橙色和蓝色分别对应显著（P<0.05）变暖和变冷，黑色表示变化不显著，浅灰色条带表示±2σ 的误差

在塔里木盆地的塔克拉玛干沙漠，除所遗留的反映以前气候较湿润时期的沉积记录之外，与地表过程密切相关的河流阶地在这里也佐证了较湿润的气候。在位于沙漠南部的克里雅河中游地区普遍保留了三级河流阶地，每级阶地上都有沙丘发育。克里雅河发源于昆仑山北坡，流域面积约 7358 km^2，河长 740 km，多年平均径流量近 7×10^8 m^3，是塔里木盆地南部的第四大河。该河流属于冰川融雪补给型河流，也有季节性降水和基岩裂隙水补给，水量较为稳定，年变差系数 C_v 为 0.1～0.2。河流出山口后，由南向北延伸贯穿于田县绿洲，最后消失在塔克拉玛干沙漠腹地。依据对河流沉积物及古河道分析得出的结论为，在末次冰期冰盛期时，克里雅河上游地区冰川范围较大，冰舌一直下移至海拔 2500 m，冰水沉积下限约位于 1400 m 高度。当末次冰期后期温度升高时，大面积的冰川消融，大量的消融水使克里雅河的径流量剧增（Yang，2001）。更新世晚期克里雅河穿越塔克拉玛干沙漠，水量丰沛的主要原因之一应该归于大量冰川消融。根据 ^{14}C 测年结果，较低的两级阶地是全新世时形成的。在高阶地的河流沉积物上部 1 m 形成了 CaCO$_3$ 结核，其 ^{14}C 年龄为 28 740±1500 a BP。这个测年结果也说明，塔克拉玛干沙漠在大约 30 ka BP 时气候也比现在湿润。前面提及的塔里木盆地南缘海拔 1800 m 上下的沙楔地貌遗迹暗示了冰缘环境，在冰缘气候背景下年平均气温通常接近 0℃、地表蒸发量小，因而也会导致当地气候的相对湿润程度增加（Yang et al.，2002）。

塔克拉玛干沙漠中部地区距今 30 ka 和距今 40 ka 时期的古湖泊沉积的海拔是 1100 m，若考虑到 GPS 测高的误差，其高程也可能是 1150 m 左右。若将此类高程作为湖泊水位的高度，那么塔克拉玛干沙漠的西北区域都将位于湖面以下（图 1.9），也就是说，沙漠地区地表环境变化可能是巨大的。但现有的证据还不能说明这样大片的湖泊是短暂存在即干涸还是存在了较长时间。另一个不确定性是当时的沙丘分布格局可能和今天有较大区别，那么湖泊可能不是一个单一的大湖，而是呈现为被高大沙丘分开的多个小湖泊。当下这一区域的沙丘高度总体上比较小。塔克拉玛干沙漠地表环境有效湿度的增加也可能是因为北极涛动或者是极地高压增强致使西风带南移，从而使西风带在塔里木盆地所处纬度更加盛行，进而导致周边山地的地形雨雪增加，使得流入沙漠的河流的径流量增加。另外一个原因则是在全球气温由冷转暖的转折期，周边山区冰雪消融水快速增加而使流入沙漠的河流径流量增加，最终因水源增加而形成湖泊等。

位于阿拉善高原西部的巴丹吉林沙漠虽以高大沙丘而著称，但那里也不难发现环境演变的地质记录。阿拉善高原为内蒙古高原的重要组成部分，南起河西走廊北山山系，北迄中蒙边境，西部为剥蚀低山和戈壁，东南部为巴丹吉林沙漠。在沙漠的南部地区，沙丘上长有较多的蒿属（*Artemisia* spp.）和沙蓬（*Agriophyllum pungens*）等植物，个别地点植物生长还较密集，这主要是因为南部边缘地区雨量较高。巴丹吉林沙漠的沙丘主要体现为北东-南西走向，其形态大多属复合类型（Yang et al.，2003；朱震达等，1980；杨小平，2000）。沙丘顶部多为流沙，在极个别沙丘的顶部也有基岩露头（图 1.10），不少学者虽然都曾亲临巴丹吉林沙漠，但是多数只是"到此一游"，并未花费大量时间做脚踏实地的野外考察研究，因没有见到而否认巴丹吉林沙漠沙丘底部基岩的存在。这主要是因为风沙运动的速度较快，基岩露头也是容易被风沙覆盖的。此外，并非每个沙丘底部都存在基岩丘陵，因为沙丘是移动的，并且多数都是复合型沙山，基座较大，基底也不见得就是均一的。巴丹吉林沙漠沙丘的丘间地还分布着上百个永久性湖泊（图 1.11）。因巴丹吉林沙漠地处北半球西风环流的中部，又距夏季风的末端较近，所以应该能够为揭示西北干旱区气候变化的规律和机制提供重要依据（杨小平，2000）。现代气象数据显示，夏季期间，西南季风能致阿拉善高原产生暴雨，古气候模拟结果也说明，在全新世中期时西南季风和东南季风都能够到达阿拉善高原地区，并带去较多降水。而在末次冰盛期时夏季风不能到达该区域，这一时期的水汽主要来自中纬度西风环流（Feng and Yang，2019）。

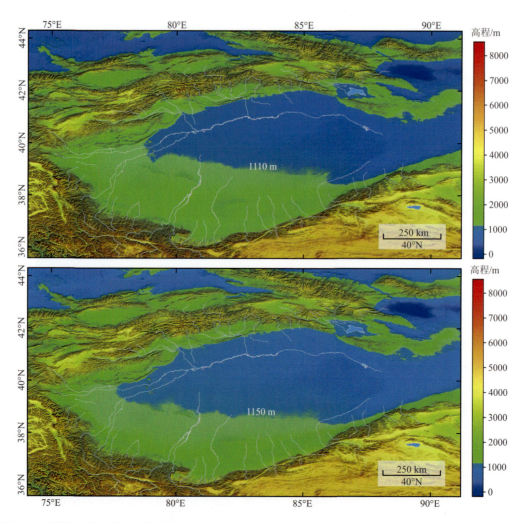

图 1.9　当湖泊水位高度分别达到海拔 1100 m（上图）和 1150 m（下图）时塔克拉玛干沙漠地区湖泊的可能最大范围（蓝色）

图 1.10 巴丹吉林沙漠南部宝日特勒盖高大沙丘迎风坡出露的基岩（花岗岩，杨小平摄于 2008 年）
这样的露头在遥感影像上是难以识别的，只有在实地考察时"偶遇"，且在一场大风之后可能又会被风沙覆盖而"消失"

图 1.11 巴丹吉林沙漠南部丘间地永久性湖泊（乌斯格图）

如前所述，巴丹吉林沙漠地区部分高大沙丘的"高大"成因是与下伏基岩地形有关的。导致"高大"的另一原因是不同时期的沙丘相互叠加。如图 1.11 所显示的高大沙丘上包含多级次生沙丘，即在高大沙丘表面存在新的沙丘类型。每一期新沙丘的形成都代表了一次干旱化的过程，而沙丘的固定则多是气候湿润程度增加或风速降低的结果。沙丘坡面上风蚀凹地中常出露多层钙质胶结层（图 1.12），代表了沙丘表面相对固定的时期。归纳起来，该沙漠南缘较高大的沙丘上普遍保留了四层不同时期所形成的较大规模的胶结面。化学成分分析表明，胶结层上 $CaCO_3$ 的含量超过 20%，而相邻地点普通沙丘沙中 $CaCO_3$ 含量则不足 3%。除了老的胶结面以外，沙丘上还有钙质胶结的植物根管，这些根管长可达 15～20 cm，管径可达 3 cm 左右。在现代气候条件下，沙丘上的植物较小，没有如此粗的根。根据这些根管的胶结程度和颜色可以判断，沙丘不同部位的钙质胶结根管是不同时期所形成的。沙丘上的胶结面和根管有一定的对应关系。根管中的无机碳的 ^{14}C 测年结果分别为 31 750±485 a BP，19 100±770 a BP，9435±345 a BP 和 2070±100 a BP（杨小平，2000）。这说明，在距今 30 ka 时，巴丹吉林沙漠沙丘上植物长势比较好，沙丘表面 $CaCO_3$ 相对富集。需要说明的是，和其他方法一样，^{14}C 测年也有它的局限性，特别是用无机碳测年时，难免会有老碳的污染。由于缺乏校正这类样品碳库效应的可靠依据，这里也只好仅仅提供测试的原始数据。

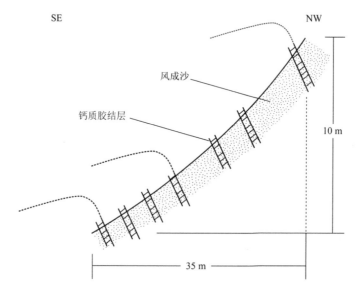

图 1.12 巴丹吉林沙漠东南部一高大沙丘上钙质胶结层分布示意图（杨小平和刘东生，2003）

或许是因为沙漠的干旱程度超出了人们的想象能力，所以许多沙漠环境研究反而更关注沙漠地区的湿润信号。我国西北荒漠地区的古湖泊问题在较早时期就已引起了不同学者的重视。20 世纪 30 年代，中国-瑞典西北联合考察团对巴丹吉林沙漠西北侧弱水下游的终端湖进行了较详细的测量（图 1.13），并对古湖岸进行了年代学研究，位于最高一级湖岸阶地上的贝壳的 ^{14}C 年龄为 33 700±1300 a BP，软体动物的 ^{14}C 年龄为 30 400±865 a BP。这两个年龄数据应该说是很有代表意义的，因为测的是动物残体中的有机碳（Norin，1980；Pachur et al.，1995）。这两个代表高湖面时期的数据与巴丹吉林沙漠沙丘上钙质胶结层的 31 750±485 a BP 年龄相呼应，说明这个无机碳年龄的可靠性还是值得重视的。弱水下游这一干枯终端湖湖底钻孔 δ^{18}O 记录也说明，湖泊水位在 37～34 ka BP、31 ka BP 和 28～26 ka BP 时比较高。位于巴丹吉林沙漠腹地的湖泊在晚第四纪以来经历了明显的变化，全新世早期的高湖岸线保存较好，更早的湖岸常被埋于流沙之下，一处较老湖岸的 ^{14}C 年龄约为 30 ka BP，说明巴丹吉林沙漠西北缘湖泊和沙漠腹地的湖泊在大约 30 ka BP 时湖水位都比较高（杨小平，2002）。

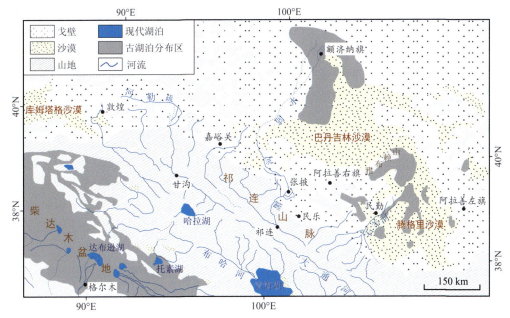

图 1.13　阿拉善高原和柴达木盆地地区古湖泊分布范围[修改自杨小平和刘东生（2003）]

　　腾格里沙漠石羊河下游地区的白碱湖湖面在距今 30 ka 前后要高出现代干盐湖面约 30 m，从最高的一级湖岸阶地所获得的 ^{14}C 年龄分别为 33 500±1085 a BP、32 435± 840 a BP、32 270±1236 a BP、30 330±560 a BP（张虎才和 Wünnemann，1997；贾玉连等，2001）。30 ka 前后的较湿润的记录不仅出现在内蒙古阿拉善高原西部地区和塔克拉玛干沙漠，而且出现于新疆北部地区。就面积而言，位于准噶尔盆地的古尔班通古特沙漠属我国第三大沙漠，该沙漠大部分地区被灌木及草本植物覆盖，主要为南北走向的垄岗式固定、半固定沙丘，南缘多为蜂窝状沙丘。天山北麓山前洪积冲积扇分布范围很广，大部分由发源于天山冰川或冰雪融水补给的河流携带大量砾石、泥沙在山前堆积而成，扇形地以北为广阔的古老冲积平原，主要由黄土状物质组成。根据其南缘丘间地一个 35 m 深钻孔的沉积特征，可以推断准噶尔盆地在晚更新世主要表现为相对冷湿的环境，剖面物质以弱胶结沙为主，其中夹有两层含钙结核的黏土层（下部 0.8 m 厚，上部 1.2 m 厚），其热释光年龄分别为 62 ka 和 28 ka，可以认为在这两个时期气候的湿润性更为突出（黄强和周兴佳，2000）。玛纳斯湖在 20 世纪 50 年代时还曾是一个面积达 550 km^2 碧波荡漾的大湖。湖底钻孔的古植被记录显示出，在距今 37~32 ka 时湖区的气候比较湿润，之后变干，在距今 12 ka 时气候又较湿润（Rhodes et al.，1996）。

　　青藏高原的北部大多都属于干旱、半干旱地区，在这样一个干、冷的区域，第四纪时期曾经历了复杂的环境演变历史。柴达木盆地的沙漠可以看成是我国沙漠垂直地带上的较高部分（Jäkel，2002），盆地海拔为 2500~3000 m，除了沙丘景观外，盆地西部风蚀雅丹地貌极其发育（图 1.14）。从地貌形态上可以认为，柴达木盆地海拔 2900 m 等高线上下有古湖岸线的特征。格尔木附近钻孔资料和 ^{14}C 年代学分析结果也显示，柴达木盆地以前确为一个大湖，这个湖在距今 32～24 ka 时面积最大，超过 70 000 km²，湖深超过 300 m，根据水量平衡原理估算，那时湖区的年平均降雨量是现在的两倍以上（Hövermann and Süssenberger，1986；Hövermann，1998；图 1.15）。青藏高原盐湖沉积的研究也说明，在晚更新世时青藏高原上曾出现过一个泛湖时期（郑绵平等，1998）。盐湖底部沉积地层显示，在大约 40～30 ka 前，柴达木湖湖水为淡水或微咸水，湖区气候较湿润，古湖岸上的水生动物化石也证明了这一点，湖岸贝壳的 ^{14}C 年龄分别为 38 600±680 a BP、31 000±500 a BP 和 28 650±670 a BP。在距今 25 ka 前后气候趋于干旱，石盐沉积开始，在盆地的不同地点沉积了不同的盐类（Chen and Bowler，1986；郑绵平等，1998）。位于蒙古国境内沙漠地区的湖泊，在 40～30 ka 期间湖泊水位也普遍比较高（Grunert et al.，2000）。

综上所述，我国西北及蒙古国境内的干旱地区在距今 30 ka 前后湖泊范围较广，流经腾格里沙漠西部、巴丹吉林沙漠西北部及古尔班通古特沙漠西缘河流的终端湖都在 30 ka 前后湖面水位较高、湖泊面积广、深度也颇大；同期柴达木盆地曾是一个面积颇大的淡水湖。尽管这些湖泊很可能都是由发源于周围山地的河流所补给的，但如此大的水体可以看作是流域雨量较丰沛的标志。除此之外，不同测年方法几乎都证明，在大约 30 ka BP 前后，在巴丹吉林沙漠腹地高大沙丘上形成 CaCO₃ 胶结层并长有枝体较大的植物，丘间地湖泊出现高水位；在塔克拉玛干沙漠发育了厚层河流沉积并出现 CaCO₃ 结核；在古尔班通古特沙漠的风沙沉积中形成黏质夹层。鉴于我国西北干旱地区和蒙古国干旱区都位于全球西风环流的纬度上，可以推测 30 ka 前后普遍存在的湿润气候事件应是西风环流加强的标志。但是，在距今 40～30 ka 时因岁差周期而产生强太阳辐射，形成强劲的夏季风，导致在青藏高原出现了异常温暖湿润的气候（施雅风等，1999），所以也不能排除高原季风对我国沙漠地区环境变化影响的可能性。

图 1.14　柴达木盆地的雅丹地貌

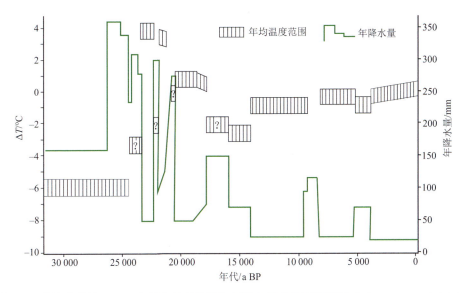

图 1.15　柴达木盆地 32 000 年以来的年均温与年降水量变化重建［修改自 Hövermann（1998）］
竖线代表了误差范围，?代表重建结果有待进一步商榷

（2）全新世时期

根据 2009 年国际地层委员会的定义，第四纪是新生代的最后一个纪，包含更新世和全新世。更新世的底部界线是 2.6 Ma 前，全新世则是指最近 11.7 ka 以来的地质时期，当下也属全新世。此前学界通常把最近 10 ka 以来的时期划分为全新世。"第四纪"概念的诞生已有近 200 年的历史，从起初认为第四纪时期的气候环境比较稳定，到约 100 年前四大冰期观点的产生及约 50 年前多旋回理论的问世，学术界对第四纪时期的环境有了逐步深入的认识。美国地貌与第四纪地质学家 G. Gilbert 曾感言："当对一个区域的地质调查结果成书时，最厚的及最重要的一章则往往是关于地质历史上最新的且最短暂的一个纪"。

就全新世而言，起初学界多认为末次冰消期之后，全新世气候应是一个比较稳定的时期。但近些年来大量较高分辨率的古气候重建研究都表明，全新世时期气候环境也曾发生过明显变化，虽然变化的幅度远小于冰期-间冰期尺度上的。特别是人类历史时期以来，人类活动对环境的影响也不断增强（Eitel，2008），人类活动现已成为环境变化的驱动因子，进而"人类世"的概念也就产生了（Crutzen and Stoermer，2000）。例如在美国，人为利用各种交通工具（如汽车、火车等）每年搬运的货物总重量已大于同年流水、风力等地质外营力对地表物质运移的总重量（Goudie，2018）。但关于人类世的起始时间在学界尚存较大分歧，人类世起初主要是指工业革命以来的时期，但从人类对自然环境的影响来讲，也有学者认为全新世几乎等同于人类世。

尽管近代地质历史上干旱区总体是在干旱气候的背景下，但我国西北荒漠地区在全新世时期是否也经历过较为湿润的气候呢？单从近代历史看，西北干旱地区在人类文明发展史上曾发挥过辉煌的作用，闻名中外的古代丝绸之路在两千多年前曾是连接东西方交通、文化和贸易的唯一通道，间接说明丝绸之路沿线当时的自然环境还是相对比较好的。从地貌景观和地层沉积也都可以说明，我国沙漠、沙地的环境特征在全新世以来发生过较明显的变化。这里仅列举一些示例做简要说明，后续章节将对各个沙漠、沙地进行详细阐述和讨论。

位于塔里木盆地南部地区的克里雅河流域对于研究干旱区的全新世环境有着重要意义。克里雅河河流的长度反映了沙漠地区的径流情况，间接代表了流域的干湿状况。受冰雪融水的影响，塔里木盆地在末次冰期冰消期时水文网发育，地表环境较为湿润。该地质时期出现过的克里雅河横穿塔克拉玛干沙漠的情况在距今约 2000 年的汉代和小冰期时期也都再次出现过（Yang，2001；图 1.16）。依据历史文献，汉代时期塔克拉玛干沙漠边缘地区的绿洲面积也比较大，那时的罗布泊被称为蒲昌海（图 1.17）。

在干旱地区，用陆相或湖泊沉积探讨高分辨率的气候变化历史是件不容易的工作，因为沙漠地区沉积速率极不稳定且测年方面的问题也比较突出。董光荣等通过对位于古尔班通古特沙漠西南隅的莫索湾全新世地层剖面的年代学、气候代用指标及地层沉积相分析，认为全新世以来，古尔班通古特沙漠经历过多次沙漠固定、缩小和多次沙漠活化、扩大的过程，该区现代地表风成沙，是这个过程旋回中最近、最新的一幕［详见陈惠中等（2001）］。从波动的频率来看，古尔班通古特沙漠这种反复波动型发育模式与我国东部广大沙区有相似性，而明显有别于位于南疆的塔克拉玛干沙漠及阿拉善地区沙漠的演变模式。该区冰期时主要受西伯利亚-蒙古高压增强前伸，以及发源于北冰洋、西伯利亚和蒙古国境内的寒潮或反气旋南下的频率和强度大为增长等影响，使北半球西风带及水平生物带南移，从而处于冷高压和反气旋的运行路径上，因此气候环境表现为干冷多风；而间冰期时西伯利亚-蒙古高压减弱、后退，使湿润的西风得以驻留，降水相对增加，表现为暖湿或温湿。至于全新世的波动次数，恐怕还需进一步探讨研究。

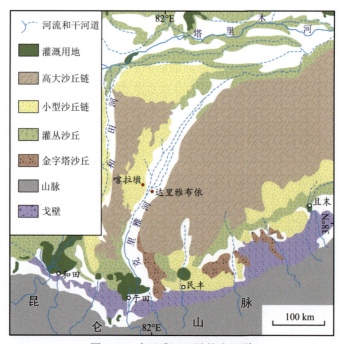

图 1.16 克里雅河下游的古河道

在较湿润时期河水沿偏东河道注入塔里木河，形成穿越塔克拉玛干沙漠的绿色走廊，而目前在达里雅布依断流（Yang，2001）。另外，流经民丰绿洲的尼雅河在 2000 年前可以到达沙漠深处的尼雅古城，并一直北流注入克里雅河（Yang et al.，2006b）

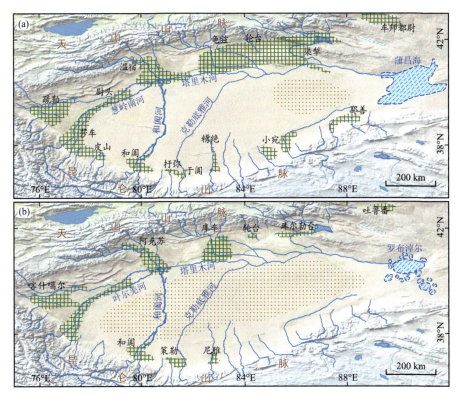

图 1.17　依据历史文献绘制的汉代（a）和清代（b）塔克拉玛干沙漠地区的水系（蓝线）和绿洲（绿线网格）变化［修改自 Yang 等（2006b）］

罗布泊在汉代时被称为蒲昌海，面积明显大于清代时期

　　李小强（Li et al.，2011）根据伊犁盆地一湖相地层剖面上孢粉记录提出，全新世早期（10.6～7.6 ka）是近 15 ka 以来最为湿润的时期，那时伊犁盆地的植被类型为温带草原，而全新世中期（7.6～6.5 ka）该区域变为荒漠，气候变干，之后（6.5～5.2 ka）再度转湿润，但在 5.2～3.3 ka 时期这一区域以荒漠草原为主，湿润程度在全新世时期属于中等水平。这一研究进一步说明西风带主要控制的区域，全新世环境演变的历史可能同位于夏季风北缘的阿拉善高原及内蒙古东部地区的沙地有着明显的差别。

　　根据野外观测，巴丹吉林沙漠地区沙丘上的表面胶结层和沙丘丘间地湖泊的高水位都应是相对湿润气候的产物。虽然巴丹吉林沙漠地区现有的湖泊数量众多，但根据卫星影像判读和实地考察结果来看，古湖泊的范围比现在的湖盆还大得多，即使在现在尚未干涸的湖盆，湖岸常见史前高水位时期的湖相沉积，如图 1.18 所示，位于沙漠东南部的邵班吉林在全新世中期时水位较高。在巴丹吉林沙漠的西部和北部，都存在面积较大的古湖相沉积（图 1.19）。沙漠外围地区的荒漠平原和准平原也反映了地表动力过程的变化。另外，从湖水的 TDS（可溶固体总量）含量来看，年龄老的湖泊，TDS 含量也高。全新世中期以来，湖泊的 TDS 呈现出一个明显增加的趋势。沙丘沉积、古湖岸线及湖水的 TDS 演变历史共同诠释了巴丹吉林沙漠地区的古气候在全新世时发生过明显变化，指示夏季风强度曾发生变化（Yang and Williams，2003）。

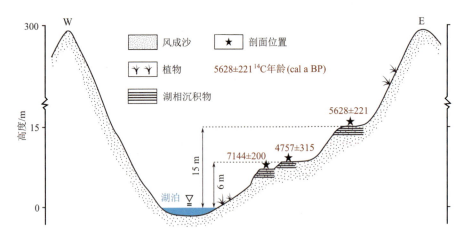

图 1.18 巴丹吉林沙漠东南部湖泊邵班吉林全新世中期时期湖岸位置[引自 Yang 等（2010）]

图 1.19 巴丹吉林沙漠北部边缘地区出露的古湖泊沉积

　　虽然沙漠沉积常常不连续，但对其做高分辨率分析的尝试总是不间断的。例如，根据孢粉和地球化学指标，Zhang 等（2000）认为，腾格里沙漠南部地区在 7950 a BP 前为干旱气候，但在 7950～7500 a BP 时期，剖面沉积中的流水作用比较明显，孢粉中的湿地植物和乔木增加，说明气候已变得比较湿润。而在 7500～5070 a BP 期间，气候进一步向暖湿方向发展，7290～6380 a BP 时期的气候被视为最暖期，5720～5070 a BP 时期的湖泊发育最广泛。但自 5070 a BP 以来，气候多变，气温下降。而沙漠迅速扩展的一个主要时期始于 3000 a BP。近 3000 年以来，虽然出现过气候较适宜的时期，但远不及全新世中期暖湿。

　　虽然"沙漠是人类最顽强的自然敌人之一"（竺可桢，1961），但是沙漠又是诸多人类文明的发祥地，陆上"丝绸之路"中部地段便多为沙漠干旱区。"丝路"不仅在历史时期和当代，且在史前时期就已对东西方文明交流起着纽带和桥梁作用。中华第一龙曾在"红山文化"遗址中出土，标志着"红山文化"在华夏文明演进史上有着举足轻重的意义。而浑善达克沙地东部还存有距今 5～6 ka 的"红山文化"遗迹。红山文化衰落与消失迄今都被认为是"科学之谜"。Yang 等（2015b）提出该地区 4000 多年前的荒漠化可能是造成红山文化衰落的主要原因，进而迫使该区域的先民大规模南迁至黄河流域。另外，即使在巴丹吉林沙漠也遗存有不少新石器时代的石器和齐家文化的陶片，说明在全新世中期，巴丹吉林沙漠腹地曾有过相对较活跃的人类活动（Yang et al.，2010）。

通过分析研究已发表的相关文献可以得出，即使在人类历史时期，沙漠地区也发生过明显的环境变化。塔克拉玛干沙漠地区在晚全新世也出现过较湿润的时期，特别是沙漠中部的尼雅河和亚通古斯河下游记录的距今 2000 年左右的湿润时期，与塔克拉玛干沙漠深处多个已消失的古文明的繁盛时期基本一致。距离沙漠南缘 70 km 左右的尼雅遗址，因出土印有"五星出东方利中国"八个篆体汉字的国家一级文物汉代织锦而被誉为 20 世纪中国考古学最伟大的发现之一。尼雅遗址的考古学证据与我们的古环境研究共同说明在 2000 年前的汉代，塔克拉玛干沙漠南缘的河流能够深入沙漠至少 70 km 并造就沙漠绿洲，为彼时沙漠文明的繁盛提供了水源保障（杨小平等，2021）。类似的，塔克拉玛干沙漠的克里雅河流域在 2000 年前也曾出现绿洲范围扩大，气候干燥度降低的现象（杨小平，2001）。在巴丹吉林沙漠地区，大约在 2000 a BP 时也出现过沙丘表面胶结程度增加，易风蚀度相对减小，降雨量有所增加的现象（杨小平，2000）。

从上述列举的地区看，即使同处干旱气候这样一个大的自然背景下，干旱程度随时间也会发生变化，特别是受区域环境格局的影响，干旱内陆盆地的地表景观在晚更新世以来发生过明显的变化。在西北广阔的沙漠地区，环境演变的自然地域分异比较突出。即使在我国最西部的新疆地区，全新世时期气候演变也存在明显的区域差异性，不宜用一个统一的模式来描述。例如，准噶尔盆地底部沙丘在全新世经历了固定与活化的巨大变化。而在认识沙漠演变历史时，区域地质地貌、水文格局等都是不可忽视的方面。古尔班通古特沙漠地区气候波动较为频繁，主要受全球西风环流的控制。而在塔克拉玛干沙漠地区，湿润时期出现次数较少，这是由区域地质地貌、水文格局所决定的。晚更新世以来，新疆地区气候演变的模式有别于东部季风区。

从湖泊水位变化和沙丘表面景观特征来看，巴丹吉林沙漠地区全新世时期的气候波动的相对幅度还是比较大的。特别是位于巴丹吉林沙漠东南部的腾格里沙漠，在全新世时期曾经历过若干次干、湿交替变化。巴丹吉林沙漠和腾格里沙漠环境演变的同步性较为明显，推测是受夏季风影响的结果。

总而言之，根据西北沙漠地区的地表形态、湖泊水位变化和沉积学数据可以认为，全新世的古气候演变历史有明显的干湿波动，但各个局部地域之间也存在差异。气候变化在世界上大多数地区都表现为水、热同步的特征，即暖与湿对应，冷与干相配，地球表面的冰量直接影响东亚冬季风的强度（Ding et al.，1995）。但在我国西部干旱沙漠地区并非完全如此。从巴丹吉林沙漠的古沙丘形成的环境推断，我国西部沙漠地区沙丘发育的控制因素主要是雨量，除全新世大暖期时期水、热表现为同步外，其演变模式是暖与干、冷与湿的配置，而不是暖湿、冷干。在冰期时的某些时段，我国西北干旱地区由于冷湿的环境，沙丘的流动性相对较弱（Yang，2002），因而沙漠在提供黄土物源方面会受到限制，但因我国和蒙古国的许多半干旱地区在冰期时被流沙覆盖，在冰期时则可能会成为黄土的另一主要物源区。物源范围的扩大，使得黄土堆积可能不受影响。在今天这样的间冰期，半干旱地区的流沙大多处于固定、半固定状态，而我国西北地区沙漠广布，成为风力侵蚀、搬运细粒物质的主要场所，使极端干旱沙漠地区在此时期成为黄土的唯一主要直接物源区（Yang，2001）。

四、中国北方沙区的沙源

20 世纪 50 年代，中国-苏联联合考察队率先对中国沙漠地区风沙沉积的矿物组成、粒度特征开展了研究。80 年代，《中国沙漠概论（修订版）》（朱震达等，1980）第一次较系统地阐述了中国沙漠沙物质的矿物组成和粒度特征，但书中依据的样品数量比较少或者说多数情况下没有提及样品的个数。这部经典文献阐述的一个主要结论是不管以沙漠、沙地为单元还是以同一沙漠内不同区块为单元，沙丘沙都主要来源于其下伏的沉积物。以塔克拉玛干沙漠为例，南部、北部、东部和西部的重矿物是有区域差异的，主要是由于下伏沉积物来源不同所致。但由于风的搬运作用，风成沙和下伏沉积物在机械组成和矿物组成方面都有一定的差异。朱震达等（1980）对矿物的分析只涉及粗粒部分，因为仅粗颗粒能在当时使用的光学显微镜下识别其矿物种类。虽然《中国沙漠概论（修订版）》出版已 40 多年，但这本书关于沙源的观点至今仍有着现实指导意义。归纳起来，该书关于中国沙漠沙源观点可以被称为"就地起沙"，由于那时对半干旱地区的沙地调查较少，所以该书几乎没有讨论沙地的沙源问题。

近若干年来，地球化学元素示踪方法被广泛应用于沙漠沙源的研究之中。地球化学领域的专家多擅长对痕量元素和元素同位素的分析，仅以元素特征为依据得出的物源认识通常是所谓的原始物源，而地貌学上关注的物源通常相当于中间宿主。例如，从一些元素的同位素出发，古尔班通古特沙漠和呼伦贝尔沙地的沙源有一致性，原因是它们都来源于中亚造山带，从这一角度来说，它们和塔克拉玛干沙漠的物源有较大的区别，但无论从地貌学还是从气象学的角度，古尔班通古特沙漠的沙源和呼伦贝尔沙地的沙源都是不同源的，因为它们来自不同的流域，且这两个区域在沉积循环方面没有任何联系。

在运用痕量元素甄别沙漠物源时，关键的一步是选择合适的元素作为区分物源的标准。Arbogast 和 Muhs（2000）在研究美国不同沙区时发现，选择不同的元素可能会得出完全不同的结论（图 1.20）。只有将地球化学数据和地表过程知识有机地结合起来，才能客观判断沙漠、沙地的沙物质来源。

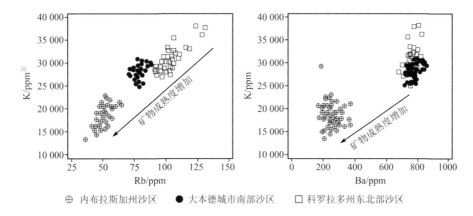

图 1.20 美国三大沙区在 K-Rb 和 K-Ba 投影图上展示的不同结果[修改自 Arbogast 和 Muhs（2000）]

大本德（Great Bend）城市南部沙区位于三者之间最南部，而内布拉斯加州（Nebraska）沙区位于最北部，科罗拉多州（Colorado）东北部沙区从距离上则更接近内布拉斯加州沙区。左图上三个沙区是不同源的，而在右图上大本德城市南部沙区和科罗拉多州东北部沙区似乎同源，但从地质地貌分析，这三个区域的风成沙是不同源的

通过对塔克拉玛干沙漠克里雅河流域、尼雅河流域、策勒河流域及塔里木河流域粗粒（>250 μm）和细粒（<53 μm）组分的主量元素、稀土元素与痕量元素的测试分析，Yang 等（2007a）提出这四个流域的粗粒的地球化学特征差异明显，应归属于不同的物源。而四个区域风成沙的细粒组分的地球化学特征比较一致，可能是在风力的作用下，不同区域的细粒组分混合程度较高所致。换言之，塔克拉玛干沙漠沙丘沙的粗粒组分较好地体现了"就地起沙"的特征，这和前人依据重矿物组成得出的结论是一致的，但细粒组分已不能用"就地起沙"来概括，因为细粒组分应是不同区域物质混合的产物。近些年来，Sr-Nd 同位素的比值为探究沙漠沙的来源提供了新的思路。Rao 等（2015）通过对比塔克拉玛干沙漠细颗粒（<75 μm）、天山、昆仑山和阿尔金山岩石样品中的 Sr-Nd 值得出，天山山脉是塔克拉玛干沙漠沙源的一个主要源区。这一点看上去似乎和前述的"就地起沙"不同，但是这里只是针对<75 μm 的细颗粒，而这个粒级的沙粒在沙漠沙中所占比例总体不高。

Jiang 和 Yang（2019）对塔克拉玛干沙漠南缘民丰到沙漠北缘轮台横穿沙漠的公路沿线的沙丘顶部的沙丘沙样品及尼雅河和塔里木河的河床沙样品进行了主量、稀土和痕量元素测试，从对全样、粗粒级（>63 μm）、细粒级（<63 μm）组分的对比分析认为，细颗粒的矿物成熟度和风化程度总体上都低于全样和粗颗粒组分的。鉴于通常情况下碎屑颗粒沉积物在粒径细化过程中矿物成熟度和风化程度都会有增加趋势，据此判断塔克拉玛干沙漠沙丘沙粗、细不同粒级的沙源可能是不同的，即粗颗粒起初都是河流从山地搬运到沙漠地区，所以主要来自于昆仑山脉。这一点也与塔克拉玛干沙漠的水系格局是一致的。发源于昆仑山的河流多数从南向北流，可以到达沙漠的各个区域，而发源于天山山脉的河流只是沿着沙漠北缘自西向东流。所以前人提出的"就地起沙"并非指来自当地

---

① 1 ppm=10⁻⁶。

基岩，而是当地的冲积、洪积物。细颗粒是经过风力作用后高度混合的产物，其中既有来自南部昆仑山脉的物质，也有来自北部天山山脉的物质（Jiang and Yang，2019），这一点和前面所述的 Rao 等（2015）关于细粒组分来源的观点是基本一致的。因为风力的远距离搬运，细粒组分则不全是"就地起沙"的。

老一辈科学家曾用粗颗粒的重矿物组成来探究沙漠沙来源，但现在已很少有人再使用这种方法，原因是重矿物鉴定只是针对粗颗粒的，细颗粒在显微镜下难以区别。另外，现在多数地学工作者并不擅长用眼睛鉴定矿物种类。目前常用的方法是以仪器为工具的地球化学的示踪或沉积学的推理方法。通过对巴丹吉林沙漠地区沙丘沙不同粒级组分的主量、痕量元素分析，Hu 和 Yang（2016）提出巴丹吉林沙漠沙的主体源于青藏高原东北部的祁连山脉，而在该沙漠的北部区域也有部分来自东阿尔泰山的物质。发源于祁连山脉的黑河将大量的碎屑物质搬运到巴丹吉林沙漠的西北侧，并形成巨大的洪积扇，在主导风——西北风的作用下，沙粒和粉尘又被搬运到了巴丹吉林沙漠区域。

鄂尔多斯高原北部是库布齐沙漠，南部为毛乌素沙地，其西侧为贺兰山、北侧为阴山山脉。按照地理学第一定律，事物是相互关联的，相近的比遥远的之间的联系会更紧密。但是元素地球化学数据显示，毛乌素沙地西南部和库布齐沙漠的沙丘沙与青藏高原东北地区的岩石更有相关性，也就是说黄河携带到河套地区的泥沙可能是库布齐沙漠和毛乌素沙漠西南部沙丘沙的直接来源，而毛乌素沙漠东北部的沙丘沙应主要来源于当地的湖泊沉积及基岩（砂岩）风化产物。青藏高原东北地区恰巧是黄河的上游区域，也是黄河侵蚀较强的地区，这里虽距河套地区较远，但其基岩的地球化学特征暗示这一遥远区域才是库布齐沙漠和毛乌素沙地东北部沙丘的物源区，而非距离较近的贺兰山和阴山山脉（Liu and Yang，2018）。刘倩倩和杨小平（2020）对毛乌素沙地和库布齐沙漠不同区域地表风成沙粒度特征进行了对比研究，结果显示毛乌素沙地东北部和西南部风成沙的粒度特征及粒度参数也存在显著差异，不能用风力搬运营力下的分选过程来解释。毛乌素沙地风成沙的分选系数没有显著的空间变化趋势；库布齐沙漠风成沙的分选系数也没有与盛行风向一致的空间变化规律。复杂的多变的沙源及风和河流的混合搬运作用可能是导致粒度参数空间分异规律不明显的原因。

对我国东部沙地沙源的研究工作总体上还是比较少的。Liu 和 Yang（2013）对浑善达克沙地西部地区的风成沙的主量和稀土、痕量元素组成进行了初步研究，研究结果显示这一区域的风成沙可能来自于当地的古湖泊沉积，因所有样品不同粒级组分都显示明显的 Ce 负异常特征，代表了水下环境的遗迹，而这些沉积的最初的物源应是沙地的周边山地。Chen 等（2022a）对塔克拉玛干沙漠和科尔沁沙地沙丘沙的地球化学特征进行了对比研究，结果显示科尔沁沙地沙丘沙的风化程度、矿物成熟度都相对较高，这应该与科尔沁沙地较湿润的气候和较少的沙源供应量有关。依据地球化学元素特征判断，发源于科尔沁沙地西部大兴安岭的河流将山区的岩石碎屑搬运至沙地区域，这类河流沉积再经风力的侵蚀、搬运作用便形成了沙丘，成为该沙地的主要沙源。相比之下，塔克拉玛干沙漠沙丘沙的风化程度、矿物成熟度都较低，其起因应是极端干旱气候和来自周边山地的大量的沙源供应，使得风成沙暴露于地表，经历风化作用的时间相对较短。

第四节　中国沙漠地区对史前文明起源和发展的重要性
——基于考古学的证据

进入 21 世纪以来，伴随着大范围调查和发掘项目的开展，不少处于中全新世阶段的遗址，甚至是超大中心聚落，在现今的干旱-半干旱景观中重见天日，以考古实证化的物质材料指示这些区域的自然环境曾与现今大相迥异，为复原这些区域的古代环境、探讨自然对人类社会的影响及其间的博弈提供了重要线索。同时，近年来环境研究出现了新趋势，那就是在探讨环境对人类社会的直接作用外，强调人的能动性及其在环境恶化时的韧性，并提出人类社会在面对环境压力时能够创造出不同的应对方式，以维持自身生存延续（Degroot et al.，2021）。就考古材料而言，中国新石器时代初期就已经可以见到明确的人类社会为了应对自然环境而进行的建筑构造等多方面措施（Drennan et al.，2020）。因此，本节对中国沙地-沙漠地区相关人地互动关系的探讨，除原有的环境变化指标之外，同时考虑人类社会的能动性，并探讨这一变量和环境变化程度所能发挥作用的力量对比。

我国的沙漠/沙地多位于我国地形的第一级阶梯和第二级阶梯地区，这两级阶梯海拔较高且山地绵延，和第三级阶梯以平原为主的低海拔特征形成鲜明对比。这种大范围的地形地貌反差也可见于近东地区及中/南美洲，而国内外人类学和考古学界近年来分别以高地（highlands/uplands）和低地（lowlands）分别对这些地区的高海拔和低海拔区域进行指称（Li，2018；Jaang，2023）。低地人群视角书写的历史文献中，欧亚大陆的低海拔平原区域被描绘为早期文明和城市化的摇篮，而高地（包括干旱/半干旱区域）的人群不仅被视为野蛮和不开化的群体，还被认为是低地秩序的破坏者和对立面（Glatz and Casana，2016）。法国年鉴学派的重要人物布罗代尔就曾指出：城市和文明是低地的成就，而高地是存在于文明之外的另一个世界（Braudel，1972）。这一论断是对高地偏见的反映，并进一步固化了学界和大众对非平原区域的轻视。而近年来，新旧大陆的考古发现都对这一根植于文字记载的传统观念提出了根本挑战，尤其是我国干旱/半干旱区域的发现，更是颠覆了高地和国家、早期城市和文明间关系的原有论断（Jaang et al.，2018）。因此，本节选取其中最具代表性的沙漠/沙地的考古发现，即来自于毛乌素沙地和阿拉善沙漠的遗迹遗物，在分析这两大区域的人地互动关系之外，同时着重梳理以这两处为代表的高地区域和文明的关联。

一、毛乌素沙地及其周边地区

考虑到现今毛乌素沙地所在地区在史前和夏商周时期都是主要分布于榆林地区的考古学文化中的一部分，为了获得更为完整的人地互动关系图景，有必要将毛乌素的人地互动关系放置于整个榆林地区的考古发现中进行考察。相关分析将首先就本区域的重要单体聚落情况进行具体分析，揭示各遗址点反映的环境和沙漠化特征；然后以大空间格局的视角、整体分析对比本区域各阶段聚落总体情况的异同，继而在此基础上探讨社会变化和沙漠化的关系。

伴随着石峁遗址石破天惊的发现，毛乌素沙地及其主要所在的榆林地区成为探索中华文明起源的关键地区之一（Sun et al.，2018b）。榆林市石峁遗址位于现今毛乌素沙地南缘的山峁上，年代为公元前 2300 年到公元前 1800 年，面积 410 万 m^2，是距今 4000 年前后中国境内面积最大的城址，常住人口保守估计至少为几千人（图 1.21）。作为石峁城址核心的皇城台经人工斩山、层层砌石加固、内嵌整株松柏圆木为骨架等工序，整体呈现阶梯状金字塔状，和环绕石峁的内外两重石筑城圈构成石峁的主体建筑，其构建需要耗费巨大人力，并展现了宏大的社会调动能力。皇城台顶部的大台基础有大量雕刻，其形态包括平面浮雕和立体圆雕等多种形式，造型包括神面和动物类纹饰等，应该和宗教活动有关，其中的立体人像雕刻可能来自于现今浑善达克沙地的红山文化传统（图 1.22）。石峁遗址是距今 4000 年前后北方地区的政治中心，以石峁为都城的石峁政体在其鼎盛时向北进入现今内蒙古中部的鄂尔多斯地区，向南则扩张至山西南部临汾盆地，并对该地区的陶寺中心城址进行了伴随着大量暴力行为的殖民统治，成为了当时控制范围最为广阔的政体（Jaang et al.，2018）。石峁遗址和以石峁为中心的早期国家的相关考古发现和研究，从根本上动摇了早期文明只能来自于低地平原地区的传统观点（Jaang et al.，2018），彻底打破了法国年鉴学派代表学者布罗代尔（Braudel，1972）所提出的"文明不上高地"的偏见。而石峁城址以及石峁国家的核心所在区域即为毛乌素沙地及其周边地区，该区域现有的自然景观及其能够提供的生计资源同石峁城宏大的规模和政治势力形成鲜明对比，也提示我们以毛乌素沙地为代表的榆林地区在距今 4000 年左右的环境气候与当下迥异。

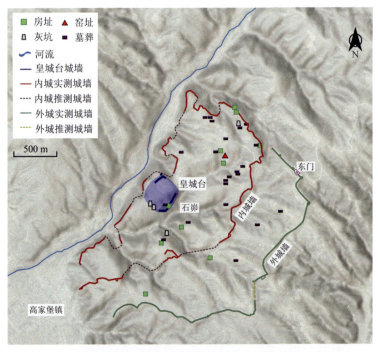

图 1.21   石峁遗址平面图［改绘自陕西省考古研究院等（2016）］

图 1.22　石峁皇城台大台基的圆雕人像

石峁早期国家统治下的、位于现今毛乌素沙地的木柱柱梁史前聚落和墓葬的发掘，更加突显了毛乌素沙地在距今 4000 年前后自然条件同现今的差别。木柱柱梁遗址是面积为 1.7 万 m² 的环壕聚落，共发现 52 处房址，另见大量生活日用垃圾（陕西省考古研究院，2015），可能曾有百人左右的居民长期居住。其动物考古鉴定结果表明，此遗址牲口中家养羊的比例最高，其次为家养黄牛，同时也有一部分的家猪，比例可达 10% 以上（杨苗苗等，2021）；植物考古表明小米类农作物仍是当地居民的主要食物来源（郭小宁，2017）。综合动植物证据，可见木柱柱梁遗址当时的经济生活中畜牧类占到一定比例，但是中国北方以小米种植和家猪饲养为特征的农业定居经济仍起到了较大作用。此外，还有多处位于现今毛乌素沙地、属于石峁政治集团的聚落于近年得以考古发掘，其中包括和木柱柱梁遗址隔河相望的神圪垯梁遗址，动植物考古鉴定表明该遗址的生业结构和木柱柱梁遗址相近。现今毛乌素沙地腹地处还发现有一处规模较大的距今 4000 年左右的遗址，即火石梁遗址。该遗址占地面积达 10 万 m²，是具有较多人口的长期定居聚落。动物考古鉴定结果表明该遗址家养羊的比例较木柱柱梁和神圪垯梁明显偏高，在所有可鉴定动物最小个体数中的比例约为后两者的 2 倍，高达 60% 左右（胡松梅等，2008）。推测这三处遗址当时的自然景观以草原为主，不远处有一定规模的森林、稀树森林和灌木，虽在外围存在干旱-半干旱景观，但同现在以沙地为主的情况迥然相异（杨苗苗等，2021）。另外，这三处遗址的主要遗迹都打破沙地（郭小宁，2017），如火石梁聚落所打破沙层为分布于现今毛乌素沙地的黑色不连续沙层（胡松梅等，2008）。有可能在这三处聚落营建之前，其所在区域曾为干旱-半干旱景观，但在石峁集团的崛起阶段出现了环境适宜人居的转变。此外，需要注意的是，这三处遗址的家养羊都可见家养山羊，其中尤以火石梁的家养山羊所占比例最高（胡松梅等，2008）。伴随着近年来史前丝绸之路的相关研究，可确知早期中国的家养绵羊和山羊是由早期丝路引进的外来物种（Jaang，2015）。考虑到家养山羊的饲养在现今毛乌素沙地出现的年代早、数量多的特点，很可能这种来自于史前丝路的新引入物种和该地区景观环境的恶化存在一定关联。

在长时段的视野下观察，毛乌素沙漠及其所在的榆林地区自中全新世以来的社会及其相关的环境和景观变化则更为显著。在榆林地区开展的第三次文物普查共发现古代遗址 13 881 处，其中新石器时代遗址数量多达 4472 处（陕西省文物局，2012），在所有遗址中所占比例为 32%，是榆林地区全新世以来人口最为稠密的阶段；在距今 4300 年左右，本区域的社会发达程度伴随着石峁超大聚落和一系列百万平方米左右的石城聚落的营建达到了顶峰（Sun et al.，2018b）。然而，在此之后，也就是距今 3800 年左右，榆林地区的聚落发生了断崖式衰落，聚落总数量锐减至 30 处；商代时期，该区域社会情况有所好转，但聚落总数量也仅为 115 处；西周时期，聚落总数再次下降至 65 处（陕西省文物局，2012）。榆林地区可统计的聚落面积数据表明，新石器时代的聚落总面积为 4793.02 万 m^2，后续的二里头时期仅为 46.29 万 m^2，表明前后两个阶段之间出现了人口规模的大幅度下降；与四百多万平方米的石峁遗址相比，二里头时期本区域最大面积的聚落仅为 15 万 m^2；聚落延续使用情况的统计表明，整个榆林地区未见任何一处新石器时代的遗址在二里头时期仍延续使用的情况（赵阳，2021）。综上，在距今 1800 年前后，毛乌素沙漠及榆林地区的人口和社会出现了崩溃式的衰落，并且之后该区域的人口和社会都未能恢复之前的繁盛状态。考古材料反映出的长时段历史变化为我们探讨本区域的环境变迁提供了重要切入点。

对比本区域古环境研究的相关数据，可知毛乌素沙地及其周边地区考古材料所见的聚落和社会变化都分别与自然环境变化的关键节点相呼应。首先，公元前三千纪后半段和公元前两千纪初期，本区域的气候特征相对其他时期更为温暖湿润，而这一时间段恰和考古所见石峁集团的兴盛相呼应（Sun et al.，2018b）；此外，内蒙古东北部的岱海地区在公元前三千纪出现了干冷化趋势，^{14}C 测年显示该地区三次高湖面阶地的最晚阶段在距今 4500 年左右（王苏民和冯敏，1991；王苏民和王富葆，1992），该地区的干冷趋势在公元前 2400 年到公元前 2200 年达到峰值，导致原本居住于岱海地区的人群沿着黄河向南迁徙，进一步增加了榆林地区以石峁为中心的早期国家的人力资源；公元前 1800 年左右，毛乌素沙地及其周边地区由之前温暖湿润的气候特征转为干冷气候（Cui et al.，2019），而此时恰可在考古材料中看到石峁中心聚落的终结以及本区域社会和人口的崩溃。通过对比考古发现和环境信息，可知毛乌素沙地及其周边地区反映了气候和自然条件对人类社会的决定性影响。此外，在无定河上游流域的地貌研究表明，现今榆林地区中东部在全新世出现了河流下切，使得多处区域原有的湖泊或水面缩小，或因水体外泄而直接干涸（胡珂，2011）。虽然本研究未涉及石峁遗址周边，有可能类似的因河流下切而造成的原有水面下降或者干涸的现象和石峁集团的衰亡有关，或许也是该地区沙漠化的重要促进因素。需要注意的是，社会崩溃的人类学研究表明，早期社会在面临较大规模的自然灾害时，人口繁盛的大型城市及其相关社会往往表现出更加显著的脆弱性（Wilkinson et al.，2007；Ur，2010）。因此，在距今 3800 年的干冷化后，石峁集团出现的断崖式衰落，除了环境因素外，可能与其高度繁盛的社会所带来的脆弱性息息相关。

二、阿拉善沙漠

以巴丹吉林沙漠为代表的区域，现今因沙漠化和干旱难以居住，且即使借助现代交通工具亦通行不便。然而，该地区在旧石器时代晚期（3 万年前到 1 万年前）就存在人类活动的考古学证据，气候环境适宜居住（戴尔俭等，1964；李壮伟，1993）。更为重要的是，至少自公元前三千纪开始，巴丹吉林沙漠及其周边地区便形成了沟通北部蒙古国地区和贺兰山以东地区的重要通道，是史前丝绸之路（Kuzmina，2015）最为关键的中转站。此外，巴丹吉林沙漠及其周边地区存在相当数量的新石器时代和早期青铜时代的聚落，其功能部分以手工业作坊为代表，为史前丝路的贸易活动生产用以交换的物品，部分则具有驿站功能，是沿途交流互动的歇脚点，并在此基础上进一步衍生出专业从事长距离交换/贸易的商团（Jaang，2023）。

阿拉善沙漠在中全新世阶段曾为长距离贸易的关键节点，其中尤以位于巴丹吉林沙漠西部的额济纳河在公元前三千纪和公元前两千纪前半段的作用最为突出。额济纳河所在河流发源于祁连山脉，甘肃段的河流称为黑河，亦称合黎水、张掖水等；流经内蒙古部分的名为额济纳河或弱水。考虑到分地域命名的相关行政区划分的时代性，并为了讨论便利，这里将此河流全线统称为额济纳河。额济纳河是该地区南北流向最长的河流，直接沟通了河西走廊中部和欧亚草原沿线。

考古资料表明，额济纳河及其周边的巴丹吉林沙漠等区域在史前阶段的中西交流中发挥了极为关键的作用：通过草原游牧民族传播的“舶来品”、新技术和新观念被引入额济纳河沿岸和巴丹吉林沙漠及其周边区域的年代明显早于我国其他地区，且其出现频率较其他地区更为频繁。通过梳理和对比不同地区发现“舶来品”的情况，明显可以看出本区域是史前阶段丝绸之路的重要门户。

首先，以考古发现的外来农作物为例，小麦和大麦的传播为研究青铜时代欧亚交流网络提供了至关重要的证据和材料，它们最初在西亚地区被驯化，后经中亚、再通过欧亚草原进一步东传（赵志军，2009）。发现于我国境内的最早小麦即在额济纳河沿线（李水城和王辉，2013）；此后，植物考古学的证据表明额济纳河及其周边区域出土驯化小麦和大麦的遗址数量不断增加，其测年范围在公元前 3000 年到公元前 2000 年前后（Jaang，2015）。来自同位素的证据也表明额济纳河周边区域的居民是我国境内最早广泛食用小麦和大麦的人群（Liu et al.，2014b）。驯化动物的传入情况也可见到与麦类作物同样的规律。家养羊科动物和黄牛也是经过欧亚草原地带引入中国的（傅罗文等，2009）。我国境内所见最早的驯化绵羊发现于额济纳河周边的师赵村与核桃庄遗址，年代在公元前 3000 年左右（蔡大伟等，2010）；家养黄牛最早亦出现在位于额济纳河周边区域的师赵村遗址、西山坪等遗址，年代同样在公元前 3000 年前后（吕鹏等，2014）。公元前2200 年伊始，驯化的羊科动物和家养黄牛在额济纳河沿岸愈加频繁出现（Jaang，2015）。

更为重要的是，额济纳河沿线还是冶金术引入中国的第一站。冶金术最早产生于西亚和东欧，并以欧亚草原为中转站进入中国（陈坤龙等，2018），而目前我国已知最早的冶金类遗址皆分布于额济纳河沿岸，分别是火石梁遗址、缸缸洼遗址、白山堂古铜矿及黑水国（西城驿）遗址。缸缸洼和火石梁遗址目前皆为沙漠景观，但其表面大范围分布着和冶金相关的人类活动遗物，如铜矿渣和坩埚残片；木炭以及铜矿石等冶金生产指示性遗存也同样见于这两处遗址。虽然其铜制品生产规模还有待进一步研究，但现有证据表明这两处遗址的冶金生产活动至少在公元前 2200 年左右已经较为显著；而同位素分析结果表明白山堂铜矿正是火石梁和缸缸洼遗址冶金活动所使用铜矿料的主要来源（Dodson et al.，2017）。公元前 2100 年左右伊始，位于现今张掖市郊区的黑水国/西城驿遗址也开始了冶金生产，并成为了这一区域的铜器生产中心，其冶金活动在公元前 2000 年左右进入兴盛期（陈国科等，2015）。在青铜时代，红铜和青铜制品是高价值的商品，在极大程度上促进了欧亚大陆不同社会间的贸易和交换活动（Chernykh，2009）。时至公元前三千纪末期，横跨欧亚大陆东西部的史前丝路贸易网进入繁盛阶段，而铜矿、铜制品及冶金术都是其中重要的商品或交流因素（Frachetti，2012）。也正是在这一大背景下，冶金术在额济纳河沿岸出现并蓬勃发展。此外，近年来在蒙古国的考古发现，揭示出阿尔泰戈壁存在多处和居延海隔着现代国界相望的遗址。这些遗址原以狩猎采集经济为主，但在公元前三千纪末期（尤其是距离居延海最近的 Javkhlant 遗址）开始了专业化肉燧石装饰品的生产。这一时期正是额济纳河沿线引入并开展冶金活动之际，而肉燧石制品恰是黑水国/西城驿冶金遗址的金属产品对外交换和贸易的重要对象（Jaang，2015）。作为额济纳河尾闾湖的居延海，在冶金术引入中国之际（公元前三千纪末期）未出现干旱盐化（Hartmann and Wünnemann，2009），可为周边人群提供重要生计资源；而南北向的额济纳河，又为沿线交换和互动提供了绝佳便利。在宜居的气候条件下，分别位于巴丹吉林沙漠西部和西北的额济纳河及居延海得以成为了和现在蒙古国邻近地区进行交流贸易的重要通道。在欧亚草原游牧人群经济交流活动的助力下（Anthony，2008），巴丹吉林沙漠周边区域得以进一步和中亚及更遥远的西亚地区进行长距离交流贸易。

　　额济纳河沿岸之外，在巴丹吉林沙漠腹地，我国考古调查发现了至少 40 处早期遗址（内蒙古文物考古研究所，2007；塔拉等，2007；北京大学考古文博学院和内蒙古阿拉善博物馆，2016），地学考察中也在巴丹吉林沙漠现存的丘间湖泊周围发现了多处距今 4000 年左右的遗存（Yang et al.，2010）。此外，中国-瑞典西北考察团在 1930 年前后于阿拉善沙漠北部地区进行了考察，记录了大量位于巴丹吉林沙漠和乌兰布和沙漠的遗址及其相关遗物信息，至今仍是了解这一区域早期人类活动情况的重要资料来源（Maringer，1950）。虽然相关考古材料正式报告非常有限，但已公布材料显示，这些位于阿拉善沙漠的遗址存在一定数量的、年代大致在公元前三千纪到公元前两千纪早期的手工业生产遗址，其考古学文化多属于距今 4000 年左右的齐家文化和四坝文化，也有少数可早至仰韶文化晚期（Janz，2012）。需要特别注意的是，遗存较丰富的几处遗址表现出较突出的手工业生产聚落特质，以加工鸵鸟蛋壳、红玛瑙等材料为珠串饰为主，或伴有小规模的冶金生产（Maringer，1950）。在腾格里沙漠，也见有仰韶文化晚期到齐家/四坝阶段的考古遗址（李壮伟，1993）。在阿拉善沙漠中的雅布赖山等地区还发现了大量岩画，内容涵盖动物、宗教和人物等类别的描绘，根据岩画的内容判断，其绘制年代包括新石器时代和青铜时代（杨丽梅和赵淑霞，2002）。阿拉善沙漠的考古发现和前文所述的古环境研究结果互相印证，共同表明此区域曾适宜人类居住，自然景观与当下的沙漠化图景迥然相异。

三、"居延通道"的史前雏形

如果对中瑞联合考察团所记录的阿拉善沙漠早期遗址分布（Maringer，1950）进行梳理，可以观察到明显的空间特征：这些遗址在阿拉善沙漠北部呈横向的条带状分布，且遗址群间存在一定距离的间隔，整体表现出以点成线、东西向道路的趋势，并向东一直延伸至河套平原。近年来的考古调查也新发现了大致位于这条东西向道路上、年代为仰韶文化晚期到青铜时代的早期遗址（北京大学考古文博学院和内蒙古阿拉善博物馆，2016）。对比本区域历史时期的相关文献记载，可知这些早期遗址所分布的条带状区域恰与史料中连接居延绿洲与东部鄂尔多斯高原的"居延道路"（王北辰，1980）大致重合。因此，阿拉善沙漠北部区域的横向遗址带或是"居延道路"在史前阶段的前身，各遗址点可能兼具了沿线交通驿站的作用。有趣的是，这些遗址的年代以公元前三千纪晚期为主（Janz，2012），正值贺兰山以东的石峁中心聚落的兴盛期。石峁中心聚落及其控制范围内的其他聚落可见大量来自阿拉善高原的文化因素，两者存在频繁的人群迁徙及物品交换贸易（Jaang et al.，2018）。在这一背景下，"居延道路"史前雏形出现后，很可能成为了石峁集团和阿拉善高原人群进行沟通的主要路线之一。而位于额济纳河沿线及巴丹吉林的生产聚落，其手工业加工除了和北部蒙古国地区的游牧人群进行交换贸易，可能在相当程度上也受到了东部石峁集团经济需求的刺激（Jaang，2015）。通过史前"居延道路"，石峁集团得以直接联通居延海周边区域，进一步参与到史前丝绸之路的广袤互动网络。

四、环境变化和人类社会韧性的博弈

环境记录显示，距今 4000 年左右巴丹吉林沙漠周边出现了干旱化趋势，湖泊水位下降，环境恶化（刘子亭等，2010）。干冷化趋势也见于贺兰山以东地区，而和阿拉善高原存在密切互动的石峁集团因环境恶化在公元前 1800 年左右崩溃（Sun et al.，2018b）：不仅石峁中心聚落衰落，还伴有大范围的区域人口下降（赵阳，2021）。面对同样的气候变化，位于贺兰山以西区域的社会却出现了截然不同的反应：一方面，以额济纳河沿线冶金遗址为代表的巴丹吉林沙漠周边地区的聚落并未因环境恶化而衰落，反而在距今 4000 年左右进一步扩大了生产规模（陈国科，2017）；另一方面，与本区域手工业生产聚落相关的交换贸易路线进一步向阿拉善高原的东南方向拓展，其中最为突出的表现是齐家文化人群出现在关中渭河流域沿岸及陕南蓝关古道沿线，并形成专业商团，和新崛起于中原的二里头国家开展了频繁的贸易和交流（Jaang，2023）。贸易等商业活动是人类社会应对自然灾害的有效方式之一，可以在一定程度上调节环境恶化带来的冲击（Degroot et al.，

2021)。阿拉善沙漠地区在距今 4000 年的干旱化事件下展现出的社会韧性，正是人类社会能动性的重要体现。

需要注意的是，阿拉善地区的社会和人群在面对恶劣环境时，其能动性也表现出明显的局限：在距今 3500 年左右，气候显著干旱，居延海开始转为咸水湖（刘子亭等，2010），相关的干旱化趋势也见于青海湖的记录（Lister et al.，1991），而居延海-额济纳河沿线作为史前丝绸之路重要商路的作用恰于此时衰落，沟通早期中国和欧亚草原主要通道的作用转而由贺兰山以东的太行山两麓地区接替（Jaang，2011）。

通过对位于贺兰山以东毛乌素沙地和贺兰山以西阿拉善沙漠的人地互动关系进行梳理，可以发现两地存在多处明显差别。首先，这两大区域在新石器时代和青铜时代的社会/政治景观相异：位于贺兰山以东的毛乌素沙地及其周边地区，在公元前三千纪的后半段出现了以石峁大型聚落为中心的早期国家，其政治势力一度扩张至中原地区，是当时整个东亚地区统治范围最大的政治集团，彻底改写了早期国家和文明只发端于"低地（lowlands）"平原景观的偏见；与此形成鲜明对比的是，位于贺兰山以西阿拉善高原的巴丹吉林沙漠、腾格里沙漠和乌兰布和沙漠及其周边地区，既未见任何大规模聚落，亦不存在强势的政治集团，而是出现了连接古代中国和欧亚草原及中亚的广袤贸易网络，该贸易网络的基础是位于阿拉善高原的手工业生产聚落及商团的联盟体（Jaang，2015）。此外，这两大区域在距今 4000 年前后应对环境恶化时出现了明显的社会差异：贺兰山以东以石峁为中心的早期国家在距今 3800 年左右出现了社会崩溃和大规模人口衰落；而贺兰山以西的巴丹吉林沙漠及其周边地区则加强了手工业生产，并在原有商业贸易范围的基础上进行了拓展，在环境恶化时表现出明显的社会韧性。有趣的是，贺兰山作为中国北方沙漠/沙地的分界，两边的沙漠景观和古环境本身就存在着较为明显的差别（杨小平等，2019）。贺兰山东西两大区域社会/政治景观的差异在多大程度上和两地自然条件的差别有关，是值得未来研究关注的课题。

第二章

沙 漠 测 年

沙漠研究中常用的测年方法包括释光测年、放射性碳测年、电子自旋共振测年、古地磁测年等。这些年代学方法在近年来的沙漠研究工作中得到越来越广泛的应用，极大地推动了人们对于沙漠古环境记录的深入解读。本章对这些沙漠测年中常用的年代学方法予以介绍。释光测年在沙漠年代学研究中最为常用，故本章对该方法做重点介绍。

第一节　释光测年技术及其原理

释光测年是一种基于自然辐射的累积效应测年的方法，测量的是沉积物中石英、长石等矿物的埋藏年龄。自然沉积物中普遍含有铀、钍、钾等放射性元素，这些元素的放射性衰变会产生 α、β 粒子和 γ 射线。沉积物中的石英和长石等矿物在埋藏后，放射性元素衰变产生的辐照和宇宙射线的辐照会使矿物晶体中的电子发生电离，部分电离出的电子会被晶体内由杂质或晶格缺陷所形成的势阱（trap）捕获。随着埋藏时间的不断增长，矿物晶体接受的辐照剂量不断累积，势阱捕获电子的数量也随之不断增加。当沉积物样品受到加热或者光照时，储存于热敏或光敏势阱中的电子会被激发出来，其中的一部分电子会与晶体结构中由空穴（hole）形成的发光中心（luminescence center）发生复合，并将能量以光的形式释放出来，这种物理现象即称为释光（luminescence）。当释光是由加热所引发时，产生的释光信号称为热释光（thermoluminescence，TL）；当释光是由光照所引发时，产生的释光信号称为光释光（optically stimulated luminescence，OSL）。在信号形态上，热释光信号（在线性增温条件下测量时）表现为随加热温度升高而呈现多个峰值[图 2.1（a）和图 2.1（c）]，光释光信号（在恒定强度的光激发下测得时）则表现为随光照时间增长而不断下降的一条衰减曲线[图 2.1（b）和图 2.1（d）]。由于矿物晶体的释光信号强度与势阱捕获电子的数量有关，而后者是埋藏时间的函数，故矿物的释光信号可以作为测量沉积物埋藏时间的天然"计时器"。

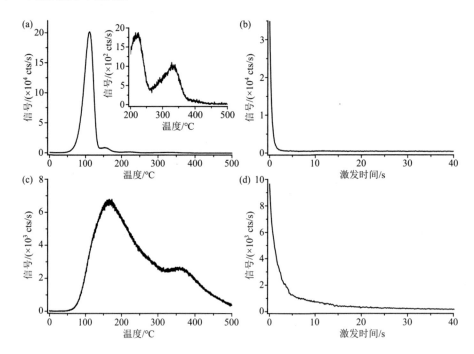

图 2.1　石英和长石矿物的释光信号

（a）石英的热释光信号，插图中是 200℃以上的信号；（b）石英的蓝光释光信号；（c）钾长石的热释光信号；（d）钾长石的红外释光信号。（a）和（b）是来自澳大利亚石英样品；（c）和（d）是来自微斜长石样品（Fu et al.，2012b）

　　释光信号的累积和释放可以多次反复。在自然界中，沉积物在风、水等营力作用下发生搬运时，矿物晶体会受到日光照射使以前累积的光释光信号被"晒退"（即势阱电子被清空）；随后沉积物被埋藏，矿物晶体中的释光信号在电离辐射作用下再次发生积累，直到下一次沉积物被搬运导致信号再次被清空，这一过程在自然界中不断循环往复。而我们采集的沉积物样品测得的光释光年龄，其起始点就是沉积物最后一次搬运见光后被埋藏的事件。与光释光测年同理，热释光测年需要矿物晶体经历过高温加热（如 500℃ 或更高）来清空之前累积的热释光信号，因此其年龄起点是样品经历的最后一次高温加热事件。由于矿物晶体热释光信号的一部分与光释光信号来自相同的势阱电子，这部分热释光信号也是能够被日光晒退的。因此在光释光技术提出和普及之前，热释光技术也曾较多地被用于测量见过光的自然沉积物的埋藏年龄。

　　获得释光年龄的两个基础变量是等效剂量和剂量率。等效剂量（equivalent dose，D_e）指的是矿物晶体的自然释光信号所对应的电离辐照剂量，即矿物晶体在埋藏中所累积的电离辐照的总剂量，单位是 Gy（1 Gy=1 J/kg）。在实验室中，等效剂量是通过对比样品的自然释光信号和样品的剂量响应曲线（dose response curve，代表着辐照剂量与释光信号之间的函数关系，通过人工辐照样品建立）而估算得到的。剂量率（dose rate）指的是沉积物中的矿物晶体在单位时间内累积的电离辐照剂量（即剂量累积的速率），单位是 Gy/ka。通常假设沉积物在埋藏后有一个足够大的体积空间，其内部的放射性核素产生的辐射能量全部被该环境中的物质吸收，那么在单位时间内该环境中物质吸收的能量就等于环境中放射性核素释放的能量。因此，只要测量出样品所在沉积物的放射性强度即可计算出样品的剂量率。剂量率的测定通常通过测量沉积物样品中的铀、钍、钾等放射性元素的含量，或直接测量沉积物放射性衰变的速率所获得。释光样品的年龄可以通过以下公式计算出来：

$$释光年龄=等效剂量/剂量率$$

石英和长石是释光测年最常用的两种测年材料。自然沉积物中分布最多的石英类型是 α 石英，其特征的热释光峰是 110℃峰、325℃峰和 375℃峰。其中，110℃峰在常温下寿命很短（约数小时），在自然样品中无法保存，因此用于沉积物热释光测年的主要是高温的热释光峰。石英的光释光信号可由蓝光、绿光、紫光等光照激发获得。常规的测量方法是使用约 470 nm 的蓝光在 125℃激发，在约 340 nm 的紫外波段探测光释光信号，所得信号即为常说的石英 OSL 信号。研究证明，石英的 OSL 信号与石英的 325℃的热释光峰来自相同的势阱电子（Smith and Rhodes，1994；Wintle and Murray，1997）。长石是自然界中广泛分布的一个矿物族，因化学成分和晶体结构复杂，不同类型长石样品的热释光特征都有不同。富钾长石是光释光测年最常用的长石种类，其光释光信号可以由蓝光、绿光、红外光等激发获得。常规测量一般使用约 870 nm 的红外（IR）光激发，在蓝光波段探测光释光信号，所得信号即为钾长石的 IRSL 信号。关于钾长石 IRSL 信号和 TL 信号之间的关系，Murray 等（2009）认为他们的钾长石样品的 IRSL 信号来自于 410～420℃的热释光峰；而 Fu 等（2012b）发现他们的钾长石样品的 IRSL 信号受到 295～310℃和 340～365℃热释光峰的贡献。可见不同样品的 IRSL 信号来源是有区别的。

相对于长石，石英的优点在于释光信号易于晒退（Godfrey-Smith et al.，1988）和具有更简单、标准化的 D_e 测量方法（Murray and Wintle，2000；Wintle and Murray，2006）。但石英的释光信号饱和剂量较低，测年范围相对较短。与石英相比，长石的释光信号因饱和剂量更高而具有更长的测年范围；并且长石的释光信号通常比石英信号更亮（信噪比更高），使其在测量年轻样品时也具有明显优势。钾长石测年的另一个优点是其晶体内部的钾贡献了稳定的内部剂量率，使得钾长石测年更少地受到外部环境剂量率变化的影响。影响长石测年可靠性的最主要问题是长石的热释光和光释光信号均具有"异常衰减"现象，即理论上常温条件下热稳定的信号会在常温下发生异常流失（Wintle，1973；Huntley and Lamothe，2001）。异常衰减被认为是由长石晶体中的隧道效应所引起的（电子从势阱中逸出并穿越势垒与附近的空穴复合）（Aitken，1985；Visocekas et al.，1994；Visocekas and Zink，1995），该现象会导致长石的热释光和光释光年龄出现低估。可喜的是，近十余年来随着长石测年技术的不断发展，现有技术已经能够很好地克服异常衰减的影响（见本章第二节）。长石测年的另一个弱势是长石的释光信号晒退较慢，对于水成沉积物样品和较年轻的样品，使用长石测年时应仔细评估信号的晒退情况和剩余剂量对测年结果的影响。

与一些需要特定材料的测年方法相比，释光测年的优势在于测年材料丰富（石英和长石是沉积物中最普遍的矿物），适用于多种沉积环境，可以对沉积物做到高分辨率的采样和定年。此外，释光测年还具有直接测量地层的沉积年龄（年龄意义清晰）、测年范围广（理论范围从几百年到几十万年）等优点。这些优点使得释光测年在近二十年来得到越来越多的应用。释光测年的一个特点是可以通过不同的测试条件获得物理性质不同的释光信号，从而通过技术的改进和创新不断提升方法的有效测年区间（测年上限和下限）、测年精准度和适用范围。理论上讲，理想的释光测年样品应该满足以下要求：①样品的释光信号时钟应在埋藏前彻底清零，即样品在埋藏前经过充分的光照/受热将光释光/热释光信号排空；②样品的释光信号在样品的年龄范围内是稳定的；③样品的释光信号未达到或未接近饱和，即在样品的年龄范围内释光信号是随埋藏时间增加而明显增长的；④样品的释光信号具有足够强的亮度（足够高的信噪比）；⑤样品所处的电离辐射场在样品埋藏后处于恒定；⑥样品所处的沉积地层在埋藏后未受到显著扰动和破坏等。但在实际测年中，这些要求有时无法全部被满足，常见的对测年准确性造成影响的问题包括样品释光信号回零不完全、测年信号不稳定、测年信号发生饱和、测年信号信噪比过低、剂量率在埋藏过程中不恒定、沉积地层发生后期扰动等。寻求克服这些测年问题的方法，从而获得更可靠的年龄，也成为驱动释光技术发展的另一个重要动力。自然界中不同样品的释光性质、沉积过程和年龄不同，适用于不同样品的释光测年方法和测量条件也不尽相同，因此并不存在普适的测年方案。这就要求在测量不同样品时，都需要在细致的释光性质研究的基础上形成"定制"的测年方案。此外，合理的野外采样，以及野外工作中对样品沉积环境和沉积过程的正确解读，对于获得可靠测年结果、正确分析测年数据都有重要意义。释光测年的这种特点使其成为一项实践性强、非常依赖于测年人员专业性的年代学技术。对测年细节的广泛研究和报道，也使得释光测年技术在近二十年来获得了极为快速的进步，发展出适用于不同类型样品的多种测年方法，最终使得这一测年技术在第四纪和考古等研究领域中的重要性愈发凸显。

第二节　沉积物释光测年技术发展简述

热释光最早由苏联学者在 20 世纪 60 年代应用于沉积物定年。随后不久，西方学者也尝试使用热释光对海洋钻孔沉积物进行定年，但更适用于沉积物测年的热释光技术是由 Wintle 和 Huntley（1979）提出的。早期的学者提出了多种建立热释光剂量响应曲线和估算等效剂量的方法[详见 Lian 和 Roberts（2006）、Wintle（2008）]。这些方法大多是基于多片法和附加剂量法建立的，即对样品的多个测片附加不同的人工辐照剂量建立剂量响应曲线，并估算等效剂量，因此测定一个等效剂量需要大量测片。尽管后来一些工作发展了能够测量单个测片等效剂量的单片热释光技术[详见 Wintle（2008）]，但这些技术主要被应用于加热过的考古材料的测年，对未加热过的沉积物样品的应用很少[例如 Fu 等（2010）]。

光释光测年在发展初期大量借鉴了热释光测年的技术思路。Huntley 等（1985）在最早提出光释光定年时，采用的是类似于热释光多片附加剂量法的技术。随后，为克服多片法的平均效应和应对不完全晒退等问题，很多学者尝试开发了光释光测年的单片和单颗粒技术。其中，Stokes（1994）最早尝试了石英光释光单片测年；Murray 和 Roberts（1997）、Roberts 等（1997）最早提出了石英光释光单颗粒测年技术。

石英单片再生剂量法（single-aliquot regenerative dose protocol，SAR）的提出是光释光测年技术进入成熟期的一个标志。该方法是在有效解决了石英 OSL 信号的"灵敏度变化"校正这一问题的基础上发展起来的。在释光测年中，准确测得等效剂量的前提是样品的自然释光信号和人工释光信号是可比的，换言之，相同剂量的自然辐照和人工辐照所产生的释光信号强度应该是相同的。然而在光释光测量过程中，样品经历的加热、光照激发和人工辐照等过程都会引起光释光信号对电离辐射的响应效率发生变化，即所谓的释光灵敏度变化。灵敏度变化不仅会使同一个测片（或矿物颗粒）的自然释光信号和人工释光信号之间无法直接对比，也会导致对同一个测片（或矿物颗粒）进行反复人工辐照和释光信号测量时，相同大小的辐照剂量会产生不同强度的释光信号。针对灵敏度变化问题，Murray 和 Roberts（1998）率先提出了一种石英光释光的单片测年法，在对同一个石英测片多次辐照和测量时，使用剂量固定的检测剂量（test dose）的 110℃ TL 信号来监测和校正光释光信号灵敏度的变化。使用该方法可以为单个测片建立起可靠的剂量响应曲线，从而获得单个测片的等效剂量。随后，Galbraith 等（1999）、Murray 和 Wintle（2000）提出了使用检测剂量的 OSL 信号进行灵敏度校正的 SAR 方法（表 2.1 和图 2.2），进一步改善了灵敏度校正的效果。与多片法相比，SAR 方法所需样品量少、D_e 测量的准确度高、测量便捷省时，可以通过样品单片的 D_e 分布分析样品的晒退程度和扰动程度等特征。SAR 方法还有一系列的标准检验，包括回授信号（recuperation）占比、循环比率（recycling ratio）、剂量恢复实验（dose recovery test）、预热坪区实验（preheat plateau test）等[详见 Wintle 和 Murray（2006）]，能够据此对测量结果的可靠性进行判断。鉴于以上优势，SAR 方法在提出后即获得巨大成功，成为石英 OSL 测年的标准流程，也推动了光释光测年技术在 2000 年以来获得了更广泛的推广和认可。Murray 等（2021）汇总了已发表的具有独立年龄控制的石英样品的 SAR-OSL 年龄（样品来自全球的采样点，具有不同沉积环境和物源，年龄约从 10 年到 50 万年），并将它们与这些样品的已知年龄进行了对比。结果显示，石英 OSL 年龄在统计上与已知年龄具有很好的一致度，表明石英 SAR 方法具有广泛的适用性和可靠性。

表 2.1　石英单片再生剂量法测量步骤[改自 Murray 和 Wintle（2000）]

步骤	测量	说明
1	辐照再生剂量 R_i（i=0,1,2,3…）	i=0 时为自然剂量，不加人工辐照
2	预热，温度 T_1，10 s	T_1 通常为 180～300℃
3	OSL 测量，125℃蓝光激发，40 s	测得自然剂量或再生剂量信号 L_x（i=0 时为 L_n）
4	辐照检测剂量	用于灵敏度校正
5	预热，温度 T_2，0 s	T_2 通常不高于 T_1
6	OSL 测量，125℃蓝光激发，40 s	测得检测剂量信号 T_x（i=0 时为 T_n）
7	重复步骤 1 至步骤 6	

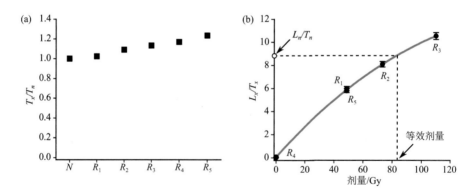

图 2.2 单片再生剂量法（SAR）测年过程的信号灵敏度变化和剂量响应曲线

（a）石英 SAR 测年中观测到的 OSL 信号灵敏度变化。图中 N 代表自然剂量，$R_1 \sim R_5$ 代表第 1 至第 5 个再生剂量。T_n 代表自然剂量信号对应的检测剂量信号，T_x 代表第 x 个再生剂量信号对应的检测剂量信号。T_x/T_n 代表以 T_n 信号做标准化的灵敏度变化。（b）用石英 SAR 测年方法建立起的石英剂量响应曲线。L_n 代表自然剂量信号，L_x 代表第 x 个再生剂量的信号，L_n/T_n 和 L_x/T_x 代表灵敏度校正后的 OSL 信号

在释光测年中，不同矿物、不同的释光信号具有不同的测年范围。这是由于矿物晶体内部各类势阱和发光中心的数量都是有限的，释光信号不会随着辐照剂量的增加无限增强，而是随着剂量的累积而不断趋于饱和，故其能够测量的剂量也具有一定的上限。释光信号能够测量的等效剂量的上限取决于其剂量响应曲线的形态。通常情况下，光释光信号的剂量响应曲线可以用一个单饱和指数函数进行拟合：$I(D) = I_0(1 - \exp^{-D/D_0})$，其中 $I(D)$ 是某一剂量 D 所对应的光释光信号强度，I_0 是光释光信号饱和时的强度，D_0 是一个特征剂量，用来表征剂量响应曲线的形态和光释光信号的饱和特征——当 D_0 值越大时，样品的饱和剂量越大。Wintle 和 Murray（2006）据经验提出，石英 OSL 测年能够测得的可靠的 D_e 值应该在两倍 D_0 值以内，若样品的 D_e 值超出此范围则需谨慎。常见的石英样品的 OSL 信号 D_0 值一般在约 50～150 Gy 范围内，若以中国北方沉积物常见的千年剂量约 2～3 Gy 作为参照，石英 OSL 信号的测年上限大约在 150 ka 以内。一些研究发现一些石英样品的 OSL 信号，尤其是细颗粒（4～11 μm）和中颗粒（45～63 μm）样品，其剂量响应曲线还具有另外一个线性或指数增长的组分，使得这些样品的 OSL 信号具有测量更老年龄的潜力[例如 Watanuki 等（2005）、Murray 等（2007）、Lai（2010）、Lowick 等（2010）、Kang 等（2012）]。为进一步拓展石英的测年范围，业内学者也积极地寻找具有更高测年上限的其他石英释光信号。Jain 等（2005）发现石英在 310℃测得的等温热释光信号（isothermal TL，ITL）的饱和剂量比传统 OSL 信号高一个数量级，具有显著提高测年上限的潜力。随后的多项研究也证实了 ITL 具有更高的饱和剂量（Buylaert et al.，2006；Choi et al.，2006；Jain et al.，2007），但也发现在测量 ITL 信号时由于高温加热所引起的初始灵敏度变化很难被校正。王旭龙等（Wang et al.，2006a，2006b，2007）基于对洛川黄土中石英的方法学研究，提出了石英的热转移光释光（thermally-transferred OSL，简称 TT-OSL）测年技术，并通过该技术与分步辐照方法相结合获得了洛川黄土剖面 B/M 界限（约 800 ka）样品的准确年龄，显著地

突破了石英 OSL 测年的上限。随后，不同的学者也提出了不同的 TT-OSL 测年流程（Duller and Wintle，2012）。一些学者提出 TT-OSL 信号的陷阱热寿命可能较短（从几十万年到几百万年）（Li and Li，2006；Adamiec et al.，2010；Shen et al.，2011），导致使用 TT-OSL 测量较老样品时可能有年龄低估问题。一些研究在测得 TT-OSL 表观年龄后会对其进行热衰减校正[例如 Duller 等（2015）]。但 Arnold 等（2015）对比了 82 个已发表的 1000 ka 以来的 TT-OSL 年龄和它们的独立已知年龄，认为总体而言未做热衰减校正的 TT-OSL 年龄与已知年龄在误差范围内是一致的。此外，TT-OSL 信号的晒退比 OSL 信号慢很多，因此对于水成沉积物等晒退条件较差的样品和年轻样品，用 TT-OSL 测年要更为谨慎。最近几年发展出的另一项提高石英测年上限的新技术是紫光激发测年技术（violet stimulated luminescence，VSL）。Jain（2009）提出使用 405 nm 的紫光可以激发出石英晶体中深层能级的电子，由此获得的 VSL 信号比传统 OSL 信号的 D_0 值高 5～15 倍。Ankjærgaard 等（2013）提出 VSL 信号的测年范围有望覆盖整个第四纪。但是，在对洛川黄土的研究中发现，石英的自然 VSL 信号和人工辐照产生的 VSL 信号在衰减曲线形态上存在差异；在使用单片法测量 VSL 时，灵敏度校正的效果也较差（Ankjærgaard et al.，2016）。Ankjærgaard 等（Ankjærgaard et al.，2016；Ankjærgaard，2019）使用多片测年技术来解决 VSL 测年中的灵敏度校正问题。她们报道了洛川黄土剖面 900 ka 内样品的 VSL 年龄，并指出多数样品的 VSL 年龄与已知年龄在误差范围内是一致的。尽管石英 VSL 技术展示出了很好的潜力，但其标准的测年流程仍未建立，其测年的可靠性还有待进一步验证。

钾长石是光释光测年中另一种常用的测年矿物，与石英相比，具有更高的饱和剂量和测年上限，因此长期获得业界的关注。Hütt 等（1988）最早发现了钾长石在红外光激发下可以获得 IRSL 信号。Duller（1991）提出了钾长石的单片附加剂量法（SAAD）。Wallinga 等（2000）将改进后的 SAR 方法应用于钾长石的 D_e 测量，随后该方法得到了不断完善（Auclair et al.，2003；Huot and Lamothe，2003；Blair et al.，2005），成为 IRSL 测年最常用的方法。如何解决异常衰减对测年产生的影响一直是长石测年的难点。克服异常衰减的一种思路是对其进行校正。Huntley 和 Lamothe（2001）提出用实验室中测得的异常衰减速率（g-value）来校正异常衰减对 IRSL 年龄的影响，但理论上讲，他们的方法仅适用于 D_e 在剂量响应曲线线性区内的年轻样品。Kars 等（2008）基于 Huntley（2006）的物理模型提出了校正更老样品 IRSL 年龄的方法，但该方法一方面需要大量实验室测量，另一方面由于异常衰减速率与剂量之间的关系复杂，对老样品的异常衰减校正也非常复杂，不乏校正后仍获得错误年龄的案例。克服长石异常衰减问题的另一个思路是寻找没有异常衰减的信号。Fattahi 和 Stokes（2003）、Stokes 和 Fattahi（2003）指出长石的红光热释光（red TL）和红光红外释光（IR-stimulated red emission）具有很弱的异常衰减。基于 Zhao 和 Li（2002）提出的双矿物（石英+钾长石）等时线测年法，Li 等（2008）开发了基于钾长石单矿物的等时线测年法（isochron dating），利用不同粒径的钾长石的内部剂量率建立等时线来推算年龄，并认为内部剂量率产生的释光信号不受异常衰减影响。Tsukamoto 等（2006）利用脉冲光释光（pulsed-OSL）测量获得了长石中异常衰减较弱的信号。近年来，两种被认为是与 IRSL 信号源于相同势阱电子的信号——红外放射荧光（IR radio-fluorescence，IR-RF）和红外光致发光（infrared photoluminescence，IR-PL），被认为受到异常衰减的影响极小，可用于沉积物定年（Prasad et al.，2017；Kumar et al.，2021；Murari et al.，2021）。但以上方法都由于仪器或样品等的限制仍未获得广泛应用。

现阶段最常用的长石测年技术是在最近的十余年间建立和推广的。Thomsen 等（2008）对比了不同测量温度和测量时间获得的长石 IRSL 信号的异常衰减速率，发现随着红外激发温度的升高和/或激发时间的延长，IRSL 信号的异常衰减速率出现显著下降。这项工作成为后来一系列红外后红外释光（post-IR IRSL，pIRIR）测年方法的基础（表 2.2）。Buylaert 等（2009）提出了使用 50℃和 225℃两步的 IR 激发来获得更稳定的钾长石测年信号，即通过第一步的 50℃ IRSL 测量去除样品中受异常衰减影响较强的信号组分，第二步通过高温 IR 激发获得异常衰减明显降低的 IRSL 信号（即 pIRIR 信号）。随后，这一方法被发展为 pIRIR（50，290）方法（括号内数字为每一步的 IR 激发温度）（Thiel et al.，2011；Buylaert et al.，2012），并被广泛应用至今。在两步 pIRIR 技术提出的同时，Li 和 Li（2011，2012）提出了长石多步红外激发技术（muti-elevated temperature pIRIR，MET-pIRIR）。该方法通过多步连续升温的 IR 激发对钾长石样品进行测量，测量温度从 50℃开始，以 50℃为间隔递增至 250℃或 300℃，从而获得多个 pIRIR 信号，每一步的测量都可以获得相应的剂量响应曲线和 D_e 值（图 2.3）。通过多步激发，该方法可以逐步去除样品中受异常衰减影响的信号组分，并在后面几步的高温测量步骤获得没有异常衰减的 pIRIR 信号。与两步 pIRIR 技术相比，多步 pIRIR 技术一个最大的优势是提供了一个测年结果的内检验——D_e-T 检验，即各步骤的 IR 激发温度（T）与其相对应的 D_e 值的关系图（图 2.3）。当 D_e-T 图在高温处出现坪区时，说明 D_e 值已不受测量温度的影响，即表明已经获得了不受异常衰减影响的信号。Fu（2014）将测量时间（t）这一参数加入 D_e-T 检验中，提出了三维的坪区检验方法 D_e（T，t）检测[图 2.3（d）]，能够对多步 pIRIR 测年结果进行更可靠的检验，并可应用于简化的 pIRIR 测年的步骤（Fu et al.，2015）。Li 和 Li（2012）使用洛川黄土剖面已知年龄的样品验证钾长石 MET-pIRIR 测年的可靠性，发现 MET-pIRIR 方法测得的年龄在距今 300 ka 以内（S3 层位以上）与预期年龄一致。Fu 等（2012a）将 MET-pIRIR 方法应用于洛川黄土剖面的细颗粒混合矿物，发现该方法在 70 ka 以内可以获得可靠年龄。多步 pIRIR 测年方法在提出后与两步 pIRIR 方法一起成为长石测年的通用技术。Li 等（2014a）和 Arnold 等（2015）对 pIRIR 测年方法的发展进行了综述，他们汇总了具有已知年龄的钾长石样品的 pIRIR 测年结果，并将其与已知年龄进行对比。结果证明，两步/多步 pIRIR 测年方法用于距今 700 ka 以内的样品，总体上可以获得可靠的年龄。

表 2.2 钾长石红外后红外释光两步法和多步法测量步骤（Li and Li, 2011; Buylaert et al., 2012）

pIRIR (50, 290)			MET-pIRIR		
步骤	测量	说明	步骤	测量	说明
1	辐照再生剂量 R_i（i=0,1,2,3…）	i=0时为自然剂量，不加人工辐照	1	辐照再生剂量 R_i（i=0,1,2,3…）	i=0时为自然剂量，不加人工辐照
2	预热，320℃，60 s		2	预热，300℃，10 s	
3	IRSL 测量，50℃红外光激发，200 s	自然剂量或再生剂量信号 $L_{x(50)}$（i=0 时为 L_n）	3	IRSL 测量，50℃红外光激发，100 s	自然剂量或再生剂量信号 $L_{x(50)}$（i=0 时为 L_n）
4	IRSL 测量，290℃红外光激发，200 s	自然剂量或再生剂量信号 $L_{x(290)}$（i=0 时为 L_n）	4	IRSL 测量，100℃红外光激发，100 s	自然剂量或再生剂量信号 $L_{x(100)}$（i=0 时为 L_n）
5	辐照检测剂量		5	IRSL 测量，150℃红外光激发，100 s	自然剂量或再生剂量信号 $L_{x(150)}$（i=0 时为 L_n）
6	预热，320℃，60 s		6	IRSL 测量，200℃红外光激发，100 s	自然剂量或再生剂量信号 $L_{x(200)}$（i=0 时为 L_n）
7	IRSL 测量，50℃红外光激发，200 s	检测剂量信号 $T_{x(50)}$（i=0 时为 T_n）	7	IRSL 测量，250℃红外光激发，100 s	自然剂量或再生剂量信号 $L_{x(250)}$（i=0 时为 L_n）
8	IRSL 测量，290℃红外光激发，200 s	检测剂量信号 $T_{x(290)}$（i=0 时为 T_n）	8	辐照检测剂量	
9	IRSL 测量，325℃红外光激发，200 s	去除残留信号	9	预热，300℃，10 s	
10	重复步骤 1 至步骤 9		10	IRSL 测量，50℃红外光激发，100 s	检测剂量信号 $T_{x(50)}$（i=0 时为 T_n）
			11	IRSL 测量，100℃红外光激发，100 s	检测剂量信号 $T_{x(100)}$（i=0 时为 T_n）
			12	IRSL 测量，150℃红外光激发，100 s	检测剂量信号 $T_{x(150)}$（i=0 时为 T_n）
			13	IRSL 测量，200℃红外光激发，100 s	检测剂量信号 $T_{x(200)}$（i=0 时为 T_n）
			14	IRSL 测量，250℃红外光激发，100 s	检测剂量信号 $T_{x(250)}$（i=0 时为 T_n）
			15	IRSL 测量，320℃红外光激发，100 s	去除残留信号
			16	重复步骤 1 至步骤 15	

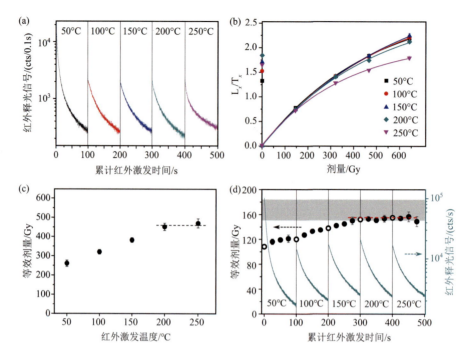

图 2.3   多步红外后红外测量过程的信号灵敏度和剂量响应变化

（a）多步红外后红外释光测年通过 5 个温度递增的红外激发获得的 5 个 IRSL/pIRIR 信号；（b）5 个信号所对应的剂量响应曲线；（c）多步红外后红外释光测年获得的 D_e-T 检验图。图中出现的坪区（虚线）表明已获得不受异常衰减影响的信号。样品采自澳大利亚艾尔湖（Fu et al.，2017a）；（d）多步红外后红外释光测年获得的 D_e（T，t）检验图，灰色条带为样品预期的等效剂量，图中出现的坪区（虚线）表明已获得不受异常衰减影响的信号，样品采自洛川黄土（Fu，2014）

Li 等（2013）观察到钾长石 pIRIR 信号的灵敏度随辐照剂量的增加而增强，反映了矿物晶体内部的发光中心数量随辐照剂量增加而增长。与 pIRIR 信号自身的饱和剂量相比，灵敏度（发光中心）的饱和剂量更大，且可以被日光"晒退"。据此，李波等（Li et al.，2013，2014b）提出了钾长石的前剂量多步红外测年法（pre-dose MET-pIRIR，pMET-pIRIR），并认为该方法比常规的 MET-pIRIR 方法具有更高的测年上限。Chen 等（2015b）使用这一方法测量了洛川黄土剖面 S5 的样品，获得了与预期值大致相符的 D_e 值。对于接近饱和的钾长石样品，Li 等（2017a）提出将多个测片的自然 pIRIR 信号（经灵敏度校正）的加权平均值投射到用最小二乘法建立的标准生长曲线上可以获得更准确的 D_e 估算。Rui 等（2020）应用该方法测量了泥河湾盆地 B/M 界线附近的样品，获得了符合预期年龄的测年结果。这些新的测年技术展示出了很大潜力，但目前还未得到大规模的应用。

钾长石的 IRSL 信号与石英的 OSL 信号相比具有更高的灵敏度和信噪比，前者在年轻样品测年上也具有优势。但在高温下测得的 IRSL 信号不能完全被日光晒退，存在一个可高达 20 Gy 以上的剩余剂量（residual dose），对年轻样品的测年结果可造成较为显著的影响（Li et al.，2014a）。针对全新世年轻样品的测年，Reimann 等（2011）、Reimann 和 Tsukamoto（2012）提出了低温两步 pIRIR 方法，将第二步 IRSL 测量的温度降低到

180℃/150℃，有效地降低了 pIRIR 信号的剩余剂量。Fu 和 Li（2013）提出了针对全新世样品测年的低温 MET-pIRIR 测量技术，采用 50～170℃的 IR 激发温度，以 30℃为间隔逐渐递增。该方法既将 pIRIR 信号的剩余剂量值降低至 1 Gy 以下，又获得了异常衰减足够弱的信号，并保留了 MET-pIRIR 方法的坪区检验。低温 MET-pIRIR 在测量中国北方全新世沙漠和黄土样品时获得了很好的效果（Fu and Li，2013）。针对晒退不充分的全新世钾长石样品，Fu 等（2018）提出了 MET-pIRIR 部分晒退法，能够分离出钾长石 pIRIR 信号中的易晒退组分进行测年，从而解决或改善不完全晒退造成的年龄高估问题。对于中国北方沙漠 100 年以内的极年轻样品，石英测年常存在信号过低的问题。Li 等（2007）指出钾长石的 IRSL 测年对于测量这些样品更有优势，且由于样品极年轻，异常衰减对 IRSL 年龄的影响可以很弱。

传统单片法测年是将大量矿物颗粒装在同一个测片上测量，即得到多个颗粒的平均年龄。单颗粒测年技术是对每个矿物颗粒通过绿光（石英）或红外（钾长石）激发进行单独测量，并使用合适的统计模型筛选出年龄更为可靠的颗粒。这一技术最大的长处是对于光释光信号晒退不佳或发生过后期扰动的样品能够给出更为准确的年龄。在水动力搬运条件下，由于阳光穿透水体时能量会被吸收，悬浮的泥沙也会起到挡光作用，从而使得一些水成沉积物样品出现光释光信号晒退不充分的情况。快速堆积的崩积物和短距离搬运的冰川沉积物等见光不充分的样品也常出现信号不完全晒退问题。生物活动是沉积地层埋藏后被扰动的常见原因。生物扰动可以将其他层位的矿物颗粒带入原始沉积地层中，导致样品中出现不同于沉积年龄的颗粒。对于出现以上情况的样品，需要在单颗粒尺度上进行等效剂量测量，并使用适当的统计模型筛选出代表沉积年龄的颗粒。

最早的单颗粒测年是以长石作为测年材料的（Southgate，1985；Duller，1991；Lamothe et al.，1994）。后来随着石英单片测年法的发展，出现了石英的单颗粒测年技术（Murray and Roberts，1997；Galbraith et al.，1999），并成为了单颗粒测年的主流技术。合理的使用统计模型是获得可靠的单颗粒年龄的基础。目前最常用的单颗粒统计模型包括适用于晒退充分且未受扰动样品的中值年龄模型（central age model，Galbraith et al.，1999）、适用于晒退不充分样品的最小年龄模型（minimum age model，Galbraith et al.，1999）和适用于沉积后被扰动样品的有限混合模型（finite mixture model，Roberts et al.，2000）等（图 2.4）。Galbraith 和 Roberts（2012）对单颗粒测年的数据处理、常用的数据展示方法和年龄模型进行了系统的综述。除以上的传统统计模型外，新的单颗粒测年统计模型也不断被提出，为单颗粒数据提供了更多解读（Thomsen et al.，2007；Guérin et al.，2017；Guibert et al.，2017；Christophe et al.，2018）。值得一提的是，鉴于统计模型在释光年龄估算中的重要性，对每个样品的统计模型选取都应该是慎重的。选取合适的统计模型需要对单颗粒 D_e 的误差组成、D_e 分布的影响因素、样品的沉积环境、地层特征等进行综合考虑；而不当地使用统计模型可能会给出完全错误的年龄。现阶段，石英仍然是单颗粒测年首选和最常用的矿物，但随着钾长石 pIRIR 测年技术的发展，已经有越来越多的钾长石单颗粒 pIRIR 测年研究工作发表[例如 Reimann 等（2012）、Blegen 等（2015）、Jacobs 等（2019）、Schaarschmidt 等（2019）、Guo 等（2020）]。由于钾长石颗粒间的差异涉及异常衰减、残余剂量、灵敏度和内部剂量率等多个方面，钾长石单颗粒测年比石英单颗粒测年要复杂得多。想要获得准确的钾长石单颗粒年龄，需要对上述的影响要素进行系统的研究和合理的估计。尽管现在已有一些工作从不同角度开展了较为深入的研究[例如 Trauerstein 等（2012）、Jacobs 等（2019）、O'Gorman 等（2021）]，但更多系统的工作还有待将来展开。

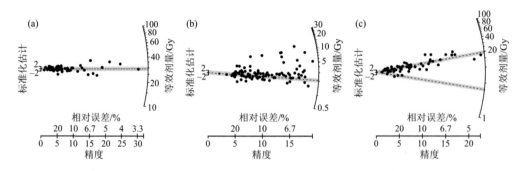

图 2.4　三个典型样品的等效剂量分布雷达图及年龄模型分析结果

（a）晒退完全样品。灰色条带中心值为中值年龄模型计算出的加权平均等效剂量。（b）晒退不完全样品。灰色条带中心值为最小年龄模型计算出的加权平均等效剂量。（c）后期扰动样品。两条灰色条带中心值为有限混合模型分出的两个组分的加权平均等效剂量。其中比例较高的组分更有可能代表地层的原始沉积年龄。图（a）和（c）中样品采自越南北部考古遗址，图（b）中样品采自澳大利亚东北部古湖岸沉积

　　近 20 年来，释光测年领域在方法学上的进展主要集中在等效剂量测量方面，但不可忽视的是释光测年年龄公式的另一半——剂量率的测量也会对释光年龄的准确性起到决定性的影响。在剂量率方面有两个问题值得关注，一是剂量率的稳定性，二是剂量率的均一性。与剂量率稳定性相关的较常见问题是沉积物在埋藏历史中铀系元素的迁移和含水率的变化。释光测年的一个基本假设是样品的剂量率在埋藏历史中是恒定的。但是剂量率的重要贡献者之一——铀系元素的迁移性很强，在水的搬运或碳酸盐淋溶等作用下可能会随时间发生流失或富集。这种情况如在埋藏历史中发生，会导致剂量率估算不准确（Olley et al.，1996，1997）。沉积物中的水能吸收电离辐射的能量，样品含水率在地质历史时期如发生显著变化也可能影响样品的剂量率。毛乌素沙漠南部的一些河湖沉积物由铀系元素的富集和含水率的变化造成的年龄低估可达 40%（Li et al.，2008）。前人曾经通过测量样品中铀系元素的母体和子体含量，并建立元素迁移模型来校正铀系元素迁移的问题[例如 Long 等（2015）]，或通过等时线测年法（Zhao and Li，2002；Li et al.，2008）利用钾长石的内部剂量率进行测年，从而规避外部剂量率变化造成的影响。与剂量率均匀性相关的一个重要问题是 β 微剂量率问题（beta microdosimetry）。β 粒子在沉积物中的穿透距离为 2～3 mm，加之产生 β 粒子的放射性元素在自然沉积物中分布不均（如沉积物中的钾长石分布不均），会导致 β 剂量率在毫米/亚毫米尺度上出现不均一。由于 β 剂量率通常占释光样品外部剂量率的 40%～60%，β 微剂量率的不均一会导致矿物颗粒的 D_e 值出现明显离散（Murray and Roberts，1997；Nathan et al.，2003；Mayya et al.，

2006），研究 β 微剂量率对于认识单颗粒的等效剂量分布和正确使用统计模型具有重要意义。早期对 β 微剂量率的研究多是基于数字模拟、实验模拟或定性测量（Nathan et al.，2003；Mayya et al.，2006；Cunningham et al.，2012；Guérin et al.，2015；Martin et al.，2015；Martin et al.，2018）。Romanyukha 等（2017）提出了一种定量测量亚毫米尺度 β 微剂量率的方法，使用在医学和物理学领域做辐射监测常用的 Timepix 辐射探测芯片来测量固体样品 β 微剂量率。Fu 等（2022）发展了使用 Timepix 定量测量自然沉积物 β 微剂量率的方法，并将该技术应用于南、北半球的自然沉积物样品，获得了这些样品 β 微剂量率的原位空间分布。结果显示，自然沉积物样品的 β 微剂量率在亚毫米尺度上具有显著的不均，这种不均可以完全或部分解释样品的单颗粒等效剂量离散。未来将 Timepix 剂量率测量技术与单颗粒等效剂量测量技术相结合，有望极大地提高单颗粒释光测年的准确性。总之，近 20 年来行业对剂量率方面的重视和研究都较为不足，制约了释光测年在准确度和精确度上的进一步提高。对剂量率涉及的不同参数和影响因素开展针对性的系统研究，并不断改善剂量率估算的准确度、精确度和分辨率，将是未来进一步提升释光测年准确性的必不可少的工作。

第三节　释光测年在沙漠中的应用

在释光测年技术出现之前，沙漠沉积地层的数字年龄主要是通过 ^{14}C 测年测定的，但理想的测年材料在沙漠中并不容易找到。对于没有 ^{14}C 测年材料的剖面，常常是通过与已有年代的地质记录进行地层关联。这种关联的不确定性不言而喻。释光测年出现后很快成为沙漠研究中使用最多的测年方法，主要是由于几方面原因：一是释光测年的材料——中沙-细沙粒级的石英和长石在沙漠沉积物中极为丰富，使得采样不再受到限制；二是沙漠沉积物的搬运-沉积循环周期多在释光技术的测年范围之内；三是沙漠地区光照条件充足，而风力搬运的沉积物通常会受到充分的日照，因此从释光信号晒退的角度而言，风成沙也是释光测年最为理想的样品。正是由于这些原因，沙丘沉积是释光测年最早被应用的陆相沉积。Singhvi 等（1982）率先将热释光测年应用于印度塔尔沙漠的沙丘年代学研究。在随后的 10 余年里，热释光测年在澳大利亚 [例如 Gardner 等（1987）、Nanson 等（1992）]、非洲 [例如 Buch 等（1992）]、北美 [例如 Stokes 和 Gaylord（1993）] 等的沙漠研究中获得了很多应用。石英单片再生剂量法提出以后，光释光测年在沙漠研究中的使用更为广泛，目前在国际和国内的沙漠研究中已经作为主要测年手段大量应用于沙漠地貌演化、沙丘动力学、沙漠古环境等方面的研究，定年的沉积物类型也从早期主要关注风成沉积发展到后来用以测定沙漠地区的河湖相沉积等多种类型的沉积物。

沙丘沉积物由于经过多次搬运和堆积，其中的石英颗粒往往表现出较为理想的释光性质。沙丘中的石英的 OSL 信号通常较亮（具有较高的信噪比），快组分（fast component）

信号比例高（该组分晒退快，SAR 方法最适合信号以快组分为主的样品），在 SAR 测年中通常展现出良好的剂量响应曲线形态、低的回授（recuperation）信号和良好的灵敏度校正效果[例如 Yang 等（2015b）]。由于样品曝光一般较为充足，光释光测年中测片或颗粒的等效剂量往往分布较为集中，热释光测年受残余剂量的影响也较小。在方法学层面，沙丘样品通常具有良好的测年表现，因此研究沙丘的文章较少聚焦于释光测年技术上，而是更多聚焦于对年龄意义的解读。

但仍有一些年代学方面的问题值得注意。石英的释光性质与其物源和沉积历史有关，因此会表现出显著的区域差异。与澳大利亚沙漠和中国东部沙地等地的释光性质良好的石英相比，中国西北地区沙漠的石英表现出了相对较差的释光性质。Fan 等（2011）在研究毛乌素沙漠南部的样品时发现，一部分石英颗粒的快组分存在热不稳定现象，导致石英单片法测年的年龄低估可达约 50%，因此需要通过单颗粒测量筛选出信号稳定的颗粒才能获得准确的年龄。Zong 等（2022）在测量古尔班通古特沙漠南缘的风成沙样品时，发现大部分石英颗粒的 OSL 信号很暗，并且受长石信号污染（可能源于石英颗粒中的长石包体）。同样的问题也出现在天山北麓的风成沉积物（Fu et al.，2015，2017b）和巴音布鲁克盆地的沙丘沉积物样品中（Long et al.，2014，2017）。石英信号较暗的现象可能与这些地区沉积物的母岩类型和搬运历史较短有关（Gong et al.，2015）。对于石英信号较差的样品，用钾长石作为测年材料是获得可靠年龄的一种有效途径[例如 Fu 等（2015）、Buckland 等（2019）]。尽管晒退不完全问题对于风成沙样品相对比较少见，但如果风成沙的搬运堆积发生在夜晚，或搬运过程中空气中粉尘含量较高导致阳光受到遮蔽，也有可能导致风沙沉积出现晒退不完全现象[例如 Lomax 等（2007）]。生物的扰动作用在沙漠地区较为常见，是造成沉积地层后期扰动的重要营力。Gliganic 等（2016）对澳大利亚东南部沙丘的研究表明，沙丘顶部 50 cm 的地层可以在千年内因生物扰动作用而发生完全翻转。如前文所述，因生物扰动作用混入地层的矿物颗粒会对释光测年结果造成影响（Bateman et al.，2007；Rink et al.，2013），因此需要通过单颗粒测年结合地表过程分析甄别出代表地层年龄的 D_e 组分[例如 Fu 等（2019）]。

光释光年龄的误差来自于等效剂量的误差和剂量率的误差。等效剂量的绝对误差一般随 D_e 值增大而增大，相对误差在测年信号未接近饱和时变化不大（一般约 5%～10%），但当测年信号接近饱和时，由于释光信号指数增长的特性，D_e 值的相对误差和绝对误差都会明显增大，致使年龄的准确度和精确度降低。对于沙漠地区的较老样品（如早于 15 万～10 万年前的样品），当石英 OSL 信号接近饱和时，使用测年上限更高的测年技术（如钾长石 pIRIR、石英 TT-OSL 和石英 VSL 等）可能会给出更准确的年龄。目前这些方法在沙漠地区更多的是被应用在时间尺度相对较长的河湖沉积和钻孔岩心研究中[例如 Li 等（2014c）、Carr 等（2019）、杨小平等（2021）]，在沙丘测年中的应用案例还不多[例如 Buckland 等（2019）、Wang 等（2019）]。剂量率误差的来源之一是样品含水率的误差。与来自其他沉积环境的样品相比，风成沙样品的含水率较低，因此含水率误差对测年结果的影响会相对较小。但值得注意的是，地层中原生和次生的碳酸盐会对样品的剂量率造成影响，对于碳酸盐含量较高的地层，应对碳酸盐对剂量率造成的影响加以估计（Singhvi and Porat，2008）。

与测年技术上的问题相比，对沙丘年龄数据的解读更为复杂。用于释光测年的沙丘沉积物是沙丘的遗存，而沙丘的形成和保存需要一定的条件。例如，沙丘的形成需要一定强度的风力搬运作用，但在区域尺度上，风力在最强的时期可能以侵蚀作用而非堆积作用为主。在风沙活动较强时期，沙丘不断的移动翻新可能不断擦除当时的沙丘沉积记录，而在风沙活动相对较弱时期，由于沙丘移动减慢则可能将风沙沉积物更好地保存下来。因此从沙丘保存度的角度而言，最终留存下来的风沙沉积物更可能是堆积于大规模风沙活动的晚期或沙丘开始趋于固定的时期，而非风沙活动最活跃的时期（Chase，2009；Mason et al.，2011；Xu et al.，2017；杨小平等，2021）。由于释光测年测量的是沉积地层最后一次埋藏的年龄，而沙丘是不断活动的，这使得释光年龄与沙丘的翻新过程和翻新周期密切相关。不同类型、不同大小的沙丘翻新周期不同，能够记录的时间尺度也不同。通常，线状沙丘由于翻新周期较长，可以保存更长期的风沙活动记录；而新月形沙丘和横向沙丘由于移动和翻新较快，保存的风沙活动记录往往更短。前人研究证明，沙丘的形成和保存由风力、风向、环境的干湿、植被发育情况、沙源供给、沙源的可移动性等多种因素所决定（Kocurek，1998）。这些因素均受到气候变化直接或间接的影响，并可在不同的时空尺度上展现出显著的异质性和复杂性，使得不同地点、不同类型的沙丘，其形成的主控因素均可不同（Lancaster，2008；Singhvi and Porat，2008）。

前人应用释光测年研究沙丘主要侧重于两个主题：沙漠古环境变化及其对古气候的响应，以及沙丘地貌演化过程。目前，更多的工作仍集中于古环境研究。早期由于受条件限制，一些工作通过单个沙丘剖面的地层年代推断古环境变化。然而从现代沙漠中的地貌景观中可见，在相同的气候条件下，同一沙漠的同一区域内常可存在流动沙丘和固定沙丘稳定共存的情况，沙丘和丘间地的景观也往往迥异（Ash and Wasson，1983；Tsoar，2005；Arens et al.，2013；Tsoar，2013；Chen et al.，2021）。这暗示了同一区域内过去的沉积记录同样可能存在空间异质性。随着测年数据的不断增加，基于多个剖面的风沙年龄来重建过去沙丘活动及推测古环境已被较多应用于不同空间尺度的研究。例如，Telfer 和 Thomas（2007）汇总了非洲卡拉哈里沙漠（Kalahari）西南部线状沙丘的 71个光释光年龄数据，识别了该地区 10 万年以来存在多期风沙活跃期，并指出沙丘沉积除不连续外，不同沙丘对气候变化的响应也表现出明显差异。Xu 等（2020）通过对毛乌素沙地、浑善达克沙地和科尔沁沙地沙丘和古土壤样品的释光年龄进行时空分布统计，发现我国北方沙地在 12 000 年以来存在与现今类似的流动沙丘与固定沙丘共存的现象。在更大的空间尺度上，Nanson 等（1992）较早对澳大利亚东部和中部的古沙丘、古土壤和古河流沉积的热释光年龄和 U-Th 年龄进行统计，认为在大陆尺度上，澳大利亚在最后两次间冰期更为湿润，而在末次冰盛期，沙丘的发育从澳大利亚中部向边缘延伸，指示了更为干旱的气候。Lu 等（2013）基于大量剖面的光释光年龄统计，探讨了我国北方多个沙漠/沙地在末次盛冰期、全新世最适宜期的沙漠进退情况。杨小平等（2019）对我国东部沙漠/沙地的典型地层序列的年代和古环境代用指标进行了总结，提出中国东部各个沙地之间，乃至各个沙地内部不同地点之间的古土壤发育时间都存在差异，但是总体上中全新世（尤其是在 7.5～3.5 ka）各个沙地趋于固定，即指示了总体的风沙活动强度变弱。

近 20 年来，随着全球沙漠的释光年龄数据体量不断增长，大量工作对不同区域、不同空间尺度的沙丘年龄进行了汇总和总结[例如 Thomas 和 Shaw（2002）、Bray 和 Stokes（2004）、Munyikwa（2005）、Bubenzer 等（2007）、Lancaster（2008）、Singhvi 和 Porat（2008）、Telfer 和 Hesse（2013）、Leighton 等（2014）]，其中最为系统的是国际第四纪研究联合会（INQUA）推动建立的全球第四纪沙丘年代数据库（INQUA Dunes Atlas Chronologic Database）。该数据库涵盖了中国（Li and Yang，2016）、北美（Halfen et al.，2016）、南美（Tripaldi and Zárate，2016）、澳大利亚（Hesse，2016）和非洲（Bristow and Armitage，2016；Thomas and Burrough，2016）等地的沙漠年代数据。这些数据结果显示，当沙丘年龄达到一定体量时，基于沙丘年龄的"大数据"统计可以更为可靠地重建区域的沙丘发育历史，并可将其与其他的古环境载体（如黄土、深海沉积等）和古环境信息（如同一地区的河湖演化历史、植被演化历史等）进行对比，从而加强对风沙记录的古环境意义的理解。这些释光年龄数据还显示，沙丘的形成和保存的时空分布模式复杂，而且对气候的响应有显著的（且区域相关的）非线性特征。例如，前人曾认为撒哈拉沙漠南部在末次盛冰期可能由于干旱和风力强盛出现大量沙丘活动（Sarnthein，1978），但沙丘测年结果表明该地区保留的末次盛冰期的沙丘记录其实并不多；而在由风力强盛开始转向气候湿润的时期却保留下了更多的沙丘记录（Bristow and Armitage，2016）。非洲南部沙丘的年龄分布显示沙丘活动对气候变化的敏感度会影响到沙丘记录的气候信号。在相对干燥的卡拉哈里沙漠南部，由于沙丘状态很接近活化的阈值，沙丘对年际或十年际的气候变化极为敏感，使得沙丘因频繁活动而形成较多的年龄信号"噪声"，因此较难从风沙沉积的年龄分布中提取出更准确的长尺度古气候变化信息。而在非洲南部沙漠中更为湿润的区域，沙丘年龄记录因受短尺度/低变幅气候变化的影响较小，反而能更清晰地记录长尺度/高变幅的气候变化信息（Thomas and Burrough，2016）。

澳大利亚沙丘的年龄分布同样显示由于局部环境的空间异质性，以及沙丘的局部活化/固定会对晚第四纪的沙丘年龄分布形成"本底噪声"，使得只有基于大量的年龄数据分析才能更可靠地提取出沙丘对古气候响应的信息（Hesse，2016）。北美沙漠的沙丘年龄统计显示，沙源供给对沙丘的形成起到至关重要的作用，因此在解读沙丘年龄时应考虑到地表过程的影响（Halfen et al.，2016）。对全球多个沙漠的沙丘年龄统计均显示，已有的风沙沉积物年龄数据在时间分布上总体向年轻年龄倾斜，尤其是全新世以来的年轻风沙沉积记录的数量明显偏多。这并不能说明全新世是一个风沙活动最强盛的时期，而是由于年轻风沙沉积记录更容易被保存下来，以及采样带来的偏差（距离地表更近的年轻样品更容易被采样）所造成的。

这些研究获得的结论均显示，除气候驱动外，干旱区的沙丘年龄分布还会受到地貌过程、采样等因素影响，因此不能简单地用沙丘年龄的绝对数量推演古环境和古气候。一些研究认为，风沙的平均沉积速率是表征风沙活动强弱变化的更好的指标[例如 Leighton 等（2014）]。但一方面老的风沙沉积地层可能受侵蚀作用影响导致沉积速率低估；另一方面风沙沉积是非匀速的，因此平均沉积速率的变化受采样的分辨率影响很大。例如，Stone 和 Thomas（2008）曾对卡拉哈里沙漠的一个沙丘进行过 0.5 m 垂直分辨率的采样，并指出如果将垂直采样分辨率降低到 1 m，对一些地层会获得明显不同的结论。针对沙丘测年中因地层保存/采样的偏差、采样分辨率、测年误差等引入的问题，Bailey 和 Thomas（2014）提出了可以从沙丘年龄分布中识别和量化沙丘沉积速率变化的沙丘"堆积速率变率模型"（accumulation rate variability model）。Thomas 和 Bailey（2017）在此基础上开发了沙漠风沙堆积的"堆积强度模型"（accumulation intensity model）。该模型对样品的中心年龄、测年误差和采样间隔进行整合分析，并对年龄在误差范围内进行迭代重采样计算风沙堆积速率，从而消除样品数量和年龄误差的干扰。堆积强度模型适用于长时间尺度（百年到万年尺度）、大区域范围的沙漠沙丘年龄分析，因此被认为能够更有效地捕捉大区域尺度上沙丘活动对气候变化的响应。Thomas 和 Bailey（2019）将堆积强度模型应用于 INQUA 沙丘年龄数据库中来自阿拉伯半岛鲁卜哈利（Rub' al Khali）沙漠、中东内盖夫（Negev）沙漠、南亚塔尔（Thar）沙漠和中国浑善达克沙地的 284 个符合条件的沙丘年龄，发现这些沙漠的风沙沉积的峰值主要出现在末次冰期晚期和全新世早期，但因不同沙丘间年龄峰值差别较大，未能识别出它们共同的驱动因素。Srivastava 等（2020）将该模型应用于塔尔沙漠最新的释光年龄数据库，识别出风沙堆积在约 12～8 ka、7 ka、5 ka、3.5 ka 和过去 2000 a 出现加强。印度季风和人类活动被认为是驱动风沙堆积的主要因素。

与风沙沉积物相比，沙漠地区的河流相、湖相等水成沉积物和古河流阶地、古湖岸堤等古水文遗迹具有更好的抗侵蚀性，往往有潜力提供更长时间尺度的古环境变化信息。古水文演化是干旱半干旱地区古环境系统演化的重要组成部分，与沙漠的古环境演化密切相关。在沙漠地区，古河湖/绿洲沉积的地层记录的出现被认为是出现湿润环境的标志；古湖岸和古阶地等古水文遗迹标记了过去的河湖水位，为定量估计过去的河湖水量乃至古降水提供了线索；河湖沉积物是沙丘沉积物的重要物源。因此，沙漠地区的水成沉积地层和古水文遗迹是重建干旱区古环境和揭示地表过程的重要档案。尽管水动力搬运条件下沉积物的释光信号晒退比风力搬运情况下更慢，但干旱半干旱区较为充足的光照条件和丰富的测年材料仍使得释光测年在干旱半干旱区的古水文记录研究中扮演着重要角色。大量的研究表明，我国北方沙漠地区在晚第四纪曾经出现过多次河湖丰沛的湿润期；近年来一系列工作通过对古湖岸和湖相沉积的光释光测年，重建了乌兰布和沙漠、腾格里沙漠、浑善达克沙地等沙漠/沙地的湖泊发育演化历史（详见本书相关章节）。尽管在晚更新世高湖面的年代等问题上仍存在着争议，但这些以光释光年代学为基础的工作无疑推动我们对中国北方干旱半干旱地区晚第四纪古环境演变的深入认识。在低纬度地区，Drake 等（2013）通过对撒哈拉沙漠和阿拉伯半岛沙漠中代表湿润信号的河流、湖泊、古土壤等沉积记录的年龄统计，重建了北非 35 万年以来的湿度变化及其与北半球低纬太阳辐射量变化之间的关联。在南半球，Cohen 等（2015）和 Fu 等（2017a）应用石英光释光测年、钾长石 MET-pIRIR 测年和石英 TT-OSL 测年等多种测年手段，获得了位于澳大利亚南部沙漠内部的澳洲最大湖泊（盐湖）艾尔湖的古湖岸和古湖相沉积物的年代标尺，重建了艾尔湖 24 万年以来的湖泊水位变化历史，提出晚第四纪以来艾尔湖的湖泊变化受到全球季风的控制。热释光和光释光测年结果表明，北非和北美沙漠晚第四纪沙丘发育与高湖面和强烈的河流活动在时间上具有明显的对应关系，指示了湖面升高和河流活动加强对于增加沙源供给具有重要作用（Swezey et al.，1999；Baitis et al.，2014；Halfen et al.，2016）。

除古气候研究外，释光测年还被越来越多地应用于沙丘动力学和沙丘地貌学研究，即在个体沙丘尺度上，通过沙丘不同沉积层位的释光年代解析沙丘形成和活动的过程、速率和形成沙丘的风力特征。与研究现代沙丘活动常用的遥感和野外实地监测等手段相比，释光测年的优势体现在能够研究现代监测手段无法触及的百年至千年时间尺度的沙丘演化过程。Kar 等（1998）通过红外释光定年获得了塔尔沙漠沙丘过去两千年的移动速率，发现沙丘的移动速率为 0.025～0.09 m/a，并在过去 600 年里变快。Bristow 等（2005，2007）提出将高分辨率的释光测年与探地雷达（GPR）等能够探测沙丘内部结构信息的地球物理技术相结合，能够更细致地刻画长时间尺度上的沙丘地貌演化过程。他们应用 GPR 和光释光技术研究纳米比亚线状沙丘的发育过程，在一个约 70 m 高的线状沙丘中识别出三期风沙堆积（年龄均在全新世），证明了该地沙丘是由多期风沙堆积复合而成；并且发现在长时间尺度上，线状沙丘在沿沙脊线走向延伸的同时也伴随着侧向迁移。这种侧向迁移现象在短期的沙丘监测中无法被捕捉到（Livingstone，2003）。Leighton 等（2013）基于对线状沙丘不同位置的高密度采样和释光测年，重建了晚更新世以来鲁卜哈利沙漠在单个沙丘尺度和区域尺度上沙丘演化对古气候变化的响应。在古风向研究方面，Lancaster 等（2002）利用西撒哈拉沙漠纵向沙丘的沙脊线走向和光释光年代数据重建了区域的近地表风况演化历史，发现西撒哈拉沙漠在距今 2.5 万～1.5 万年，1.3 万～1 万年和 5000 年的三个不同时段近地表主导风向发生了显著变化，形成了形体大小不一、沙丘脊线走向不同的多期复合型纵向沙丘。Glennie 和 Singhvi（2002）通过风沙地层中层理的倾向和光释光年龄，重建了东南阿拉伯半岛沙漠的古风向和不同风力系统间的相互作用过程。这些沙丘地貌学和沙丘动力学相关的工作不仅有助于认识不同类型沙丘的形成过程和风动力机制，也进一步凸显了在解读风沙年龄时考虑沙丘地貌过程的重要性。

第四节　其他测年方法

除释光测年以外，沙漠地区较为常用的其他测年方法还包括放射性碳测年、电子自旋共振测年和古地磁测年等。

一、放射性碳测年

放射性碳测年也称 ^{14}C 测年，是一种利用碳的放射性同位素 ^{14}C 的放射性衰变进行定年的年代学方法。碳在自然界中具有三种同位素（^{12}C、^{13}C 和 ^{14}C），其中 ^{14}C 是由宇宙射线轰击大气所产生的中子与大气中的 ^{14}N 原子发生反应，使 ^{14}N 原子核失去一个质子并捕获一个中子形成的。^{14}C 是一种不稳定的放射性同位素，在其形成以后会以一定的速率发生 β 衰变，通过释放电子使原子核中的一个中子转化为质子，从而重新变回 ^{14}N。大气中的 ^{14}C 在宇宙射线的轰击下不断产生，形成后被氧化成 $^{14}CO_2$ 并被动植物吸收进入全球碳循环。当动植物存活时，它们通过新陈代谢和食物链与大气圈保持着碳交换，其体内的 ^{14}C 含量与大气圈中的 ^{14}C 含量保持着平衡；当动植物死亡后，由于与大气圈的碳交换停止，其内部形成碳的封闭体系，^{14}C 便开始在放射性衰变作用下不断减少，其衰变方程如下：

$$A(t)=A_0e^{-\lambda t}$$

式中，t 为 ^{14}C "时钟"开启以来的时间（即生物体死亡后经历的时间）；$A(t)$ 为经过时间 t 后的 ^{14}C 含量；A_0 为初始的 ^{14}C 含量；λ 为 ^{14}C 的衰变常数，与 ^{14}C 的半衰期 $T_{1/2}$ 的关系可表达为 $\lambda=\ln2/T_{1/2}$。^{14}C 的半衰期最早被估算为 5568 ± 30 a，后来随着测量准确度的提高，不断被修正为 5730 ± 30 a 和 5700 ± 30 a［见 Libby（1952）、Godwin（1962）、Kutschera（2013）］。与其他放射性同位素测年方法一样，半衰期的长短决定了 ^{14}C 方法的测年范围。尽管现在的加速器质谱（AMS）技术提高了 ^{14}C 测量的精度，使得该方法的最大测年上限可达近 10 个半衰期（约 55 000 a），但一般认为 ^{14}C 方法对于 40 000 a 以内的样品测年结果最为可靠（Hajdas et al.，2021）。

^{14}C 年龄的单位是 a BP 或 ka BP，其中 BP 是"距今"的缩写，这里的"今"指的是 1950 年。在计算 ^{14}C 年龄时，为简化计算，一个简单假设是假定大气中 ^{14}C 的百分含量是恒定的，即样品的初始 ^{14}C 含量是恒定的。但实际上，由于地球磁场变化、太阳活动变化等因素的影响，大气中 ^{14}C 的含量一直是波动的，这就使得基于恒定初始值计算得到的 ^{14}C 年龄与实际的日历年龄不符。为了校正 ^{14}C 初始值的变化和半衰期估算所引入的误差，学界通过高分辨率测年的树轮、珊瑚、石笋、湖相沉积等样品建立了 ^{14}C 年龄的校正曲线，可以将 ^{14}C 年龄校正为日历年龄。现在最新的校正曲线更新于 2020 年，可提供 5.5 万年以来的 ^{14}C 年龄校正（Reimer et al.，2020）。^{14}C 年龄校正后获得的日历年龄的单位记为 cal a BP 或 cal ka BP。

放射性碳测年的测年材料包括木头、碳屑、植物枝叶、种子、骨头等有机质材料和贝壳、珊瑚、石笋等无机材料；湖泊、泥炭、土壤等全样样品的有机质也可以作为测年材料。但值得注意的是，水生植物和贝壳，以及湖泊、泥炭、土壤等全样样品等比较容易受到地下水中溶解的无机碳和沉积物中循环较慢的老碳污染；石灰岩环境中的石笋、沉积物等样品也容易受到来自石灰岩中的"死碳"污染。这些污染会导致样品的 ^{14}C 年龄发生不同程度的高估（例如水生贝壳、湖泊沉积物样品的年龄高估可达几百至上千年），称为"碳库效应"（reservoir effect）。在陆生环境中，不同沉积体系的碳库效应强弱不一，因此对于具体的沉积环境和样品，需要通过现代样品测量或与其他定年方法交叉对比等方式对碳库效应的大小进行评估和校正。湖相沉积物和水生贝壳等样品也可能受到年轻碳的污染，在测量这些样品时，对这种可能性也应加以评估和考虑［例如 Pigati 等（2007）、隆浩和沈吉（2015）］。

与释光年龄常见的 5%～10%的相对误差相比，^{14}C 年龄的相对误差更小，因此后者在其可靠测年范围内可以获得精度很高的年龄。但放射性碳方法的测年上限相对较低，因此，对测年结果老于 40～30 ka 的 ^{14}C 年龄，最好与释光或其他方法的测年结果进行对比验证。例如，关于我国北方干旱地区晚更新世的高湖面期的时代，很多基于放射性碳测年的工作显示广泛的高湖面出现的年代在深海氧同位素三阶段（MIS 3）晚期（距今约 40～30 ka）［例如 Rhodes 等（1996）、Zhang 等（2004）、王乃昂等（2011）］；而基于古湖岸光释光测年的工作则认为高湖面广泛出现的年代应为 MIS 5，并认为>30 ka 的 ^{14}C 年龄可能由于接近 ^{14}C 方法的测年上限或样品受新碳污染等导致年龄低估［例如 Long 等（2012）、Zhang 等（2012）、Lai 等（2014）、隆浩和沈吉（2015）］。一些早期工作中的放射性碳年龄采用传统的 β 计数方法测量，测量较老样品的准确度和精度低于 AMS 方法；此外一些较早文献中报道的放射性碳年龄并未经过年龄校正。这些情况在评估放射性碳年龄的可靠性时都应加以注意。

二、电子自旋共振测年

电子自旋共振（electron spin resonance，ESR）测年也称电子顺磁共振（electron paramagnetic resonance，EPR）测年，是利用沉积物中放射性元素的放射性辐照的累积效应测年的另一种常用技术。ESR 测年的原理与释光测年类似。沉积物中的放射性元素 U、Th 和 K 释放的电离辐射和宇宙射线的照射会使沉积物中的石英、长石、方解石等矿物晶体中的电子发生电离而跃迁出轨道。电离电子被晶体中的一些晶格缺陷捕获形成电子心，而原电子的位置因电子的缺失形成空穴心。由于电子心和空穴心含有未成对电子，这类电子的自旋会形成带有磁性的小磁体；这些小磁体在平时是无序排列的，但在外部磁场作用下会呈顺磁方向有序排列，因此称为"顺磁中心"。顺磁中心在外加磁场作用下会产生电子顺磁共振，不同的顺磁中心类型吸收的电磁波能量不同，在磁场作用下测得的电磁波能量吸收的谱图即为 ESR 信号。由于样品中的顺磁中心数量随电离辐照剂量的增加而增长，ESR 信号与释光信号一样可以用于年龄测定。与释光测年一样，ESR 年龄是通过估算样品的等效剂量（通过 ESR 信号测定）和环境剂量率（通过样品放射性强度或放射性元素含量测得）两个变量获得的。

ESR 技术在 20 世纪 60～70 年代开始被应用于地质年代研究，最初被应用于碳酸盐的定年，而后逐渐发展到用于第四纪碎屑沉积物定年（Rink，1997；Schellmann et al.，2008；刘春茹等，2016）。石英是用于第四纪沉积物 ESR 测年的主要矿物。石英具有多个可测的 ESR 信号心，包括 E'、Ge、Al、Ti、OH 等，但只有对光照敏感、具有较强的热稳定性和较高的饱和剂量的信号心才适用于沉积物测年。从对光照的敏感度上看，石英的 Ge 心对光照最为敏感，可在较短时间的阳光照射下信号"回零"；但自然沉积物中的

Ge 心通常缺失或信号很弱，限制了 Ge 心的应用（Rink，1997）。E'心曾被前人较多地用于 ESR 测年，尤其是在 2005 年以前国内外使用都较多。但是 2000 年以来，国内外学者的实验结果均表明，E'心的信号强度在被光照以后，其信号不仅不能归零，反而在光照一段时间后信号强度是增加的，因此该信号心用于沉积物测年并不可靠（Toyoda et al.，2000；Toyoda，2015；Wei et al.，2019）。沉积物中石英的 Al 心和 Ti 心对光照较为敏感，且信号较强。实验结果表明，Ti 心经过几个至几十个小时的光照可以完全被晒退，Al 心在数十至上百个小时的光照后可以达到一个稳定的残留剂量值（Toyoda et al.，2000；Voinchet et al.，2003；Rink et al.，2007；魏传义等，2018）。但在实际的沉积物样品中，Ti 心和 Al 心信号往往都因自然光照时长不足而具有一定的残余剂量，在测年时需要做合适的评估和校正（Voinchet et al.，2015；Duval et al.，2017；Tsukamoto et al.，2017；Kabacińska et al.，2022）。尽管 Al 心不如 Ti 心对光照敏感，但 Al 心的饱和剂量比 Ti 心高（Rink et al.，2007；Tsukamoto et al.，2018），因此前者在测量老样品时具有更大优势。从热稳定性方面而言，石英的 E'心、Ti 心、Al 心、Ge 心和 OH 心的热稳定性由弱到强（Fukuchi，1988；刘春茹等，2016）。综合考虑各种性质，石英的 Ti 心和 Al 心是目前国内外学者比较认可的适用于沉积物测年的 ESR 信号心。

与释光测年一样，ESR 测年在估算等效剂量时需要建立样品的剂量响应曲线。ESR 测年一般采用附加剂量法建立剂量响应曲线，即将测试样品分为多等份并通过人工辐照给予不同的剂量，并在对辐照样品进行 ESR 信号测量后，对测得结果进行拟合，通过外推法获得等效剂量（Rink，1997）。但外推法的弊端是，当样品的等效剂量超出剂量响应曲线的线性区时，拟合函数的选取对等效剂量估值的准确性影响很大。如前文所述，再生剂量法通过内插方法估算等效剂量，可以有效避免前面提到的问题。Beerten 等（2003）最早尝试发展了基于石英 Ti 心的单片再生剂量法，该方法采用 γ 辐照给样品附加人工剂量。Tsukamoto 等（2015）发展了更便于操作的使用 X 射线辐照的石英 Ti 心和 Al 心的单片再生剂量法，但也指出该方法并不能很好地解决自然信号的灵敏度校正问题。影响 ESR 再生剂量法推广的一个重要因素是该方法需要很长时间的阳光晒退[例如 Yin 等（2007）]或高温加热[例如 Tsukamoto 等（2015）]来清空样品的自然 ESR 信号，这些操作会消耗大量时间或引起显著的灵敏度变化（后者需要评估和校正），使得单片法在操作便捷性上不具有优势。

与释光测年相比，ESR 测年的最大优势是测年范围广，一般认为其测年范围可以覆盖整个第四纪（Rink et al.，2007）。但 Yin 等（2007）利用石英 Al 心对年龄已知的洛川黄土剖面进行 ESR 测年，发现样品的 ESR 年龄比期望年龄普遍低约 50%。Tsukamoto 等（2018）通过对洛川黄土剖面的研究，发现尽管洛川样品中石英的 Ti 心和 Al 心人工辐照得到的剂量响应曲线饱和剂量很高，但这两种信号心自然辐照下产生的剂量响应曲线的饱和剂量明显偏低，以洛川黄土典型的约 3 Gy/ka 的剂量率计算，洛川样品 Ti 心和 Al 心的测年上限分别为约 40 万年和约 50 万年。Kabacińska 等（2022）对洛川剖面的研究证实了 Tsukamoto 等（2018）的观察。他们发现洛川样品的自然剂量响应曲线的饱和剂量明显低于人工剂量响应曲线，两者在约 1000 Gy 左右开始出现显著差别，说明对等效剂量超过 1000 Gy 的样品测年结果可能不可靠。Kabacińska 等（2022）认为 ESR 信号的自然和人工剂量响应曲线的不匹配可能与 Ti 心和 Al 心的热稳定性不足有关。Sun 等（2011）和 Li 等（2014d）对塔克拉玛干和腾格里沙漠钻孔的测年结果表明，石英 ESR 年龄与古地磁年龄存在较大差别，因此认为 ESR 年龄仅可作为古地磁年代框架的参考。总之，作为一个方法上仍在不断发展的测年技术，石英 ESR 测年能够获得的可靠年龄上限究竟是多少仍是需要探索的问题。

ESR 测年在沙漠和干旱区中的应用并不如释光测年和放射性碳测年广泛，但因其测年范围长的优势，该方法在测量年龄较老的样品时发挥了很大作用。在对中国北方塔克拉玛干、腾格里、巴丹吉林、库布奇等多个沙漠钻孔的研究中，ESR 测年和古地磁测年是建立沙漠长尺度演化时间标尺的主要测年手段（Sun et al.，2011；Li et al.，2014d；Wang et al.，2015；Li et al.，2017b；Fan et al.，2018；Zhao et al.，2022）。屈建军等（2004）通过对罗布泊东阿奇克谷地雅丹地层河湖相沉积的 ESR 测年，探讨了早更新世以来阿奇克谷地的地貌演化历史及其与库姆塔格沙漠形成的关系。Fan 等（2020）基于对腾格里沙漠古大湖的古湖岸和白碱湖钻孔的释光测年和 ESR 测年，提出腾格里古大湖最早可形成于早—中更新世。沙漠和干旱区中的石膏是出现干旱环境的标志，同时也可作为 ESR 定年的材料（Zheng et al.，2003；业渝光等，2003）。Nagar 等（2010）通过 ESR 定年，测定了北美、印度和澳大利亚多个沙漠形成石膏沉积的干旱期的年代。Kailath 等（2000）发展了沙漠中次生碳酸盐的 ESR 测年的技术。沙漠地层中出现淡水蜗牛等水生生物遗迹代表着曾经出现湖泊、湿地等湿润环境，Blackwell 等（2012）通过水生蜗牛壳体的 ESR 测年，揭示了埃及西部沙漠（Western Desert）在 MIS 2 和 MIS 4 曾出现适宜人类生存的湿润（绿洲）环境。

三、古地磁测年

古地磁测年是利用岩石或沉积物中磁性矿物的天然剩磁所记录的古地磁场极性变化测定岩石或沉积物年龄的年代学方法。地球磁场是一个偶极子磁场，但在地质历史时期地球磁场并非一成不变，而是磁极位置和磁场强度不断发生着变化。其中，地磁磁极位置在地质历史时期发生的变化最为显著，表现为南北磁极发生过多次倒转，形成地磁正反方向的不断交替（Merrill et al.，1996）。这一现象被认为是由地球外核磁流体运动的变化所引起的（李力刚，2016）。火成岩和沉积岩（或沉积物）中的磁性矿物在冷却或沉积的过程中会记录当时地球磁场的方向和强度并保存下来，即为天然剩磁。天然剩磁是一个矢量，可以进一步分解为磁倾角、磁偏角、磁场强度等地磁要素，在实验室中可以通过磁力仪测量得到。为获得地球历史时期古地磁变化的时间框架，地质学家基于 K-Ar 测年等绝对定年手段和古地磁测量建立了标准的古地磁极性年表，即地球古地磁极性交替变化的时间表[例如 Cande 和 Kent（1995）]。在古地磁年表中，百万年尺度的长期变化称为极性期，分为正极性期（与现代地磁方向相同）和负极性期（与现代地磁方向相反）；在极性期内部，与极性期的总极性相反的短尺度极性变化称为极性事件。由于古地磁变化具有全球同时性，在测量了一段沉积记录的古地磁信息后，可将沉积记录的磁性地层特征与标准古地磁极性年表进行对比，从而推测出沉积记录的年代。可见，古地磁测年并非直接的数字测年方法，而是一种基于磁性地层对比的间接测年方法。

古地磁测年的优势是测年范围极长，对于超出释光和 ESR 方法测年上限的沉积记录，可以通过该方法测年。古地磁测年主要适用于沉积较为连续、厚度较大、年龄跨度较长的剖面或钻孔岩心。因此，在研究中国北方多个沙漠的形成和长期演化时，古地磁测年被用作主要的年代学方法［例如 Sun 等（2009）、Li 等（2014d）、Wang 等（2015）、Li 等（2017b）、Fan 等（2018）、Zhao 等（2022），详见本书相关章节］。由于古地磁测年是一种间接测年手段，将古地磁测年与其他绝对测年技术相结合，能够更好地验证年龄的可靠性。

第三章

塔克拉玛干沙漠

第一节　自然环境与风沙地貌特征

位于新疆南部的塔里木盆地是欧亚大陆中部的一个巨大的内陆盆地，其西邻帕米尔高原，南依昆仑山和阿尔金山，北以天山为界。昆仑山北坡到塔里木盆地南部地区的地貌景观呈显著的带状分布特征，自南向北依次为裸露的基岩山地、风成沙黄土覆盖的山麓丘陵、山前洪积或冲积形成的戈壁及流动沙丘覆盖的沙漠（Yang et al.，2002；朱震达等，1980；杨小平，1999）。昆仑山北坡的黄土主要分布在塔里木盆地南缘和田到于田一带4200～2800 m的高度，黄土地层一般厚度为12～15 m，部分地区可达20 m（高存海和张青松，1991）。昆仑山北麓由冲积扇或者冲-洪积扇群组成的山前倾斜平原的坡降很大，由砾石组成的洪积层和冲积层厚度约为500～600 m，最大厚度可达900 m（朱震达等，1980），尼雅河下切暴露的巨厚砾石层至今仍清晰可见。

塔克拉玛干沙漠（36.9°N～41.4°N，77.5°E～89.8°E）正位于塔里木盆地的中央，沙漠主体呈梭形，是典型的山间盆地沙漠。沙漠周围被山前冲积扇和绿洲包围，这些广阔的冲积扇和绿洲在景观上形成鲜明的沙漠边界（图3.1）。根据本书最新的统计，塔克拉玛干沙漠总面积约为324 620 km²，南北最宽约530 km，东西最长约1150 km，是我国最大的沙漠。该沙漠在地形上呈现西南高东北低的总体趋势，其东北部的罗布泊是整个沙漠最低洼区和集水中心，海拔<800 m，而塔克拉玛干西南部麻扎塔格山一带可达1200 m，和田一带则超过1300 m。

塔克拉玛干沙漠的形成与区域构造活动和亚洲内陆干旱化密切相关。新生代以来，青藏-帕米尔高原和天山的阶段性隆升，同时覆盖于盆地的副特提斯洋快速向西退却，为现代塔里木盆地的地貌格局奠定了基础。对于塔里木盆地沙漠景观的初始时间，大体是根据塔里木盆地南缘或者西南部麻扎塔格山地层中保存的风成粉砂岩或者风成砂岩间接推测，大约有晚渐新世到早中新世（约26.7～22.6 Ma）、晚中新世到早上新世（约7～4.9 Ma）、中上新世（约3.4 Ma）等多种观点（Sun and Liu，2006；Sun et al.，2009，2011；Liu et al.，2014a；Zheng et al.，2015）。对罗布泊地区一个长约1000 m的深钻的磁

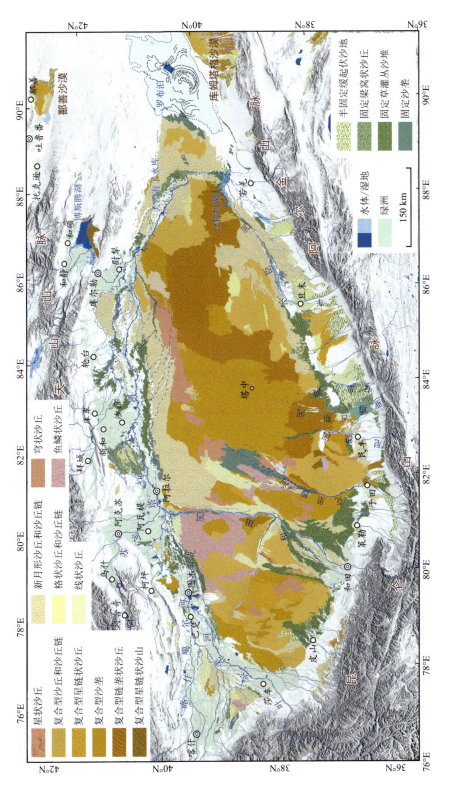

图 3.1 塔克拉玛干沙漠风沙地貌类型图

性地层、沉积物碳酸盐 δ^{13}C、粒度组成等研究表明，塔里木盆地之前存在的间歇性湖泊群至 4.9 Ma 左右消失，但此时之后其主导景观仍然是风成沙丘、河流、浅湖交替出现，直到约 0.7～0.5 Ma 才形成今天见到的永久性沙漠（Liu et al.，2020）。

现代塔克拉玛干沙漠属于典型的温带大陆性干旱气候。根据沙漠及周边地区气象站点近 50 年的观测资料，该地区多年平均降水量整体较低，且主要集中在夏季。沙漠西南部和田和东部若羌的多年平均降水量分别为 42 mm 和 31 mm，而位于沙漠腹地的塔中近 20 年的多年平均降水量仅为 24 mm（图 3.2）。此外，塔克拉玛干沙漠降水量年际变化极大，以沙漠西部的巴楚县为例，其在 1974 年、1981 年、1993 年、1996 年、2003 年、2010 年、2021 年等年份的年降水量均超过 100 mm，其中 2010 年降水量达 150 mm，而在 1985 年降水量仅 8 mm（图 3.2）。塔克拉玛干沙漠多年均温约为 12℃，和田、塔中、若羌地区多年平均月最低温分别为–8.7℃、–18.7℃和–13.2℃，多年平均月最高温分别为 32.8℃、36.3℃和 36℃，可见位于沙漠腹地的塔中温度变幅大于沙漠周边地区（图 3.2）。此外，近 50 年来，塔干周边气象站点记录的年均温整体呈上升趋势，尤以和田最为显著，2006 年以后各站点增温变缓甚至略有下降，而位于沙漠北缘的库车温度变化趋势不明显（图 3.2）。

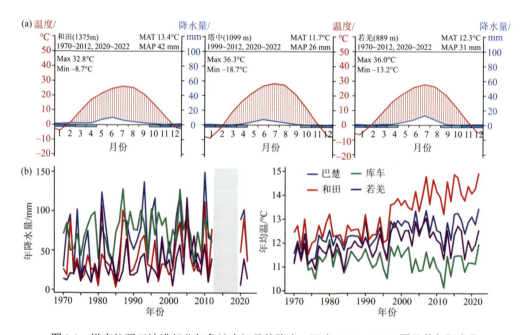

图 3.2　塔克拉玛干沙漠部分气象站点记录的降水、温度 Walter-Lieth 图及其年际变化

（a）和田、塔中、若羌近 50 年 Walter-Lieth 气候图（Walter and Lieth，1960）。降水量线位于温度线以上的月份表示较湿润时期，反之则指示较干旱的月份。图中蓝色显示的月份为显著霜冻期，浅蓝色显示的月份为可能霜冻期，无色显示的月份为无霜期。MAT：多年平均气温；MAP：多年平均降水量；Max：多年平均夏季最高温；Min：多年平均冬季最低温。仅统计有效降水记录>260 天的年份。（b）1970～2022 年巴楚、库车、和田、若羌四个站点的降水、温度逐年变化，灰色条带表示有效记录天数<260 天。数据来源：世界气象组织（WMO）共享的全球历史气候网络（Global Historical Climatology Network）日值数据集（GHCN-Daily）

沙漠地区不同区域风沙搬运能力存在明显的差异，代表风沙搬运能力的输沙势整体上呈现出自东向西降低的趋势（杨小平等，2021）。站点记录显示，位于西南部的和田总输沙势仅 28 vu（vector unit，矢量单位），其>5 m/s 的大风频率仅 3.3%，受到地形影响，其风向变率很大，合成输沙势方向为东北东（图 3.3）。位于沙漠腹地的塔中则显示相对较小的风向变率，主要以东北风为主，合成输沙势方向为 212°，与塔中地区的沙垄走向较为一致，其总输沙势为 43 vu（图 3.3），仍属于较低风能环境。位于沙漠东部的若羌则显示出更低的风向变率，能够启动沙颗粒运动的大风主要来自东北方向，而西南风主要是小风为主，其总输沙势为 125 vu，合成输沙方向为西南西（图 3.3）。从季节分配来看，整个塔克拉玛干沙漠的大风季节主要在 4～8 月，沙漠腹地大风持续时间更长；而静风主要集中在 12 月和翌年 1 月（图 3.3）。塔克拉玛干沙漠的近地表风况分布除了呈现出风力强度从东向西逐渐减小外，其潜在风沙搬运方向也可从站点数据记录中窥得端倪，即靠近若羌的东部地区主要输沙方向为西南偏西，到了塔中地区则为西南，而再往西至麻扎塔格山则逐渐转为西南偏南，到了莎车、皮山一带，则彻底转为东南（杨小平等，2021）。由此可见，正如朱震达等（1981）在《塔克拉玛干沙漠风沙地貌研究》中指出的，塔克拉玛干沙漠存在两大风力系统，即东半部受到东北风影响，西半部则受到西北风影响，两大系统大约在和田河到克里雅河一带交汇，共同塑造了塔克拉玛干沙漠的沙丘景观。

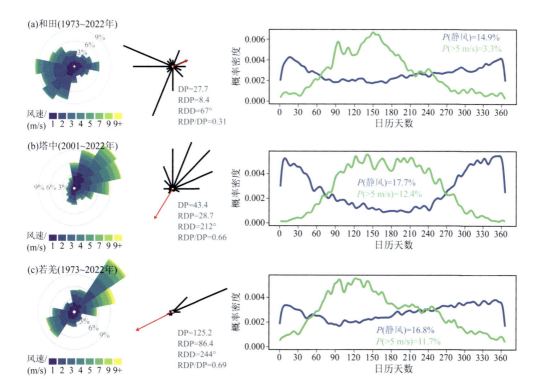

图 3.3　塔克拉玛干沙漠和田、塔中、若羌站点记录的 1973～2022 年 3 小时分辨率的风况数据

从左到右依次为风玫瑰图、输沙势玫瑰图和静风、大风（>5 m/s）在一年中的概率分布。输沙势按照 Fryberger 和 Dean（1979）提供的方法计算，临界起沙风速为 5.97 m/s（11.6 节）。P（静风）为站点记录为静风状态的频率，P（>5 m/s）为风速大于 5 m/s 的频率。风速 1 指 0~1，2 指 1~2，……，9 指 7~9

　　塔克拉玛干沙漠的现代水系的水源补给以冰川积雪融水和山区季节性降水为主，其中位于沙漠北部的塔里木河是我国第一大内流河（图 3.1）。塔里木河现今由和田河、叶尔羌河、喀什噶尔河和阿克苏河等 4 条支流在阿克苏地区的阿瓦提县汇流而成（图 3.1），向东流经沙漠北缘，然后最终折向东南，注入台特玛湖，干流段总长约 1300 km。根据阿拉尔水文站资料（1958～2008 年），塔里木河的多年平均径流量为 45.4 亿 km³，其中阿克苏河的补给约占 73%；连续最大 4 个月的径流量出现在 6～9 月，占全年径流量的 74%（Ye et al.，2014）。此外，塔里木河的沉积物载荷量与径流量具有较好的同步性，在汛期可达到 2535.02×10⁶ t，占全年载荷量的 95%（Ye et al.，2014）。塔里木河在沙雅县到尉犁县之间（82.9°E～86.3°E）形成了宽阔的冲积平原，分布着白色粉沙质沉积物的古河道依稀可见，在轮台县轮南镇一带最宽达 120 km，其南界到 40.34°N 的沙漠里，距离现代河床约 80～100 km（图 3.1）。

　　与北缘河流自西向东不同，塔克拉玛干沙漠南缘的河流除车尔臣河沿着沙漠边缘向东流入台特玛湖以外，其他河流包括和田河、克里雅河、尼雅河、亚通古斯河、安迪尔河等都是自南向北（图 3.1）。除和田河贯通沙漠南北之外，其他河流都在沙漠腹地逐渐断流。这些河流的下游大多形成了尾闾绿洲，如著名的克里雅河尾闾地区的喀拉墩绿洲、尼雅河下游的民丰绿洲等（Yang，2001）。在这些河流现代尾闾绿洲的下游沙漠腹地，保存有许多古河道，甚至存在多个更加深入沙漠腹地的古尾闾绿洲，可能曾滋养着多个古老文明。例如，尼雅河下游深入沙漠 70 km 的尾闾绿洲，如今仅见大片枯死的胡杨（图 3.4），而考古记录和历史文献均表明，其在 2000 多年前的汉代，曾是西域三十六国之一的精绝古国所在地（杨小平等，2021）。

图 3.4　尼雅河下游古河道两岸枯死的胡杨林

　　塔克拉玛干沙漠地区的地下水化学组成具有明显的空间差异性，如沙漠南缘冲积扇、砂砾石戈壁带的地下水矿化度为 0.5～1.5 g/L，属于淡水-微咸水，水化学类型为 Cl·HCO₃-Na·Ca 或 Cl·HCO₃-Na；而沙漠腹地地下水矿化度为 4～6 g/L，总体上属于微咸水-咸水，地下水类型为 Cl·SO$_4$-Na·Mg 或 Cl·SO$_4$-Na（李文鹏等，1995）。塔克拉玛干沙漠地区的植被具有种类比较贫乏、群落结构简单和覆盖度极低的特点。在沙漠边缘的河流沿岸或冲洪积扇前缘地带，以胡杨林、灰杨林、柽柳灌丛及芦苇草甸为主（朱震达等，1980）。

塔克拉玛干沙漠地区风沙地貌形态复杂多样，尽管如此，该沙漠地区风沙地貌类型在空间分布上仍表现出一定的规律性（图 3.1）。下面以沙丘形态及其面积所占比例为例进行阐述。

（1）由多种沙丘形态复合而成的复合型链垄状沙丘广泛分布于 84°E 以东的沙漠东部地区。沙丘相对高度可达 100 m 以上，沙垄延伸长度一般为 1～2 km，最长可达 30 km；丘间地比较开阔，宽度为 1～2 km（图 3.5），且丘间地发育低矮的线状沙丘。在沙漠西南部麻扎塔格和乔喀塔格山的南北地带也分布有类似的复合型链垄状沙丘，但与前者相比，沙丘比较密集且无开阔的丘间地。

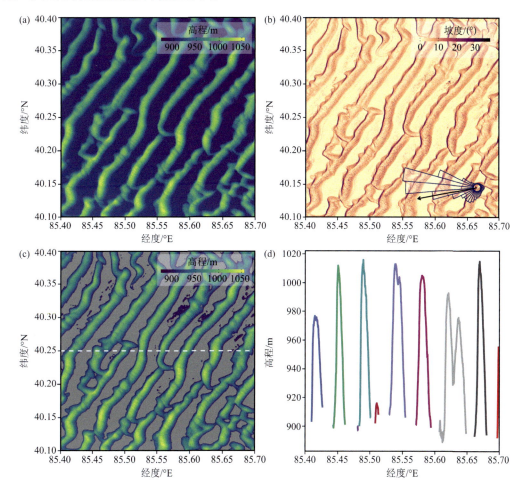

图 3.5 塔克拉玛干沙漠东北部的复合型链垄状沙丘

（a）ALOS DSM 显示的沙丘高程；（b）沙丘坡度，可见较长的东南向迎风坡和较陡的落沙坡，右下角插图为根据 ERA5-Land 格点数据计算的饱和输沙通量玫瑰图，黑色箭头为合成输沙通量方向；（c）去除平坦丘间地（灰色）的沙丘起伏。丘间地较为宽阔，约为 1～2 km；（d）沿 40.25°N 断面的沙丘高程变化，不同颜色代表不同的沙丘体，沙丘高度约为 80～120 m

（2）塔克拉玛干沙漠 82°E～84°E 之间的塔中附近主要分布大面积的复合型沙垄，沙漠西南部也有分布（图 3.1）。这种沙垄延伸长度一般为 10～20 km，最长可达 45 km，沙丘相对高度大约为 50～100 m（朱震达等，1980），略矮于复合型链垄状沙丘。在沙漠西南及高大的复合型链垄状沙丘的外围，如车尔臣河北部和沙漠东部等地，广泛分布复合型沙丘和沙丘链，高度约为 20～50 m。

（3）在塔里木河中下游干涸冲积泛滥平原的外缘地带、克里雅河下游、车尔臣河两岸、罗布泊西部沙漠及轮台到库尔勒一带的沙漠边缘，主要分布有新月形沙丘和沙丘链（图 3.1），其面积约占整个沙漠的 20%（表 3.1）。

（4）值得一提的是，克里雅河中下游地区的沙丘形态类型较为丰富，而且东西两岸的沙丘类型具有明显的差异，河西风沙地貌类型主要表现为复合型沙垄、新月形沙丘/沙丘链、线状沙丘及鱼鳞状沙丘等交替分布的特征；而河东沙丘相对高大，以复合型链垄状沙丘和复合型星链状沙丘为主（图 3.1）。

塔克拉玛干沙漠虽以流动沙丘占绝对优势，约占整个沙漠面积的 85%，但在沙漠内部和边缘的河流沿岸及水分条件较好的冲洪积扇前缘，分布有半固定缓起伏沙地、固定草灌丛沙堆和沙垄，其面积占沙漠总面积的 15%（表 3.1）。绿洲主要分布于沙漠与戈壁之间或冲积扇扇中区域，尤其是沙漠北部的河流沿岸区域，构成了沙漠边缘的一圈绿环（图 3.1），成为该地区农业生产和人类活动的主要场所。

表 3.1　塔克拉玛干沙漠风沙地貌类型及其面积和所占比例

活动状态	沙丘类型	面积/km²	所占比例/%
固定沙丘	固定草灌丛沙堆	27 915	8.60
	固定梁窝状沙丘	5460	1.68
	固定沙垄	7980	2.46
半固定沙丘	半固定缓起伏沙地	8065	2.48
流动沙丘	复合型星链状沙山	435	0.13
	复合型链垄状沙丘	42 225	13.01
	复合型沙垄	63 205	19.47
	复合型星链状沙丘	6345	1.95
	复合型链状沙丘	54 005	16.64
	星状沙丘和沙丘链	465	0.14
	新月形沙丘和沙丘链	65 550	20.19
	格状沙丘和沙丘链	5245	1.62
	线状沙丘	13 440	4.14
	鱼鳞状沙丘	11 925	3.67
	穹状沙丘	12 360	3.81
总计	/	324 620	100

除了塔里木盆地的塔克拉玛干沙漠外，在塔干东北的博斯腾湖南部和东部也有两片

小沙区，南部沙区以高大的复合型星链状沙山为主，高度可达 100 m 以上；东部沙区以星状沙丘和沙丘链为主（图 3.1），总面积约 870 km²。此外，新疆东部吐鲁番至哈密的山间盆地、戈壁上也分布有不少流动沙带和爬坡沙丘（朱震达等，1980）。这些零散分布的沙区中最为典型的是吐鲁番盆地东南的鄯善沙漠，其东北部为星状沙丘、中部主要为复合型沙丘和沙丘链，而西南部则主要为新月形沙丘和沙丘链（图 3.1），复合型沙丘的沙丘高度约为 50～100 m，总面积约 3000 km²。

第二节　塔克拉玛干沙漠沉积地层及其年代

尽管塔里木盆地的大规模沙漠景观可能迟至中更新世已经形成，但是与现代沙漠景观相联系的环境变化过程如何？在中国少数民族语言维吾尔语中，"塔克拉玛干"意为"进去出不来的地方"，但其所处的塔里木盆地的"塔里木"却被解释为"永久的家园"或者"树木生长的地方"。对同一区域的两种截然不同的解释，既指示了这无垠沙海有着恶劣的自然环境，也意味着这里可能曾是水草丰美的文明摇篮。该沙漠在晚更新世以来的景观面貌如何变化，仍然缺乏系统的研究。为了寻找塔克拉玛干沙漠环境演变的直接证据，在科技部基础资源调查专项"中国沙漠变迁的地质记录和人类活动遗址调查"项目的支持下，项目组通过遥感影像解译和野外实地考察，在塔克拉玛干沙漠共调查研究了 21 个新增地层剖面（图 3.6），且对其粒度、磁化率等古环境代用指标进行了分析，并依据 OSL 测年方法建立了有关剖面的年代标尺。沉积物粒度参数，包括平均粒径和标准偏差 σ_1，均是根据 Folk 和 Ward（1957）公式求得的。

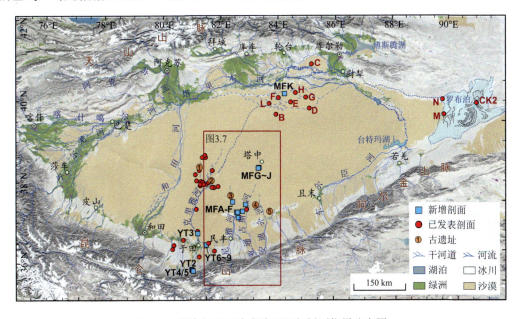

图 3.6　塔克拉玛干沙漠地区沉积剖面位置分布图

一、尼雅河流域下游和塔中区域的沉积剖面

MFA、MFB、MFC、MFD、MFE、MFF 剖面基本上在发源于昆仑山的尼雅河或者安迪尔河的影响范围内，且都处于沙漠深处，周围有高大沙丘发育。

MFA 剖面（37.59°N，82.88°E，高程 1311 m）位于沙漠南部尼雅河下游绿洲东侧的低洼地区，厚 4.24 m（图 3.7）。自下而上可分为五个沉积单元：单元 1（4.24～3.44 m）为浅褐色（7.5YR 5/3）、质地松散的风成沙，其顶部发育有明显的斜层理，层理产状为 225°∠17°，应是由东北风的搬运作用所致。该沉积单元风成沙主要由极细沙（52%～54%）、粉沙和黏土组分（31%～33%）组成，平均粒径为 75 μm；标准偏差为 0.92～0.98，分选中等。4.14 m 和 3.49 m 处样品的光释光（OSL）年龄分别为 5.7±0.4 ka 和 5.5±0.4 ka。单元 2（3.44～3.24 m）为浅灰色（10YR 7/2）、有微弱波状层理的河漫滩相沉积物，其碳酸钙含量较高。来自该沉积单元中部的 OSL 年龄为 5.1±0.6 ka。单元 3（3.24～3.12 m）为浅褐色（7.5YR 6/3）、质地疏松、分选中等的风成沙。其沉积物碳酸钙含量低，其粒度组成特征与单元 1 的风成沙类似，但可见毫米级的层理。此处沉积物的光释光年龄为 3.9±0.4 ka。单元 4（3.12～1.47 m）主要由河流相沉积物组成，其中夹有 4 层较薄的风成沙层。这层河流相沉积物粒度变化幅度较大，平均粒径介于 26～76 μm；而所夹风成沙偏粗，平均粒径为 86 μm。1.89 m 深度处的沉积物 OSL 年龄为 4.3±0.5 ka。大约 4.3 ka 以来，MFA 普遍发育浅褐色（10YR 8/2）湖相粉沙质黏土或河流相碎屑沉积物（单元 5，1.47～0 m）。其中湖相沉积层碳酸钙胶结较强，质地坚硬，全部为<63 μm 的细颗粒物质，平均粒径为 4 μm。0.44 m 处河流沉积物 OSL 年龄为 4.3±0.4 ka。

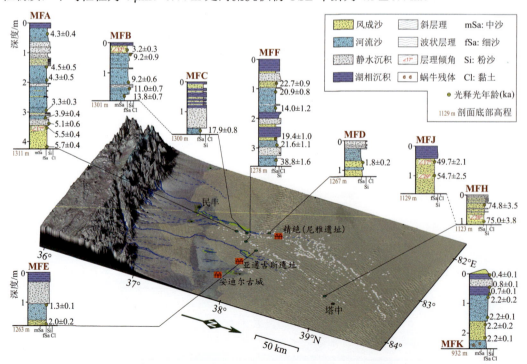

图 3.7 塔克拉玛干沙漠尼雅河流域沉积地层记录（杨小平等，2021）
图中白点代表在遥感影像上识别的静水沉积分布；MFK 剖面位于塔里木河南侧，其位置见图 3.6

MFB 剖面（37.70°N，82.85°E，高程 1301 m）出露于丘间风蚀洼地，四周为流动沙丘（图 3.7）。剖面厚 1.9 m，自下而上可分为三个沉积单元：单元 1（1.9～0.35 m）为浅褐色（7.5YR 5/3）、分选中等、磨圆较好的河流沙，夹有 3 层浅灰色（7.5YR 7/2）的粉沙质黏土层。该沉积单元的底部 1.9～1.7 m 可见铁锰团块，发育明显的水下波纹。深度 1.75 m 处的光释光年龄为 13.8±0.7 ka。1.5～1.35 m 发育一层湖相沉积，碳酸钙含量较高，沉积物平均粒径为 45 μm，分选差。这期湖相沉积层底部（深度为 1.5 m）和顶部（深度为 1.35 m）的 OSL 年龄分别为 11.0±0.7 ka 和 9.2±0.6 ka。单元 1 顶部（深度为 0.4 m）地层的 OSL 年龄为 9.2±0.9 ka。单元 2（0.35～0.1 m）为褐色（7.5YR 5/4）、分选较好的风成沙，其沉积物主要由极细沙组成（60%），平均粒径为 87 μm。该沉积单元发育明显的斜层理（产状为 330°∠32°），应是由东南风的搬运作用所致，可能代表了局地季节性风向。这期风成沙被湖相沉积物埋藏，其沉积物为浅灰色（10YR 7/2），分选差的粉沙质黏土，可见毫米级的水平层理。湖相沉积下部的风成沙的光释光年龄为 3.2±0.3 ka，即约 3 ka 时湖泊再次出现，随后干涸（图 3.7）。

MFC 剖面（37.70°N，82.85°E，高程 1300 m）剖面位于 MFB 剖面西侧 15 m，其厚度为 1.75 m（图 3.7），自下而上可划分为两个沉积单元：单元 1（1.75～1.55 m）为浅褐色（7.5YR 5/3）、分选差的河流沙，含有少量铁锰团块，可见明显的水下波纹。沉积物平均粒径为 80 μm。该单元中部的沉积物 OSL 年龄为 17.9±0.8 ka。单元 2（1.55～0 m）主要为白色（10YR 8/1）、分选差且有碳酸钙胶结的黏土质粉沙层，属于河漫滩或者河道废弃后的牛轭湖静水沉积，在 0.7 m、0.6 m、0.5 m、0.3 m 深处夹杂有 2～3 mm 厚的浅褐色（10YR 6/3）、质地松散、分选中等的风成沙层，0.2～0.05 m 处有一层风成沙，厚达 5～15 cm，顶部又被一薄层湖相沉积所覆盖。

MFD 剖面（37.89°N，82.71°E，高程 1267 m）出露于尼雅河尾闾干三角洲，四周被流动沙丘覆盖（图 3.6、图 3.8）。剖面厚 1.2 m，是在流水和风力交替作用下形成的沉积序列，包括多期河流、湖泊和风沙沉积（图 3.7）。单元 1（1.2～1.0 m）主要是褐色（7.5YR 5/4）、分选较好的风成沙，1.1 m 处夹有一薄层湖相沉积。风成沙样品平均粒径变化范围为 77～89 μm，其粒度组分以粉沙（29%～37%）和极细沙（43%～59%）为主，黏土组分较少。单元 1 顶部的风成沙被单元 2 厚 10 mm 的浅褐色（7.5YR 5/3）河流沙埋藏，这期河流沙含有水下沙波纹和泥质碎片，粉沙和黏土等细颗粒组分含量明显升高。单元 3（0.9～0.7 m）为疏松的风成沙层，粒度特征与单元 1 类似，其 OSL 年龄为 1.8±0.2 ka。这期风成沙层被 0.7 m 厚的河湖相沉积物（单元 4）覆盖，其底部为 0.52 m 厚的河流相沉积，发育明显的波状层理；顶部为浅灰色（7.5YR 7/2）的静水沉积，碳酸钙胶结程度较强，底部可见波状层理。该沉积单元的粉沙和黏土组分（<63 μm）平均含量高达 92%，但分选差（σ_I=1.2～1.5）。

MFE 剖面（37.92°N，83.11°E，高程 1263 m）是尼雅河流域南部剖面群中靠近沙漠腹地的剖面，位于安迪尔河西侧（图 3.7）。剖面厚 1.8 m，自下而上可分为三个沉积单元（图 3.7）：单元 1（1.8～1.7 m）以浅褐色（7.5YR 6/4）、分选良好、质地疏松的风成沙为主，其中夹有一层厚 15 mm 的粉沙质黏土层。这层风成沙有明显的斜层理，层理产状为

150°∠21°，应为西北风搬运所致。对其顶部的沉积物中石英颗粒进行光释光测年，结果为 2.0±0.2 ka。单元 2（1.7～1.05 m）呈角度不整合覆盖在单元 1 的风成沙之上，该单元为褐色（7.5YR 6/3）、分选中等、碳酸钙胶结的河流细沙，可见水下波纹并夹有代表流水沉积的泥质碎片。深度 1.07 m 处河流沙的光释光年龄为 1.3±0.1 ka。单元 3（1.05～0 m）整体上为浅褐色（10YR 8/2）、分选差的黏土质粉沙层，主要由粉沙和黏土组分组成，碳酸钙含量较高，平均粒径介于 5～11 μm。顶部 0.3 m（0.3～0 m）有毫米级的水平层理，属于湖相沉积。

图 3.8　尼雅河下游古河道 MFD 剖面野外照片

　　MFF 剖面（37.76°N，83.01°E，高程 1278 m）位于现今尼雅河主河道的东侧，保存了巨厚多层细颗粒静水沉积，可能是尼雅河流域水量丰沛时期，河流三角洲地区支流或区域降水较多时地表径流形成的沉积物。剖面厚 3.62 m（图 3.7，野外照片见本书图 1.7）。剖面底部（3.62～2.75 m）为浅灰色（7.5YR 6/4）、胶结坚硬的粉沙质黏土层，富含碳酸钙，并可见毫米级水平层理，主要为河流沉积和静水沉积。其沉积物以极细沙为主（50%），平均粒径范围为 4～74 μm，分选中等，底部 20 cm 处的 OSL 年龄为 38.8±1.6 ka；2.92～2.75 m 处为河流沙，水下沙波纹清晰可见，其 OSL 年龄为 21.6±1.1 ka。深度 2.75～2.64 m 为浅褐色（7.5YR 6/3）、分选好、质地疏松的风成沙，其 OSL 年龄为 19.4±1.0 ka。2.64～1.80 m 为浅褐色（10YR 8/2）、碳酸钙胶结的粉沙质黏土层，可见模糊的近水平行层理，在 2.25 m 处夹有一薄层灰色（7.5YR 6/4）、分选中等的风成沙。1.80～0.98 m 由多期湖相（静水）沉积和风成沙层交替组合而成。顶部（0.82 m）和中部（1.14 m）的 OSL 年龄分别为 22.7±0.9 ka 和 20.9±0.8 ka，这两个年代数据虽然倒转，但在误差范围之内。1.67 m 深度风成沙的 OSL 年龄为 14.0±1.2 ka。考虑到该风沙层较疏松，可能存在后期扰动，该样品测年结果存疑，在解释该剖面年代时未考虑。剖面顶部（0.98～0 m）主要为浅褐色（10YR 8/2）的静水和湖相沉积，胶结较坚硬，其中湖相沉积层可见模糊的毫米级水平层理，但在 0.3 m 处夹有一层风成沙。该剖面的湖泊静水沉积物以粉沙（31%～90%）和黏土组分（0.3%～17%）为主，有少量的极细沙，粒度偏细且分选差，平均粒径为 21 μm。

MFG、MFH、MFI、MFJ 剖面（38.89°N，83.53°E）位于塔中西南约 16 km 处的沙漠公路西侧（图 3.6、图 3.7、图 3.9）。这 4 个剖面依次自东向西排列，其中 MFG 靠近东侧，位置最低，海拔约为 1122 m，MFJ 剖面靠近西端，位置最高，海拔为 1129 m。与前述的沙漠南缘剖面相比，这些深入沙漠 200 多千米的沙漠腹地剖面地层变化较少，持续的干旱时间更长。

图 3.9　塔中区域 MFG、MFH、MFI、MFJ 剖面野外照片

MFG 剖面厚度为 1.43 m，自下而上可见两个明显不同的沉积单元：下部（1.43～0.3 m）为浅褐色（10YR 8/2）、分选良好、质地疏松的风成沙，其粒度较粗，平均粒径介于 89～117 μm；黏土、粉沙等细粒物质含量较低，平均含量仅为 13%。该沉积单元的风成沙层理清晰，可见明显的交错层理。这层风成沙被厚约 0.3 m、呈浅褐色（10YR 8/2）的黏土质粉沙层所覆盖，该沉积层粒度较细，黏土、粉沙含量明显增加，可见水平层理，应为湖相沉积。本剖面底部风成沙的 OSL 年龄分别为 37.10±2.68 ka（1.33 m 深度）和 59.81±2.86 ka（0.38 m 深度），这两个年龄值明显倒转。

MFH 剖面在 MFG 剖面西侧 26 m 处，比 MFG 剖面略高，剖面厚度 1.0 m，自下而上可分为两个沉积单元（图 3.7）：底部（1.0～0.4 m）是浅棕色（7.5YR 6/4）、分选中等的风成沙，在 0.8 m、0.65 m、0.55 m 深处夹杂浅褐色（10YR 8/3）、分选差的粉沙质黏土层。风成沙中呈现出清晰的斜层理，自下而上倾角逐渐减小，深度 1.0 m 处的倾角为

20°、0.6 m 处的倾角为 12°，倾向均朝南。深度 0.9 m 处的 OSL 年龄为 75.0±3.8 ka。上部（0.4～0 m）为近白色（10YR 8/3-2）的黏土质粉沙层，碳酸钙胶结坚硬且未见层理，应属于河漫滩相沉积即静水沉积；中间夹有 4 层约 2 cm 厚的风成沙层。这期静水沉积层主要由粉沙（86%）和黏土组分（8%）组成，平均粒径为 25 μm，其下部风成沙的 OSL 年龄为 74.8±3.5 ka（图 3.7）。

MFI 剖面位于 MFH 剖面西南 40 m，是 MFH 沉积序列向上的延续，厚度 0.58 m，主要是胶结坚硬的粉沙质黏土（图 3.9）。在 0.54～0.51 m 深度为一风成沙夹层，颜色为浅褐色（7.5YR 6/3）。在 0.2～0.18 m 深度为另一风成沙夹层，颜色呈粉红色（7.5YR 7/3）。这一粉沙质黏土沉积层以粉沙组分为主，平均含量为 80%；沙组分（>63 μm）含量较低，不足 6%。

MFJ 剖面位于 MFI 剖面西南 140 m 处，剖面厚度 1.5 m，由底部的风成沙和顶部的湖相沉积组成（图 3.7、图 3.9）。深度 1.5～0.4 m 为风成沙，发育斜层理，其层理倾角为 29°，倾向介于 180°～265°。1.1 m 和 0.6 m 深度处的 OSL 年龄分别为 54.7±2.5 ka 和 49.7±2.1 ka（图 3.7）。0.4 m 至顶部为近白色（10YR 8/3-2）、胶结坚硬的黏土质粉沙层，有水平层理；粒度偏细，平均粒径仅为 6 μm，分选较差，应为湖相沉积。

总体上看，位于沙漠腹地的塔中地区沉积地层序列单一，但是出露的水成沉积地层与靠近昆仑山的沙漠南部较为近似，但厚度远不及沙漠边缘地区。本书获取的塔中剖面的水成沉积下部的风成沙测年基本上介于 70～50 ka，反映了在此时段有地表流水能达此处抑或降水增加，并经年累积黏土、粉沙等细颗粒物质，形成较厚并得以保存的静水、湖相沉积。

二、克里雅河流域中上游沉积剖面

YT2 剖面（36.20°N，81.50°E，高程 2493 m）是位于克里雅河上游三级阶地之上的天然露头。该剖面位置虽然离沙漠较远（图 3.6），但因位于昆仑山北坡，其风成沉积与塔克拉玛干沙漠有着密切的联系，因而对沙漠环境演变过程有一定的指示意义。剖面厚度 7.2 m，由底部出露的 20 cm 厚的分选极差的冰水沉积物和上部 7 m 厚的沙黄土组成（图 3.10）。沙黄土呈深灰褐色（10YR 4/2），以不整合接触方式直接覆盖在冰水沉积物之上。该层沙黄土以粉沙（60%）和极细沙（34%）为主，黏土含量仅占 3%，样品的平均粒径均值为 38 μm。在 2.7 m、4.81 m 和 4.87 m 处夹有三层黑色碳屑和斑状铁锈，粒度偏细，粉沙组分含量可达 71%。自深度 4 m 以上，剖面样品的粒度自下而上呈现逐渐变粗的趋势（图 3.10）。光释光测年表明这层 7 m 厚的沙黄土是最近 2000 年以来沉积的（图 3.10）。

YT4 剖面（36.20°N，81.49°E，高程 2448 m）位于 YT2 剖面南约 200 m 的克里雅河上游二级阶地之上（图 3.6）。剖面厚 2.3 m，地表植被覆盖约 30%。YT4 剖面沉积物是深灰褐色（10YR 4/2）、分选差的沙黄土，局部可见褐色的铁质锈斑。在 1.7 m、1.1 m 和 0.8 m 处分别夹有一层极细沙和两层碳屑层。沙黄土的平均粒径在此剖面多为 40±5 μm，以 <63 μm 的黏土、粉沙等细粒物质为主，其平均含量达 62%±5%（图 3.11）。剖面中 2.1 m、1.1 m 和 0.4 m 深度的 OSL 年龄分别为 2.03±0.15 ka、0.72±0.06 ka 和 0.58±0.05 ka。

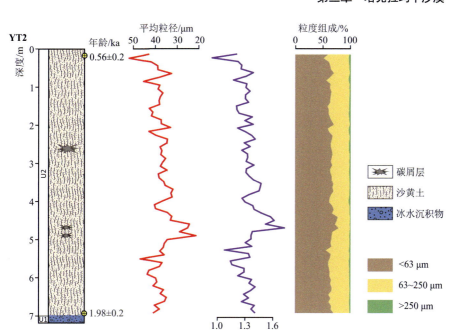

图 3.10 YT2 剖面年代及粒度变化（照片见本书图 1.3）

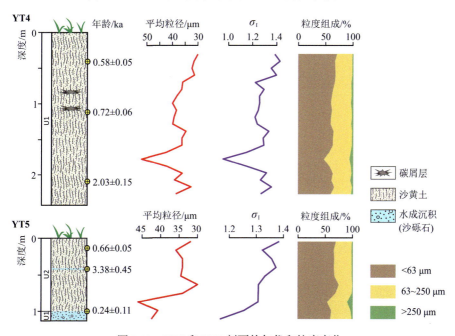

图 3.11 YT4 和 YT5 剖面的年代和粒度变化

　　YT5 剖面（36.20°N，81.50°E，高程 2437 m）是克里雅河上游一级阶地之上的风成沉积，位于 YT4 剖面南 50 m 左右，剖面厚 1.1 m，由下部沙砾石层和上覆沙黄土组成（图 3.11）。下部（1.1～1.0 m）为沙砾石层，未见底，剖面底部高出现代河床约 3 m。上部（1.0 m 至表层）是深灰褐色（10YR 4/2）的沙黄土，其中在 0.8 m 处夹有一层约 5 cm 厚的细沙透镜体，局部夹有褐色斑状铁锈。深度 1 m、0.4 m 和 0.2 m 的 OSL 年龄分别为

0.24±0.11 ka、3.38±0.45 ka 和 0.66±0.05 ka。这组年龄数据显示了明显的倒转，可能原因是 0.4 m 深处的样品是河流沙的透镜体，这块样品可能因未经扰动的块状老沉积的移动侵入所致，底部年龄偏小或与生物扰动有关。但总体可以认为一级阶地上的沙黄土是近几百年来沉积的。

YT6 剖面（36.88°N，81.92°E，高程 1442 m）位于克里雅河东侧一支流（奥依托格拉克）的河流阶地顶部，该支流也是克里雅河进入沙漠后唯一的支流，其水源由山前洪积扇扇缘出露的地下水汇集而成。YT6 剖面厚度为 2.2 m，自下而上可划分为 4 个沉积单元（图 3.12）：单元 1（2.2～1.5 m）为风成沙，呈浅褐色（7.5YR 5/3），分选较好。该沉积单元含有清晰的亚厘米级斜层理，倾向 65°，倾角 15°。这一层风成沙主要由极细沙（53%±4%）和细沙（35%±7%）组成，平均粒径为 92±16 μm。深度 1.5 m 处的 OSL 年龄为 0.51±0.1 ka。单元 2（1.5～1.3 m）为灰褐色（10YR 5/2）、胶结坚硬、分选中等的黏土质粉沙沉积层，该黏土粉沙层呈现出微弱的水平层理，纹层厚度约为 1～2 mm。沉积物的平均粒径为 56 μm，<63 μm 的黏土和粉沙组分含量明显增加（图 3.12），可能为河漫滩沉积。单元 3（1.3～1.1 m）为浅褐色（7.5YR 5/3）、分选中等的风成沙，未见层理，应为平沙地沉积，其沉积物的平均粒径比单元 1 中的风成沙小。1.2 m 深度风成沙的 OSL 测年结果为 0.52±0.1 ka。单元 4（1.1 m 至地表）为浅褐色（7.5YR 6/3）、分选中等的河流沉积，含波状层理，局部可见泥质小团块。这期河流沙主要由粉沙（38%±12%）和极细沙组分（52%±9%）组成，平均粒径为 60±12 μm（图 3.12）。

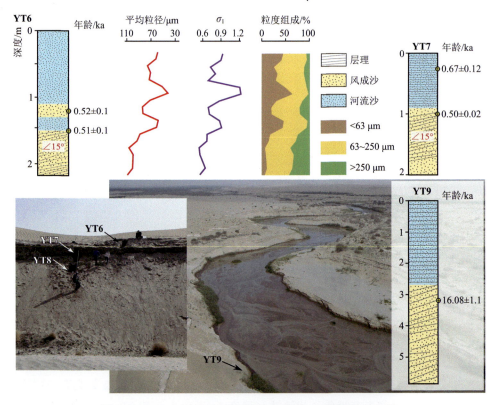

图 3.12　YT6～9 剖面相对于河流的位置、地貌照片及年代

YT7～9 剖面依次是 YT6 剖面向下的延伸（图 3.12）。这三个剖面与 YT6 剖面一样，都是 1～2 m 厚的风成沙与较细颗粒的河流沉积互层。虽说 YT7 剖面高出现代河床>6 m，但 OSL 年龄显示河流下切是近 500 年来发生的。位置最低的 YT9 剖面上部（2.8～0 m）为河流沉积，含水平层理；底部为胶结坚硬有斜层理的风成沙，其光释光年龄为 16.08±1.1 ka，说明彼时该区域已主要受风力作用影响。

YT3 剖面（37.15°N，81.62°E，高程 1307 m）出露于刚进入塔干南缘的克里雅河的东侧，是克里雅河上游剖面群中最北的剖面（图 3.6）。剖面厚 2.8 m，自下而上可划分为两个沉积单元（图 3.13）：底部（2.8～1.8 m）是淡红色、分选中等、质地疏松的风成沙，具有厘米级的斜层理，以极细沙和细沙占绝对优势，平均粒径为 86±8 μm。这层风成沙在深度 2.1 m 处的光释光年龄为 18.56±0.98 ka。剖面上部（1.8～0 m）主要是褐色（7.5YR 5/2）、分选中等偏差的河流沙，碳酸钙含量较高；其中在 1.25 m 处夹有一层 2 cm 厚的透镜体沙。与剖面下部的风成沙相比，这一层河流相沉积物中黏土和粉沙组分的含量（39%±10%）明显增加（图 3.13）。该单元不同深度处的光释光年龄分别为 17.01±1.34 ka、16.99±0.97 ka 和 15.24±1.12 ka，指示了这一期河流沙沉积于末次冰消期。此外，河流沙的平均粒径自下而上呈现出逐渐减小的趋势，为典型的河流相正向递变层理，反映了彼时克里雅河水动力条件逐渐变弱的过程，可能是河道正在向远处迁移，此处河流活动减弱，以河漫滩甚至是静水沉积为主。

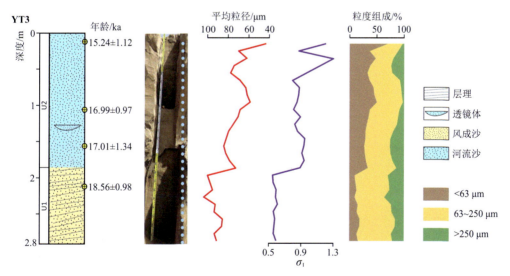

图 3.13　YT3 剖面的年代、剖面照片和粒度变化

剖面照片中蓝色小圆点代表沉积物样品采集层位

三、塔里木河中游古河道沉积剖面

MFK 剖面（40.71°N，84.29°E，高程 923 m）位于塔里木河中游宽广的洪积平原中部，四周被流动沙丘包围（图 3.6）。剖面厚 2.53 m，自下而上可分为四个沉积单元（图 3.7）：单元 1（2.53～2.33 m）为河流沙，含交错层理，有蜗牛残体，多为生存于浅水生境

的卵萝卜螺（*Radix ovata*）。沉积物呈浅褐色（7.5YR 6/3），分选中等，平均粒径为131.1±26.6 μm。单元 2（2.33～1.6 m）为浅褐色（7.5YR 5/3）、分选中等的风成沙，呈现出清晰的水平层理，应为平沙地沉积。2.12 m、1.67 m 深度处沉积物的 OSL 年龄分别为2.2±0.1 ka 和 2.2±0.2 ka，说明该期风沙沉积速率较快，该层风成沙两端的 OSL 年龄在误差范围内几乎相同。单元 3（1.60～0.67 m）为浅灰色（10YR 7/2）、分选中等的河流沙，可见水下沙波纹，碳酸钙含量较高。该河流沙的平均粒径为 75±9 μm，粒级组分中<63 μm含量为 36.7%±7.9%，63～125 μm 的组分含量为 45.2%±5.2%。光释光测年结果显示该沉积单元底部（深度 1.52 m）和顶部（0.72 m）沉积物的 OSL 年龄分别为 2.2±0.1 ka 和2.2±0.2 ka（图 3.7），与其下部风成沙的年龄接近，河流沙的 OSL 年龄代表了这里河流所到之年龄。单元 4（0.67～0 m）为湖相沉积，中间有一静水沉积夹层，发育水平层理，胶结程度较强。62 cm、37 cm 和 2 cm 深度沉积物的 OSL 年龄分别为 0.7±0.1 ka、0.8±0.1 ka 和 0.4±0.1 ka，这说明大约在 400 年前该剖面所处位置还是浅滩湖泊景观。

　　除了本书作者团队考察所获剖面，前人也对塔里木河中游冲积平原有着较为深入的研究（图 3.6）。沉积地层序列总体模式为以黏土、粉沙和极细沙为主的粉沙土，以及亚黏土与细沙组成的风成沙交互堆积（图 3.14），与 MFK 剖面较为相似。塔里木河中游这一

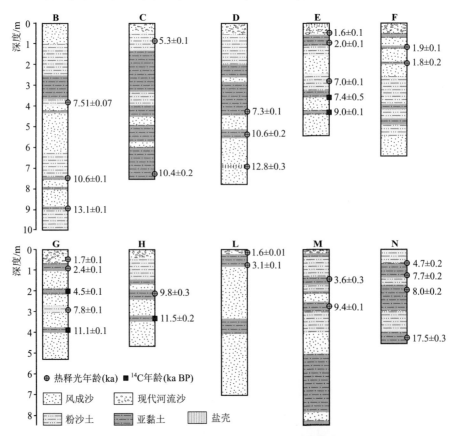

图 3.14　塔里木河流域沉积剖面分布及对比（剖面位置见图 3.6）

B 剖面引自靳鹤龄等（1994）；C～E 剖面引自陈广庭和冯起（1997）；F～H 剖面引自冯起等（1999）；L 剖面引自周兴佳（1992）；M 剖面引自严富华等（1983）；N 剖面引自吴玉书（1994）

宽阔的冲积平原区域地形平坦，河道摆动频繁，这种水成和风成交互沉积模式反映了河流地表过程与风沙的密切相互作用。河流迁移到相应位置时，沉积剖面则记录为粉沙和极细沙为主的河流沉积（与现今塔里木河河流沉积物相似），而在河漫滩区域，则因洪水泛滥而形成以灰白色粉沙质黏土为主的静水沉积物。当河流继续迁移，则风沙作用占主导，地层剖面中即出现极细沙-细沙为主的风成沙。

第三节　晚更新世以来塔克拉玛干沙漠环境演变

塔克拉玛干沙漠地区广泛分布的风沙-湖泊（静水）-河流相沉积地层序列是区域环境演化过程与气候变化的佐证（杨小平等，2021）。不同地层中沉积相和粒度参数的变化表明，塔克拉玛干沙漠的沉积环境在晚更新世以来经历了显著的变化，主要表现为气候湿润时期河湖相沉积物大规模发育、伴随风沙活动减弱或停止，而在气候干旱时期风沙活动加强、风沙沉积记录明显增多。

已发表的塔克拉玛干沙漠沙区剖面中最老的风成沙（年龄约为 75 ± 3.8 ka）出现在塔中附近的 MFH 剖面，其上部为河漫滩相黏土质粉沙沉积（图 3.7）。此外，距 MFH 剖面西南 180 m 处的 MFJ 剖面在 50 ka 左右也沉积了一层胶结坚硬的黏土质粉沙层（图 3.7），这些地层记录显示在约 70~50 ka 时期塔克拉玛干沙漠腹地存在较大范围的湿地（杨小平等，2021）。但此前也是风沙沉积，说明塔中地区沙丘发育是多期的。末次冰期以来，塔克拉玛干沙漠也存在一些次一级相对湿润的时期，如位于尼雅河流域的 MFB（13.8 ± 0.7~11.0 ± 0.7 ka）、MFC（17.9 ± 0.8 ka）和 MFF 剖面（38.8 ± 1.6~21.6 ± 1.1 ka）（图 3.7）及克里雅河流域的 YT3 剖面（17.0 ± 1.3~15.2 ± 1.1 ka，图 3.13）。

绿洲作为干旱区一种独具特色的自然地理景观，对气候变化响应极其敏感，其形成和演化直接受控于地形、水文状况及气候条件等多因素的变化，因此绿洲区域的沉积地层记录对揭示周围沙漠地区气候演变历史具有一定的指示意义。Shu 等（2018）分析了塔克拉玛干沙漠南缘于田县南侧绿洲区域一风沙沉积剖面（图 3.6）沉积物的粒度、地球化学指标及 [14]C 年龄数据，提出该区域在晚更新世以来至少经历了五次较为湿润的时期，分别发生在距今 29~25.5 ka、20~18 ka、15.5~13.5 ka、12.1 ka 和 9~6 ka（图 3.15）。其驱动机制可能是赤道辐合带北移导致东亚夏季风可以较频繁地延伸至塔克拉玛干沙漠地区，为当地带来相对丰沛的降水（Shu et al.，2018）。考虑到塔克拉玛干沙漠地区位于西风环流控制的纬度上，地表相对湿度增加的另一可能是中纬度西风环流增强和南移，使得塔克拉玛干沙漠周边山地的地形雨雪增加（Putnam et al.，2016；杨小平等，2021）。基于 145 个气象站点资料，Aizen 等（2001）发现北大西洋涛动（NAO）的波动会对中亚地区降水产生重要影响，即在 NAO 处于负相位时，中纬度西风环流更容易发生南移，进而导致中亚地区降水增加；反之则降水减少。此外在 40~30 ka 时，青藏高原以南的低纬度地区正值岁差周期的太阳高辐射阶段，高原热源作用增强引起的温度梯度可能会导致西南季风携带丰富水汽，并向西北内陆干旱区深入。这类高原特强夏季风事件也会导致塔克拉玛干沙漠出现较湿润的环境（施雅风等，1999；杨小平和刘东生，2003）。

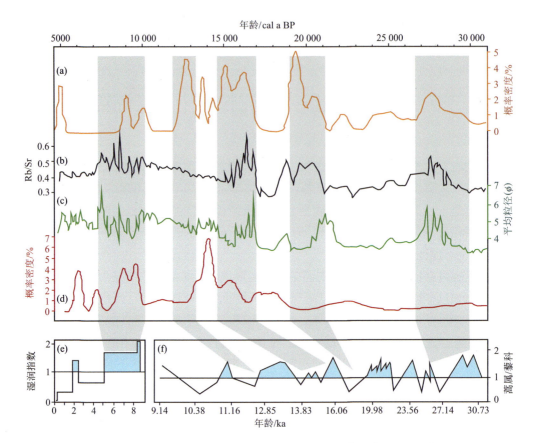

图 3.15　塔克拉玛干沙漠南部克里雅绿洲 KLY 剖面的古环境指标及其区域对比（引自 Shu et al.，2018）

（a）～（c）KLY 剖面沉积物有机碳 14C 年龄的累积概率密度曲线、Rb/Sr 值和平均粒径；（d）塔克拉玛干沙漠湖相或河流沉积地层的年龄记录累积概率密度曲线；（e）罗布泊钻孔记录的湿润指数；（f）罗布泊钻孔的蒿属和藜科花粉比值（A/C）；灰色阴影代表了较湿润时期

新疆罗布泊地区 CK2 沉积剖面（图 3.6）及其孢粉记录显示，在距今 31.98～19.26 ka 时期，地层中粉沙、石膏矿物层占主导，孢粉含量较低，以藜科（Chenopodiaceae）、蒿属（*Artemisia*）和麻黄属（*Ephedra*）为主，表明该时间段罗布泊地区为极端干冷的荒漠植被景观（Yang et al.，2013a）。Yang 等（2013a）将 CK2 剖面中孢粉浓度、蒿藜比（A/C）、磁化率等指标与格陵兰岛冰心中 $\delta^{18}O$ 数据进行对比，发现了三段与北大西洋海因里希气候变冷事件 H1～H3 相对应的寒冷时期，并认为这一现象可能是太阳辐射的改变导致中纬度西风带北移，从而造成新疆地区气候变得干冷。

冯起等（1999）通过对塔里木河流域地层沉积特征及粒度、孢粉、$CaCO_3$ 及地球化学等古环境代用指标的研究，发现该区域在距今 12～10 ka 期间虽出现过风沙堆积记录，但整个地区以泛洪堆积为主（图 3.14）。这可能反映了冰后期气温波动性回升，盆地周围大量冰雪融化，使塔里木河流域河流水量增多，河流沉积作用加强。在 MFB 剖面可观察到 1 m 厚的河流沙，堆积时间约在距今 13.8～9.2 ka 时期（图 3.7），表明彼时气候相对湿润，尼雅河流域径流量也有所增加。山麓冲积平原碎屑沉积物的侵蚀搬运模拟结果显示，在全新世早中期（距今 12～6 ka），天山北麓奎屯河的径流量可能是现今河流的 3 倍左右（Poisson and Avouac，2004）。来自沙漠北部中天山地区赛里木湖的研究表明，全新世以来，中亚中部地区气候变化呈现出暖干-冷湿的模式，其中降水量在距今 4～3.8 ka、3.59～3.21 ka、2.8～2.16 ka 和 0.89～0.28 ka 时期都有所增加。这 4 期降水量增加事件很可能是北大西洋和地中海气旋活动加强引起中纬度西风环流携带更多湿润水汽进入中亚地区所致（蓝江湖等，2019）。托勒库勒湖是新疆东部的一内流湖，依据该湖钻孔岩性、孢粉资料及粒度组成重建的环境变化显示：在早全新世，岩心沉积物以>63 μm 组分为主，菊科和麻黄属花粉含量较高，指示该时间段托勒库勒湖区气候干冷，植被以荒漠景观为主；而在距今 7.9 ka 左右开始，地层沉积物中禾本科、藜科和蒿属花粉含量上升，蒿藜比值明显升高，粉尘组分含量增多，说明气候开始向湿润转变，且这一趋势持续到距今 4.2 ka 左右（An et al.，2011b）。

塔克拉玛干沙漠中西部地区多个河流-湖泊（及静水）-风沙沉积地层古环境特征和年代学集成数据显示，全新世晚期（距今约 5～2 ka）也是塔克拉玛干沙漠中部区域比较湿润的时段（杨小平等，2021）。克里雅河上游地区河流阶地上冲洪积物和风成沉积的光释光年代指示，克里雅河河流上游地貌特征关联的河流快速下切事件分别发生在距今约 3.5 ka、2.6 ka、0.87 ka 和 0.25 ka 时期，这几次快速下切应主要由洪水事件驱动，晚全新世以来平均下切速率可达 10.9 mm/a（An et al.，2020）。除此之外，克里雅河河流阶地上柽柳遗存的 ^{14}C 年代测定结果显示，较低的两级阶地分别在 375±90 a BP 和 1500±90 a BP 形成（Yang et al.，2002）。这些现象说明了塔克拉玛干沙漠地区的环境干湿变化与毗邻地区的水文状况及河流地貌演化是密切关联的。除了沉积学和地貌学佐证外，沙漠腹地多个古文明的繁盛时期与全新世晚期气候转湿事件之间具有良好的耦合关系（杨小平等，2021）。

近 600 年来，塔克拉玛干沙漠气候变得寒冷干燥，风蚀、风积作用更为强烈，沙尘暴频繁发生（冯起等，1999）。在探讨塔克拉玛干沙漠晚全新世以来环境演变的影响机制时，人类活动是一个不容忽视的因素，尽管这一因素是局地的、阶段性的（张宏和樊自立，1998）。塔克拉玛干沙漠地区人类活动范围主要集中在山前地带的河流阶地和河流下游沿岸的绿洲区域。随着人口的增加和农牧业的发展，水资源的需求量也急剧增加，大规模引水灌溉或人工水库出现，灌溉造成了土地的盐渍化（张宏和樊自立，1998）。特别是近 50 年以来，克里雅河中游地区因集中发展农业绿洲而增加引水量及下游地区过度砍伐，导致下游牧业绿洲的退化（杨小平，2001）。水资源的大量消耗和不合理的土地利用方式会导致沙漠地区部分河床干涸，这些暴露于地表的河床沉积物在风力作用下为沙丘-沙漠的发育提供充足的物质来源，进而导致流沙范围逐渐扩张。

第四章

古尔班通古特沙漠

第一节　自然环境与风沙地貌特征

古尔班通古特沙漠所处的准噶尔盆地是我国第二大内陆盆地。盆地呈不规则三角形，南侧边界为天山山脉，北侧-东北侧边界为阿尔泰山，西侧-西南侧边界为准噶尔西部山地（图 4.1）。盆地的总体地势为东高西低，北高南低。位于盆地东北部的额尔齐斯河和乌伦古河的中上游地区海拔为 700～1000 m，古尔班通古特沙漠的东侧海拔大致为 500～800 m，沙漠西侧则在 400 m 以下。盆地海拔最低洼处在西南部的艾比湖，湖面高

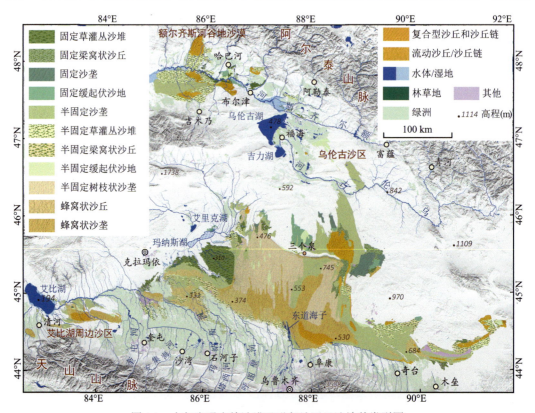

图 4.1　古尔班通古特沙漠及毗邻地区风沙地貌类型图

度为 194 m（图 4.1）。盆地的构造特点对盆地的地貌形成和沉积物堆积起到了重要作用。盆地西北和西部的最低洼区域为湖积平原；盆地南缘从天山北麓地带到盆地中心的沉积地貌特征则呈现出山前洪积扇-冲积平原-荒漠的规律性变化。受地势影响，第四纪沉积物厚度在盆地不同部位差别显著。天山北麓因为山前凹陷带，沉积的第四纪沉积物厚度达 300～500 m；其北亦为相对沉降区，第四纪沉积物厚度在 100 m 以内。在三个泉干谷以北则是相对上升地区，主要为剥蚀平原，冲积层极薄，厚度仅 2 m 左右，仅有河谷和乌伦古河附近的第四纪沉积物稍厚，但厚度也不超过 20 m（中国科学院新疆综合考察队，1978）。

准噶尔盆地中沙漠分布很广泛。古尔班通古特沙漠位于准噶尔盆地的中南部，是该盆地中的主体沙漠，其所处范围为 44.1°N～46.2°N，84.8°E～91.4°E。本书依据 2015 年遥感影像解译结果的最新统计，古尔班通古特沙漠总面积为 46 440 km²（表 4.1），总面积略小于巴丹吉林沙漠（见第七章），是我国第三大沙漠。古尔班通古特沙漠在介于 86.6°E～88.8°E 的中部形成一个近似于菱形的主体区域，南缘与源出天山的冲-洪积扇缘及天山山前绿洲相接，北至三个泉干谷，东西和南北跨度均约 180 km（图 4.1）。86.6°E 以西为沙漠西部片区，该片区南部与玛纳斯河、奎屯河等河流下游形成的冲积平原相接，北部临近玛纳斯湖，东西跨度约 120 km，南北跨度约 85 km。在 88.8°E 以东的准噶尔盆地东部沿天山和北塔山之间的山间谷地形成了宽约 6～40 km、长达 200 km 且向东逐渐尖灭延伸的连续沙漠景观带，其中在 90.1°E 和 91.4°E 之间形成了雁行式排列的三条弧形沙带，单个沙带宽约 5～10 km，长达 60～80 km（图 4.1）。

表 4.1 古尔班通古特沙漠沙丘类型面积及其占比（不包含准噶尔盆地内其他零星沙区）

活动状态	沙丘类型	面积/km²	比例/%
固定沙丘	固定草灌丛沙堆	3045	6.56
	固定梁窝状沙丘	930	2.00
	固定沙垄	1045	2.25
	固定缓起伏沙地	1015	2.19
半固定沙丘	半固定沙垄	11 885	25.59
	半固定草灌丛沙堆	2480	5.34
	半固定梁窝状沙丘	2015	4.34
	半固定缓起伏沙地	570	1.23
	半固定树枝状沙垄	8935	19.24
	蜂窝状沙丘	4030	8.68
	蜂窝状沙垄	6510	14.02
	复合型沙丘和沙丘链	790	1.70
流动沙丘	流动沙丘和沙丘链	2255	4.86
其他	包括被沙丘包围的耕地、林草地、水域、建设用地等	935	2.01
总计	/	46 440	100

准噶尔盆地中的沙漠除古尔班通古特沙漠主体之外，还包括盆地周边分布的众多小

片沙区。盆地北部的额尔齐斯河谷地存在一连串沙区，部分延伸至哈萨克斯坦国境之内，总面积共约 5545 km²，我国境内部分约占 70%，包括分布于哈巴河、吉木乃、布尔津等地的沙区，本书将它们统称为额尔齐斯河谷地沙漠，其以半固定草灌丛沙丘、半固定沙垄和流动沙丘为主（图 4.1）。盆地北部的乌伦古河谷地也有零星沙区分布，主要为半固沙垄和半固定草灌丛沙堆，总面积约为 1070 km²，本书将这些零散沙区统称为乌伦古沙区。准噶尔盆地西南隅的艾比湖周边也分布了零星沙区，总面积约为 2245 km²，以蜂窝状沙垄、半固定沙垄和复合型沙丘和沙丘链为主，本书将它们统称为艾比湖周边沙区（图4.1）。此外，盆地东南部巴里坤湖的东侧还存在一片约 25 km² 的流动沙丘区。

由于水汽输送的距离较长和山体阻挡，古尔班通古特沙漠受太平洋季风影响甚微，但其西部和西北部敞开的山谷为西风带来大西洋的水汽打开了门户，给准噶尔盆地和古尔班通古特沙漠带来了一定的降水，使其成为我国水分相对充分的沙漠。沙漠西部的克拉玛依、沙漠北部的富蕴和沙漠东南部的奇台近 50 年的多年平均降水量分别为 117 mm、206 mm 和 203 mm。相对于我国其他沙漠、沙地，古尔班通古特降水的季节性分配更加均匀（图 4.2），冬季的降水量（冬雪降水）对全年降水具有不可忽视的贡献。总体来看，古尔班通古特沙漠的年降水量呈现增加趋势但年际变化较大。以位于沙漠南部的奇台为例，其在 1987 年、1998 年、2020 年的降水量均超过 300 mm，而在 1974 年、1985年、1986 年、1989 年、1997 年、2001 年等年份的降水量不足 150 mm。

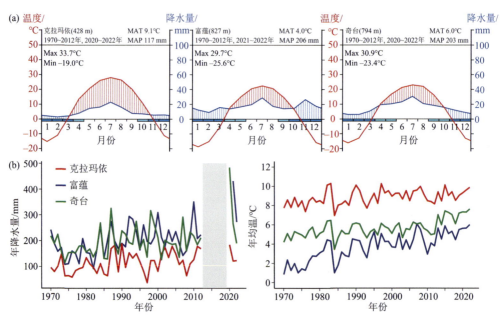

图 4.2　古尔班通古特沙漠周边气象站点记录的降水、温度 Walter-Lieth 气候图及其年际变化

仅统计有效记录>260 天的年份（详细说明见图 3.2）

沙漠周边气象站点的器测数据显示，沙漠西部的克拉玛依、沙漠北部的富蕴和沙漠东南部的奇台近 50 年的多年平均气温分别为 9.1℃、4.0℃ 和 6.0℃，多年平均夏季最高温介于 29.7～33.7℃，平均冬季最低温为–19℃至–25.6℃。近 50 年来周边三个气象站的年

均温均有上升趋势，沙漠北部边缘的富蕴最为显著，升温幅度达 0.45℃/10a（图 4.2）。克拉玛依和奇台的显著霜冻期均为 5 个月，而位于北部的富蕴的显著霜冻期达 6 个月。受到高山与盆地效应的影响，准噶尔盆地的等温线并不是平行于纬线分布，而是沿着等高线形成环状分布，位于盆地中心的古尔班通古特沙漠区的年平均温度比整个北疆高近 1℃（魏文寿和刘明哲，2000）

古尔班通古特近地表风况总体受到西风环流和冬季蒙古高压形成的北西和北东风系影响。风况分析显示，沙漠西部的克拉玛依具有风沙搬运能力的盛行风向为西北风，近50 年来的年平均输沙势约为 415 vu，属于高风能环境，合成潜在输沙势为 393 vu，输沙风向变率很小。尽管奇台的盛行风是南风和南南东风，但是具有风沙搬运能力的主导风向则主要来自西北西方向，站点的多年平均输沙势约为 88 vu，合成输沙势约为 68 vu，合成输沙方向为东南东（图 4.3）。与沙漠南缘的奇台相比，克拉玛依的大风频率更高，每年 4～5 月是古尔班通古特沙漠大风出现频率最高的时段（图 4.3）。由于没有公开的沙漠腹地风况数据，本书使用 ERA5-Land 再分析数据提供的小时分辨率的风速数据刻画了沙漠腹地的风况，该数据与站点数据具有较好的一致性，其显示古尔班通古特沙漠腹地主要输沙方向为南南东（图 4.3）。

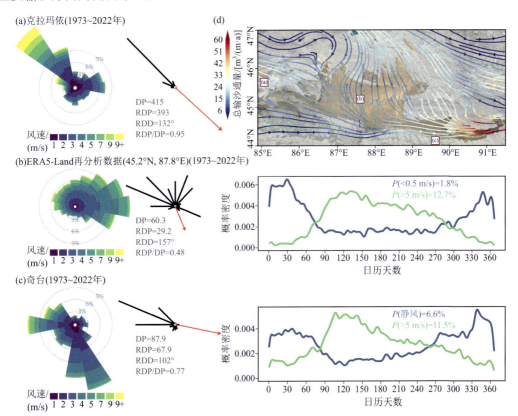

图 4.3　古尔班通古特沙漠自西向东 3 个点位的风玫瑰图、输沙势玫瑰图和年内风速概率分布

（a）（c）基于克拉玛依和奇台站点记录的 3 小时分辨率的风况数据；（b）基于 ERA5-Land 提供的沙漠腹地（45.2°N，87.8°E）小时分辨率数据；（d）为古尔班通古特沙漠 1973～2022 年平均年输沙通量分布，输沙通量计算方法见 Liang 和 Yang（2023），其中粒径 d=180 μm。P（静风）为站点记录为静风状态的频率，P（>5 m/s）为风速大于 5 m/s 的频率

古尔班通古特沙漠虽然总体上为大陆性荒漠气候，但西风环流带来的降水，特别是冬季积雪和冻土的春季消融耦合作用为沙漠植物生长提供了一定的水分条件，发育了较好的植被。沙漠的植物区系具有蒙古戈壁荒漠与中亚西部荒漠的过渡特征，沙漠物种丰富度较高（陈昌笃等，1983）。沙漠中植物生活型以超旱生、旱生和沙生植物为主（中国科学院中国植被图编辑委员会，2007）。沙漠中白梭梭（*Haloxylon persicum*）、梭梭（*H. ammodendron*）和其他沙生植物构成的灌木、小半灌木群落广泛发育，是沙漠中的代表性植被景观。白梭梭和梭梭群落常见于沙丘的丘顶和丘坡，形成密丛，对沙丘的固定有重要作用（中国科学院中国植被图编辑委员会，2007）。古尔班通古特沙漠在冬春有一定的降雪和降雨，使得短命和类短命植物得到良好发育，其种数在沙漠植物种数的所占比例可高达 40%（钱亦兵等，2010），其中十字花科的短命植物种数最为丰富（张立运和陈昌笃，2002）。在降水较好的年份，短命植物能够迅速覆盖沙丘。大量发育的短命植物，是古尔班通古特沙漠有别于中国其他沙漠的一个重要特征。

古尔班通古特沙漠的另一个独特特征是生物结皮的广泛分布。沙漠中的生物结皮以地衣植物为主，还发育有少量苔藓结皮和藻类结皮等。生物结皮在沙漠南部发育最盛，呈连续状分布，其次为中部和北部地区（Zhang et al.，2007）。它们依赖春季融雪、临时性降水和露水而生长，在临时性积水时常出现的丘间低地中尤为丰富（张元明等，2005）。古尔班通古特沙漠的生物结皮的发育显著增加了沙漠的植被覆盖度和群落生物量，在稳定地表和改善环境方面起到了重要作用，是除种子植物以外固沙的重要生物因子（张元明和王雪芹，2008）。

古尔班通古特沙漠及其毗邻地区的现代水系主要有发源于天山的沙漠南缘水系，较大的河流包括乌鲁木齐河、玛纳斯河、金沟河、安集海河、奎屯河、精河等，以及发源于阿尔泰山的准噶尔盆地北缘水系，主要包括额尔齐斯河、乌伦古河等（图 4.1）。南缘水系中除玛纳斯河和奎屯河穿过沙漠分别流入玛纳斯湖和艾比湖以外，其他河流均在山前冲洪积平原消失，未能进入沙漠腹地。北缘水系中最长的额尔齐斯河是注入北冰洋的外流河，水量也最为丰沛；乌伦古河是北缘水系另一条重要的河流，自东向西贯穿了准噶尔盆地北部并最终注入乌伦古湖（图 4.1）。准噶尔盆地目前的水文发育状况还不足以形成盆地中广泛而巨厚的第四纪沉积物。朱震达等（1980）指出盆地中的巨厚冲洪积物指示了第四纪中曾有比现在更为湿润的时期，以三个泉干谷为代表的若干条深入盆地内部的古河道是盆地曾经发生广泛流水作用的证据。

古尔班通古特沙漠是中国最大的半固定、固定沙漠，半固定沙丘和固定沙丘占整个沙漠面积约 93%（表 4.1）。半固定沙丘在沙漠中所占比例约为 80%，主要为半固定沙垄、半固定树枝状沙垄、蜂窝状沙丘或沙垄等（图 4.1）。其中，树枝状沙垄、蜂窝状沙垄/沙丘和半固定沙垄的比例最高（表 4.1）。在沙丘类型分布上，各类半固定沙垄是古尔班通古特沙漠的特征地貌。沙漠中的沙垄长度从数百米到十余千米不等，北部沙垄高度为 10~20 m，中部和南部的沙垄高度约 20~60 m，最高可达 70 m。沙垄间距北部为 1~2 km，中部和南部丘间距为 150~500 m。沙漠中沙垄的走向反映了盆地中风向的变化。准噶尔盆地的风从西部和西北部山口进入盆地，在盆地中部转为北北西风和北风，在沙漠的东部风向转为西西北向（图 4.3）。相应地，古尔班通古特沙漠北部和中部的沙垄大致为南北走向，在 88.4°E 的沙漠以东转为西北-东南走向，沙垄的排列方向总体上从北部到东南部发生明显的转折。

第二节　沙漠形成的地质记录与证据

古尔班通古特沙漠形成的根本原因和长期演化的整体框架与我国西北部其他沙漠应该是一致的，但形成的具体时代和详细过程目前仍未得到充分的认识。董光荣（2002）提到天山北麓独山子一带发现有新近纪的古风成沙地层，认为它与中国北方其他沙漠的古风成砂岩共同指示了新近纪沙漠的形成。Sun 等（2010）认为准噶尔盆地腹地保存的古风成红黏土是古近纪和新近纪古风沙活动存在的证据。他们基于磁性地层学和生物地层学建立了准噶尔盆地腹地顶山盐池和铁尔斯哈巴河剖面风成沉积物的时间序列，提出准噶尔盆地最早的风成沉积起始于 24 Ma，并据此推测中亚的干旱化至少在晚渐新世已经形成。这是准噶尔盆地出现干旱环境的最早年代记录。但即使准噶尔盆地在古近纪和新近纪存在古沙漠，它与我们现在看到的古尔班通古特沙漠应该不同。

朱震达等（1980）提出古尔班通古特沙漠的沙源来自于沙漠下伏的第四纪沉积物。其中，三个泉干谷以南的沙漠绝大部分源自第四纪河流冲积物；西部古玛纳斯湖盆内的沙丘沙源自下伏的湖相沉积物；而三个泉干谷以北的沙丘沙源则来自于第三纪岩层上覆的残积沙层。Qian 等（2003）基于矿物学分析，认为准噶尔盆地沉积物的主要物源是周围山地的碎屑物质，它们在第四纪干旱时期的风化和风力搬运作用下形成沙漠。他们的数据显示，各区域间的沙物质矿物组成特征不同，但同一区域内的沙丘沙和沙丘下伏沉积物的矿物组成特征相似，证实了朱震达等（1980）提出的"就地起沙"的理论。Zhang 等（2022）基于古尔班通古特沙漠的风成沙样品和沙漠周边河流沉积物样品的稀土元素和微量元素分析，进一步证明了从北天山和准噶尔西部山地搬运下来的河流沉积物是古尔班通古特沙漠的主要物源。若从"就地起沙"理论出发，那么古尔班通古特沙漠形成的时代应该是在准噶尔盆地堆积了大量第四纪河湖沉积，从而为风沙的形成提供大量的沙源之后。

但目前关于古尔班通古特沙漠形成的具体年代仍还没有定论。早期的古地理学者推测准噶尔盆地中部在早更新世时气候已经变得非常干旱，并已形成了古尔班通古特沙漠（中国科学院中国自然地理编辑委员会，1984），但这些推论并没有年代学的佐证。由于缺乏对沙漠的直接测年数据，前人对古尔班通古特沙漠形成时代的推测主要来自于间接记录。天山北坡海拔 2400～700 m 分布着的大片风成黄土是古尔班通古特沙漠的同源异相沉积，因此其开始沉积的年代被认为可以代表沙漠形成的最小年龄。方小敏等（2002）通过古地磁定年得到沙湾县清水河最高阶地上约 70 m 厚的黄土沉积的底部年龄约为 0.8 Ma，并据此推测古尔班通古特沙漠的雏形最迟应形成于该时期。史正涛等（2006）认为黄土的堆积只有在沙漠达到一定规模，即足以为黄土沉积提供足够粉尘来源时才能形成；因此，清水河黄土剖面的最老年代为 0.80 Ma 并不意味着古尔班通古特沙漠是从这时才开始发育的，小范围的沙漠的形成应早于这个时代。他们根据中国西北地区典型风成黄土开始堆积的时间推断，古尔班通古特沙漠大规模发育可能是从约 1.2 Ma 开始的。

从依据间接记录推测沙漠形成年龄的不确定性中可以看出，通过来自沙漠的直接记录限定沙漠的形成时代是十分必要的，这就需要获取完整、合适的沙漠沉积地层。值得注意的是，受下伏地形起伏和沙源供给等因素的影响，古尔班通古特沙漠不同区域的沙层结构差异较大。薛为平等（2014）分析了两条贯穿沙漠的南北向和东西向的测线的地震微测井数据，认为沙漠东部沙层堆积较厚，可达 130 m，下伏为沙砾石层；南部沙层一般为 10～20 m，沙层以下为沙砾石层；西部沙漠沙层厚度一般小于 20 m；西北部存在古老沙漠堆积（风成沙）层，沙层一般厚 30～50 m；北部有属于古老沙漠的复合型沙漠堆积，沙层厚度变化 30～200 m，下伏为砾岩；沙漠腹地为古老的复合型沙漠，总厚度为 10～380 m，尤其中部靠北的厚度最大。物探显示沙漠北部出露的老地层中存在较为纯净的石英沙堆积。这是在准噶尔盆地古老的风成沙堆积，表明当时区域干旱环境已经有利于沙漠的发育发展，但并不一定能代表沙漠的形成时代，因为它们的发育并不一定在空间上连续。在这些古风沙堆积和古尔班通古特沙漠形成之间，盆地的空间位置、形态和边缘环境等都发生了很大变化。

为获得沙漠形成和长期演化的直接记录，本研究首次通过沙漠钻探在古尔班通古特沙漠沙层较厚的中心和南缘部位钻取了两个长序列沙漠沉积地层钻孔。其中，位于沙漠中心的 GB01 钻孔取自克拉美丽气田内部、额河建管局沙漠一站南侧约 1 km 处；位于沙漠南缘沙漠-绿洲过渡区的 GB02 钻孔取自五家渠市 103 团 14 连以北 10 km 的昌吉荒漠生态保护管理站以北 2 km 处（图 4.4）。打钻团队在岩心钻探中首次采用单动双管加内衬管技术，最终获得 GB01 和 GB02 孔的孔深分别为 239.4 m 和 281.9 m，两孔的取心率分别为 92% 和 86%，遗失地层主要为富水松散的中、粗沙层（受限于钻探取心技术问题）。团队对两个钻孔岩心进行了详细的岩性特征描述、沉积相划分和粒度分析，并基于古地磁测年和光释光测年建立了两个长序列钻孔岩心的年代框架。获得的主要结果如下。

GB01 钻孔（45.23°N，87.60°E）位于沙漠腹地，从底至顶可以分为三个岩性段（图 4.5）：第①段深度为 239.4～221.8 m，沉积物主要为杂色砂砾岩，底部已经发生变质作用，顶部为灰绿色黏土粉砂岩，地质资料显示为古近系或白垩系河湖相沉积，与上覆地层呈不整合接触，可能为沙漠基底地层；第②段深度为 221.8～211.1 m，黄色、微红色中、细沙与薄层砖红色黏土互层（黏土共五层），多呈水平层理；第③段深度 211.1～0 m，发育典型交错层理的黄色中、粗沙和水平层理的黄色细、中沙互层，顶部及 60～40 m 深度范围内存在颜色稍浅的黑风成沙。

钻孔岩心在不整合面以上基本都为风成沙沉积，包括沙丘、平沙地等，具有明显的交错层理和水平层理，分选好，以石英为主。从粒度分析结果（图 4.5）来看，平沙地或

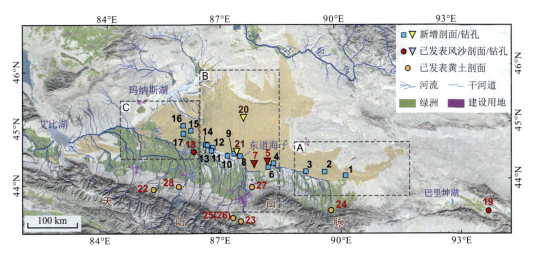

图 4.4　古尔班通古特沙漠剖面位置分布图

1. GEB04；2. GEB03；3. GEB02；4. GEB01；5. 黄强和周兴佳（2011）钻孔；6. FK；7. WTG 钻孔（Li 和 Fan，2011）；
8. GEB14；9. GEB15；10. HG；11. GEB12；12. GEB13；13. GEB11A；14. GEB11；15. MNS；16. GEB08；17. GEB09；
18. 莫索湾（陈惠中等，2001）；19. PM103（Ji et al.，2019）；20. GB01；21. GB02；22. 鹿角湾（LJW10）（Li et al.，2015a）；
23. 水西沟（SXG）（Zhao et al.，2015a）；24. 石城子（SCZ17）（Duan et al.，2020）；25. 乌鲁木齐河（URS）（Lu et al.，
2016）；26. 中梁（ZL）（Chen et al.，2016）；27. 柏杨河（BYH）（Li et al.，2016）；28. 清水河（史正涛等，2006）。

A、B、C 分别表示沙漠东部、中部和西部

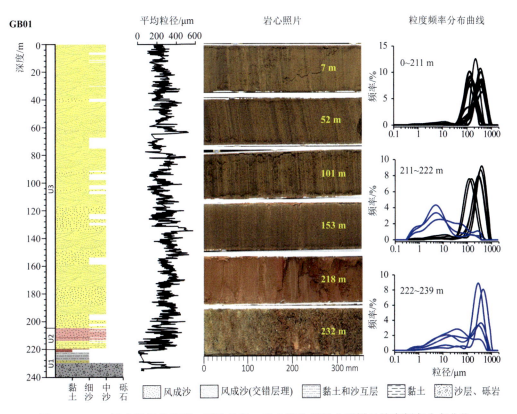

图 4.5　GB01 钻孔地层柱状图、平均粒径、岩心照片以及典型样品粒度频率分布曲线

粒度频率分布曲线中，黑色为风成沙沉积，蓝色为河湖及冲洪积沉积

固定沙丘以中、细沙为主，平均粒径一般小于 250 μm，流动沙丘以中粗沙为主，平均粒径在 300 μm 以上，甚至达到 500 μm。粒度频率分布曲线显示，风成沙为分选较好的单峰分布，中值粒径为 200～300 μm。河湖相和冲洪积黏土、粉沙为多峰分布，分选差，平均粒径小于 100 μm。从平均粒径深度曲线来看，201.8～281.9 m 段颗粒较细，只有零星的沙层颗粒较粗；随着风成沙层的增多，147.4～201.8 m 段的平均粒径明显增大；147.4 m 之后主要以沙层为主，平均粒径维持在 250 μm 左右，部分层位接近 500 μm，这些较粗的沙层含有滚动组分的粗沙颗粒，在现代沙漠表层很常见，说明古尔班通古特沙漠大规模的风成沙沉积出现在此阶段。

尝试使用钾长石光释光测年和古地磁测年对 GB01 钻孔建立年代框架（图 4.6）。钾长石光释光测年在兰州大学光释光实验室完成，采用红外后红外释光测年方法（pIRIR）进行测量，共测量了 5 个样品。位于岩心 7.7 m 处的粗沙层样品释光年龄为 16.0±0.9 ka，为末次冰期产物，可能由于气候寒冷干燥，风力强劲，颗粒较粗。16.4 m 的样品年龄约 70±4 ka，岩心 47 m 处的样品年龄为 212±11 ka。其下的两个样品释光信号已经饱和，因此其释光年龄仅代表样品的最小年龄。

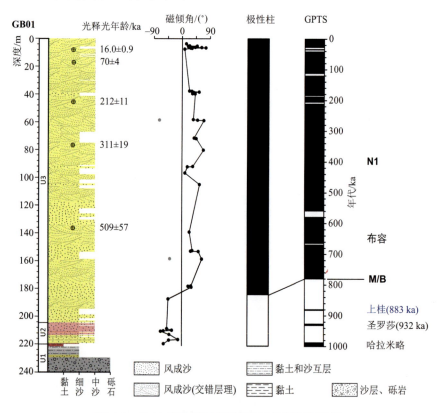

图 4.6　GB01 钻孔光释光测年和古地磁测年结果

GB01 钻孔整体上颗粒较粗，尝试在较细的沙层里面测量了 158 个古地磁样品，其中有少部分样品符合退磁的要求，尤其是 210～220 m 段，黏土层的样品结果较好，是一段负极性段；其上零星的样品基本为正极性，松山/布容（Matuyama/Brunhes，M/B）界限大约在 183.6 m。由于岩心底部再未出现正极性段，钻孔不整合面以上 219.2 m 处第一层风成沙的年龄应小于哈拉米略（Jaramillo）正极性亚世顶部年龄（图 4.6）。按照平均沉积速率推算，该沙层年龄（即沙漠出现的年龄）大约为 930 ka。

GB02 钻孔（44.76°N，87.41°E）位于沙漠南缘沙漠-绿洲过渡带，从底至顶可分为三个岩性段（图 4.7）：第①段深度为 281.9～201.8 m，主要为厚层褐色、灰褐色、灰绿色粉沙、黏土与薄层灰黄色、灰黑色中、细沙互层。该段主要为河湖相粉沙黏土，只有两层疑似风成沙，位于 239.5～237.2 m 和 221.1～217.3 m，两段取心率稍低。第②段深度为 201.8～147.4 m，由薄层黄色、灰黄色中细沙（风成沙）与薄层褐色、灰褐色、灰绿色粉沙、黏土（湖沼相）互层组成，为风成沙和河湖相粉沙黏土互层。其中典型的灰黄色风成沙层位界限位于 201.8 m、195.5 m、177.4 m 和 158.2 m。第③段深度为 147.4～0 m，主要为厚层黄色、灰黄色中、细沙（风成沙）与薄层褐色、青灰色粉沙、黏土互层。其中147.4～132.7 m 段主要为灰白、灰绿色中粗沙层，粒度分布和风成沙一致，可能是风成沙被湖泊改造而成。典型的灰黄色风成沙层出现于 132.7 m，该段碳酸盐沉积比下面两段多。

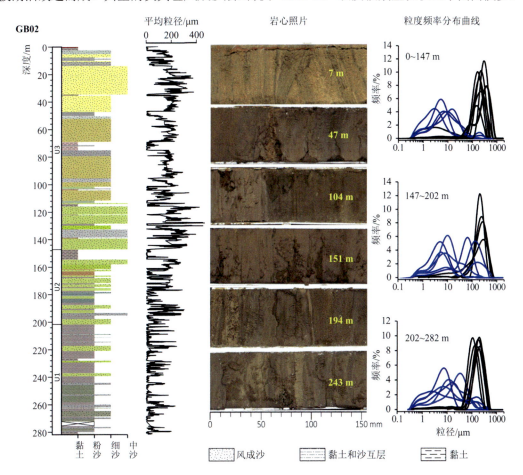

图 4.7　GB02 钻孔地层柱状图、平均粒径、岩心照片以及典型样品粒度频率分布曲线
粒度频率分布曲线中，黑色为风成沙沉积，蓝色为河湖及冲洪积沉积

使用与 GB01 相同的年代学方法建立了 GB02 钻孔的年代框架（图 4.8）。在 GB02 钻孔岩心上部共采集了五个光释光样品。采自岩心上层 4.4 m（水成细沙层）、14.4 m（风成沙层）和 16.0 m（风成沙层）的样品的年龄分别为 5.1±0.3 ka、19.8±1.0 ka 和 27±2 ka。从年龄结果看，上部 20 m 的三个样品反映的沉积速率并不一致，不排除存在亚轨道尺度的沉积间断的可能。采自约 60 m 和 110 m 的样品释光已经信号饱和，其测年结果仅代表样品的最小年龄值。

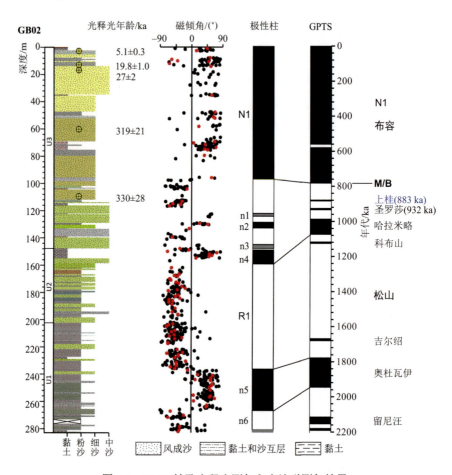

图 4.8　GB02 钻孔光释光测年和古地磁测年结果

GB02 钻孔古地磁样品按照 10 cm 间距分样，共获得样品 1213 个（风成沙层没有取样）。获得可靠的热退磁数据 105 个，交变退磁数据 650 个。从极性柱上看（图 4.8），共有一个正极性大段 N1（0～97.2 m）和负极性大段 R1（97.2～281.9 m），在 R1 负极性段中还包括六个正极性亚段 n1～n6，其中 n2（128.7～132.8 m）、n4（149～159 m）和 n5（236.0～266.1 m）数据点比较稳定，而 n1（122.3～124.2 m）、n3（145.1～147.9 m）和 n6（280.4～281.9 m）数据点较少。与标准极性柱对比，N1 与 R1 的界限对应于 M/B 界限，R1 内部的正极性亚段对应于松山负极性世内部的正极性亚世，其中 n4 和 n5 与哈拉米略和奥杜瓦伊（Oduvai）正极性亚世吻合，n1 与 n2 可能与上桂（Kamikatsura）漂移和圣罗莎（Santa Rosa）漂移相对应；n3 存在较大不确定性，很有可能属于晚哈拉米略（在某些地区的哈拉米略事件中，内部还存在负极性漂移事件），也有可能是孤立的漂移事件；n6 只有四个不连续的正极性样品点，可能到了留尼汪（Reunion）（2115～2153 ka）。按照 n5 与 n6 之间的沉积速率 8.4 cm/ka 外推，获得的底部年龄约为 2133 ka。但从 n5 的沉积速率（18 cm/ka）推算，钻孔底部年龄为 2033 ka。因 n6 的不确定性，底部年龄定为 2033 ka 可能更加可靠。根据平均沉积速率推算，大规模典型风成沙出现的年代约为 932 ka（132.7 m）。在 982 ka（147.4 m）、1035 ka（154.6 m）、1241 ka（177.4 m）、1406 ka（195.5 m）、1464 ka（201.8 m）、1640 ka（221.1 m）和 1796 ka（239.5 m）也有不连续的风成沙出现。

从古地磁年代中可以看出，位于沙漠中心和沙漠边缘的两个钻孔记录的大规模风沙沉积开始的年代比较一致，均指示了连续的风沙沉积起始于约 0.93 Ma。在这一时期，沙漠中心地区不整合面之上连续风成沙的发育奠定了沙漠的最终形成，也代表着准噶尔盆地现代绿洲-沙漠格局的最终形成。沙漠南缘 GB02 钻孔的记录显示，在 1.24～0.93 Ma，沙漠南部绿洲区的风沙活动已经比较频繁；在 1.8～1.24 Ma 也有间歇性的风沙活动，表现为沙漠-绿洲的交替。与天山北麓的黄土记录相比，沙漠钻孔记录的古尔班通古特沙漠大范围出现的时间略早于清水河阶地黄土开始沉积的年龄（0.8 Ma），与黄土沉积的出现代表大片沙漠形成的最小年龄的推论是一致的（方小敏等，2002）。

古尔班通古特沙漠形成的年代与准噶尔盆地的构造历史具有很好的对应性，暗示了准噶尔盆地自身的发育过程可能是决定沙漠形成的一个重要因素。一种推测是，中更新世以来，天山北麓不断地向北掀斜，盆地向北推进，河流将天山地区的碎屑物质由南向北、向西搬运堆积到沙漠的上风向，经风力搬运后形成沙漠。还有观点认为，相对于青藏高原隆起的影响，全球变冷和北半球冰盖扩大对新近纪以来的亚洲内陆干旱化起到了更为关键的驱动作用（Fang et al., 2020）。从古尔班通古特沙漠发育与全球温度变化的时间耦合关系上来看，全球降温对古尔班通古特沙漠的形成也可能起到重要作用，尤其是进入中更新世转型（MPT）后，准噶尔盆地干旱化加剧，可能促进了沙漠进一步扩张。

第三节　晚第四纪古环境演变的沙漠地层记录

相对于长尺度沙漠地层记录的匮乏来说，古尔班通古特及其周边沙漠的短尺度记录稍多一些，但与我国其他沙漠和沙地相比，数据仍明显偏少（Li and Yang, 2016）。在年代学方面，早期的零星测年数据主要是基于 ^{14}C 和热释光测年，直到 2010 年以后才出现了一些光释光测年的工作（Li and Fan, 2011；Ji et al., 2019；Zong et al., 2022）。除在沙漠南缘的一个 35 m 钻孔剖面的底部热释光年龄达到约 60 ka 年以外（黄强和周兴佳，2000），其他有测年数据的记录绝大多数集中在全新世。受限于剖面数量，对古尔班通古特沙漠晚第四纪以来的环境演化历史仍未有很好的刻画。一些早期工作基于单个剖面探讨古环境变化，但考虑到沙漠地区复杂的沉积过程和常见的沉积记录不连续等问题，使用单独剖面显然很难分离出准确和高分辨率的古环境信息。

为丰富古尔班通古特沙漠晚第四纪以来的古环境地层记录，在本专项的支持下，项目组在古尔班通古特沙漠的主体部分采集了 14 个新剖面。这些剖面分布于沙漠的东部、南部和西南部，包含丰富的沙漠-河湖-绿洲沉积记录。本节分别对沙漠东部、中部南缘和西部三个区域获得的剖面的地层特征与年代进行总结（三个区域见图 4.4）。

一、沙漠东部剖面

古尔班通古特沙漠的东部片区（88.8°E～91.4°E）是准噶尔盆地风沙流场的尾段区域，也是风沙流逼近盆地出口环境地段。沙漠物质在此地段淤积，在风沙活动增强时会向前推进并向非沙漠地区扩张。该片区南部属于东天山北麓倾斜平原和泛滥平原，目前仍然有较多的源自于天山的洪泛水系沿沙漠的丘间地深入沙漠腹地，同时脱离沙漠的大量流沙也入侵到洪泛平原上形成散落的孤立沙丘。片区北部是卡拉麦里山麓剥蚀平原，有少量洪泛水系进入沙漠。在更往东的巴里坤盆地的东部也有零星的沙丘发育。本研究在沙漠东部采集了 3 个新剖面（图 4.4）。各剖面的具体地层特征和测年结果如下。

GEB02 剖面（44.31°N，89.17°E）：该剖面位于吉木萨尔县北部古尔班通古特沙漠东南缘（图 4.4）距离沙漠南部边界直线距离约 2 km 的灌丛固定沙垄/梁窝状沙垄尾端南侧。该地段受盆地东南出口的影响，地面风向东偏转（图 4.3），沙垄走向趋向南东东方向。剖面深 2.3 m，自下而上共划分为 5 个地层单元，对应深度分别为 2.3～2.2 m、2.2～1.9 m、1.9～1.4 m、1.4～0.7 m、0.7～0 m（图 4.9）。单元①为浅灰色水成沙，未见底，沙层有微弱的斜层理，整体粒径较粗，粒度分选较差。单元②为深灰色黏土，是静水沉积产物，无层理，结构较致密，在该层底部存在沙层和黏土层交替。单元③为浅灰色水成沙，有较多的黄褐色斑纹，结构较为疏松，分选较差。单元④为深灰色沙质黏土，层位中部粉沙/黏土含量比例明显增加，具有细小白色斑点，直径约 1～2 mm 左右，发育较多植物根系。单元⑤为浅黄色风成沙，底部有浅灰色斑纹，分选良好。在单元③采集光释光样品一个，测得的石英光释光年龄为 16.5±2.0 ka，表明该水成沉积地层形成于末次冰消期。

GEB03 剖面（44.30°N，89.62°E）：该剖面位于奇台县北部距 GEB02 剖面东约 36 km、距现代沙漠南部边界直线距离约 14 km 的季节性河道间的固定沙垄/梁窝状沙垄的尾端南侧（图 4.4）。剖面深 2.7 m，自下而上共划分为 2 个单元，单元界限深度为 1.5 m（图 4.10）。单元①（2.7～1.5 m）主要为青灰色沙层夹砾石，为河流沉积物。砾石粒径由上至下逐渐变粗，最大可达 20 mm 左右，多数砾石处在 5～15 mm 范围。层内部分位置存在植物根系。剖面整体分选较好，在 2.30 m 左右粒度变细，分选变差。单元②（1.5～0 m）为风成沙，颜色呈灰色，平均粒径在 150～200 μm，无明显层理且存在较多植物根系。在单元①采集光释光样品一个，测得的石英光释光年龄为 13.3±1.7 ka，与 GEB02 剖面中部的水成沉积层年龄在误差范围内一致，均形成于末次冰消期。

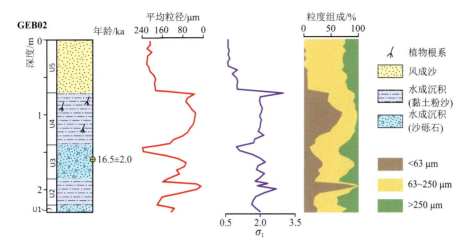

图 4.9　GEB02 剖面地层单元划分、光释光测年结果和粒度变化特征

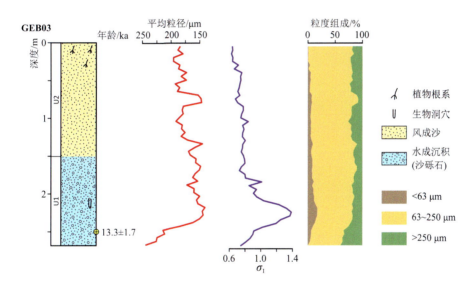

图 4.10　GEB03 剖面地层单元划分、光释光测年结果和粒度变化特征

GEB04 剖面（44.22°N，90.14°E）：位于木垒县北部，在距离沙漠南部边界直线距离约 4.7 km 的受洪泛灌淤影响的梁窝状沙垄尾端南侧（图 4.4）。剖面深 2.8 m，由下至上共划分为 2 个主要单元，深度分别对应于 2.8～2.6 m、2.6～0 m（图 4.11）。单元①为水成深灰色含砾石的细沙沉积，砾石分布由下而上逐渐减少；粒度结果显示该层位的平均粒径较小，分选差。单元②以深灰色细风成沙为主，沙层顶部有层理但不清晰，随着深度的增加，层理逐渐清晰并为倾斜层理，1.3～1.5 m 范围内发育较多植物根系。在水成沉积层中未采到光释光样品。在风成沉积层底部采集光释光样品一个，测得石英光释光年龄为 0.4±0.1 ka，指示该风沙层为（近）现代风沙沉积。

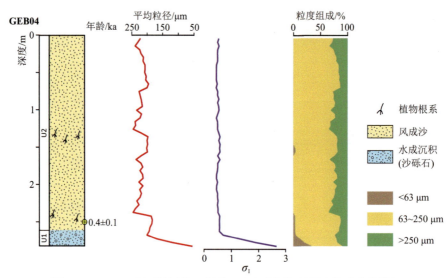

图 4.11　GEB04 剖面地层单元划分、光释光测年结果和粒度变化特征

　　尽管古尔班通古特沙漠东部的剖面数量和测年数据还非常有限，但已有剖面均显示沙漠东部在末次冰期以来出现过以河流沉积和古土壤形成为标志的相对湿润时期和以风沙沉积为标志的干旱时期的交替变化。GEB02 和 GEB03 剖面的释光测年结果表明末次冰消期是沙漠东部河流活动较强的时期，当时地表河流不仅可到达现代的沙漠-绿洲交界，而且可以深入到现今沙漠南部地区达 16 km（GEB03）。GEB02、GEB03 和 GEB04 三个剖面在地理位置上相近，高程均在 550 m 左右，因此剖面 GEB04 下部的河流沉积可能与其他两个剖面下部的河流沉积为同一时期的产物。Ji 等（2019）在巴里坤盆地东端的鸣沙山沙区北部采集了一个河流切出的剖面 PM103（图 4.4），其上部风沙地层的起始年龄为早全新世（约 11 ka），因此此剖面底部的河流沉积层应形成于全新世前的冰消期。该剖面最厚的风沙层及其年龄指示了早中全新世准噶尔盆地的东部可能是相对干旱的；而该剖面顶部的古土壤层及其年龄则指示了全新世晚期盆地东部的气候变得相对湿润（Ji et al.，2019）。

二、沙漠中部南缘剖面

　　在准噶尔盆地的南缘，源自天山的冰雪融水形成多条河流，乌鲁木齐河以西的河流在盆地平原南部的广泛摆动和汇流形成了开阔的冲积-洪泛平原，阻挡了古尔班通古特沙漠的南侵。在全球变化带来的温度和降水的波动下，沙漠边缘的环境以沙漠和河湖/绿洲的交替进退为重要特征，并在沙漠南缘留下较为丰富的地层记录。前人发表过的剖面也多集中在古尔班特古特沙漠中部的南缘（董光荣等，1995b；黄强和周兴佳，2000；陈惠中等，2001；Li and Fan，2011；Zong et al.，2022）。本书收录的在沙漠南缘新调查研究的具有测年结果的剖面共 8 个（图 4.4）。这些新剖面和已发表剖面的地层特征和测年结果如下。

　　GEB01 剖面（44.46°N，88.30°E）：剖面位于古尔班通古特沙漠南缘阜康至彩南油田公路的西侧，属于固定沙垄向东南延伸的末端。剖面所在地段主要是北西-南东走向延伸的纵向固定沙垄，沙垄高度向东南逐渐降低，趋于尖灭。丘间地一般较开阔，多为洪泛成因的光板地泥质厚层沉积。剖面深 2.15 m，从下至上可具体划分为 2 个单元，深度分别对应于 2.15～2.1 m 和 2.1～0 m（图 4.12）。单元①为含黏土褐灰-棕灰色细沙，沙层中含有明显钙质胶结，结构致密，无明显层理。单元②为灰色细沙，无明显层理，可见白色网纹状构造，地层中存在较多植物根系，结构较紧实。自单元①至单元②粒径逐渐变粗，分选变好；在本剖面采集光释光样品两个，测得石英光释光年龄分别为 1.8±0.1 ka 和 1.4±0.1 ka，指示风沙层为晚全新世风沙沉积。

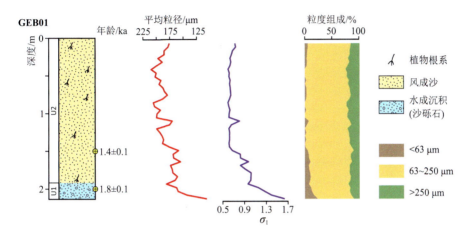

图 4.12　GEB01 剖面地层单元划分、光释光测年结果和粒度变化特征

FK 剖面（44.39°N，88.21°E）：剖面位于沙漠南缘阜康市东北方向的现代沙漠/绿洲交界处。剖面深 9.07 m，共划分为 4 个地层单元，深度分别对应于 9.07～7.45 m、7.45～3.6 m、3.6～2.6 m、2.6～0 m（图 4.13）。单元①为风成沙，由黄色沙层和黑色沙层交替组成，结构松散，分选较好。沙层中间夹有间断的古土壤、黏土层，每层厚度仅约 1 cm。单元②主要为棕色粉沙，中间有弱发育古土壤夹层，粉沙层结构较紧实，分选中等。古土壤夹层平均粒径 4～5 μm。单元③为黄色风成沙，结构松散，分选较好。该层位中上部夹有一层白色碳酸盐团块层，伴随着地层的延展渐渐消失。单元④为水成黏土和粉沙质沙互层，可细分为三个亚单元。2.6～1.25 m 为棕色粉沙层，平均粒径在 50 μm 左右，分选较差，从下到上粒径逐渐变粗；1.25～0.8 m 为灰白色黏土层，结构致密，中间夹有一层薄的粉沙层，平均粒径在 5 μm 左右，分选差；0.8～0 m 为黄色粉沙质沙，平均粒径在 100 μm 左右，分选较差。

在该剖面不同位置共采集光释光样品 14 个，采用钾长石 pIRIR 技术测年（Zong et al.，2022）。单元①的风成沙测得的年龄范围约为 22～19 ka，对应于末次冰盛期。单元②的水成沙质粉沙测得的年龄范围约为 21～18 ka，对应于末次冰盛期末期至冰消期初期。单元③的风成沙沉积光释光年龄约为 12 ka，对应于全新世开始。单元④的粉沙质沙及水成黏土测得的年龄范围约为 10～5 ka（除去一个因 pIRIR 信号晒退不完全导致年龄高估的样品），对应于全新世早中期。

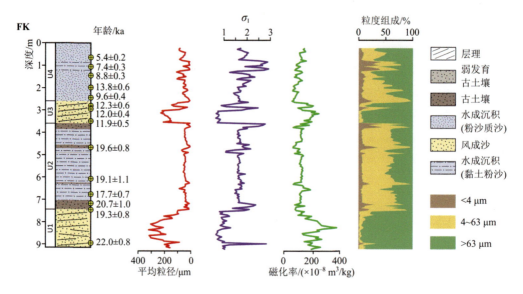

图 4.13　FK 剖面地层单元划分、光释光测年结果及粒度和磁化率变化特征

GEB11 剖面（44.81°N，86.62°E）：剖面位于芳草湖北约 30 km 的古尔班通古特沙漠南缘。该地段沙漠地貌主要为梁窝状沙垄及新月形沙丘，沙垄走向东南。采样地有与沙垄走向近似的废弃河道，部分河道蛇曲形形态特征明显。采样点位是一个采沙场断面，所在地段地势平坦相对低洼，洪泛淤积明显，沙丘个体亦相对较小。在采样点采集一个主剖面和一个副剖面。主剖面 GEB11 选自一个人工取沙断面，副剖面 GEB11A 为一个沟壑断面。剖面 GEB11 主要为灰色细粒风沙沉积，深度为 7 m，自下至上划分为四个地层单元，深度分别对应于 7.0～6.0 m、6.0～2.0 m、2.0～0.8 m、0.8～0 m（图 4.14）。单元①层理清晰，结构较为松散；单元②相对于单元①层理不清晰，植物根系较多；单元③层理产状逐渐倾斜，植物根系数量较少；单元④为地表风成沙，水平层理发育，顶部 0.3 m 左右存在一层碳化的枯枝落叶层，厚度约 4 cm，在该单元中存在较多植物根系。剖面粒度整体较粗，分选较好，粉沙含量在剖面中变化很小。在剖面采集光释光样品四个，测得的石英光释光年龄约为 0.9～0.3 ka，表明该剖面为快速沉积的现代沙丘。

GEB11A 剖面（44.81°N，86.62°E）：是 GEB11 的副剖面，采集于 GEB11 下伏的沟壑断面。剖面深 1.9 m，由下至上划分为四个地层单元，对应深度分别为 1.9～1.1 m、1.1～0.85 m、0.85～0.65 m、0.65～0 m（图 4.15）。单元①为灰绿色水成细沙，沙层内部含有较多砾石、芦苇根系及红褐色锈斑，分选较好。单元②为灰白色沙质黏土层，层理清晰，分选较差。单元③为灰绿色细沙，和单元①相似，含有砾石、芦苇根系及存在红褐色锈斑。单元④下部主要为灰绿色黏土，呈致密块状，层理清晰可见，单元内部可见芦苇根系；上部为砖红色黏土，层理清晰，含较多绒毛状植物根系，从下部到上部分选逐渐变差。在单元①上部和单元③采集光释光样品各一个，测得的石英光释光年龄分别为 1.5±0.1 ka 和 1.1±0.1 ka，表明这一套水成沉积的沉积时间为晚全新世，形成时间略早于上覆的沙丘（GEB11）。

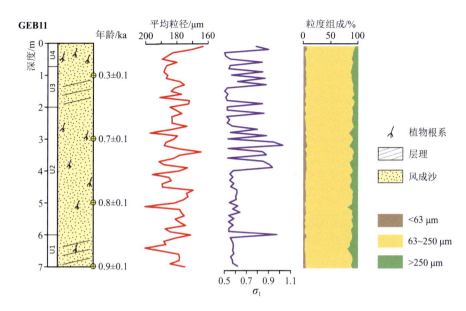

图 4.14　GEB11 剖面地层单元划分、光释光测年结果和粒度变化特征

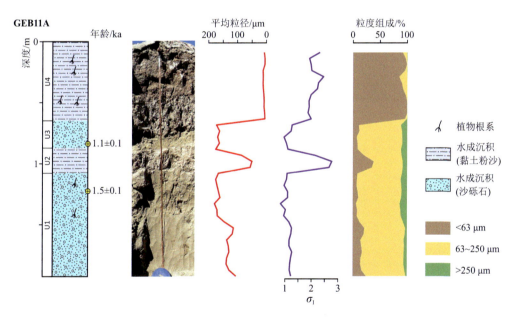

图 4.15　GEB11A 剖面照片、地层单元划分、光释光测年结果和粒度变化特征

GEB12 剖面（44.69°N，86.76°E）：位于芳草湖北偏东约 18 km。该地段是呼图壁河下游影响区，下伏地貌属于古洪泛平原，固定沙丘零星分布，同时分布分散的耕地和弃耕地。沙漠地貌主要为梁状沙垄，沙垄走向东南。剖面所在地段沙丘高度一般为 2～5 m，呈梁状或线形。剖面位于一个沙垄的尾段顶部。有一废弃河道从剖面东侧由东南向西北经过。剖面深 1.7 m，从下至上可划分为四个地层单元，深度范围分别对应于 1.7～1.4 m、1.4～1.2 m、1.2～1.05 m、1.05～0 m（图 4.16）。单元①为暗红色沙质黏土，内

部存在褐色锈斑；单元②为灰色风成细沙，发育水平层理；单元③为暗红色黏土层，层理较清晰；单元④为风成沙层，含有较多植物根系，底部含有钙质胶结。剖面整体显示出古土壤层与风成沙层的交替，沙层中层理较为明显。剖面下部古土壤和弱发育古土壤层显示出较细的平均粒径与较差的分选，<63 μm 组分占主导地位；上部风成沙粒径较粗，平均粒径约为 160 μm，分选良好，<63 μm 组分所占比例很低。单元①底部一个样品的石英光释光年龄为 2.6±0.3 ka；单元②中部和单元④下部的两个样品的石英光释光年龄分别为 1.0±0.1 ka 和 0.4±0.1 ka，表明风沙沉积于晚全新世。

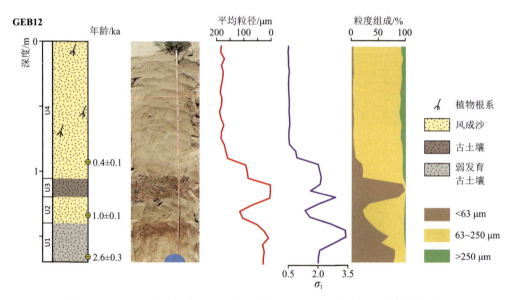

图 4.16 GEB12 剖面照片、地层单元划分、光释光测年结果和粒度变化特征

GEB13 剖面（44.75°N，86.80°E）：剖面位于芳草湖北偏东约 25 km。该地段风沙地貌主要为梁状沙垄及新月形沙丘，沙垄走向东南。丘间地地势平坦开阔，存有残留古河道，被风沙沉积覆盖，断续分布。剖面位于一个梁状沙垄的尾段顶部。沙垄高 1.5～3 m，向北西渐高，长约 800 m。剖面深 1.75 m，从下至上可划分为三个地层单元，对应深度分别为 1.75～1.65 m、1.65～1.35 m、1.35～0 m（图 4.17）。单元①为灰色风成细沙，含褐色锈斑；单元②下部为灰绿灰黑色粉细沙层，发育水平层理，含有较多植物根系，分选较差，上部为灰黑色黏土质粉沙，含较多植物残体和根系，分选较差；单元③为灰色风成细沙，分选较好，底部层理较为发育，顶部未见明显层理。在单元③底部采集一个光释光样品，测得的石英光释光年龄为 0.1±0.02 ka，为现代沙丘沉积。

GEB14 剖面（44.62°N，87.44°E）：位于乌鲁木齐北沙漠南缘东道海子西约 10 km 的蜂窝状复合型沙垄地段。复合型沙垄长 10～40 km，宽 200～800 m，呈由北向南逐渐尖灭形态。沙垄北端过渡为蜂窝状沙丘或蜂窝状复合型沙丘。该地段沙丘下伏地貌是河网密集的泛滥沉积平原。剖面所在地段沙丘高度一般为 3～12 m，高度变化较大。剖面整体为一套灰黄色风成细沙沉积，深 2.2 m，可划分为两个地层单元，深度范围分别对应于 2.2～0.6 m、0.6～0 m（图 4.18）。单元①有红褐色斑点，且含有较粗的植物根系（1～

2 mm）；单元②分布较密集红褐色锈斑，单元内自下到上平均粒径逐渐变细，分选逐渐变差，粉沙含量翻倍，>250 μm 组分含量变化较小。在单元①底部采集一个光释光样品，测得的石英光释光年龄为 15.0±0.6 ka。

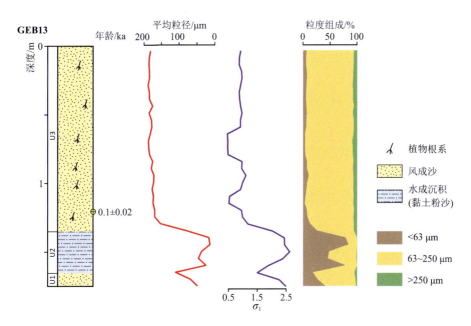

图 4.17　GEB13 地层单元划分、光释光测年结果和粒度变化特征

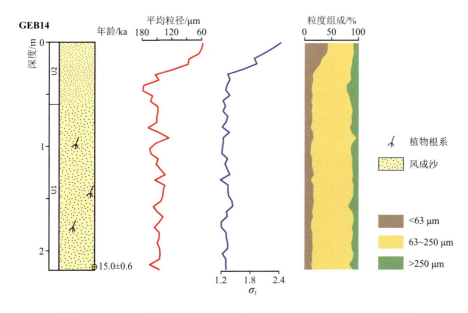

图 4.18　GEB14 剖面地层单元划分、光释光测年结果和粒度变化特征

GEB15 剖面（44.64°N，87.36°E）：位于东道海子西约 18 km 的蜂窝状复合型沙垄地段，周边沙丘地貌与 GEB14 剖面周边相似。剖面采集于一个沙梁西侧，剖面深 1.95 m，

可划分为两个地层单元，深度范围分别对应于 1.95～1.4 m、1.4～0 m（图 4.19）。单元①为暗红色黏土，几乎不含>63 μm 组分，分选较差，层理发育清晰，单元顶部含有少量植物根系；单元②为灰色风成细沙沉积，分选较好，底部层理清晰可见（1.15～1.4 m），单元中部含有较多植物根系（0.6～1.15 m），顶部层理不发育（0～0.2 m）。在单元①上部和单元②下部采集光释光样品各一个，测得的石英光释光年龄分别为 1.1±0.1 ka 和 0.3±0.1 ka。

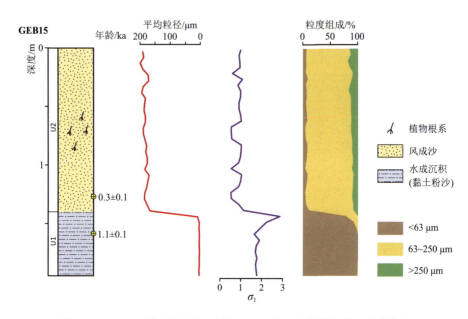

图 4.19　GEB15 剖面地层单元划分、光释光测年结果和粒度变化特征

　　HG 剖面（44.60°N，87.17°E）：剖面位于蔡家湖镇西北约 30 km 的洪沟生态站附近，在现代绿洲内，距现代沙漠边界约 12 km。剖面深 5.4 m，可划分为五个地层单元，自下而上对应深度范围分别为 5.4～4.6 m、4.6～1.7 m、1.7～1.25 m、1.25～0.7 m、0.7～0 m（图 4.20）。单元①、单元③均为棕黄色粉沙，结构较为紧实；单元②为较厚浅棕色黏土粉沙层；单元④为棕红色弱发育古土壤层，结构致密；单元⑤为浅棕色黏土粉沙层。从剖面不同层位采集光释光样品六个，采用钾长石 pIRIR 技术定年（Zong et al.，2022）。采自单元①的两个样品测得的年龄均约为 15 ka，为末次冰消期沉积。采自单元②～⑤的四个样品的年龄分别为 10.9±0.9 ka、12.3±1.3 ka、8.5±1.1 ka 和 9.5±1.3 ka。

　　总体而言，现阶段古尔班通古特南缘已经是该沙漠剖面最为丰富、测年数据最多的区域（图 4.4），现有剖面在沙漠南缘已经达到一定的覆盖度和代表性。已有剖面大多分布在对古气候变化较为敏感的沙漠-绿洲（冲积平原）过渡带。从已有的年龄数据来看，现有的最老的沙漠地层光释光年龄是 GB02 钻孔 110～60 m 处的钾长石 pIRIR 年龄（330～320 ka，注意这些年龄为最小年龄），其次为黄强和周兴佳（2000）在沙漠南缘钻孔底部获得的热释光年龄（约 62 ka）。本研究获得了一些新的末次冰盛期以来的地层年代数据，但大多数年龄数据仍然集中在全新世。

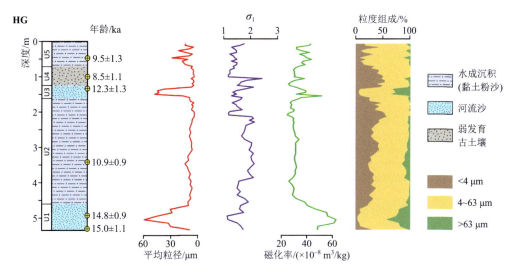

图 4.20 HG 剖面地层单元划分、光释光测年结果、粒度和磁化率变化特征

黄强和周兴佳（2000）在沙漠南缘的钻孔仍是目前唯一的年代早于末次冰盛期且具有连续测年的记录。如果该剖面的热释光年龄是可靠的，那么剖面中的晚更新世地层均为末次冰盛期之前的地层（约 62～29 ka）。根据孢粉分析，该剖面晚更新世地层中保存的孢粉以藜科、蒿属、麻黄属的组合为主，代表着当时沙漠南缘处于干旱环境的控制之下，这与剖面中晚更新世地层以风成沙为主的特征相对应。而剖面中两层热释光年龄约为 62 ka 和 29 ka 的黏土层被认为代表了两次偏湿的沉积环境。因此据该剖面的记录，在 MIS4～MIS3 期间的晚更新世，古尔班通古特沙漠南缘应以干旱环境为主，偶尔出现环境偏湿的时段（黄强和周兴佳，2000）。已有剖面中末次冰盛期的地层记录有两处：一是 FK 剖面（图 4.13）底层的风沙层（年龄约 22～19 ka），二是 GB02 钻孔（图 4.8）约 10～35 m 处，同样为风沙沉积（层位上部年龄约 27～20 ka）。FK 剖面中的一次快速堆积的水成沉积地层形成于约 20 ka，这是现有的末次冰消期早期的唯一地层记录，它可能与冰消期开始时天山冰雪融水增加使得更多径流流向沙漠有关（Zong et al.，2022）。在阜康北部的梧桐沟丘间地的钻孔里，Li 和 Fan（2011）发现了一层年龄约为 14.6 ka 的黏土层，并认为它是末次冰消期的水成沉积物。

沙漠南部剖面中对应于全新世早期的地层记录有三处。阜康东北方向沙漠边界上的 FK 剖面中的第二层风沙层（单元③）的三个样品的年龄均约为 12 ka，表明该地点全新世早期发生了较快的风沙堆积（图 4.13）。Li 和 Fan（2011）报道的梧桐沟钻孔剖面粒度最粗、沉积速率较快的一层风沙层的光释光年龄约为 11 ka。东道海子西侧现代绿洲区内的 HG 剖面在 12～11 ka 仍以水成沉积为主，但沉积物粒径发生明显的波动，出现了一层平均粒径显著变粗的地层单元（图 4.20），粒度数据的端元分析显示该地层中含有一定的风成沙组分，指示了一定的风水交互作用。该剖面位于距现代沙漠边界南约 12 km 的现代绿洲内，该点位在早全新世期间强烈的河流/风沙相互作用可能代表着当时的局部沉积环境与现在相比更为干燥（Zong et al.，2022）。以上三个剖面的数据均指示了早全新世是一个风沙活动相对较强，气候偏向干旱的时期。在中全新世时段，在东道海子以东，沙漠边界上的 FK 剖面在约 9.6～5.4 ka 以代表湿润沉积环境的水成沉积为主（阶段④，图 4.13），在沙漠内部的梧桐沟剖面中发现了年龄约为 8.5 ka 的次生碳酸盐层，被认为是气候暖湿的标志（Li and Fan，2011）；在东道海子以西，沙漠边界上 GB02 钻孔顶部的水成黏土层的释光年龄约为 5 ka（图 4.8），绿洲内部的 HG 剖面在约 9 ka 发育了弱古土壤（图 4.20）。在沙漠内部，距现代沙漠边界约 10 km 的钻孔在热释光年龄约为 7～6 ka 的地层中出现大量褐色条纹，孢粉含量增高，石英沙表面展现出流水磨光面并呈现河流冲积沙的粒度特征（黄强和周兴佳，2000）。这些记录均表明约 9～5 ka 可能是一个河流活动相对加强/相对较为湿润的时期。在晚全新世时段，Li 和 Fan（2011）在梧桐沟剖面识别了一次 2.5 ka 的快速风沙堆积事件；位于沙漠东南边界附近的 GEB01 剖面的风成沙层底部年龄是 1.8～1.4 ka（图 4.12）；位于沙漠西南边界附近的 GEB11A 剖面记录了略晚于这一时期的水成沙砾石层，释光年龄约为 1.5～1.1 ka，与东道海子西侧的 GEB15 底部的水成沉积层年龄（约 1.1 ka）相同。现有沙漠南缘剖面年龄为 1 ka 以内的地层均为风成沙沉积，均是堆积速率较快的（近）现代沙丘。

三、沙漠西部剖面

古尔班通古特沙漠的西部片区主要分布在玛纳斯河和马桥河下游的冲积平原上，沙物质除了来自于两河冲-洪积物之外，应该还有大量沙物质来自于奎屯河中游冲积洪泛沉积物和克拉玛依西面加依尔山、玛依勒山东麓倾斜平原洪积物。董光荣等（1995b）和陈惠中等（2001）报道了在沙漠西南隅的莫索湾采集的一个剖面，是古尔班通古特沙漠最早的有测年数据的剖面之一。本书作者团队在该区域采集新剖面 3 个。各剖面的具体地层特征和测年结果如下。

GEB08 剖面（45.14°N，86.04°E）：剖面位于距 150 生产建设兵团北西约 16 km、距沙漠南部绿洲农田边缘约 2 km 的丘间洼地。所在位置地貌主要为侧向新月形沙丘链或新月形沙丘。剖面采自道路切开的一个固定新月形沙丘链，由风成沙组成。该剖面自下而上划分为三个地层单元，深度分别对应于 3.1～1.25 m、1.25～0.35 m、0.35～0 m（图 4.21）。单元①发育斜层理，结构较为疏松，至单元②结构变硬，略紧实，层理变弱。单元③颜色变深，单元内显示出枯枝落叶与沙层互层的特征。剖面平均粒径在 120～180 μm 范围内波动，分选也呈现出随粒度增加而降低的趋势。共采集光释光样品五个。石英光释光测年结果显示剖面年龄为 1.7～0.04 ka。

GEB09 剖面（45.00°N，86.03°E）：剖面位于 150 团部西偏南约 6 km 绿洲农田中的零散分布的小片沙丘地。农田开垦改变了原先沙漠的边界，也改变了该地段沙漠与主体古尔班通古特沙漠的分布关系。所在地沙漠地貌主要为梁窝状沙垄及新月形沙丘。采样剖面为一个采沙场的人工开挖剖面。剖面由灰色风成沙组成，从下至上可划分五个地层单元，深度分别对应于 6.5～4.6 m、4.6～2.8 m、2.8～0.6 m、0.6～0.2 m、0.2～0 m（图 4.22）。单元①发育明显的斜层理，含有少量植物根系，在该单元顶部可观察到白色碳酸盐沉淀；单元②发育明显的近水平层理，植物根系较多；单元③发育明显斜层理，植物根系较少，2.5～2.6 m 深度范围内出现白色碳酸盐沉淀；单元④层理发育较弱、近水平；单元⑤为现代风成沙层，厚 20 cm，无层理且结构松散。该剖面从下至上层理呈现出斜层理与近水平层理的交替变化。剖面整体粒度偏粗，粒度组成中<63 μm 组分几乎缺失。共采集光释光样品六个。在单元①和单元②底部采集的光释光样品的石英光释光年龄分别为 2.2±0.3 ka 和 2.1±0.2 ka，对应于晚全新世。采自单元③和单元④的四个样品测得的石英光释光年龄约为 0.1～0.01 ka，指示剖面上部为（近）现代沙丘沉积。

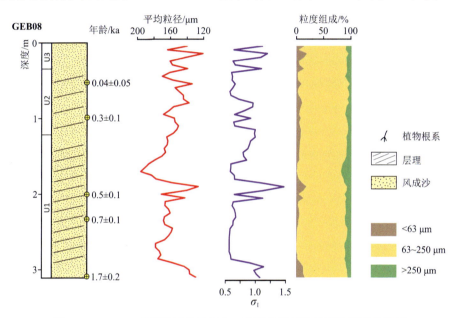

图 4.21　GEB08 剖面地层单元划分、光释光测年结果和粒度变化特征

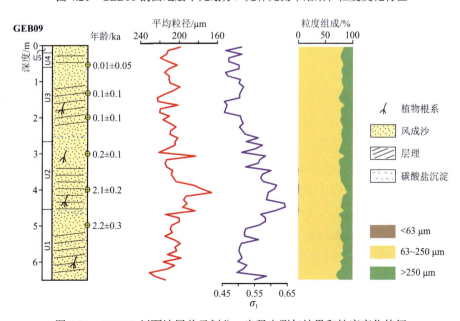

图 4.22　GEB09 剖面地层单元划分、光释光测年结果和粒度变化特征

MNS 剖面（44.80°N，84.90°E）：剖面位于距 149 生产建设兵团以北约 13 km 的沙漠内部，距离现代沙漠-绿洲边界约 4 km。所在地风沙地貌主要为蜂窝状沙垄及新月形沙丘。采样剖面顶部为一个现代沙丘，沙丘下部为一个人工开挖剖面。剖面深 3.65 m，可划分为三个地层单元，自下而上对应深度范围分别为 3.65～3.4 m、3.4～2.0 m、2.0～0 m（图 4.23）。单元①为黄色风成细沙、无明显层理，未见地层底界，自下而上由细沙向粉沙过渡；单元②下部为红褐色黏土，结构较为致密；中上部为深红褐色黏土，结构致密；顶部为结构致密的水成黏土质沙；单元③为顶部沙丘。共采集光释光样品四个，以钾长石作为测年材料，采用 pIRIR 技术定年（Zong et al.，2022）。采自单元①风沙层的样品测得的年龄为 4.3±0.2 ka。采自单元②黏土层的样品测得的年龄为 2.8±0.5 ka 和 0.98±0.19 ka，采自单元②内（0.98±0.19 ka）和单元③（1.3±0.1 ka）的两个样品的年龄在误差范围内一致，说明沙丘是在水成沉积停止后快速堆积起来的。

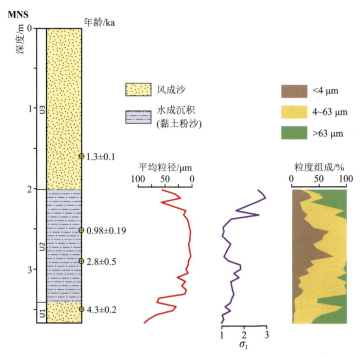

图 4.23　MNS 剖面地层单元划分、光释光测年结果和粒度变化特征

沙漠西南隅现有的剖面年龄都在全新世。早全新世的沉积地层仅出现在早期发表的莫索湾剖面（陈惠中等，2001），为热释光年龄约 11 ka 的风成沙层。陈惠中等（2001）认为莫索湾剖面记录的全新世大暖期为 7.5～4.5 ka BP，这一时期剖面中发育了三层沙质古土壤，代表了当时气候温暖湿润。3 ka BP 以来，莫索湾剖面中的地层以风沙沉积为主，发育了四层弱沙质古土壤层和枯枝落叶层，代表着气候的反复波动。所有沙漠西南隅剖面在 1 ka 以内均为风成沙沉积地层。在这一时期，在莫索湾剖面西北部更接近沙漠的 GEB09 剖面记录的仍是发育斜层理和水平层理的典型风沙沉积，其中一些部位夹杂有少量的次生白色碳酸盐（图 4.22）。

第四节　古尔班通古特沙漠晚第四纪古环境演变

综合现有的沙漠地层记录，我们可以对晚第四纪以来古尔班通古特沙漠的古环境变化得出一些初步结论。黄强和周兴佳（2000）报道了沙漠南缘唯一释光年龄超过末次冰盛期的沉积记录，该点位在 MIS4～MIS3 期间主要为风沙堆积环境，但在 MIS4 晚期和 MIS3 晚期出现了两次沉积环境湿润的时段，彼时河流活动深入到沙漠南部约 10 km。在末次冰盛期，沙漠南缘的两个剖面 FK 和 GB02 均记录了快速的风沙沉积，两个剖面在空间位置上相距约 71 km，两者的一致性暗示了该区域在末次冰盛期可能具有较为普遍的沙漠环境。在约 20 ka 末次冰消期开始时，在沙漠南部边界出现快速的河流沉积（FK 剖面）；在约 17～13 ka，在沙漠的南缘（Li and Fan，2011）和沙漠的东南缘（剖面 GEB02 和 GEB03）均出现了代表湿润沉积环境的黏土层、水成沙砾石层等，指示了末次冰消期的水成沉积活动延伸到了沙漠内部。但现有记录中末次冰消期的水成沉积记录均在东道海子以东的剖面中，在东道海子以西的剖面中尚没有找到与之对应的记录。位于东道海子西侧约 10 km 沙漠边界的 GEB14 剖面的风沙层底部年龄约为 15 ka。而位于更西侧的现代绿洲区内部的 HG 剖面，在约 15 ka 时粒度偏粗，Zong 等（2022）根据粒度数据的端元分析，推测这一时期该点位可能有一定量的风力搬运物质进入沉积物中。笔者推测，末次冰消期的水成沉积之所以更多发现于沙漠东部，可能与沙漠东部距天山山脉（博格达山）的距离更近，冰雪融水易到达有关。而东道海子西侧由于距离天山较远，仅在冰雪融水量较大时河流才有望深入到沙漠。在末次冰消期温度仍较冷的气候背景下，沙漠西部的风沙活动可能更为彰显。

古尔班通古特沙漠全新世以来的沉积记录较为丰富。在早全新世时段（12～9 ka），沙漠南缘（Li and Fan，2011；Zong et al.，2022）、西南缘（陈惠中等，2001）和巴里坤盆地（Ji et al.，2019）的剖面都记录了快速的风沙沉积，在绿洲内部的 HG 剖面地层中风力搬运组分增加，这说明全新世早期整体的区域环境是偏干旱的。沙漠南缘多个剖面（FK、HG、GB02）记录显示，9～5 ka 是沙漠南缘沉积环境较为湿润的一个阶段。与之相应的，在沙漠西南缘，莫索湾剖面中部的几层古土壤形成于约 7～5 ka BP（陈惠中等，2001）；东部巴里坤盆地 PM103 剖面中一层夹在风成沙层中的黏土粉沙沉积于 7.6～4 ka 之间（Ji et al.，2019）。这些记录表明约 9 ka 以后，古尔班通古特沙漠进入一个整体环境较为湿润的时段，这一时段可能持续到 5～4 ka 左右。现有的剖面记录中，约 5 ka 以后的地层记录多呈简单风沙沉积，仅有部分剖面如莫索湾剖面（陈惠中等，2001）、PM103 剖面（Ji et al.，2019）、GEB11A、GEB12、GEB15 和 MNS 剖面在 5 ka 以后的沉积地层中存在风沙和水成粉沙或古土壤的交替。以上剖面所在地理位置上虽东至巴里坤盆地，西至古尔班通古特西南区，但代表湿润沉积环境的地层亦有一定关联。例如，弱成壤层在东部巴里坤盆地 PM103 剖面中开始出现的时间为 2.55±0.3 ka；在古尔班通古特沙漠南缘芳草湖以北，古土壤层在 GEB12 剖面中出现于 2.6±0.3 ka；在沙漠西南隅的莫索湾剖面，一层弱古土壤层形成于约 2.3 ka BP（陈惠中等，2001）；其北部的 MNS 剖面中，一层水成黏土粉沙层的年龄为 2.8±0.3 ka。这些剖面指示着沙漠边缘在 2.5 ka 左右可能存在一次较为普遍的湿润事件。在 2～1 ka 之间，水成沉积层仅在东道海子西侧的一些剖面中（GEB11A、GEB15 和 MNS 剖面）偶尔出现，这些水成沉积层均在约 1 ka 左右结束。除巴里坤盆地鸣沙山剖面的弱发育古土壤层被推测延续至 1 ka 以内（Ji et al.，2019），其余已有剖面 1 ka 以内均为风成沙沉积，光释光年代在小冰期相对集中。

从多个剖面之间的对比来看，全新世的记录之间存在一定的一致性。由于不同剖面的地层沉积不仅受到气候变化影响，还与它们所处的局地地貌和沉积环境等有关，所以不同剖面难免会有不同特征。例如，巴里坤湖沙区的 PM103 剖面为河流在平沙地上切出，距北侧的莫钦乌拉山较近，季节性的降水/融水和区域的水循环对该剖面的沉积环境应具有不可忽视的影响。

前人对准噶尔盆地晚第四纪古环境的变化研究较多基于湖泊和黄土记录（注：一些早期的文献未给出具体测年细节，为便于比较，本章中将所有发表的数字年龄视为可靠的最终年龄，但保留原始文献中的年龄单位）。在准噶尔盆地西北，林瑞芬等（1996）和 Rhodes 等（1996）在对玛纳斯湖湖泊钻孔的研究中提出玛纳斯湖区在 37～32 ka BP 气候冷湿，在末次冰盛期时气候极干，在早全新世以干旱为主，随后湖泊在中全新世经历了三个暖湿期，并在晚全新世进入盐化。他们将湖泊记录的暖湿期归因于亚洲夏季风的影响。Fan 等（2012）对玛纳斯湖的古湖岸做了光释光测年，认为玛纳斯湖在 66 ka 和 38～27 ka 具有两个高湖面期。在艾比湖，一些早期工作通过 [14]C 或热释光测年对全新世湖泊沉积物和古湖岸开展研究，认为湖泊记录了早全新世（约 10 ka BP 到 8～7 ka BP）气候凉干，中全新世（约 8～7 ka BP 到 3.5～2.5 ka BP）气候暖湿，晚全新世（约 3.5～2.5 ka BP）气候温干（文启忠和郑洪汉，1987；卢良才和黄宝林，1993；吴敬禄，1995）。

柏春广和穆桂金（1999）通过对艾比湖湖积堤和湖成阶地的综合研究提出 5 ka 以来艾比湖的湖面经历了持续的下降。李国胜（1993）根据湖泊碳同位素的变化，认为艾比湖在 5 ka 记录了显著的降温事件。这些结果表明 5 ka 可能是艾比湖气候变化的一个转折点。Wang 等（2013）对艾比湖西北部的 A-01 钻孔的孢粉研究认为，艾比湖在约 14 cal ka BP 时才开始出现，并在中晚全新世不断湖进。他们认为中晚全新世以来北半球冬季太阳辐照强度的增强导致西风环流传送水汽的增加是造成北疆中晚全新世持续变湿的重要驱动因素。Zhou 等（2019）和 Jia 等（2020）对艾比湖西北部 EB 钻孔的有机碳同位素和孢粉研究认为艾比湖在早全新世（9 cal ka BP 以前）相对干燥，在中全新世（9～3.6 cal ka BP）更暖湿，全新世大暖期出现在约 9～5 ka BP。此外，他们认为艾比湖地区在约 38～34 cal ka BP 时气候暖干，在约 34～28 cal ka BP 时气候暖湿，并在约 28～9 cal ka BP 时气候变为冷干。

在准噶尔盆地的中南部，李志忠等（2000，2001）对乌鲁木齐河尾闾湖东道海子湖底的钻孔进行了粒度和孢粉分析，认为东道海子至少有 3 万年的发育历史，基本处于比较稳定的湖泊沉积环境，并认为东道海子孢粉记录反映了末次间冰期暖干、末次冰期气候冷湿、全新世大暖期热干的气候，体现出冷湿-暖干的气候模式。阎顺等（2004）对东道海子的一个湖积阶地剖面进行了孢粉分析，认为 4.5 ka BP 以来东道海子地区的植被以荒漠为主；李树峰等（2005）对该剖面进行了硅藻分析，认为东道海子自 3.4 ka BP 以来基本是微咸水或咸水环境。两者均认为东道海子在晚更新世以来有多次气候波动，并符合冷湿-暖干的气候模式。马妮娜等（2005）对同一剖面进行了沉积物粒度特征分析，认为该剖面记录了从约 5 ka BP 到约 200 a BP 湖面逐步扩大的历史。冯晓华等（2006）对比了东道海子、艾比湖和四厂湖的记录，同样提出晚全新世以来北疆气候经历了多次显著波动，基本符合冷湿-暖干的气候模式，并且近 300 年以来展现出持续干旱的趋势。

过去 30 多年，学术界对位于北疆东部巴里坤盆地的巴里坤湖开展了大量研究工作。韩淑媞和袁玉江（1990）、韩淑媞和瞿章（1992）在对巴里坤湖的早期研究中提出巴里坤湖 3.5 万年以来的气候环境变化服从冷湿期与冰期、高湖面期相对应，暖干期与间冰期、低湖面期相对应的模式。袁宝印等（1998）、顾兆炎等（1998）则认为巴里坤湖在冰期-间冰期尺度上应为冰期低湖面、间冰期高湖面，"冰期与雨期同步"的现象并不明显。对巴里坤湖全新世以来的孢粉学（陶士臣等，2010；An et al.，2011a）、地球化学（薛积彬和钟巍，2008；钟巍等，2013；孙博亚等，2014）、地貌学和沉积学（李志飞等，2008；An et al.，2011a；汪海燕等，2014）研究均表明巴里坤湖在末次冰消期和早全新世（约 16～14 cal ka BP 到 8 cal ka BP 左右）气候冷干，湖面较低；在中全新世（约 8～7 cal ka BP 到 4～3 cal ka BP）气候变得湿润，湖面升高；在约 3～2 cal ka BP 以来的晚全新世，气候环境仍相对较为湿润适宜，但大多数研究认为已有转干趋势。此外，李志飞等（2008）认为巴里坤湖在中全新世 6.0～5.5 cal ka BP 时期曾出现一次明显的突发强干旱事件；陶士臣等（2010）和 An 等（2011a）识别了巴里坤湖在 4.3～3.8 cal ka BP 有一次百年尺度的干旱事件，与全球的 4.2 ka 事件在年代上有很好的对应。Zhao 等（2017a）通过湖泊沉积物长链烯酮指标重建了巴里坤湖 21 cal ka BP 以来的古温度变化，发现湖泊记录显示在 8 cal ka BP 出现快速升温，与北半球夏季太阳辐照量强度的变化存在明显的滞后。这与湖泊记录的全新世湿润期的开始时间吻合。在长时间尺度上，Zhao 等（2015b）基于孢粉分析重建了 MIS 2 时段巴里坤湖的气候变化，提出湖区在 MIS 2 时段整体气候干旱，在末次冰盛期（26.5～19.2 cal ka BP）山地冰雪融水增加的同时，沙漠面积也在扩张，并在 Bølling-Allerød 暖期时（15～13 cal ka BP）气候转为暖湿。巴里坤湖孢粉和地球化学证据显示在 MIS 3 早期气候暖湿，与全新世大暖期气候相似，在 MIS 3 中晚期持续变冷变干（Zhao et al.，2017b，2021）。

前人对准噶尔盆地北部的乌伦古湖所作的孢粉（Jiang et al.，2007）、环境磁学（刘宇航等，2012）、地球化学和沉积学（Liu et al.，2008；Zhang et al.，2020b）研究同样显示乌伦古湖在早全新世（约 12～10 cal ka BP 到 8～7 cal ka BP 左右）为冷干气候，在中晚全新世气候转为暖湿为主，4～3 cal ka BP 到 0.6～0.5 cal ka BP 左右被认为是全新世最为湿润的时期（Liu et al.，2008；Zhang et al.，2020b）。在更长时间尺度上，蒋庆丰等（2016）通过多指标分析，认为 MIS 3 晚期 33.6～22.5 cal ka BP 气候相对温暖，乌伦古湖呈现高湖面特征，湖面比现在高出约 40 m（与全新世最高湖面类似）；在 22.5～

16.5 cal ka BP 期间气候寒冷干燥，湖泊消亡；从 16.5 cal ka BP 以来气候开始回暖，湖泊沉积再次出现。

广泛覆盖于天山北麓河流阶地和坡地上的风成黄土是北疆地区除湖泊沉积之外又一重要的古气候载体。文启忠和郑洪汉（1987）对北疆地区黄土进行了初步的 ^{14}C 测年，认为北疆的黄土记录反映了 12 万年来北疆地区气候变迁与西北黄土高原有大致同步的特点，但其波动幅度要比陕西洛川典型黄土剖面的变化小得多。但在成熟的光释光测年技术提出之前，由于缺乏合适的测年方法，对北疆黄土的研究一直受限于无法获得可靠的、高分辨率的年龄标尺。近 20 年来释光测年技术的不断发展，使得人们得以从黄土这一与沙漠演化密切相关的档案中提取了重要的古气候信息。在准噶尔盆地南缘的天山北麓，Zhao 等（2015a）通过钾长石 pIRIR 测年建立了鹿角湾和水西沟两个黄土-古土壤剖面全新世以来的年龄标尺，发现它们记录的古土壤形成年代（6.6~4 ka）晚于季风区黄土-古土壤剖面中的全新世古土壤年代。Li 等（2015a）对鹿角湾的另一个黄土-古土壤剖面进行了高分辨率钾长石 pIRIR 测年，提出该剖面指示全新世早期相对干旱，自中全新世约 5.5 ka 以来气候变得持续湿润。

Duan 等（2020）对博格达峰北坡的石城子剖面进行了石英光释光和 ^{14}C 测年，结果显示其所在地区在末次冰盛期至早全新世为冷干气候，在约 10 ka 以来持续变湿。Lu 等（2016）对乌鲁木齐河阶地上覆盖的黄土的石英光释光测年和环境磁学研究同样表明该地点在晚更新世气候干旱，风力加强，在早全新世气候开始变得适宜。Chen 等（2016）根据鹿角湾剖面、乌鲁木齐南部的中梁剖面和伊犁盆地的黄土剖面的释光年代和磁化率变化提出北疆在全新世气候总体呈不断变湿的趋势，尤其在 6 ka 以来气候变得更为湿润。Xie 等（2018）对鹿角湾剖面进行了有机碳同位素分析，提出早中全新世（12~6 ka）以来北疆的夏季降水量较低（约 85 mm），在 6 ka 之后逐渐上升至现代水平（约 137 mm）。新疆现有的释光测年范围最长的黄土记录是 Li 等（2016，2020b）报道的天山北麓的柏杨河剖面和清水河剖面，其钾长石 pIRIR 年龄分别达到 145 ka 和 250 ka。Li 等（2020b）将它们与其他天山北麓和伊犁盆地的黄土剖面进行比对，提出在冰期-间冰期尺度上，北疆气候的干湿变化与季风区相似（即冰期干，间冰期湿），而在间冰期内部两者则出现反向变化，在北疆出现冷湿-暖干的气候模式。

总结起来，目前基于新的 AMS ^{14}C 和光释光测年的准噶尔盆地周边的湖泊和黄土研究工作大体上都揭示了相同的全新世干湿气候变化过程，即在早全新世时段气候相对干旱，在中晚全新世时段气候相对湿润。尽管不同气候档案记录的中全新世开始变湿的时间和中、晚全新世湿度的相对强弱有所差异，但准噶尔盆地周边的湖泊和黄土记录反映的全新世整体气候变化模式大体与基于更大地理空间范围的气候记录集成得到的中亚干旱区的西风模态（Chen et al.，2008，2016，2019）是一致的。在更长时间尺度上，现有的盆地周边有绝对测年数据的湖泊和黄土记录仅达到 MIS 3 时段，大多是末次冰盛期以来的记录。这些数据总体上显示在冰期-间冰期尺度上准噶尔盆地的气候变化符合冷干-暖湿的气候模式，在末次冰盛期时气候比全新世和 MIS 3 时更干燥。

尽管同一区域内湖泊、黄土和沙漠对古气候变化的响应不一定都是完全同步的，为探讨它们之间的关联，笔者仍尝试将古尔班通古特沙漠已有的末次冰盛期以来的沙漠地层记录和准噶尔盆地的湖泊和黄土记录进行比对。如前文所述，目前古尔班通古特沙漠的剖面中仅有两个有末次冰盛期时段的地层记录，均为快速的风沙堆积，这与现有的湖泊和黄土记录记载的末次冰盛期的冷干气候一致。在末次冰消期时段，沙漠剖面记录的一个重要特征是在沙漠南缘和东南缘出现了代表湿润沉积环境的水成沉积记录（年龄范围约为 20～13 ka）。虽然这一时期多数的湖泊记录记载了较为干燥的气候环境，但在这一时段因温度逐渐升高而使得冰雪融水增加，乃至湖面上升的现象在乌伦古湖（蒋庆丰等，2016）和巴里坤湖（Zhao et al.，2015b）也有所发现，因此该时期沙漠边缘沉积环境的变湿与整体气候偏干（降水偏低）并不矛盾。古尔班通古特沙漠边缘剖面在早全新世时段（12～9 ka）的沉积地层多为风成沉积，与盆地周边湖泊和黄土记录的早全新世干旱环境相符。沙漠边缘的水成沉积地层在 9～5 ka 左右较多出现，其开始的时间大致与多个湖泊记录的中全新世开始变湿的时间一致（但早于天山北麓黄土中古土壤开始形成的时间）；其结束时间恰好大致对应于在艾比湖、乌伦古湖和巴里坤湖（李志飞等，2008；An et al.，2011a；Jia et al.，2020）发现的 5 ka 左右和 4 ka 左右的干旱事件。已有沙漠记录反映了古尔班通古特沙漠在 5～4 ka 以后的沉积环境不如 9～5 ka 时期湿润，这与天山北麓黄土主要在 6 ka 以后形成古土壤并不匹配，但与一些湖泊研究中提出的全新世大暖期的结束和晚全新世湖泊退缩是一致的。沙漠边缘地层记录了 1 ka 以来是以风沙为主的堆积环境，这与几个湖泊记录的 1 ka 以来气候趋于干旱的趋势是相符合的。

上述的沙漠与周边其他古环境载体之间的关联和差异表明，在干旱区环境系统中，不同古环境载体可能受控于多种相同和相异的环境因子。北疆在晚更新世以来的干湿气候变化被认为是与输送水汽的西风环流的强弱和位置密切相关，而后者被认为是由北半球太阳辐照强度和北半球冰盖的变化所控制的（Chen et al.，2019；Lan et al.，2021）。但事实上，长期以来学界关于北疆气候变化的模式以及东亚季风在晚第四纪是否能够影响到北疆地区一直存在不同观点（文启忠和郑洪汉，1987；李吉均，1990；董光荣等，1995b；Chen et al.，2008；Cheng et al.，2012；Cai et al.，2017；Chen et al.，2019；Xu et al.，2019；Lan et al.，2021）。除降水外，Rao 等（2019）强调了温度在干旱区气候系统中的重要性，认为温度变化引起的高山冰雪融水量以及区域水循环强度的变化是串联和调和新疆地区高海拔和低海拔全新世气候记录（即低海拔的湖泊、黄土等载体主要记录"西风模式"，高海拔的石笋、高山湖泊等主要记录"季风模式"）的关键。在沙漠边缘，温度的变化同样可以通过控制周边山区的冰雪融水量影响到沙漠边缘河流和绿洲的演化。An 等（2006）和 Xu 等（2019）指出蒸发作用对干旱-半干旱区环境具有不容忽视的影响，甚至对沙漠而言可以成为决定性的环境因子。除气候要素之外，沙漠边缘的风沙和绿洲的相对分布也会受到河道摆动、河湖游移和构造活动等地貌过程的影响，使得实际情况变得更为复杂。以上驱动因子如何影响晚第四纪古尔班通古特沙漠的环境演变是有待长期探索的问题，而认识沙漠古环境对古气候的响应，还需要建立在充分了解沙漠古环境演变历史的基础上。

第五章

库姆塔格沙漠

第一节　自然环境与风沙地貌特征

库姆塔格沙漠（39.2°N～40.5°N，90.4°E～94.9°E）位于我国河西走廊最西端，沙漠主体分布于阿尔金山以北、阿奇克谷地以南、罗布泊以东，向东延伸至敦煌鸣沙山（图5.1）。根据本书最新统计，包含敦煌鸣沙山及其以东的零星沙区（面积约 1040 km²）在内，该沙漠总面积约 21 080 km²，东西长约 380 km，南北宽约 120 km，为我国第六大沙漠。"库姆塔格"一词在当地语言中意为"沙山"，因其拥有我国独有的扫帚状沙丘和羽毛状沙丘形态闻名于世（朱震达等，1980；董治宝等，2008）。沙漠北部有一宽 1～2 km、长约 60 km 的北东-南西走向的狭窄沙带，主要是向西南移动的新月形沙丘和沙丘链（图 5.1）。在沙漠北缘即疏勒河下游及罗布泊洼地，有相当面积的风蚀雅丹地貌分布，是柴达木盆地以外我国又一雅丹地貌集中分布区（朱震达等，1980；郑本兴等，2002）。

库姆塔格沙漠基底属于塔里木地台的东延部分，同时也属于阿尔金构造系中安西-敦煌断陷盆地的西延部分。随着第四纪以来阿尔金山断块的构造抬升，车尔臣河断裂以南的原古罗布泊湖相地层逐步抬升形成高台地，即属于塔里木地台东延部分的哈拉诺尔台拗（王树基，1987），该台拗系北山褶皱带和阿尔金山断块间的小型断陷凹地，属残丘起伏的极干燥剥蚀高地，在经历第四纪时期阿尔金山北麓山前剥蚀-堆积长期作用后，库姆塔格沙漠在这个台拗基础上逐步发育演化（Qu and Niu，2012）。根据区域地质资料，沙漠下伏地层广泛分布古近系和新近系河湖相泥岩、粉砂岩、砂砾岩（夏训诚，1987；郭召杰和张志诚，1998），表明随着安西-敦煌盆地新生代以来的逐步演化，库姆塔格沙漠基底也最终成形。

库姆塔格沙漠宏观上呈现南高北低的地势，南部靠近阿尔金山部分海拔约 1800～2000 m，而北缘靠近阿奇克谷地的海拔约 900 m，敦煌附近的鸣沙山海拔约 1500 m。区内水系基本发源于南部阿尔金山，自南向北流，并在沿途形成深切沟谷，最终在沙漠断流。沟谷呈南北向平行分布，流程较短且水量较小，自觉河向西主要沟谷有沙沟、山水

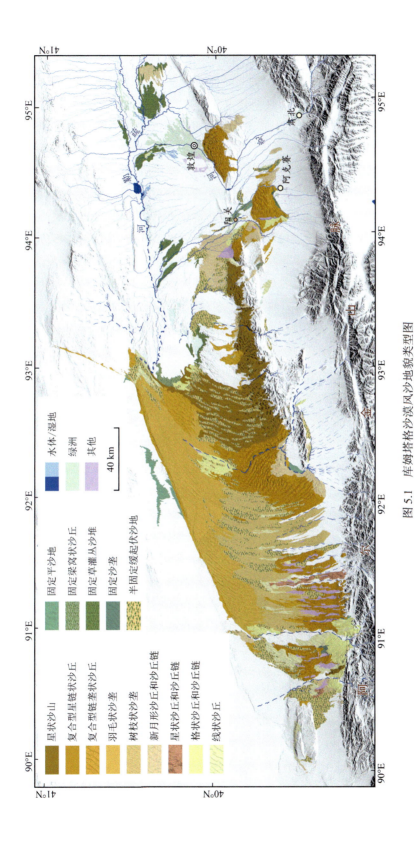

图 5.1　库姆塔格沙漠风沙地貌类型图

沟、西土沟、崔土木沟、多坝沟、小多坝沟、八龙沟、梭梭沟、厄格孜萨依（小泉沟）、恰什坎萨依（红柳沟）等，其中除东部的西土沟等少数沟谷局部地段有常年径流外，其余均为季节性洪水下泄的干沟（俄有浩等，2008）。受阿尔金山前暴雨的影响，各沟谷均易出现短时大洪水现象，如西土沟测得的最大洪峰断面流量可达 148 m³/s（陈学林等，2017），洪水中携带的大量泥沙沿沟谷向北进入沙漠腹地，并最终沉积于各沟谷的尾闾区域，这些山前冲洪积物亦是形成库姆塔格沙漠的重要物质来源（屈建军等，2004）。

库姆塔格沙漠处于内陆干旱气候区，年均温为 5～10℃，区域内部温度差异较大：沙漠西部靠近塔克拉玛干沙漠，海拔较低，温度较高；受北山的阻隔，库姆塔格沙漠北部受到冷空气的侵袭较弱，温度也相对较高；而沙漠东部和南部海拔较高且频繁受冷空气影响，温度较低（库姆塔格沙漠综合科学考察队，2012）。库姆塔格沙漠周边公开气象站点仅有敦煌一处，其记录的年平均温度为 10.2℃ 且近 50 年约升温 2℃（图 5.2）。敦煌站点数据显示近 50 年来其年降水量在 12 mm 到 105 mm 之间波动，多年平均降水量为 42 mm（图 5.2）。值得注意的是，近 40 年库姆塔格沙漠周边地区夏季的极端降水出现频率显著增加（胡钰玲等，2017）。

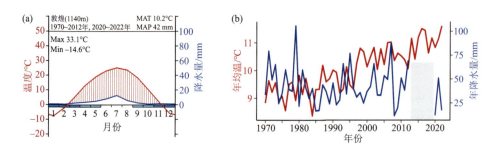

图 5.2　库姆塔格沙漠东部敦煌气象站点记录的降水、温度 Walter-Lieth 气候图及其年际变化
仅统计有效记录>260 天的年份（详细说明见图 3.2）

敦煌站点数据显示其盛行风向为东北风，其次为西南风，其近 50 年的总输沙势为 59 vu，合成输沙方向为西南，每年的大风天气在 3～5 月频率相对较高（图 5.3）。但是，必须注意到库姆塔格沙漠周边地形复杂，沙漠内部风况变化较大，单个站点数据难以表征整个沙漠风况。本书采用 ERA5-Land 再分析数据对该沙漠西南部和东北部的风况进行分析，结果显示其西南部合成输沙方向为南南东[图 5.3（a）]，而东北部的合成输沙方向为西南，且风力更为强劲[图 5.3（b）]。结合区域输沙通量分布图，可以看出库姆塔格沙漠合成输沙方向由北部的西南在沙漠腹地逐渐转为南南东和东南方向，这与库姆塔格沙漠的总体沙丘走向是一致的（图 5.3）。

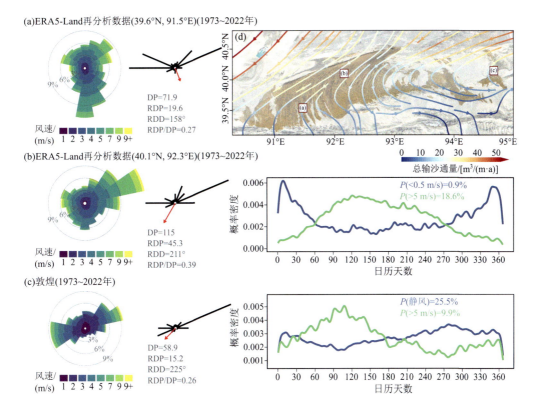

图 5.3　库姆塔格沙漠自西向东 3 个点位的风玫瑰图、输沙势玫瑰图和年内风速分布

（a）（b）基于 ERA5-Land 的小时分辨率风况数据，分别位于沙漠西部和沙漠东北部；（c）基于敦煌气象站点记录的 3 小时分辨率风速和风向数据，位于沙漠东部［点位见图（d）］；（d）库姆塔格沙漠 1973～2022 年平均年输沙通量分布。P（静风）为站点记录为静风状态的频率，P（>5 m/s）为风速大于 5 m/s 的频率，P（<0.5 m/s）代指再分析数据中的静风

在风力、流水等外营力控制下，库姆塔格沙漠地区形成了流动沙丘、剥蚀低山丘陵、风蚀戈壁、雅丹、干谷等诸多地貌形态，造就了以风积地貌为主、风积和风蚀地貌相互交错分布的地貌分布景观（俄有浩等，2006；董治宝等，2010）（图 5.1）。库姆塔格沙漠的风积地貌呈扇形分布于阿尔金山北麓洪积冲积扇上（图 5.1）。阿奇克谷地以南、阿尔金山以北、93°E 左右的八龙沟以西的洪积冲积扇为沙漠的主体分布区，其内部地貌形态存在较大差异（图 5.1）。在沙漠北部，沙丘沿盛行风向（北东-南西）延伸（图 5.3），形态多为大片北东-南西向羽毛状沙垄［图 5.4（a）］，沙丘高度不大，一般为 10～20 m（朱震达等，1980；董治宝等，2008），部分沙丘可能仅是在遥感影像上因沉积物反照率对比形成的形似羽毛的图案，实际上是耙状线形沙丘（董治宝等，2008；Lü et al.，2017；董治宝和吕萍，2020）。羽毛状沙垄以南受复杂风况影响，出现树枝状沙垄、复合型链垄状沙丘、格状沙丘，广阔的丘间地分布半固定缓起伏沙地等，再向南的阿尔金山前缘则主要分布复合型星链状沙丘、树枝状沙垄及小面积的格状沙丘等，并被南北向洪水冲沟切开（图 5.1）。沙漠主体的东部则分布大片高大的星状沙山，高度可达 150～200 m。这片高大沙山一直向东延伸至在 93°E 至阳关一线的阿尔金山北麓低山冲积扇。

这一向东延伸沙带的南北宽度明显小于主体分布区，东西延伸 100 km 左右，受到河流冲沟和低山形态的双重影响（图 5.1）。这片狭窄沙带的东段（即阳关至阿克赛之间）分布一片约 600 km² 的沙区，主要以复合型星链状沙丘为主，沙丘高度可达 100 m 以上，并与敦煌附近同样以复合型星链状沙丘为主的鸣沙山（面积约 400 km²）隔党河相望（图 5.1）。

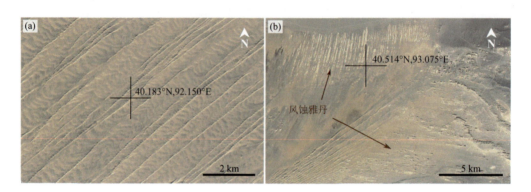

图 5.4　库姆塔格沙漠羽毛状沙丘（a）与风蚀雅丹（b）遥感影像图

相对于风积地貌，库姆塔格沙漠地区风蚀地貌面积较小，主要为沙漠边缘的各类型雅丹，集中分布于：①沙漠东北部三垄沙地区，在 40.5°N 附近以流动沙丘为界，北侧雅丹呈近北东-南西向平行排列分布，高度在 20 m 以上，而南侧雅丹呈东-西向平行排列分布，高度不及北侧雅丹［图 5.4（b）］；②沙漠边缘的阿奇克谷地存在零星雅丹，形态多呈柱状或堡状，高度约为 10 m。此外在沙漠中北部几条较大季节性河流（如梭梭沟和小泉沟）尾闾区的羽毛状沙丘间，广泛分布由松散砾石堆积形成的砾石堤、砾石锥、砾石滩、砾石环等地形高出周边地表的正地貌，目前研究认为上述几类砾石堆积是覆于流沙上的河流沉积物在周围流沙被风蚀后的残留（梁爱民等，2022）。

受地形和水文等多方面因素的影响，库姆塔格沙漠地区在拥有大量风积、风蚀地貌的同时，还存在党河、疏勒河等区内河流形成的荒漠湿地，以上自然环境使得本地区成为野骆驼等动物的良好栖息地。库姆塔格沙漠地区内有三大国家级自然保护区，分别为位于沙漠东北部的甘肃敦煌西湖国家级自然保护区、位于沙漠东南缘的甘肃安南坝野骆驼国家级自然保护区，以及位于沙漠西部及北缘阿奇克谷地的新疆罗布泊野骆驼国家级自然保护区。

库姆塔格沙漠植被以温带植物类型为主，物种贫乏，为典型的荒漠植物区系。本区共有种子植物 26 科 76 属 120 种，10 种以上的大科只有 4 个：藜科、菊科、柽柳科、禾本科，反映区系结构的简单性（库姆塔格沙漠综合科学考察队，2012）。自然植被以暖温带荒漠灌木和半灌木为主，群落结构单调，主要位于沙漠北部边缘阿奇克谷地一线、阿奇克谷地与北山之间的山前洪积扇，沙漠东部、东北部附近的荒漠湿地，以及沙漠南部沟谷、山前洪积扇与沙漠的过渡带（张锦春等，2008）。

受地形因素影响，库姆塔格沙漠地区的植被由山前洪积扇到沙漠腹地呈现典型荒漠植被到极耐旱植被、片状分布到点状分布逐渐过渡的特征。山前洪积扇主要分布着由合头藜（*Sympegma regelii*）、霸王（*Zygophyllum xanthoxylum*）、裸果木（*Gymnocarpos przewalskii*）、膜果麻黄（*Ephedra przewalskii*）和胀果甘草（*Glycyrrhiza inflata*）等典型荒漠植物组成的群落，呈连片分布；沙漠边缘与山前洪积扇过渡带的河床或临时滞水区，分布有梭梭（*Haloxylon ammodendron*）、白刺（*Nitraria tangutorum*）、沙拐枣（*Calligonum mongolicum*）等植物群落；在阿尔金山前缘山地与山前洪积扇交界地下水露头处，分布有胡杨（*Populus euphratica*）、柽柳（*Tamarix chinensis*）及芦苇（*Phragmites australis*）等植物群落，呈不连续的点状分布。沙漠腹地以流动沙丘景观为主，有少量梭梭等极耐旱植物及沙蓬属、猪毛菜属等二年生草本植物，在沙漠内部鲜见的集水洼地周围有柽柳、芦苇等群落存在，且多以柽柳沙包、梭梭沙包及芦苇沙包群等形式出现（张锦春等，2008；王继和等，2009）。

第二节　沉积地层记录

早期 Hedin（1903）和陈宗器（1936）在途经阿奇克谷地时对沙漠北缘开展了零星考察，识别了部分地貌形态，如羽毛状沙丘、雅丹等。1981 年夏训诚等对沙漠北部边缘做过考察，将沙漠下伏地层与罗布泊地区地层进行对比后，提出库姆塔格沙漠大部分覆盖在中更新统地层之上，沙漠形成于中更新世之后，晚更新世为其主要发育期的观点（中国科学院新疆分院罗布泊综合科学考察队，1987）。随后，屈建军等（2004）通过对沙漠北缘和沙漠中部河湖相地层的研究认为库姆塔格沙漠形成于中更新世，晚更新世至全新世时期沙漠不断向北扩大。唐进年等（2010）结合沙漠西南的梭梭沟剖面研究认为沙漠形成始于早更新世初，在中更新世晚期沙漠面积已较大，随后沙漠由西南不断向东北扩展。Dong 等（2012）则认为沙漠形成开始于晚中新世到上新世，进入第四纪后沙漠处于持续发展时期。2007～2009 年考察队在库姆塔格沙漠科学考察期间，在沙漠不同区域采集了梭梭沟（ZH）、小泉沟（XQ）、干湖盆（KM）、砾石体（LS）等多个长序列剖面（图 5.5），在进行气候代用指标和地质年代的测量分析后，认为库姆塔格沙漠最迟形成于晚中新世至上新世，该时期沙漠地区处于半干旱疏林草原至干旱荒漠草原环境，气候干燥炎热，为沙漠第一次主要发育期；第四纪期间，受冰期、间冰期气候波动影响，气候处于干冷与干暖交替变化中，为沙漠第二次主要发育期，沙漠由阿尔金山麓逐步向北偏东方向扩展并达到今日规模（库姆塔格沙漠综合科学考察队，2012）。

由于目前已研究过的库姆塔格沙漠地区沉积地层剖面总数较少，且前人采样剖面多位于沙漠中西部，沙漠东部少有沉积地层剖面报道。在科技部基础资源调查专项"中国沙漠变迁的地质记录和人类活动遗址调查"项目的支持下，本书研究团队在沙漠东部地区新采集 7 个剖面，自西向东分别为 KM1、KM2、KM3、YG1、YG2、YG3、KM4（图 5.5、图 5.6）。

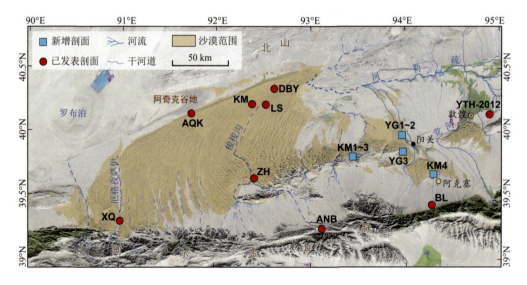

图 5.5　库姆塔格沙漠野外剖面分布图

图 5.6　KM1、KM2、KM3、KM4、YG1 和 YG2 剖面附近地貌景观照片

　　KM1～KM3 剖面（39.81°N，93.45°E，KM1 剖面顶部海拔 1554 m），皆出露于多坝沟西侧一条干涸沟谷内。其中 KM1 剖面位于沟谷顶部，深度 1.7 m（图 5.7），朝向 65°，剖面总体为质地紧密沙层，上部覆盖坚硬黏土层，沉积相分为两个单元：自下而上在 1.70～0.50 m 为风成沙，无层理，0.50～0 m 为静水沉积，多黏土，下部具有水平层理。KM2 剖面位于 KM1 剖面以下，深度 1.6 m（图 5.7），朝向同 KM1，剖面总体为质地松散沙层，间夹黏土层，沉积相表现较为复杂，自下而上在 1.60～1.00 m 为风成沙，具有斜层理；1.00～0.97 m 为静水沉积；0.97～0.87 m 为风成沙；0.87～0.47 m 为河流沙，存在

波痕；0.47～0.36 m 为风成沙，无明显层理；0.36～0.26 m 为静水沉积；0.26～0 m 为河流沙，粒径较粗。KM3 剖面位于沟谷底部（图 5.7），沉积相自下而上在 1.75～1.35 m 为河流沙；1.35～1.00 m 为坡积物，有水平层理；1.00～0.65 m 为河流沙，中细沙；0.65～0.55 m 为坡积物，有水平层理；0.55～0.10 m 为河流沙，中细沙；0.10～0 m 为河流沙，无明显层理。以上剖面地层颜色变化较小，局部地层（KM2）观察到风成沙颜色存在差异，指示可能存在的物源变化。根据光释光（OSL）测量结果（Song 等，2023），KM1 剖面风成沙年龄约为 13.1±1.9 ka（KM1-1，深度 1.50 m）及 7.6±0.8 ka（KM1-2，深度 0.60 m），KM2 剖面下部风成沙年龄分别为 9.3±1.4 ka（KM2-1，深度 1.15 m）及 10.3±1.2 ka（KM2-2，深度 0.63 m），KM3 剖面底部的河流沙年龄约为 16.8±3.0 ka（KM3-1，深度 1.55 m）及 15.2±2.6 ka（KM3-2，深度 0.35 m）。以上结果显示，该地区景观在末次冰期曾为洪积环境，之后也有多期较湿润的时段。

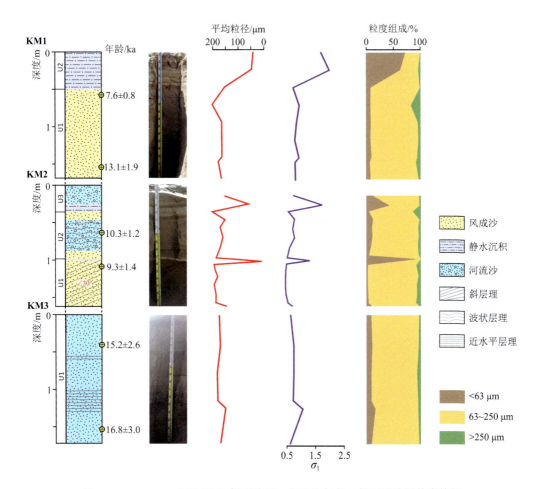

图 5.7 KM1、KM2 和 KM3 剖面地层、光释光年代、剖面照片及粒度特征

KM4 剖面（39.69°N，94.27°E，1577 m）位于 KM1-KM3 剖面以东约 70 km 处，处于阿尔金山前缘与沙漠南侧交界的洪积扇尾闾区（图 5.5）。KM4 剖面深度 1.1 m，朝向

北东 25°，沉积相分为下部的风沙层和上部的湖相沉积（图 5.8）：自下而上在 1.10～0.45 m 为风成沙，具有斜层理，倾角为 15°，颜色为黄褐色（10YR-5/6）；0.45～0 m 为湖相沉积，其中 0.3～0.1 m 有水平层理，颜色为浅棕色（10YR-6/3）。OSL 测量结果显示（Song 等，2023），KM4 剖面湖相沉积层底部地层年龄约为 0.4±0.1 ka（KM4-2，深度 0.30 m），风成沙近顶部地层年龄约为 0.7±0.2 ka（KM4-2，深度 0.70 m）。该结果表明，近 400 年以来剖面及周边区域曾出现与现代干旱沙漠景观迥异的湖泊环境。

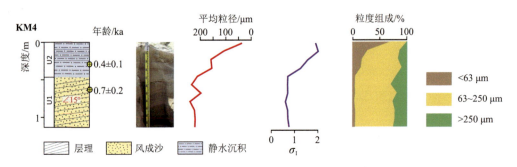

图 5.8　KM4 剖面地层、光释光年代、剖面照片及粒度特征

YG1 与 YG2 联合剖面（39.98°N，93.99°E，1196 m）位于阳关镇以北约 2 km 的西土沟河道西岸，YG1 在 YG2 之下，为连续剖面，主要存在河流沙和静水沉积两个沉积单元，其间有少量风成沙（图 5.9）。其中 YG1 剖面自下而上在 3.65～3.55 m 为静水沉积黏土层；3.55～3.35 m 为河流沙；3.35～3.21 m 为静水沉积黏土层；3.21～2.05 m 为河流沙。YG2 剖面顶部为现代灌丛沙堆，自下而上在 2.05～1.80 m 为静水沉积；1.80～1.65 m 为风成沙，无明显层理；1.65～1.25 m 为静水沉积，质地非常紧实；1.25～0.50 m 为河流沙，有水平层理，下部有较多砾石；0.50～0.30 m 为静水沉积；0.30～0 m 为风成沙。剖面地层颜色变化较大，底部地层颜色为棕色（10YR-5/3），向上变为浅黄褐色（10YR-4/4）和黄褐色（10YR-5/4），剖面中部静水沉积和河流沙交界样品颜色为浅黄褐色（10YR-6/4），以上变化表明地层沉积存在多次规律性转换，应指示长期稳定的河流沉积环境。OSL 测量结果显示（Song 等，2023），YG1 剖面底部河流沙年龄约为 4.4±0.7 ka（YG1-1，深度 3.45 m），在 2.05～1.80 m 深度的静水沉积层下方和其上方风成沙样品地层年代分别为 2.3±0.5 ka（YG1-4，深度 2.20 m）和 2.4±0.3 ka（YG2-1，深度 1.75 m）。因此，以上年龄将 1.65 m 深度以下静水沉积层和河流沙的形成年代限制在大约 4.4～2.2 ka，表明自中晚全新世以来该地区一直接受山前河流沉积，这些河流沉积物经过风力作用成为周围沙漠的主要物源。第 3 沉积单元上部风成沙的 OSL 年龄为 1.2±0.4 ka（YG2-3，深度 0.15 m），显示最接近地表的静水沉积层应形成于约 1 ka 前。

YG3 剖面（39.92°N，94.00°E，1266 m）位于 YG1 与 YG2 联合剖面以南约 15 km 处，位于西土沟中游一侵蚀沟谷中（图 5.5）。沉积相较为单一，以河流沙为主，中间有粒径约 3 cm 的砾石。剖面的砾石层指示该地存在多次规模不一的洪水事件，属于山前洪积扇沉积的一部分。目前根据剖面顶部的 OSL 样品实验测量结果推测，该剖面地层至少形成于中更新世，结合位于下游的 YG1 与 YG2 联合剖面地层年龄结果分析，YG3 剖面自中更新世后即处于山前冲洪积扇边缘，接受持续的河流（洪水）沉积，但其地层年代与下游沙漠开始形成时间是否存在联系尚缺乏明确证据。

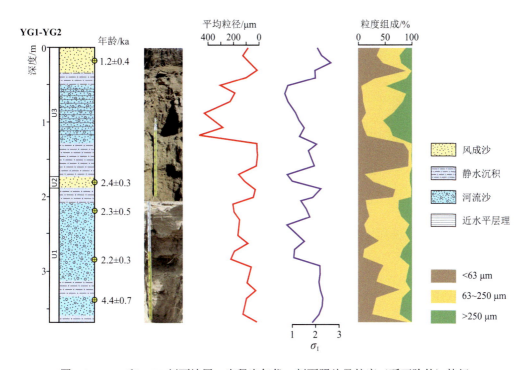

图 5.9　YG1 和 YG2 剖面地层、光释光年代、剖面照片及粒度（砾石除外）特征

ZH 剖面位于库姆塔格沙漠中南部梭梭沟上游段西岸（图 5.5），出露剖面厚度 91.35 m，地层结构以风成相与冲（洪）积相互层沉积为主（库姆塔格沙漠综合科学考察队，2012）（图 5.10）。原作者在采样时按地层岩性和岩相特征将剖面划分为多个地层单元，其中灰黄色风成沙 36 层（含表层现代沙丘），洪积山麓相砾石沉积 2 层，河流冲（洪）积灰黄色或青灰色细沙 84 层、粉沙质细沙 20 层、黏土质细沙 6 层、沙质粉沙 13 层、黏土质粉沙 69 层。唐进年（2018）采用 OSL 测年建立了该剖面的年代序列，得到剖面深度 37.8 m 处 OSL 年代为 10.2±1.2 ka，而剖面深度 6.1 m 处 OSL 年代则为 8.2±0.7 ka。由此推断受新仙女木事件的影响，12.5～11.5 ka 为库姆塔格沙漠的主要发展期；其后气候变得相对温湿，风沙活动减弱，直到晚全新世以来随着气候干旱程度的增加，沙漠化重新加剧形成了现代沙漠。

LS 剖面位于沙漠北部砾石广布的地貌区（图 5.5），剖面顶部海拔 948 m（库姆塔格沙漠综合科学考察队，2012）（图 5.10）。剖面顶层为约 30 cm 厚的杂色砾卵石层，松散且磨圆度差；下伏厚 1 m 左右的风成沙层，发育水平层理且富含石膏结晶；其下为河湖相细沙和黏土质粉沙互层沉积（唐进年等，2010）。唐进年（2018）采用 OSL 测年方法，得到风成沙层年代约为 150.8±7.5 ka。

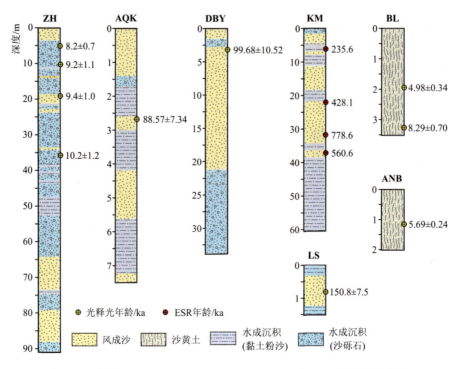

图 5.10　剖面 ZH、LS、AQK、DBY、KM、BL 和 ANB 的岩性柱状图

AQK 剖面位于沙漠北缘与阿奇克谷地交界的冲积扇前缘（图 5.5），剖面顶部海拔 808 m（库姆塔格沙漠综合科学考察队，2012）（图 5.10）。剖面沉积相以灰黄、灰白色松散细沙和粉沙互层为主，夹有黄色中粗沙层，局部沉积相质地密实并具水平层理。剖面深度 2.70 m 处的灰白色粉沙沉积物 OSL 年龄为 88.57±7.34 ka，由此判断 2.70 m 之上地层时代属于晚更新世的中晚期，下部地层可能属于中更新世。

DBY 剖面位于库姆塔格沙漠北部（图 5.5），剖面顶部海拔 945 m，出露地层厚度实测为 38.20 m（库姆塔格沙漠综合科学考察队，2012）（图 5.10）。剖面上部沉积相以灰黄色风成沙为主，夹有沙土砾石层，下部为褐黄色粉沙质黏土、黏土与灰黄色、灰色中粗沙、细沙互层沉积。沙土砾石层以下具有斜层理的风成沙地层顶部（深度约 2.5 m）OSL 测年结果为 99.68±10.52 ka。

KM 剖面位于库姆塔格沙漠北部，为干湖盆沉积（图 5.5），剖面顶部海拔 927 m，出露厚度 60 m，剖面以河湖相与风成相互层为沉积特征，颜色以灰黄色、棕红色和灰绿色为主（库姆塔格沙漠综合科学考察队，2012）（图 5.10）。剖面三个代表性粉沙层的 ESR 年龄自上而下分别为 235.6 ka（深度约 6.5 m）、428.1 ka（深度约 22 m）和 778.6 ka（深度约 32 m）；唐进年（2018）采用 ESR 测年方法对代表性粉沙层重新测量，得到下部沙层年代约为 560.6 ka（深度约 37 m）。

BL 沙黄土剖面位于库姆塔格沙漠东南缘阿尔金山北麓山脚一连续的风积沙黄土沉积地层（图 5.5），海拔 2737 m，沉积厚度约 3.5 m（唐进年等，2017）（图 5.10）。BL 剖面由灰黄色的原生粉沙质黏土沉积形成，垂直节理发育，剖面下伏地层为河流相冲洪积细沙沉积，厚度 0.3 m，内含棱角状小碎屑砾石，之下为基岩。OSL 年代样品测试结果表明剖面中部 2 m 处地层年龄为 4.98±0.34 ka，底部地层年龄为 8.29±0.70 ka。

ANB 黄土剖面位于安南坝山前冲积扇（图 5.5）。剖面位于冲积扇顶端，深度为 2 m，沉积相以黄土为主，但富含河流沉积物，顶部有小砾石出现。东丽娜（2014）对深度 1.2 m 处黄土沉积物进行 OSL 测年，结果为 5.69±0.24 ka（图 5.10）。

第三节　古环境代用指标分析与区域环境演变

本节将结合新增地层剖面和前人研究剖面中不同代用指标的时间序列，综合分析库姆塔格沙漠地区的气候变化和沙漠演化。

本书新增剖面共分析了 97 个样品的粒度和磁化率，由于频率磁化率无显著变化，故本节主要讨论粒度变化特征。各剖面样品粒度结果显示，<2 µm 粒级组分含量极低，多数样品在 2% 以下，只是在静水沉积样品中可达 8%～10%，而 >250 µm 粒级组分含量较高，除静水沉积样品为 3%～18%，部分河流沙样品可达 30% 以上；同时不同剖面间粒度差异较大，如 KM1～KM3 剖面中 >250 µm 粒级组分含量较低，均在 10% 以下，而东侧的 YG1 与 YG2 联合剖面中 >250 µm 粒级组分含量很高，多数样品在 20% 以上。根据以上粒度分析结果，结合平均粒径 Mz、标准偏差 SD 等粒度指标变化趋势，选用 <63 µm 和 >250 µm 粒级组分含量作为气候变化特征指标开展分析，由于剖面样品多数接近河流或受到河流影响，样品粒级组分含量变化应对上游水分条件改变的响应敏感。

KM1～KM3 剖面虽基本位于同一位置，但其粒度变化趋势存在较大差异（图 5.7），KM1 剖面深度 0.4 m 以下粒度组分含量变化较小，仅在深度 0.6 m 处 <250 µm 粒级组分含量有所增加，而深度 0.4 m 以上部分 <63 µm 粒度组分显著上升至 70%，指示湖泊或静水环境的出现；KM2 剖面则有两次粒度组分含量剧烈变化事件（图 5.7），分别出现在深度 0.97 m 和 0.36 m 处，在深度 0.97 m 处 <63 µm 粒度组分迅速增加至 80% 以上随后快速回落，显示一次短暂出现的湖泊或静水环境，在深度 0.36 m 处 <63 µm 粒度组分含量表现出先降低再迅速增加的趋势，表明一次洪水事件；KM3 剖面的粒级组分含量波动很小，仅在深度 1.35 m 处有小幅变化（图 5.7）。KM4 剖面除顶部外，>250 µm 粒级组分含量均大于 10%，可能表明存在较强的风力活动，而深度 0.5 m 以上 <63 µm 粒度组分含量由不足 5% 逐步增加至 60%，显示向静水（尾闾）环境的转化（图 5.8）。

YG1 与 YG2 联合剖面的粒度组分含量变化频率和幅度均显著大于前述剖面（图 5.9），出现多次粒度显著变细和变粗事件，较明显的变细事件分别位于剖面深度 3.65 m、3.3 m、2.0 m、1.5 m 和 0.4 m，而在粒度变细事件发生前后多出现粒度变粗，粒度粗细的变化可能反映了河流上游水分条件的改变或洪水活动，即当河流水量增加或洪水发生时，沉积物粒度变粗，随后水量减少接近干涸或洪水结束后，河道容易产生滞水形成静水环境，沉积物粒度变细，最后水量重新增加或再次发生洪水时，沉积物粒度再次变粗。结合 OSL 测年得到的初步年代数据推测，4.4±0.7 ka 以来，YG1 与 YG2 联合剖面所在地区一直处于河流和静水环境交替频繁变化中，其原因可能与上游阿尔金山地区降水增加有关，也可能是温度上升导致山区冰川积雪融水量增加。YG3 剖面粒度组分含量变化较小，在深度 1.65 m 处存在沉积物粒度变粗事件，由于剖面样品年代 OSL 测年结果超出了方法上限，目前推测该剖面地层至少形成于中更新世，即 YG3 剖面所在冲洪积扇形成于中更新世，其后处于剥蚀环境。

ZH 剖面作为库姆塔格沙漠地区内部的重要剖面，研究者采用不同的古环境代用指标对该剖面开展了分析。张锦春等（2010）对该剖面开展了孢粉分析，结果显示代表干旱气候环境的藜科百分含量较高，为 12.5%～75.0%，平均值为 30.3%；代表湿润气候环境的禾本科和蒿属百分含量较低，分别为 8.3%～25.0%和 2.6%～13.3%，平均值分别为14.8%和 4.4%；代表极度干旱环境的麻黄属在剖面中百分比变化很大，局部超过 20%。此外，结合剖面 ESR 年代数据和指示环境变化的蒿属/藜科和麻黄属/蒿属比值，推断 ZH 剖面曾多次出现干湿交替的变化过程。唐进年（2018）对剖面地层沉积物开展粒度和地球化学元素分析，选用>63 μm 和<2 μm 粒级组分含量、Mz、Rb/Sr、Ti/Al、古气候指数 C 值、氧化物比值 $SiO_2/(Al_2O_3+Fe_2O_3)$ 和 $Al_2O_3/(Al_2O_3+CaO+Na_2O+K_2O)$ 等气候特征指标，以及地层风成沙出现次数和沉积厚度的变化，将 ZH 剖面沉积以来的古气候过程划分为数个不同阶段。

唐进年等（2017）对 BL 沙黄土剖面开展了沉积物粒度分析，选用>110 μm 和>60 μm粒级组分含量作为指示冬季风的代用指标，重建了全新世以来库姆塔格沙漠南缘的气候变化。结果显示，BL 剖面沙黄土沉积开始于约 8.3 ka BP，对全新世 6 次气候事件都有不同程度的记录，分别是 0.4 ka、1.4 ka、5.5 ka、8.2 ka 的变冷事件和 2.8 ka、4.2 ka 的变干事件，但是粒级组分含量对变冷事件的响应较干旱事件更为强烈，4 次变冷事件中>110 μm和>60 μm 粒级组分含量均显著增加，其中>110 μm 粒级的组分含量接近或超过 20%，而2 次变干事件中粒级组分变化幅度较小，>110 μm 粒级的组分含量均在 10%左右。

YTH-2012 钻孔位于敦煌东南部的伊塘湖（40.3°N，94.97°E），深度 292.8 m。赵丽媛（2017）将该钻孔岩性划分为四个单元：292.8～264.98 m 为灰黄色沙层夹数十层砾石，接近底部处有直径 3～5 cm 的砾石出现；264.98～173.96 m 以黄棕色沙层与灰黄色薄层沙质黏土层为主，偶见黏土层和少量砾石层；173.96～104.96 m 为棕黄色黏土层、灰黄色粉沙和沙质黏土层互层结构；104.96～0 m 以棕黄至灰黑色黏土层为主，少有沙层。赵丽媛等（2015）对钻孔上部 21.5 m 部分开展了沉积物有机质稳定碳同位素分析，结果显示湖区总有机质含量较低，总有机碳与 $\delta^{13}C_{org.}$ 等指标的波动与末次盛冰期以来我国西北地区干湿变化趋势相一致，说明湖泊沉积物稳定碳同位素的变化由湖泊水位变化控制，也是全球变化驱动的一种区域环境响应。赵丽媛（2017）对钻孔的剩余部分继续开展沉积物有机质稳定碳同位素分析，推断 2.08 Ma 以来伊塘湖地区经历了整体由冷湿转暖干（2.08～1.82 Ma）、转冷湿（1.82～0.24 Ma）和 0.24 Ma 以来再次转暖干的气候变化过程。

结合前述新增剖面和附近区域前人研究剖面的地层岩性、年代结果及本节古环境代用指标综合推断，库姆塔格沙漠地区普遍存在风力和流水作用交替影响而导致的地层剖面中风成沙和冲洪积相沉积物互层堆积的现象；地层剖面中存在多次湖相（静水）沉积与河流沙的旋回，显示稳定的山前冲洪积扇沉积环境，其中夹杂的多层风成沙代表相对干旱时期，而砾石层或粗河流沙层则代表湿润时期或洪水事件。

结合 DBY 和 KM 这两个位于沙漠北部的剖面地层年代可以推断，沙漠北部羽毛状沙丘或砾石层以下的风成沙主要形成于中更新世和晚更新世；沙漠南部 ZH 剖面地层年代显示，晚更新世后风成沙快速持续沉积，为库姆塔格沙漠的发展期，进入全新世后气候相对湿润，风沙活动减弱，晚全新世以来风沙活动重新增强并形成了现代沙漠；沙漠东部新增的 KM1～KM3 剖面及 YG1 与 YG2 联合剖面与沙漠南部剖面地层特征类似，同样显示晚更新世以来的风沙沉积变化，此外还受到河流的影响；沙漠南缘阿尔金山前沙黄土剖面 BL 和 ANB 记录了全新世以来库姆塔格沙漠地区风沙活动情况，借助地层年代推断全新世以来沙漠的风沙活动在波动中逐步增强，间接指示沙漠向东不断扩展。

第六章

柴达木盆地的沙漠

第一节　自然环境与风沙地貌特征

柴达木盆地是青藏高原东北部的一个巨大内陆盆地，位于青海省的西北部，四周被昆仑山、阿尔金山、祁连山等高大山系所环绕，构成一个轴向北西西–南东东的不规则菱形向心状盆地（图6.1）。柴达木的蒙语意为"辽阔"，海拔为2600～3100 m，其主要的风成地貌分布西至90.9°E的茫崖，东抵98.2°E的都兰，被认为是我国沙漠分布最高的地区（朱震达等，1980）。但事实上，最近几十年的调查研究表明，青藏高原尽管沙区面积较小，但分布广泛，其中共和盆地贵南县的单个沙区面积达700 km²，其海拔约3300 m，在海拔更高的湖滨也存在多个面积较小的沙丘区。据统计，整个青藏高原分布在干旱盆地、河谷、湖滨、山麓和山坡的风成沙丘区覆盖总面积约2.88万km²（Dong et al.，2017），而本书最新的统计表明柴达木盆地的风积地貌总面积为10 650 km²，约占青藏高原风积地貌面积的37%。柴达木盆地的沙漠由多个独立的沙区构成，而非像我国其他七大沙漠一样呈连续分布，本书将位于柴达木盆地的所有沙区总称为"柴达木盆地的沙漠"。严格意义上说，柴达木盆地的沙漠是我国海拔最高的沙丘集中分布区。

柴达木盆地构造演化历史与青藏高原隆升历史基本一致，在此过程中，印度板块与欧亚大陆的碰撞起主导作用（钟德才，1986；Zhou et al.，2006）。阿尔金山断裂带、柴北缘断裂带、鄂拉山断裂带和昆北断裂带的活动使周围山系向盆地不断运动，形成多沉积中心的断陷盆地，累积了厚达数千米的中、新生代沉积（罗群，2008）。进入第四纪以后，受新构造运动影响，盆地西部和北部发生褶皱上升，使得盆地沉积中心自西南向东北移动，同时形成一系列隆起的背斜构造，这些背斜构造在强大的风力作用下发生风蚀形成雅丹地貌，而盆地内的厚层第四纪沉积为沙漠的形成演化提供了丰富的物质来源（邓宏文和钱凯，1990；Kapp et al.，2011；Heermance et al.，2013）。

柴达木盆地位于由湿润气候转变为干旱气候的过渡地带，其气候系统受东亚季风、印度季风和西风急流三者交互控制（An Z et al.，2012）。受地理位置、大气环流和地形等

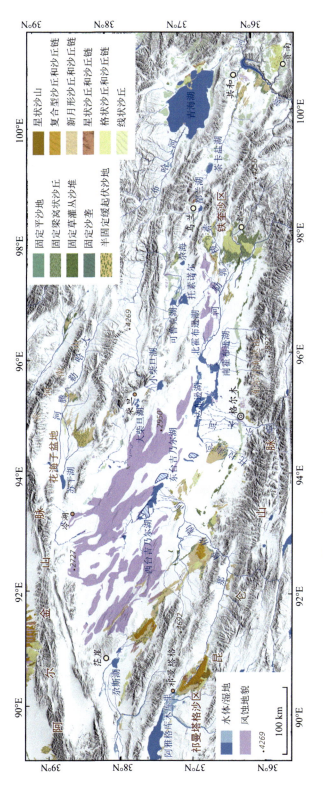

图 6.1 柴达木盆地风沙地貌（含风蚀地貌和风积地貌）类型图

的影响，该盆地具有典型的大陆性荒漠气候特征。位于柴达木盆地的西北部的冷湖地区近 50 年多年平均温为 3.3℃，多年平均夏季最高温为 25.3℃，多年平均冬季最低温为 -20.3℃，气温年较差大；柴达木盆地中部的大柴旦和东南部的都兰的年均温分别为 2.4℃ 和 4℃（图 6.2），盆地中心较低海拔的年均温可能略高，但基本介于 2～5℃。盆地冬季漫长严寒而夏季短暂，都兰、大柴旦地区全年显著霜冻期达 7 个月，无霜期仅有一个月，而冷湖地区甚至全年处于霜冻期（图 6.2）。近 50 年来，盆地各个站点的温度都有上升趋势，不同站点升温速率不尽相同，但大体介于 0.3～0.5℃/10a（图 6.2）。

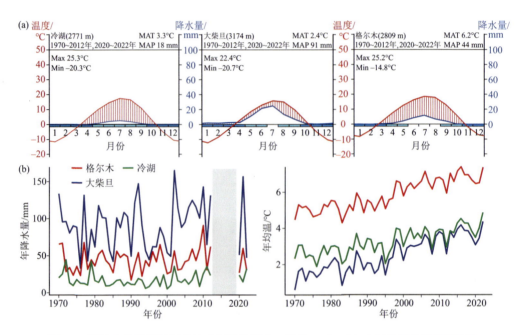

图 6.2　柴达木盆地周边气象站点记录的降水、温度 Walter-Lieth 气候图及其年际变化

仅统计有效记录>260 天的年份（详细说明见图 3.2）

　　盆地内气候干旱但东西部差异明显。降水量呈现自东南向西北递减的趋势，位于盆地西北部的冷湖多年平均降水量仅 18 mm，中部地区的大柴旦升至 91 mm，而东南部的都兰则可达 200 mm 以上（图 6.2）。盆地内西部的大风比例明显高于东部，西部地区的大风比例高达 20%以上，且持续时段更长（3 月下旬到 9 月之间），而中东部大风比例明显下降且持续时间短（图 6.3）。盆地输沙势呈现自西北向东南降低的趋势，茫崖和冷湖总输沙势分别为 360 vu 和 524 vu，属于高风能环境，而大柴旦的总输沙势仅为 78 vu，处于低风能环境区（图 6.3）。总体上说，柴达木盆地的风沙搬运能力尽管差异很大，但都呈现较低的风向变率（RDP/DP>0.5），且总体合成输沙方向为东南（图 6.3）。

　　柴达木盆地的河流发源于周围山地，均为内流河，常年有水的河流约 40 余条（图 6.1）。盆地内的河流较为分散，流程较短并且水量较小。盆地湖泊主要分布在中部地区（图 6.1），除可鲁克湖为淡水湖外，其余大多为盐湖（张家桢和刘恩宝，1985），湖泊迁移变化所留下的大量湖泊沉积物是盆地内风蚀和风积地貌的重要物质基础。

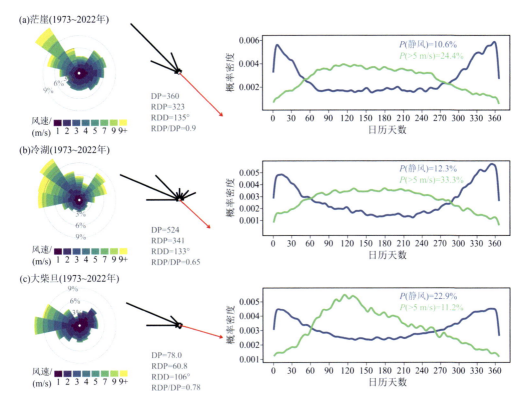

图 6.3　柴达木盆地自西向东 3 个气象站点 1973～2022 年 3 小时分辨率的风况数据
（详细说明见图 3.3）

柴达木盆地的地貌景观呈现风蚀地、沙丘、戈壁、盐湖和干盐滩交错分布的特点（朱震达等，1980）。其中，戈壁地貌分布于盆地周围山地的山麓地带，干盐滩大多位于盆地中西部的盐湖周边地区。风蚀地貌（雅丹）广泛发育于盆地西北部的第四纪砂岩和泥岩地层上（图 6.1），其面积约为 21 270 km²。根据柴达木盆地雅丹形态学的分析结果，长脊形雅丹（长宽比大于 5）主要分布于盆地北部，在下风向地区逐渐转变为短轴形雅丹（长宽比为 1～2）。由于主要由风力作用形成，雅丹排列方向与主导风向平行，大致为西北方向，但在盆地南部边缘受地形因素影响呈现东南方向。雅丹高度 10～15 m，最高可达 40～50 m，长度大约在 10～200 m，最长可达 4.85 km；在雅丹地貌的迎风面上，常有面积较小的流沙堆积，有研究认为柴达木盆地的雅丹与线形沙丘之间存在相互转化的关系，但目前仍存在争议（朱震达等，1980；Kapp et al.，2011；Zhou et al.，2012；Rubin and Rubin，2013；Dong et al.，2017；Hu et al.，2017）。

柴达木盆地风积地貌空间分布总体上较为分散（图 6.1）。盆地西北部花海子小盆地的洪积平原，以半固定沙地和新月形沙丘为主，同时分布有面积较小的梁窝状沙丘和线状沙丘，沙丘高度一般小于 5 m，并且多为流动沙丘，移动方向为东南。盆地西南部祁曼塔格山、昆仑山北坡的山前平原，形成一条断续分布的西北东南走向的沙带，主要沙丘类型包括新月形沙丘、复合型沙垄和沙山、半固定沙地、梁窝状沙丘和固定沙地等。此处沙丘较为高大，高度普遍为 10～30 m，最高可达 100 余米，流动沙丘占大多数，并且向东南方向扩张。盆地东部的铁奎沙区及周边地区，以大面积的格状沙丘和梁窝状沙丘为特征，沙区边缘沙丘较为矮小，而沙区中部沙丘高度较大，一般为 20~40 m，仅在河流沿岸分布有小范围的固定、半固定沙地，沙丘较为矮小（3~5 m），以灌丛沙堆为主，常见植物为柽柳、梭梭等（朱震达等，1980；钟德才，1986；曾永年等，2003）。此外，在盆地中部的盐湖地区和西部风蚀地貌区零星分布有少量新月形沙丘和半固定沙丘。

青藏高原第四纪以来的新构造运动形成了柴达木盆地高山深盆、南缓北陡的地势特征，同时由于青藏高原隆升导致的大气环流改变，盆地气候转变为西风主导的冷湿-暖干模式，并经历了数次明显的冷暖旋回和干湿变化（张彭熹和张保珍，1991）。前人研究显示：在古近纪至新近纪早期，青藏高原隆升幅度较小，盆地周围山地的海拔一般低于1000 m，气候较为湿热（李吉均等，1979），在地层中未发现指示干旱气候的盐类沉积；在上新世晚期，盆地气候逐渐转为干燥，周围山地的植被从针叶林逐步演替为荒漠草原，盆地内的湖泊经历了一段成盐期，风蚀地貌和沙丘在这一时期开始发育；进入第四纪后，盆地气候在早更新世时期又转为暖湿，其原因可能与青藏高原隆升建立起新的季风环流有关，而后盆地经历了中更新世前中期、晚更新世末期以及现代时期三段明显的风沙堆积期，在地层中留下了大量古风成沙等证据（钟德才，1986）。

第二节　沙漠沉积地层

一、地层与年代

地层中的古风成沙以及风沙沉积物是过去气候干旱、风沙活动频繁、沙漠扩张的直接或间接标志（董光荣等，1991；Yang and Eitel，2016）。古风成沙广泛分布于干旱地区的剥蚀残山、梁峁斜坡、河流与湖泊阶地、干谷及沙漠与戈壁、黄土地貌的边缘地带，地层中的盐类沉积、河流湖泊相沉积、黄土及古土壤等可以在一定程度上反映过去气候变化与沙漠演化（陈克造和 Bowler，1985；刘东生，1985；Chen and Bowler，1986；杨小平等，2019）。本节将通过本书研究团队在柴达木盆地采集的新增剖面和前人研究中地层剖面的沉积相特征，结合 ^{14}C、不平衡铀系法、光释光等测年方法，对柴达木盆地第四纪以来的气候变化、沙漠环境演化进行论述。

本书研究团队在柴达木盆地西部共采集了 7 个剖面样点（图 6.4、图 6.5、图 6.6），分别为 CDM1、CDM2、CDM3、CDM4-1、CDM4-2、CDM5-1 以及 CDM5-2。

CDM1 剖面深度为 3.5 m，剖面总体质地坚硬，沉积单元不清晰，可见波痕，沉积相主要由以沙砾石为主的浅湖相水成沉积构成，在 0.1 m、0.4 m、3.0 m、3.1 m 和 3.5 m 处采集样品的平均粒径分别为 18 μm、57 μm、147 μm、67 μm 和 215 μm，标准偏差 σ 分别为 2.76、2.21、1.90、1.93 和 0.64。

　　CDM2 剖面深度为 6.5 m，剖面总体为坚硬砾石地层，距离顶部约 1.3 m 位置分布有一层坚硬黏土层，厚度为 22 cm，呈现倾斜层理，在 5.0 m 处采集样品的平均粒径为 51 μm，标准偏差 σ_I 为 2.20。

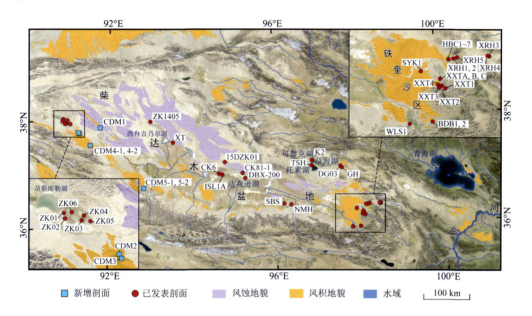

图 6.4　柴达木盆地研究剖面分布图

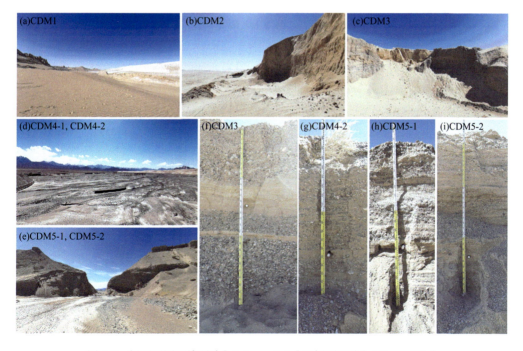

图 6.5　剖面周围环境照片［（a）～（e）］及剖面照片［（f）～（i）］

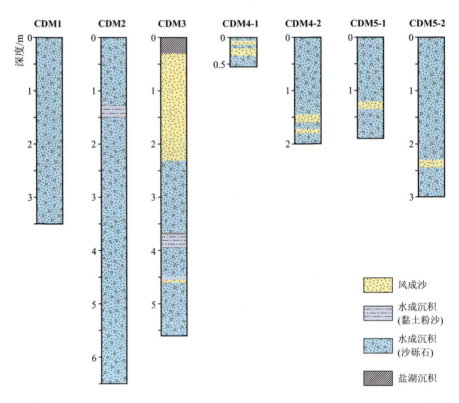

图6.6 剖面 CDM1、CDM2、CDM3、CDM4-1、CDM4-2、CDM5-1 和 CDM5-2 的岩性柱状图

CDM3 剖面深度为 5.6 m。该剖面 4.6 m 以下为以粗砾石层为主的洪积-冲积物；4.60~4.55 m 为一层较薄的风成沙层，具有水平层理；4.55~4.50 m 为黏土层；4.50~4.20 m 为中粗砾层；4.20~3.95 m 为河流沙，具有水平层理；3.95~3.70 m 为黏土层；3.70~3.65 m 为蒸发岩层，含有众多针状石膏晶体；3.65~2.30 m 为砾石层，并且自上而下粒径由细变粗；2.30~0.30 m 为风成沙层，有 20°倾角的斜层理；0.30~0 m 为石膏层。在 0.70 m、1.85 m、3.95 m、4.20 m、4.55 m 和 4.60 m 处采集样品的平均粒径分别为 224 μm、209 μm、63 μm、169 μm、32 μm 和 178 μm，标准偏差 σ_I 分别为 1.29、0.73、2.21、1.87、2.38 和 1.40。

CDM4-1 剖面深度较浅，仅 0.6 m。该剖面 0.60~0.40 m 为砾石层；0.40~0.25 m 为风成沙层，具有近水平层理；0.25~0.20 m 为砾石层，含有大量粗砾；0.20~0.12 m 为风成沙层，具有近水平层理；0.12~0 m 为砾石层，含有大量粗砾。在 0.3 m 处采集样品的平均粒径为 237 μm，标准偏差 σ_I 为 0.69。CDM4-2 剖面深度为 2 m。该剖面 2.00~1.80 m 为砾石层，粒径较粗；1.80~1.72 m 为风成沙；1.72~1.64 m 为砾石层，粒度较细；1.64~1.49 m 为风成沙层；1.49~1.37 m 为砾石层；1.37~0 m 为夹杂河流沙层的砾石层，较明显的有 10 层沙-砾交互层。在 0.1 m 处采集样品的平均粒径为 287 μm，标准偏差 σ_I 为 0.67。

CDM5-1 剖面深度为 2 m。该剖面 2.00~1.85 m 为细砾石层；1.85~1.50 m 为砾石与河流沙的交互层；1.50~1.43 m 为河流沙层；1.43~1.35 m 为砾石层；1.35~1.25 m 为风成沙层，其中含有可能为流水改造的痕迹；1.25~0.20 m 为砾石与河流沙的交互层；

0.20～0 m 为砾石层。在 1.35 m 处采集样品的平均粒径为 186 μm，标准偏差 $σ_1$ 为 0.67。CDM5-2 剖面深度为 3 m。该剖面 3.00～2.40 m 为河流相沙砾石，2.40～2.30 m 为风成沙，2.30～0 m 为河流沙与砾石交互层。在 2.43 m 和 2.62 m 处采集样品的平均粒径为 219 μm 和 246 μm，标准偏差 $σ_1$ 为 1.46 和 1.66。

尽管上述新增剖面在本书成书时尚未获得年代学结果，但结合附近区域前人研究结果（叶传永等，2014；Zeng and Xiang，2017；Hou et al.，2021）和新增剖面的岩性和粒度变化规律可以推断，剖面中指示湖相或河流沉积物的河流沙、砾石层等可能是中、晚更新世青藏高原泛湖期水分条件变好的标志，其中夹杂的风成沙指示在冰期-间冰期旋回中的干旱时期，湖泊或河流可能一度干涸并堆积风沙沉积物，而含石膏的盐类沉积可能是末次冰期盐湖因干旱而萎缩盐化的产物。

钻孔资料显示，柴达木盆地盐湖及周边地区的含盐地层中掺杂有大量的风成沙，主要包括以下两种产状：一是呈层状出现在盐类沉积层间；二是掺杂于盐类沉积层或湖相碎屑沉积中，这些含有风成沙的盐类沉积记录了盐湖演化和气候变化的信息（魏新俊和姜继学，1993；郑绵平等，1998），下面我们将选取前人研究中几个代表性的钻孔剖面进行详细阐述。

尕斯库勒盐湖位于柴达木盆地南缘的西端，发育于柴达木盆地西南部茫崖拗陷之尕斯库勒断陷中，是一个以石盐、芒硝沉积为主的盐湖，卤水水化学类型属硫酸镁亚型（张彭熹，1987）。叶传永等（2014）在尕斯库勒盐湖东部干盐滩采集了 6 个钻孔样品（图 6.4、图 6.7），分别为 ZK01～06 孔，深度在 7.10 m 至 102.69 m 不等。6 个钻孔的岩性为含粉沙的中粗粒石盐和含粉沙的淤泥、黏土互层，总体趋势是由顶部至钻孔底部，碎屑层比例增加，蒸发岩层比例减小。尽管深度不一，但 6 个钻孔的岩性特征可以大体

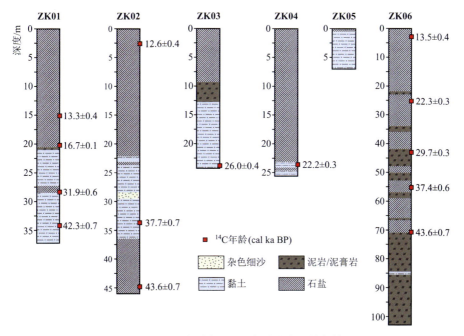

图 6.7　剖面 ZK01～06 的岩性柱状图［改绘自叶传永等（2014）］

分为未成盐和成盐两个阶段，未成盐阶段以黏土、碎屑沉积为主，而成盐阶段以盐类沉积为主，代表了两种不同的沉积环境，是在气候逐渐变干的条件下，湖泊长期演化的结果。根据 ^{14}C 测年结果，尕斯库勒盐湖岩性反映其在晚更新世以来经历了多次湿润–干旱的气候波动，在距今 43.6 ka 左右进入最干旱时期，沉积物由以粉沙、黏土为主的水成沉积占主导转变为以盐类沉积为主导，反映了末次冰盛期至全新世期间极度干旱的气候和盐湖蒸发强烈、成盐作用明显的区域环境。同时尕斯库勒盐湖各成盐期平均沉积速率约为 2.5 mm/a，远高于新疆和内蒙古地区的盐湖沉积速率，这种差异可能是因为自晚更新世以来柴达木盆地西部地区的气候和自然环境比内蒙古和新疆地区更为干燥、风沙活动更频繁、荒漠化现象更严重所造成的。

　　XT 剖面为 Zeng 和 Xiang（2017）在柴达木盆地西部的西台吉乃尔盐湖的干盐滩上采集的一处天然露头剖面，深度为 2.4 m，剖面沉积物主要由黏土和黏土质粉沙构成（图 6.4、图 6.8）。Zeng 和 Xiang（2017）等对该剖面分别进行了 ^{14}C 测年和光释光测年分析，结果显示 ^{14}C 测年年代（33～40 ka BP）比光释光年代（57.9 ka、69.1 ka）年轻约 25～30 ka，其原因可能是剖面所处的沉积环境受到现代碳污染。综合 ^{14}C 测年和光释光测年结果，可以初步判定 XT 剖面表面被强烈风蚀，现存样品年代大致处于晚更新世，根据粒径及粗颗粒沉积物含量推断在 57.9 ka 和 69.1 ka 环境条件较为适宜，降水量增多，坡面流水将粗颗粒物质从周边地区搬运至钻孔位置。

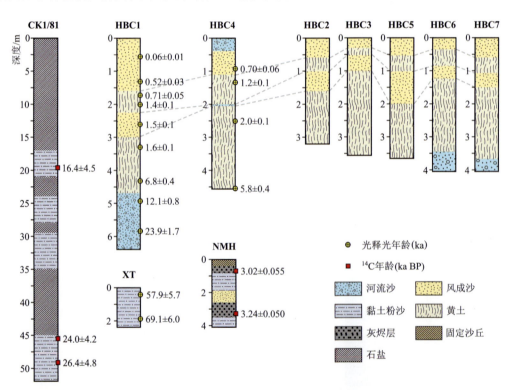

图 6.8　剖面 XT、CK1/81、NMH 和 HBC1～7 的岩性柱状图

XT 改绘自 Zeng 和 Xiang（2017）、CK1/81 改绘自陈克造和 Bowler（1985）、NMH 改绘自曾永丰（2003）、

HBC1～7 改绘自 Yu 等（2015）

察尔汗盐湖区位于柴达木盆地中部（图 6.1），地表盐层裸露，形成浩瀚的盐滩，仅在盐滩周边有河水补给或潜水溢出的地段，存在 9 个面积较小的湖泊（陈克造和 Bowler，1985；张彭熹，1987）。20 世纪 50 年代以来，研究人员在察尔汗盐湖区及附近干盐滩上采集了一系列钻孔剖面样品，并通过多种年代测定方法和古环境代用指标分析，重建了该地区晚更新世以来的气候、环境演化（陈克造和 Bowler，1985；黄麒等，1990；Wei et al.，2015；Miao et al.，2016；An et al.，2018；Chen et al.，2018；Meng and Liu，2018）。CK1/81 钻孔采自湖区中部的干盐滩，深度约 50 m（图 6.4、图 6.8），陈克造和 Bowler（1985）根据该钻孔的 ^{14}C 测年结果，综合钻孔剖面中氯离子含量、黏土和碳酸盐含量及石膏形态，划分出 4 个以粉沙、黏土和碳酸盐等碎屑沉积为主的相对湿润期和 4 个以石盐沉积为主的干燥期，组成两个显著的气候旋回，即察尔汗湖区近三万年来大约经历了潮湿（距今 24 000 a 以前）、干旱（距今 24 000 a 以后）、最干旱（距今 15 700～9000 a）、相对湿润（距今 9000 a 至现在）的气候演化。此外，陈克造和 Bowler（1985）还对钻孔岩心中的物质组成进行了详细分析，发现在成盐阶段沉积物中含有马兰黄土和风成沙，说明在晚更新世干旱的气候条件下，风沙活动强烈，向察尔汗盐湖区搬运了大量风成物，从而形成了盐湖相和风成相混杂沉积的特征。

CK6 孔为察尔汗盐湖区一处深钻（图 6.4），深度为 910 m，根据岩性可大致分为两层：地表至 54.81 m 为含粉沙黏土的石盐层，54.81～910 m 为湖相或浅湖相的碎屑层。黄麒等（1990）等采用 ^{14}C 测年法和不平衡铀系法测定了该钻孔岩心及表层沉积物的年龄，并通过对 CK6 钻孔沉积物中有机碳的分布和孢粉组合特征分析，认为察尔汗盐湖在晚更新世由于西部山脉隆起引入卤水以及气候干冷导致湖水蒸发量大于补给量，开始沉积石盐；在全新世早期，气温回升，高山冰雪融水流入察尔汗盐湖，溶解大片干盐滩形成新盐湖，同时析出新的石盐层。

NMH 剖面采自柴达木盆地诺木洪文化遗址（曾永丰，2003），深度 4.1 m（图 6.4、图 6.8），自上而下分为 6 层：①0～0.40 m，固定沙丘；②0.40～0.80 m，灰烬层，其中有大量动物骨骼、木炭屑、陶片，夹有大量风成沙，^{14}C 测年结果为 3020±55 a BP；③0.80～1.90 m，粉沙质黏土层；④1.90～2.60 m，交错层理明显的古风成沙层；⑤2.60～3.50 m，灰烬层，其中有大量动物骨骼、木炭屑、陶片，夹有大量风成沙，^{14}C 测年结果为 3240±50 a BP；⑥3.50 m 以下为粉沙质黏土层。诺木洪文化以畜牧业为主，农牧业生产较为发达，其兴盛和衰亡与柴达木盆地的气候与环境变化有着密切联系。根据地层剖面中两个文化层的测年数据可以推断，诺木洪文化在约 3300 a BP 和 3000 a BP 两度繁荣，表明当时的气候较为暖湿；而诺木洪文化在约 2900 a BP 衰亡，表明此时由于气候变干和人类活动影响，该区域已经不再适宜人类居住。

铁奎沙区位于柴达木盆地东部（图 6.1），是盆地内最大的沙漠区块。在历史时期，沙区东部边缘人类活动频繁，直至今日仍是柴达木盆地的主要人类聚居地之一（Yu et al.，2015）。Yu 等（2015）等在铁奎沙区东北边缘的河北村的几处冲沟采集了 7 个深度为 3～6 m 的剖面样品（图 6.4、图 6.8），并进行了沉积相特性分析和光释光测年。结果显示，剖面的风成沉积主要为覆盖在河流沉积上的两层风成沙层和黄土层组成，如 HBC1 剖面的顶部 0～1.60 m 为风成沙，1.60～4.70 m 为黄土层（其中 2.25～3.00 m 处混有风成沙层），4.70～6.40 m 为河流沉积物。HBC2、HBC3、HBC5、HBC6 和 HBC7 剖面结构与 HBC1 类似，而 HBC4 剖面由于河流侵蚀在 2.00～2.05 m 处留下一层较薄的河流沙层，仅在 0.40～1.00 m 有一层风成沙层。结合光释光测年结果，Yu 等（2015）认为该地区在末次冰盛期与末次冰消期之间（约 23.9～12.1 ka）存在连续的河流作用，而在约 9～8 ka 至今气候干旱，风沙活动强烈，其中在约 1.6～1.4 ka 和 0.7 ka 至今发生了两次明显的风沙活动事件，可能是气候变干和人类活动影响共同作用的结果。

　　Yu 和 Lai（2012）还在铁奎沙区边缘的沙漠–黄土过渡地区采集了 8 个深度为 1～7 m 的剖面样品（其中，WLS1 剖面位于沙漠南缘，BDB1 和 BDB1-2 剖面位于沙区东南缘，XXT2、XXT2-2、XXT3、XXT4 剖面位于沙区东缘，XXT1 剖面位于察汗乌苏河阶地之上），并通过光释光测年法建立了剖面年代序列（图 6.4、图 6.9）。结果显示：在约 12.4～11.5 ka，铁奎沙区东南缘的 BDB1、BDB1-2 剖面和沙区东缘的 XXT2、XXT 2-2 剖面以风成沉积为主，指示此时段区域风沙活动较强；在约 10～8 ka（早全新世），XXT 各剖面和 WLS1、BDB1 剖面分别以风沙沉积和黄土沉积为主，指示此时段风沙活动减弱，沙漠边缘地区的降水有所增强，并开始发育黄土堆积，这一现象表明铁奎沙区的风沙沉积演化可能与当地地貌状况有关。WLS1、BDB1 剖面靠近山地，风力作用较弱，而 XXT 各剖面位于铁奎沙区的下风向，风力作用较强，易于累积风成沙；在约 8～4.5 ka（中全新世），剖面沉积相显示有大范围的黄土沉积，表明此时段有效湿度增加，沙丘被植被所固定；在约 4.5～0.45 ka，XXT3 和 XXT4 剖面的黄土沉积发生了间断，而 XXT1 和 XXT2 剖面沉积物粒度增加，WLS1 剖面沉积物堆积速率明显增加，表明此时段气候逐渐变干，风沙活动逐渐增强，有效湿度减少，植被覆盖率下降，其原因可能是当时东亚夏季风的减弱。

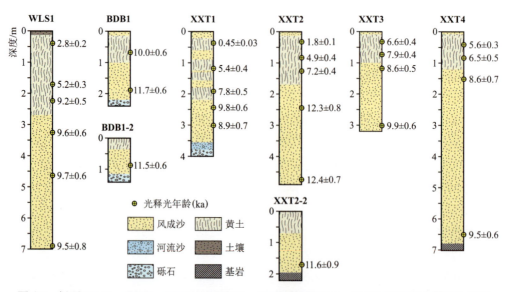

图 6.9　剖面 WLS1、BDB1、BDB1-2、XXT1、XXT2、XXT2-2、XXT3 和 XXT4 岩性柱状图
[改绘自 Yu 和 Lai（2012）]

此外，Yu 和 Lai（2014）还在铁奎沙区东部夏日哈河沿岸的河流阶地采集了 5 个剖面（XRH1、XRH2、XRH3、XRH4 和 XRH5），同时在铁奎沙区的现代沙漠中采集了 SYK1 剖面（图 6.4、图 6.10）。6 个剖面的深度为 3～7 m，主要由古土壤、弱发育古土壤、黄土及风成沙组成。Yu 和 Lai（2014）选择了其中 61 个不同深度的样品进行了光释光测年，并根据剖面沉积相特征重建了末次冰消期以来柴达木盆地东部的风沙活动：最早的风成沉积出现在 12.1±0.9 ka（XRH4 剖面）和 11.4±0.6 ka（SYK1 剖面），与新仙女木事件（YD）发生时间基本一致，可能是气候变干的产物；古土壤、弱发育古土壤出现在约 11.6 ka（SYK1 剖面底部古土壤年龄为 11.8±1.1 ka、XRH2 剖面为 10.5±0.8 ka、XRH3 剖面为 11.6±0.7 ka、XRH4 剖面为 11.3±0.9 ka），反映全新世早期有效湿度增加，风沙活动减弱；黄土沉积和风沙沉积在全新世中期至晚期开始出现并一直持续到现代，不同剖面开始堆积的时间有较大差异，如 XRH3 剖面开始于 3.0±0.2 ka，而 XRH2 剖面开始于 8.2±0.4 ka，表明当时气候在总体上呈现变干的趋势，但不同区域的干旱程度存在差异。

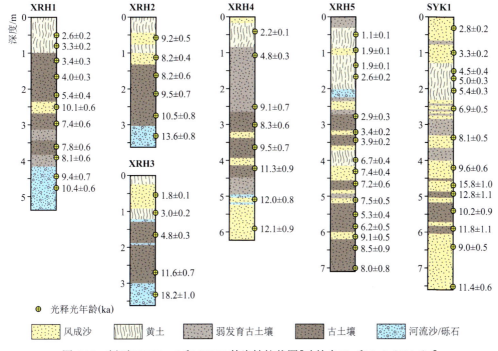

图 6.10　剖面 XRH1～5 和 SYK1 的岩性柱状图［改绘自 Yu 和 Lai（2014）］

牛光明等（2010）在铁奎沙区的边缘地带——都兰县下西台村西约 3 km 处采集了 3 个风成剖面（XXTA、XXTB 和 XXTC），深度分别约为 3.85 m、1.80 m 和 2.50 m，3 个剖面的沉积相包含黄土、古土壤、风成沙，以及一层可用于 ^{14}C 测年的灰烬层（图 6.4、图 6.11，灰烬层图中未标出）。综合 ^{14}C 测年和光释光测年结果，舍弃了 XXTA 剖面 1.15 m 和 2.74 m 处由于样品污染或不完全晒退所致的较老的光释光测年结果，建立了 XXTA 剖面的年代序列，剖面沉积相特征总体反映该地区气候逐渐变干的过程，由底部的砾石层、古土壤层转变为沙质黄土。

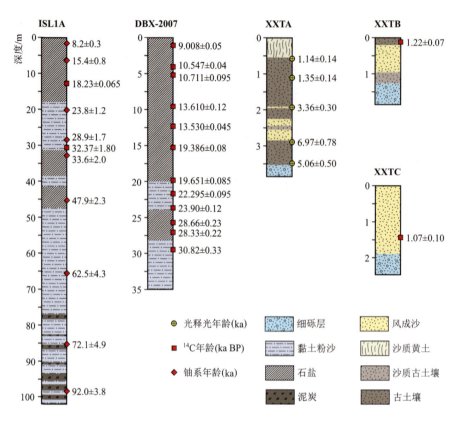

图 6.11　剖面 ISL1A、DBX-2007、XXTA、XXTB 和 XXTC 岩性柱状图［ISL1A 改绘自 Miao 等（2016）和 Fan 等（2014）、DBX-2007 改绘自 Meng 和 Liu（2018）、XXTA、XXTB 和 XXTC 改绘自牛光明等（2010）］

二、古环境代用指标分析

　　研究人员曾对柴达木盆地内多个剖面样点沉积物的粒度特征、磁化率、孢粉、有机碳同位素 $\delta^{13}C$、地球化学元素等古环境代用指标进行了分析（陈克造和 Bowler，1985；黄麒等，1990；Wei et al.，2015；Miao et al.，2016；An et al.，2018；Chen et al.，2018；Meng and Liu，2018），下面将通过前人研究中的不同代用指标的年代序列，综合分析柴达木盆地的气候变化和沙漠演化的进程。

　　ISL1A 钻孔位于察尔汗盐湖区西部，深度 102 m，其中 0~51.1 m 以蒸发岩和粉沙-黏土沉积物为主，51.1~102 m 以富含有机质的黏土沉积物为主（图 6.4、图 6.11）。Wei 等（2015）等通过该钻孔的岩性、孢粉变化与深海氧同位素阶段（MIS）进行对比（图 6.12），得出在 MIS 5 晚期（94~72.6 ka）、MIS 4（72.6~66.3 ka）和 MIS 3 早期（61.7~51.2 ka），剖面地层以富含有机质的黏土质湖相沉积物为主，蒿藜比［即蒿属（*Artemisia*）-藜科（Chenopodiaceae）花粉比值］较高，同时有较多的木本植物花粉和盘星藻，指示该时段察尔汗盐湖以暖湿气候为主；在 MIS 4 晚期和 MIS 3 中期（51.2~43 ka），藜科和麻黄属（*Ephedra*）花粉含量上升，与之对应的是盘星藻消失和盐类沉积物的增多，指示这些时间段沙漠景观发育；在 32.5～25.3 ka 期间，蒿藜比较低，岩层中黏土沉积物含量增多，气候开始由干转湿，植被由荒漠转变为以蒿属植物为主的荒漠草原；在 25.3～11.3 ka 期间，岩层以盐类沉积物占主导，孢粉含量急剧下降，指示了末次冰盛期柴达木盆地极端干冷的气候。

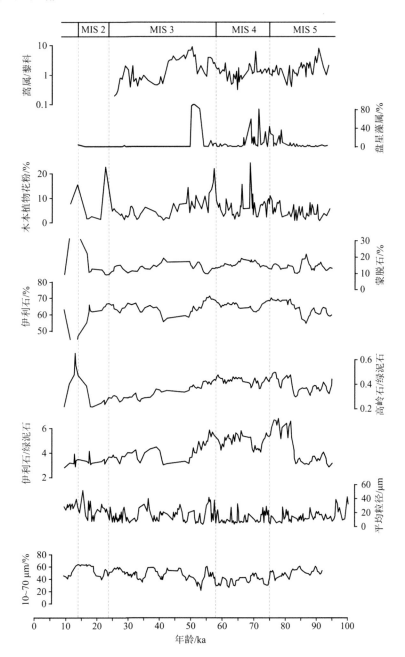

图 6.12　ISL1A 钻孔沉积物的蒿属/藜科（A/C）值、盘星藻属百分比、木本植物花粉含量（Wei et al.，2015）、蒙脱石含量、伊利石含量、高岭石/绿泥石、伊利石/绿泥石（Miao et al.，2016）、平均粒径（魏海成，2011）、粒径 10～70 μm 沉积物含量（An F et al.，2012）对比

Miao 等（2016）等通过对 ISL1A 钻孔的黏土矿物分析（图 6.12），认为在 83～72.5 ka、68.8～54 ka、32～24 ka 地层中出现的伊利石含量、高岭石/绿泥石的高值，以及蒙脱石、绿泥石和高岭石含量的低值，可能指示了在这些时段以暖湿气候为主，这一结果与氧同位素和孢粉分析的结果一致。同时，Miao 等（2016）还利用地球化学元素分析和化学风化指数论证了察尔汗盐湖的化学风化程度总体上经历了一个由低到中的变化过程。An F 等（2012）等将 ISL1A 钻孔的粒度分布、石英颗粒微观结构等数据与前人研究进行对比，认为 10～70 μm 的颗粒含量能有效反映东亚冬季风（EAWM）的强度，并以此推断了柴达木盆地晚更新世以来的 EAWM 的强度变化（图 6.12）：在 92.8～82.6 ka（MIS 5b）期间，EAWM 增强导致形成相对干旱的气候；之后 82.6～57.0 ka（MIS 5a 和 MIS 4）EAWM 减弱，气候转为湿润；在 57.0～26.1 ka（MIS 3）期间气候经历了一段明显的波动，EAWM 也随之发生多次强弱变化，其中在 45.6～32.0 ka，EAWM 增强导致气候变干形成了第一阶段的盐类沉积；而后在 26.1～11.0 ka（MIS 2）期间，EAWM 的强度达到最大，此时的风成沉积含量亦升至最高，代表当时极端干旱的气候条件，同时也形成了第二阶段的盐类沉积。

DBX-2007 钻孔采自察尔汗盐湖区中部达布逊湖周边的干盐滩，深度为 35 m（图 6.4、图 6.11）。Meng 和 Liu（2018）将该钻孔岩性划分为 4 个单元：35～28 m 以棕黄色和灰黑色黏土质粉沙为主，同时含有粒径约 2 mm 的石膏晶体；28～24 m 主要由灰色盐岩组成，夹杂部分灰棕色黏土质粉沙层，盐岩结晶较好，粒径约为 0.5～1 cm；24～20 m 以灰色黏土质粉沙为主，底部夹杂灰色层状石盐，上部夹杂灰棕色黏土质粉沙层；20～0 m 几乎全部以纯灰色层状盐为主，夹杂部分灰棕色黏质粉沙。同时 Meng 和 Liu（2018）还根据 [14]C 测年结果绘制了该钻孔 40～10 ka 的红度和明度变化曲线（图 6.13），发现一系列由高红度和低明度指示的湿润事件与新仙女木事件、海因里希事件（Heinrich event）H1～H4 的发生时间一致，并提出这一现象可能是北大西洋地区的降温引起西风急流下游大气冷却从而造成柴达木地区气候变化所致。

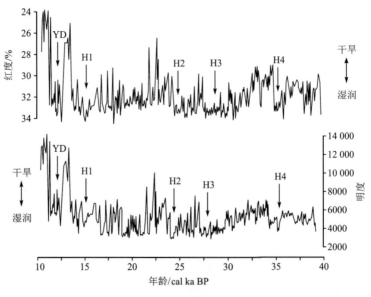

图 6.13　剖面 DBX-2007 红度、明度对比（Meng and Liu，2018）

　　牛光明等（2010）对柴达木盆地东部铁奎沙区边缘的 XXTA 剖面进行了粒度、地球化学元素分析（图 6.11、图 6.14），选用 >40 μm 和 140~250 μm 的颗粒含量及 SiO₂/TiO₂ 值作为指示冬季风的代用指标，重建了过去 5000 年来柴达木盆地东南缘的冬季风演化。结果显示，在 5.3~4.3 ka 期间，粒度与 SiO₂/TiO₂ 曲线都处于低值，粗颗粒含量相对较少，反映该时段冬季风较弱；在 4.3~2.9 ka 期间，粒度与 SiO₂/TiO₂ 曲线都处于高值，粗颗粒含量相对较多，反映该时段冬季风较强，同时曲线反映在该时段冬季风有 3 个快速减弱的过程；在 2.9~0.93 ka 期间，粒度与 SiO₂/TiO₂ 值处于最低值，粗颗粒含量相对较少，反映该时段冬季风较弱，期间在 1.7~1.41 ka 期间冬季风急剧增强，而后又逐渐减弱；0.93 ka 以来，粒度与 SiO₂/TiO₂ 曲线都处于高值，表明此时段冬季风较强，但总体呈现逐渐减弱的趋势。根据与区域前人研究及格陵兰 GISP2 陆源粉尘 K$^+$ 浓度的对比，牛光明等（2010）认为柴达木盆地东部冬季风的加强与区域气候变干、风沙活动增强具有较好的一致性，在冬季风较强的情况下，大量的细粒粉尘得以释放，从而增加了大气粉尘浓度，使得遥远沉降区记录到的粉尘浓度增加（如格陵兰冰心）。

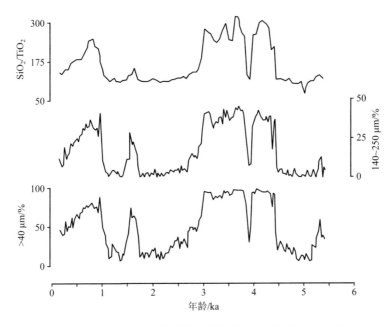

图 6.14　剖面 XXTA 不同代用指标对比（牛光明等，2010）

三、小结

　　综合本书新增剖面和前人研究结果，初步得出以下结论：在早更新世时期，柴达木盆地气候暖湿，水文条件较好，湖盆广阔、水网密集，但根据地层中交替出现的盐层和风成沙层推断，盆地西部可能出现过干旱沙漠（钟德才，1986）。中更新世时期，盆地经历了一次较大的冰期，气候干冷，湖面下降，风蚀地貌和沙丘景观开始在盆地西部和东部出现，直到中更新世晚期，气候又转为暖湿，沙漠发育过程中止，此时段由于缺少钻孔资料及较为准确的年代断定方法，古沙丘年代主要是根据产状推断的（钟德才，1986）。

进入晚更新世后，在早中期时气候总体上较为暖湿，湖相地层中未发现有盐类沉积，晚更新世末期受末次冰期影响，气候异常干冷，盆地的沙漠规模明显扩张，在盆地西部的尕斯库勒盐湖地层中出现了多层夹杂风成沙的盐类沉积层，由于风力作用较强，湖泊萎缩留下的干盐滩上发育了大规模的风蚀地貌和沙丘（叶传永等，2014；陈涛等，2016；Zeng and Xiang，2017）。在盆地中部的察尔汗盐湖区地层中，末次冰期之前的剖面岩性以粉沙、砾石等水成沉积为主，蒿属和藜科花粉含量较高，粒度特征、矿物组合特征等指标均指示相对暖湿的气候，同时盐类沉积与水成沉积的互层说明在此期间发生过几次短暂的气候波动；在 25.3～11.3 ka 期间，特别是在末次冰盛期，盐类沉积大规模发育，风成沉积含量上升，孢粉含量急剧下降，说明在当时极端干旱的情况下盐湖一度干涸，在地势低洼地区累积大量风成沙，形成大面积的沙丘景观（陈克造和 Bowler，1985；Chen and Bowler，1986；黄麒等，1990；Wei et al.，2015；Miao et al.，2016；An et al.，2018；Meng and Liu，2018）。在盆地东部的铁奎沙区剖面中发现了大量晚更新世末期的含结晶盐、半胶结状的风成沉积，说明在当时盆地东部风沙活动频繁，沙漠规模及流动沙丘范围远大于现代（Yu et al.，2015）。

在全新世早期，气候相对暖湿，盆地自然环境状况有所好转，盆地东部沙漠边界收缩；而在全新世中后期，盆地东部地层中风成沙和黄土含量增多，沙漠面积又呈现增大趋势，说明当时气候再次转为干旱，但干旱时期的起始时间存在一定差异，在铁奎沙区东部的风积地层年龄为 8.2～3.0 ka，而在可鲁克湖的湖相地层约 5.8 ka（Yu and Lai，2012，2014；Song et al.，2020）；盆地西部和中部的盐湖沉积中，全新世地层大多保存不完整，可能是盐湖干涸后受到风力作用侵蚀导致的，现存的早全新世湖相沉积以盐类沉积为主，说明在当时盆地西部仍处于气候干旱、沙漠扩张的阶段（钟德才，1986；Wei et al.，2015；Miao et al.，2016；An et al.，2018；Meng and Liu，2018）。此外，在盆地中部的诺木洪文化遗址剖面中，约 3 ka 前风成沉积的出现与人类活动的相关程度较大（曾永丰，2003），证明人类活动对于柴达木盆地东部部分地区的全新世沙漠演化产生了一定影响。

值得注意的是，早期关于柴达木盆地古气候、古环境的研究大多使用 ^{14}C、不平衡铀系法、K-Ar 法等测年方法（陈克造和 Bowler，1985；Wei et al.，2015；Miao et al.，2016；Meng and Liu，2018）。由于柴达木盆地地处干旱–半干旱地区，地层以风成沉积和盐湖沉积为主，缺乏 ^{14}C 测年所需的有机质，同时风沙活动引入的碎屑碳酸盐可能导致 ^{14}C 测年结果偏老，而不平衡铀系法、K-Ar 法等方法的准确性同样会受到体系封闭性的影响（Lai et al.，2014；牛光明等，2010）。光释光测年法所需的测年物质长石、石英等矿物是柴达木盆地地层沉积物的主要成分，使其具备独特的应用优势，但测年样品污染或曝光等问题也可能造成光释光测年结果的准确性和精确度受到影响（赖忠平和欧先交，2013；张克旗等，2015）。研究人员尝试综合光释光测年和 ^{14}C 测年结果，通过线性回归等方法综合重建地层剖面的年代序列（牛光明等，2010），但从总体上看，在研究柴达木盆地沙漠第四纪演化时仍需考虑测年结果误差所造成的不确定性。

第三节　古水文遗迹

　　柴达木盆地的现代河流水系呈向心状分布，且在空间上具有明显的不对称性（图 6.1）。盆地的水系形成过程受新构造运动和气候变化的共同影响，早更新世以前，盆地遍布古湖，河流多为流程较短的入湖河流；在早更新世初期，由于青藏高原抬升，盆地现代水系的雏形开始形成；在早更新世晚期至中更新世初期，昆仑山脉强烈隆升，盆地南部水系发生溯源侵蚀，河谷加深并发育冲洪积物；在中更新世晚期至晚更新世前中期，新构造运动使得盆山之间的高差进一步拉大，河流侵蚀能力加强，河谷进一步加宽加深；进入末次冰期后，由于间歇性的构造抬升和气候暖湿–冷干的交替变化，河流形成多级阶地并堆积了大量的沉积物（李长安等，1999；陈艺鑫等，2011；鲍锋，2016）。

　　柴达木盆地盐湖的分布状况是区域地质条件下湖盆长期演化的结果，其特征是沿汇水中心区域地下水循环基准面分布，同时具有明显的方向性，沿区域主构造线方向北西-南东方向展布（图 6.1）（张彭熹，1987）。从渐新世到晚更新世末期，柴达木盆地湖盆经历了发生、发展、稳定沉降和收缩衰亡的几个不同演化阶段，其中以上新世末期和更新世末期的演化活动最为剧烈。在上新世由于区域构造运动的作用，盆地西部褶皱隆起，东部拗陷沉降，古湖不断向东南迁移，东部湖岸线在上新世晚期扩展至达布逊湖附近，最终古湖解体一分为二，随之西部古湖退缩衰亡，东部新湖形成并扩大；在更新世昆仑山迅速崛起，昆仑山水系成为古柴达木东湖的主要补给水源，东部一度扩展至格尔木以北和霍布逊湖以东一带，更新世中期青藏高原急剧上升隔绝了来自南部的湿润气流，柴达木盆地变得异常干寒，古湖随之萎缩分离，到了更新世末期，古湖已经基本消亡进入干盐湖阶段；全新世气候条件改善，在一些有地表径流补给的干盐湖之上形成了新生的溶蚀湖（陈克造和 Bowler，1985；张彭熹，1987；黄麒和韩凤清，2007）。柴达木盆地的盐湖演化受到地质、气候变化等因素的综合作用，在柴达木古湖萎缩衰亡过程中，干涸湖床上的松散沉积物随风搬运沉积，形成了盐湖与沙漠伴生的景观，可以说柴达木盆地风沙地貌的形成发展与盐湖的演化有着密切的关系（辛彦林，1995；鲍锋，2016；黄麒和韩凤清，2007）。

　　在柴达木盆地西部的尕斯库勒盐湖，叶传永等（2014）分析了 6 个钻孔蒸发岩厚度、蒸发岩厚度占岩心长度比例、盐类矿物成分等指标（图 6.4、图 6.7），结合钻孔位置，发现干盐滩上的蒸发岩沉积层距离现代盐湖湖面（盐湖西部）越近，蒸发岩层数越多、厚度越大、盐矿种类也越多，其中 ZK01、ZK02、ZK04、ZK06 四个钻孔最顶部蒸发岩层厚度约为 20 m，ZK03 顶部石盐层较浅，约为 10 m，ZK05 钻孔顶部没有石盐层，仅有少量石盐掺杂在粉沙中（图 6.7），说明自晚更新世以来盐湖的沉积中心在西北部，即现代盐湖湖面附近。根据盐湖沉积幅度和 ^{14}C 测年结果，将晚更新世以来尕斯库勒盐湖的成盐期进行细分，共划分成 7 个成盐期和 7 个相对湿润期。在相对湿润期，气候较为暖湿，降水量增多，湖面高度上升。

ZK1405 孔位于柴达木盆地西部（图 6.4、图 6.15），钻孔深度 42 m，岩心由下部晚更新世湖相沉积物和上覆全新世蒸发岩组成，沉积物以未固结的黏土、粉沙为主，其中夹杂少量石膏和石盐层。Hou 等（2021）等采用 ^{14}C 测年法建立了该剖面的年代序列，同时通过生物标志物指标正构烷烃的氢同位素 $\delta^2 H_{n-alk}$ 含量和烯酮不饱和指数 U_{37}^K 重建了降水量以及湖水温度变化，并指出该地区在 45～39 ka 和 37～33 ka 经历了两个明显的暖期，降水量以及湖水温度重建曲线可以较好地反映新仙女木事件（YD）和海因里希事件 H1～H4，并由此推断由于柴达木盆地特殊的地理位置，在末次冰期受到西风和东亚夏季风的交替控制，气候经历多次冷干–暖湿的变化。

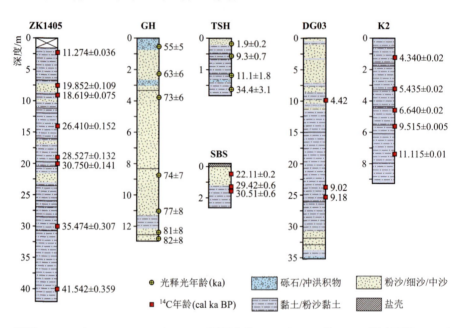

图 6.15　剖面 ZK1405（Hou et al.，2021）、SBS（雷国良等，2007）、GH 和 TSH（樊启顺等，2010）、DG03（张西营等，2007）和 K2（Song et al.，2020）的岩性柱状图，其中剖面 SBS 为未校正 ^{14}C 年龄（ka BP）

位于柴达木盆地中部的察尔汗盐湖在历史时期曾发生多次湖面扩张和收缩，留下了大量古湖岸遗迹和沉积证据。钾盐是盐湖演化到晚期的产物，常被视为盐湖发展到干涸阶段的标志（陈克造和 Bowler，1985；郑绵平等，1998）。陈克造和 Bowler（1985）根据 CK1/81 钻孔（图 6.4、图 6.8）上部石盐层中出现的钾盐沉积，推断察尔汗盐湖干涸的时间大约在距今 9000 a 左右，而后由于气候再次变为相对湿润，在干盐滩的南缘形成了新生盐湖。黄麒等（1990）根据 CK6 钻孔（图 6.4）的气候波动模式将察尔汗盐湖 750～30 ka BP 之间的盐湖演化划分为 9 个咸化期和 10 个淡化期，指出在晚更新世由于构造作用引入卤水和气候干冷，湖水蒸发量远大于补给量，湖水浓缩，开始沉积石盐，特别是在 30～12 ka BP 间，气候极端干寒，湖水急剧浓缩，是察尔汗盐湖的主要成盐期；进入全新世后，气温回升，高山冰雪融水流入湖中，湖水相对淡化。

15DZK01 钻孔位于察尔汗盐湖区西北缘东陵湖（图 6.4，现已基本干涸），为深度

1300 m 的深钻（Chen et al.，2018）。东陵湖在距今约 2.07～1.55 Ma 期间处于湖沼期，气候湿润，环境状况良好；在距今约 1.55～0.05 Ma 期间进入硫酸盐沉积期，而同一时期位于盆地中部的察尔汗盐湖并未发生盐类沉积，其原因可能是受构造活动影响，东陵湖湖水通过三湖拗陷进入察尔汗盐湖，而自身残余湖水不断浓缩进而累积了大量盐类沉积。东陵湖和察尔汗盐湖的盐类沉积出现的时段不同，说明受构造运动等因素影响，盆地内部的湖泊盐化进程可能产生区域差异。钻孔顶部约 2 m 被含盐层覆盖，根据测年结果推断为晚更新世以来的沉积产物，可能是在末次冰盛期气候干冷，湖泊蒸发量大于补给量，湖水浓缩开始沉积石盐所形成的。

    SBS 剖面采自位于察尔汗湖区东南缘的一处贝壳堤（图 6.4、图 6.15），深度为 2.6 m（顶部有厚约 0.1 m 的盐壳），地层由湖相灰绿色含 $CaCO_3$ 的沙及粉沙质黏土组成，有较多贝壳，壳体完整且未经再搬运和后期明显再改造，相关生物化石丰富。雷国良等（2007）通过对剖面沉积物碳酸盐含量、磁化率和多种粒度参数分析，结合张虎才等（2007）的年代学研究结果，讨论了研究剖面形成过程中的物质搬运和沉积作用及其反映的环境变化。结果表明：在 38.2 ka BP 左右，粒度、磁化率和碳酸盐含量均变化明显，揭示察尔汗古湖发生扩张并达到了剖面点位置；在 37.5～35.5 ka BP 期间，各指标相对稳定，表明当时气候暖湿，湖泊水位较为稳定；在 35.5～33.3 ka BP 期间，粒度明显变粗，湖泊水位变浅，并出现了第一层贝壳化石，根据贝壳化石中保存的温暖潜水环境生物种（湖蓝蚬和河蓝蚬）推断当时环境条件要好于现代；在 33.3～27.1 ka BP 期间，沉积物颗粒变细，指示该时期湖泊水位较深，但在此期间发生了三次湖泊退缩过程并发育了两层贝壳层，说明该时期的湖泊水位并不稳定；从 27.1 ka BP 开始，沉积物颗粒快速变粗，湖泊进入退缩期，大约从 18.1 ka BP 开始盐类沉积增多，湖泊进入快速盐化阶段。

    GH 剖面采自柴达木盆地东部的尕海湖东部湖岸一处高于目前湖面 25 m 的湖岸沙堤，厚度 13 m；TSH 剖面位于托素湖西北处一个被河流切割出来的天然湖相沉积剖面，厚 2 m（图 6.4、图 6.15）。樊启顺等（2010）对两个剖面的光释光测年结果和沉积物沉积特征进行分析，结果显示尕海湖在 82～73 ka 期间面积较大，湖面上升并且处于相对稳定的状态，而后在 73～63 ka 经历了一段湖面下降期，63～55 ka 湖面再次上涨直至 55 ka 以后逐渐下降；托素湖在 34 ka 湖面较高，至少高于现代湖面 4 m 左右，之后湖面开始下降，在末次冰盛期沉积了一层湖滨砾石，在全新世早期湖面再次上涨，沉积特征表现为层理清晰的湖相沉积，而在剖面顶部以灰黄色粉沙、灰色黏土为主。同时，樊启顺等（2010）对比青藏高原及周边湖泊高湖面年代记录指出柴达木盆地的最高湖面主要出现在 MIS 5 时期，之后湖面逐渐下降。

    DG03 孔为尕海湖西北边缘钻取的长约 35 m 的长序列岩心（图 6.4、图 6.15），张西营等（2007）依据岩心的矿物组合、碳酸盐含量及岩性的变化重建了尕海湖 11 ka BP 以来的环境变化。在约 11～10 ka BP，沉积物中碎屑矿物占绝对优势，碳酸盐含量较低，指示当时气候干冷，湖泊水位降低，湖岸线已经退离了现在岩心的位置；在约 10～4 ka BP，沉积物中石膏逐渐减少直至消失，碳酸盐及其矿物含量明显上升，说明在早中全新世气候暖湿，入湖水量逐渐增加，水位升高，盐度逐渐降低；在约 4 ka 至今，沉积物矿物组合以文石、方解石和碎屑矿物为主，表明湖水盐度开始升高，气候又变得干冷，并一直持续到现在。

K2 孔采自柴达木盆地东北部的可鲁克湖北部（图 6.4、图 6.15），长度 9.27 m（水深 5.8 m）。Song 等（2020）研究了该孔的粒度和稳定碳同位素记录，并结合 ^{14}C 测年结果，将可鲁克湖全新世环境演化分为 4 个阶段：早全新世（约 9.32～7.7 ka BP），气候冷干，湖面较低；中全新世前期（约 7.7～5.8 ka BP），气候冷湿，湖泊快速扩张，由于柴达木盆地地处干旱地区，相对湿度更多取决于蒸发量，所以在此时段湖面达到最高；中全新世晚期（约 5.8～2.5 ka BP），气候相对温暖干旱，湖面开始逐渐下降；2.5 ka BP 后，气候总体相对湿润，但在此期间经历多次波动，湖面在 2.5 ka 大幅上升后频繁升降。由此可见，柴达木盆地全新世各湖泊的水位变化存在差异，湖泊排水因素（如可鲁克湖湖水流向位于终端的托素湖）可能导致湖泊水位对于相对湿度增加的响应出现延迟（Song et al.，2020）。从较长时间尺度来看，气候条件及西风带与东亚季风区的边界位置可能是影响柴达木盆地全新世湖泊水位变化的主要因素。

柴达木盆地的湖泊扩张与收缩在一定程度上也能够反映沙漠演化情况。在干旱和大风气候条件下，裸露的湖相地层被风蚀成雅丹地貌（Kapp et al.，2011；Hu et al.，2017），并在下风向地区形成风积地貌（Mason et al.，2009），然而，湖泊面积和沙漠演化的关系并不是简单的湖泊收缩对应沙漠扩张，不同地区的沙漠演化机制存在差别。有研究认为青藏高原东北部的沙漠扩张是降水增加导致沙质物质输入增加而导致的（Lu et al.，2010b；Stauch，2018）。由于不同研究所采用的年代学方法不同，对于柴达木盆地湖泊扩张期的持续时间仍存在争议，如雷国良等（2007）基于贝壳堤剖面的 ^{14}C 测年结果认为察尔汗古湖在 38.2～27.1 ka BP 期间处于高湖面时期，水位较深。而 Lai 等（2014）在附近区域的光释光测年结果显示该地区的贝壳堤应形成于 MIS 5 时期（约 113～99 ka），并认为雷国良等（2007）的 ^{14}C 测年结果可能存在低估。在后续研究中，Yu 等（2022）在柴达木盆地东部铁奎沙区及周边地区发现了埋藏在冲洪积物下的 MIS 3 阶段的风沙沉积物，进一步挑战了 MIS 3 时期存在古大湖的说法。此外，河流作用也会对盆地沙漠演化产生影响。在末次冰消期时，大量碎屑物质通过冰川融水形成的河流搬运进入盆地，这些河流可能一直持续存在至约 12 ka，进入全新世后风力减弱，大量沙质物质累积使得盆地东部沙丘开始发育（Yu and Lai，2012，2014；Yu et al.，2015）。

第七章

巴丹吉林沙漠

第一节 自然环境与风沙地貌特征

巴丹吉林沙漠（39.4°～42.2°N，99.8°～104.4°E）位于我国内蒙古阿拉善高原西部（图 7.1），因拥有地球上最高大的沙山而闻名于世（Yang et al.，2011a；Dong et al.，2013）。根据本书的最新统计，巴丹吉林沙漠的区域面积达 52 910 km²（表 7.1），是我国第二大沙漠。若不考虑古日乃至额济纳旗等沙漠边缘的固定草灌丛沙丘、固定沙垄和盐碱地，仅统计流动沙丘和丘间地分布的半固定缓起伏沙地，巴丹吉林沙漠的总面积则为44 580 km²。巴丹吉林沙漠地势上总体呈现南高北低、东高西低的特点，高程由西北向东南递增，大部分区域海拔在 900 m 至 1600 m 之间。沙漠北起弱水下游冲积扇及其尾闾湖盆，南迄北大山，西达弱水三角洲，东抵雅布赖山和宗乃山的山前地带（图 7.1）。沙漠南、北、东三处为山地环抱，有利于西北风长驱直入，形成大规模风积地貌。

表 7.1 巴丹吉林沙漠沙丘分类

活动性	沙丘类型	面积/km²	比例/%
活动沙丘	复合星状沙山	3890	7.34
	复合链状沙山	5750	10.85
	复合型链垄状沙丘	4350	8.21
	复合型星链状沙丘	6410	12.09
	新月形沙丘/沙丘链/沙垄	12 630	23.83
	星状沙丘和沙丘链	4550	8.58
	格状沙丘和沙丘链	1170	2.21
	线状沙丘	970	1.83
半固定沙丘	半固定缓起伏沙地	4860	9.17
固定沙丘	固定草灌丛沙丘	7480	14.11
	固定沙垄	330	0.62
盐碱地	/	520	0.98
总计	/	52 910	100

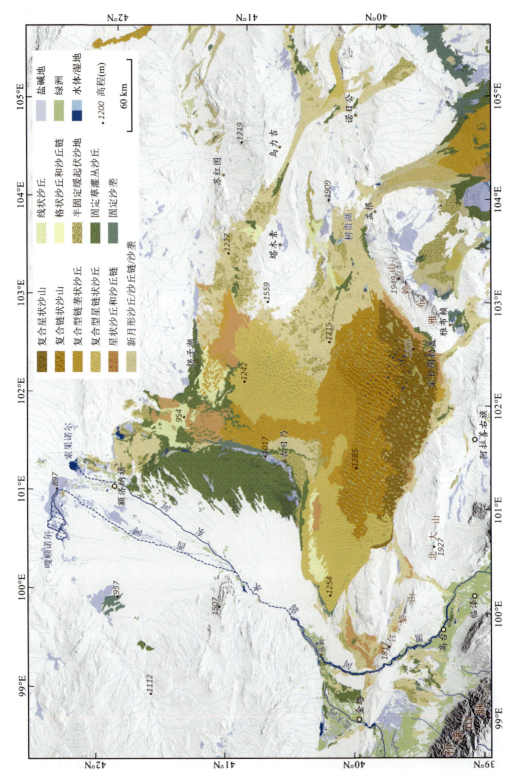

图 7.1 巴丹吉林沙漠风沙地貌类型图

巴丹吉林沙漠在构造上属于阿拉善台块的凹陷盆地,盆地的西北及北部为冲洪积-湖积平原,中部、南部为沙漠沉积。早更新世以来,地壳大幅度下沉接受碎屑堆积,之后上升直至中更新世才开始下降,在干旱气候条件下堆积红色沙砾层。中更新世晚期受较暖湿气候影响堆积河湖相黏土、亚黏土和沙砾层,晚更新世在山前形成洪积倾斜平原,盆地中心堆积粉沙和黏土(蔡厚维,1985)。全新世以来的地层主要表现为沿黑河流域呈带状分布的河流沉积,在古日乃、拐子湖以及沙漠东南部丘间地湖泊发育的以黏土、粉沙和极细沙为主的湖相沉积,以及在沙漠主体区域广泛分布的厚达几百米的风沙沉积(内蒙古自治区地质矿产局,1991)。

有关现代巴丹吉林沙漠的初始形成时间,有多种不同观点。谭见安(1964)根据水文地质工程地质队的野外资料认为,巴丹吉林地区在古近纪和新近纪发育湖相沉积,早更新世末期由于区域构造隆升,古近纪和新近纪湖盆形成的台地在干旱气候下被切割而形成沙漠。王涛(1990)依据巴丹吉林沙漠沙丘基底普遍发育早更新世湖相沉积,以及湖相沉积之上为风成沙,推断沙漠形成时间为中更新世。Gao 等(2006)通过对沙漠东南缘约 20 m 厚的查格勒布鲁剖面的研究发现,剖面底部中生代基岩之上发育粗砾石层,而在砾石层之上见多层风成沙层,这表明晚更新世(约 150 ka)以后沙漠在南部地区出现,而河西走廊地区两处黄土剖面的古地磁年代数据显示其邻近的腾格里沙漠和巴丹吉林沙漠的形成时间不晚于 850 ka(Guan et al.,2011)。沉积学与年代学证据表明在 1.2 Ma 左右黑河下游发育大量河流沉积(Pan et al.,2016),下游发育的巨大冲洪积扇可能为巴丹吉林沙漠的形成提供了丰富的物质基础(Hu and Yang,2016)。对巴丹吉林腹地约 310 m 的钻孔的研究表明,钻孔底部为晚白垩世的红层,在深度 231 m 处以上出现大规模风成沙层,其起始时间约为 1.1 Ma,标志着巴丹吉林沙漠的形成(Wang et al.,2015)。

现代巴丹吉林沙漠属于典型干旱区,降水稀少且年际变率大。位于沙漠西北的额济纳旗多年平均降水量仅为 46 mm,而位于沙漠东部的乌力吉苏木的年均降水量为 108 mm,其降水丰沛年份可达 150 mm 以上,但干旱年份降水量不足 50 mm(图 7.2)。沙漠内部降水可能更为稀少,气候更为干燥。根据 1959~2015 年气象资料分析计算,盛行于 6~8 月的夏季风为巴丹吉林沙漠带来了主要降水,其主要水汽来源是西南季风,东南季风次之(Feng and Yang,2019)。巴丹吉林沙漠的多年平均气温约为 8~9℃,多年平均月最低温可达–17℃,平均月最高温介于 29~34℃(图 7.2)。近几十年来,巴丹吉林沙漠的地表温度呈上升趋势,变暖速率约为 0.35~0.42℃/10a。

受蒙古-西伯利亚高压控制和东亚夏季风的影响,叠加地形的影响,巴丹吉林沙漠冬季盛行西-北-西风,夏季则盛行东-南-东风(图 7.3)。整个沙漠的净输沙方向为东南偏东,东北部输沙通量最大,拐子湖站点的总输沙势高达 688 vu(图 7.3),属于高风能环境。无论是站点记录还是 ERA5-Land 再分析数据,均显示每年>5 m/s 的大风概率超过 20%,其中拐子湖地区的大风概率接近 50%(图 7.3)。除了西北的额济纳旗可输沙风向较为单一外(RDP/DP=0.78),其余站点的风向变率均较大(RDP/DP<0.3)(图 7.3)。

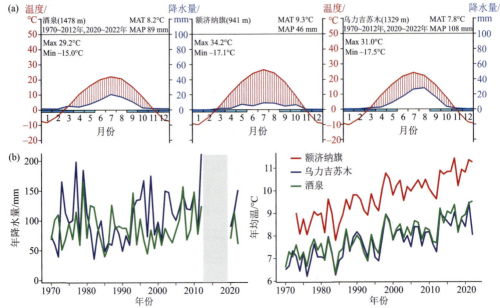

图 7.2 巴丹吉林沙漠西缘（酒泉）、北端（额济纳旗）、东部（乌力吉苏木）3 个气象站点记录的降水、温度 Walter-Lieth 气候图及其年际变化

仅统计有效记录>260 天的年份，其中额济纳旗的时段为 1982～1998 年、2003～2004 年、2020～2022 年共 22 年的统计数据，其余年份的降水有效记录天数均<100 天（详细说明见图 3.2）

　　由于气候干旱，生境条件较为严酷，巴丹吉林沙漠植被组成较为单一。地带性植被由以旱生和超旱生的小乔木、灌木及半灌木为建群种的稀疏植被组成。区域植被总覆盖度低（通常在 5%以下），并出现大量无植被的流沙区，仅在有地下水出露的地势低洼处以及河流沿岸分布带状的荒漠河岸林、草灌丛以及草甸植被。沙漠湖泊周围以及东南边缘地区的物种丰度及物种多样性相对较高，沙漠西部及北部则较低（秦洁等，2021）。沙丘迎风坡及背风坡下部稀疏生长以沙拐枣（*Calligonum mongolicum*）、圆头蒿（*Artemisia sphaerocephala*）、沙鞭（*Psammochloa villosa*）等为主的旱生植物。在沙漠东南部丘间地面积较小的湖泊周围多分布沼泽草甸以及盐生草甸，代表性植物有海韭菜（*Triglochin maritima*）、海乳草（*Lysimachia maritima*）、小獐毛（*Aeluropus pungens*）、芨芨草（*Neotrinia splendens*）、芦苇（*Phragmites australis*）等。在拐子湖、古日乃湖等沙漠湖盆边缘的固定、半固定沙地上分布梭梭（*Haloxylon ammodendron*）、白刺（*Nitraria tangutorum*）等盐生灌木群落。在洪积砾石或沙砾质戈壁滩上主要为红砂（*Reaumuria songarica*）、泡泡刺（*Nitraria sphaerocarpa*）、珍珠柴（*Caroxylon passerinum*）、膜果麻黄（*Ephedra przewalskii*）、霸王（*Zygophyllum xanthoxylum*）、裸果木（*Gymnocarpos przewalskii*）、刺旋花（*Convolvulus tragacanthoides*）等旱生植物（中国科学院中国植被图编辑委员会，2007）。

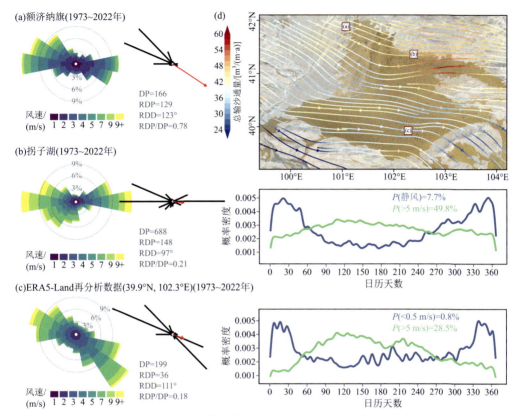

图 7.3 巴丹吉林沙漠自北向南 3 个点位的风玫瑰图、输沙势玫瑰图及年内风速概率分布

（a）（b）基于额济纳旗和拐子湖站点记录的 3 小时分辨率风况数据；（c）基于 ERA5-Land 提供的沙漠腹地高大沙山集中区（39.9°N，102.3°E）小时分辨率数据；（d）为巴丹吉林沙漠 1973~2022 年平均年输沙通量分布。*P*（静风）为站点记录为静风状态的频率，*P*（>5 m/s）为风速大于 5 m/s 的频率，*P*（<0.5 m/s）代指再分析数据中的静风

巴丹吉林沙漠虽然以林立的高大沙山和星罗棋布的丘间地湖泊为标志性地貌景观，但事实上，这种典型沙山-湖泊共存的景观仅出现在沙漠的东南部（图 7.4）。依据我们的野外考察和对遥感影像解译，该沙漠的沙丘在地理区域上是连续分布的。尽管如此，根据不同的沙丘类型仍可将其划分成若干区块。例如，40.2°N 纬线以南主要地貌景观为高大的复合型沙山（图 7.1、图 7.5），并有百余个丘间地湖泊点缀其间。这里的沙丘高度常超过 300 m，其中诺尔图一带为高大沙山核心区，其高度可达 350 m（图 7.5）。据统计，高度超过 350 m 的巨型沙山多达 53 座（汪克奇等，2020），最高大沙山的相对高度为 460 m（Yang et al.，2003）。受当地主导风向西北风的影响，沙山整体呈北东-南西走向（朱震达等，1980；杨小平，2000），形态上以复合型沙丘为主，丘顶多为流沙。这些沙山西北侧有大量的次生沙丘叠置在高大沙山的迎风坡，而通常在东南侧落沙坡脚分布有丘间地湖泊（图 7.5），如诺尔图、苏木吉林、音德尔图等[图 7.4（b）]。在复杂风况的作用下，紧邻这些高大沙山的沙漠南缘分布有典型的星状沙丘（图 7.1），这些沙丘常有 3~5 个向不同方向延伸的臂膀。

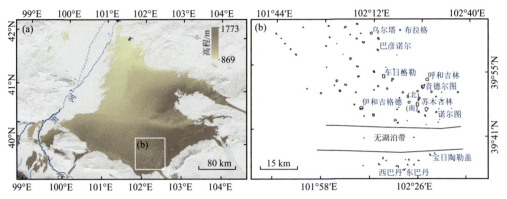

图 7.4　巴丹吉林沙漠地形起伏（a）以及沙漠东南部腹地典型"沙山-湖泊群"体系（b）

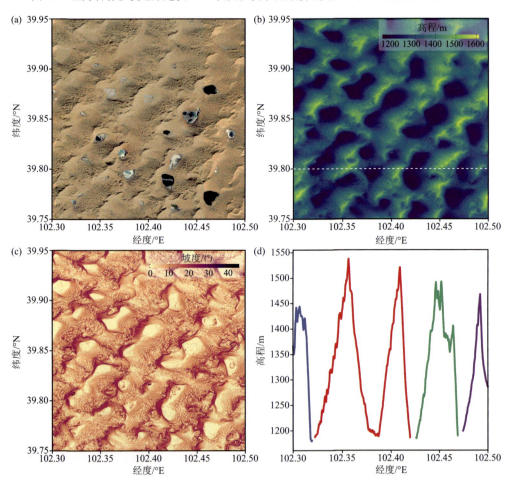

图 7.5　巴丹吉林沙漠南部的复合型星链状沙山

（a）卫星影像显示的高大沙山与丘间地湖泊；（b）ALOS DSM 显示的沙丘高程变化；（c）沙丘坡度，高大沙山西北迎风坡可见明显的叠置次生沙丘；（d）沿 39.8°N 断面的沙丘高程变化，不同颜色代表不同的沙丘体，沙丘高度约为 300~350 m

　　巴丹吉林沙漠 40.2°N 纬线以北则主要是 200~300 m 高的复合型沙垄和沙丘链，并且鲜有丘间地湖泊发育（图 7.1）。此外，北部沙丘迎风坡次生沙丘也不显著。这些特点使得北部沙区在遥感影像上明显区别于南部沙区而成为独特的地貌单元。若以典型沙丘景观而论，与沙漠南部相比，北部沙漠在东西空间上的延伸也窄得多，约为 150 km，其东西向宽度仅为南部的一半（图 7.1）。以古日乃和拐子湖为界，沙漠西北部整体形态和沙丘分布明显受到西侧黑河冲积扇和西北角黑河的尾闾湖居延海的影响。至东部的塔木素一带，仅有一些零星的新月形沙丘和线状沙丘发育，风沙层已经很薄甚至消失，以花岗岩为主的基岩若隐若现。

值得一提的是，巴丹吉林沙漠东部和东南部有三条明显的沙带向东延伸（图 7.1）。北部沙带经过乌力吉向东南延伸至诺日公，甚至连接到乌兰布和沙漠西侧的吉兰泰地区；中部经过孟根（现属阿拉善右旗曼德拉苏木）向南与腾格里沙漠连接，而南部经过雅布赖向东南直抵民勤绿洲和白碱湖，与腾格里沙漠在地理区位上几乎融为一体。在这三条沙带上，分布有典型的新月形沙丘和沙丘链，沙丘高约 5～15 m，在西北风作用下移动迅速。根据我们在孟根的统计结果，流动沙丘的年移动速率可高达 10 m。而 Hu 等（2019）在沙漠北部沙带附近的苏红图盆地的调查结果显示这里的新月形沙丘在 2003～2013 年间的移动速率为 2～4 m/a，而线形沙丘的延伸速率可高达 16～20 m/a。

总体而言，巴丹吉林沙漠以流动沙丘为主，占沙漠总面积的 75%；流动沙丘以高大的复合型沙丘为显著特征，此外还有较为低矮的新月形沙丘和沙丘链、格状沙丘和沙丘链、星状沙丘和沙丘链，以及线状沙丘等。半固定和固定沙丘主要位于古日乃湖盆和拐子湖南侧，面积占沙漠总面积的 24%。各类型沙丘所占面积见表 7.1。巴丹吉林沙漠的沙丘可以简要概括为以下 4 种主要类型。

（1）复合型沙丘。复合型沙丘的相对高度由南向北逐渐变低。就沙丘的相对高度而言，由高到低依次为复合星状沙山、复合链状沙山、复合型链垄状沙丘及复合型星链状沙丘。高大的复合型沙山集中分布于 101°E 以东、40.2°N 以南的区域，形态上以星状和链状为主，其中星状沙山更为高大；复合型链垄状沙丘主要位于沙漠中部，主要由新月形沙丘和沙丘链叠置而成（图 7.6），占沙漠总面积的 8%；复合型星链状沙丘则位于复合型链垄状沙丘的东西两侧，其面积占沙漠总面积的 12%。

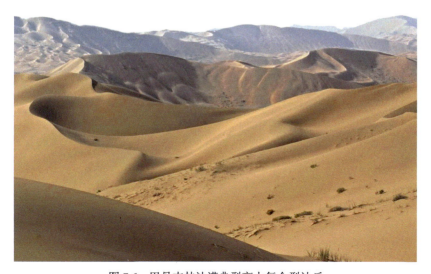

图 7.6　巴丹吉林沙漠典型高大复合型沙丘

（2）较低矮的流动沙丘。除高大的复合型沙丘以外，还有约 36%的流动沙丘分布于沙漠东部、北部以及西部的边缘地带。就沙丘形态而言，新月形沙丘和沙丘链分布面积最广（24%），在雅布赖山北侧及西北侧、塔木素（属阿拉善右旗）北部、额济纳旗东侧以及古日乃湖东南侧等区域集中连片分布；星状沙丘和沙丘链主要位于沙漠东北缘，也在雅布赖山西北部的山前地带呈条带状分布，面积约占沙漠总面积的 9%；格状沙丘和线状沙丘面积仅占沙漠总面积的 4%，在拐子湖西南侧、古日乃湖东侧、树贵湖以北等区域零星分布。

（3）半固定缓起伏沙地及固定沙丘。固定沙丘及半固定沙地主要分布于沙漠四周的低平区域，在弱水下游地区、拐子湖、树贵湖、雅布赖盐池南部等有地下水出露的地势低洼处最为集中。

（4）其他沿河西走廊零星分布的沙丘。发源于祁连山的石羊河、黑河、北大河等诸多河流为河西走廊提供了灌溉及饮用水源，并滋养了山麓地带的大片绿洲。但在绿洲中间，尤其是河流的中下游沿岸零星散布 4 个较为明显的沙区（图 7.1），这些沙区分别位于：①石羊河下游民勤绿洲附近；②高台县和临泽县之间，以新月形沙丘和固定梁窝状沙丘为主；③东起高台县黑泉镇，西至酒泉市下河清镇的区域，南北长约 45 km，东西长约 48 km，以新月形沙丘和沙丘链、半固定缓起伏沙地为主；④北大河与黑河的交汇处，沙区长约 50 km，宽可达 25 km，以固定草灌丛沙堆以及流动的新月形沙丘和沙丘链为主。

沙漠东南部的丘间地现存百余个常年积水湖泊，此外还有一些季节性湖泊和干涸湖泊[图 7.4（b）]。在这些湖泊中，约 80%湖泊的面积小于 0.6 km²（张振瑜等，2012）。面积超过 1 km² 的湖泊有诺尔图、苏木吉林（南）、呼和吉林、音德尔图、伊和吉格德以及车日格勒（赵力强等，2018），其中以诺尔图的面积最大[1]、湖水最深，面积约为 1.5 km²，最深处可达 16 m。丘间地湖水的 TDS（可溶性固体总量）变化幅度大（杨小平，2002；Yang and Williams，2003；马妮娜和杨小平，2008；陆莹等，2010；Shao et al.，2012），大部分湖泊为矿化度较高的盐碱湖，但仍有一定数量的淡水湖存在，湖水的 pH 随 TDS 的增加呈升高趋势（杨小平，2002）。从湖泊水的化学特征来看，微咸湖泊属于 Na-(Ca)-(Mg)-Cl-(SO$_4$)-(HCO$_3$)类型，盐度较高的湖泊多属于 Na-(K)-Cl-(CO$_3$)-(SO$_4$)类型（杨小平，2002）。受地形隆起的影响，一条约 10 km 宽的无湖沙丘带（西段偶见基岩露头）将湖泊群分为南北两个区域。总体而言，风蚀带北侧的湖泊面积较大且深，湖泊盐分较高；风蚀带南侧多为浅型小湖，面积一般不足 0.2 km²，深度不超过 2 m，多为淡水湖和微咸水湖（杨小平，2002）。现代湖泊沉积物多被因自重滑落或现代风力搬运沉降至湖底的风成沙覆盖，而在部分干涸湖相沉积地层上已发育风蚀地貌（杨小平，2000）。湖泊周边常出露钙华、水生植物壳体、湖积物、湖岸阶地、泥炭遗迹等指示高湖面的遗存（Yang et al.，2003；Yang et al.，2010；王乃昂等，2016）。

---

① 巴丹吉林沙漠现存湖泊中面积最大的为位于沙漠东部的布尔德（103°20′～103°22′E，40°9′～40°10′N），其面积为 2.32 km²（王乃昂等，2016），也有记录为 2.15 km²（赵力强等，2018）。鉴于此处讨论的是沙漠东南部丘间地湖泊群，湖泊群中最大湖泊应为诺尔图。

第二节　沙漠演变的地层记录与年代

根据巴丹吉林沙漠的地貌特点，本书将该沙漠的古环境记录及相关研究分为两个区域并对应两种类型：①沙漠东南部高大沙山-湖泊区的湖泊水位变化及沙丘表面出露的钙质胶结层、植物根管等记录了晚更新世以来的沙漠景观对气候变化的响应；②沙漠西北部边缘古日乃附近的风沙河湖相交替沉积地层和沙漠北侧居延海古湖岸记录了区域地表过程的变化。相比上述区域，在其他区域难以找到可靠的反映气候波动的古环境档案，因此古环境研究少得多（图 7.7）。本书拟根据沙漠东南部（图 7.8）、西北部边缘古日乃和北部拐子湖附近的沉积地层证据讨论与巴丹吉林现代沙漠景观相联系的环境演化过程。剖面年代样品来源于出露在地表的指示湿润环境的胶结层，或来自现代湖泊水位之上的古湖岸-风沙沉积层，或来自丘间地的水成沉积。沉积剖面的年代框架多采用热释光、光释光和 ^{14}C 等定年手段建立。

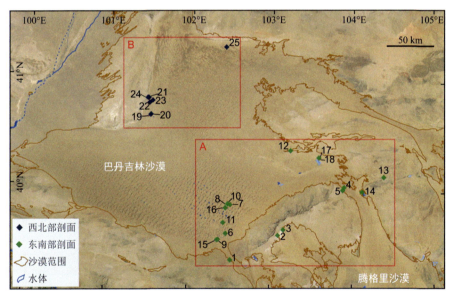

图 7.7　巴丹吉林沙漠剖面位置图

剖面编号均以 BJ（巴丹吉林之简称）为前缀。A 为沙漠东南部剖面，B 为沙漠西北部剖面

一、沙漠东南部

BJ1 剖面（原编号 MD05-3，39.37°N，102.56°E）位于沙漠南缘的沙丘基部，剖面发育于洪积物之上，海拔为 1321 m。剖面厚度 1.4 m，自下而上可划分为两个沉积单元：1.4~1.1 m，含砾石细沙层；1.1~0 m，风成沙层，颜色为黄棕色。距剖面顶部 1 m 处的光释光年龄为 15.37±1.33 ka。

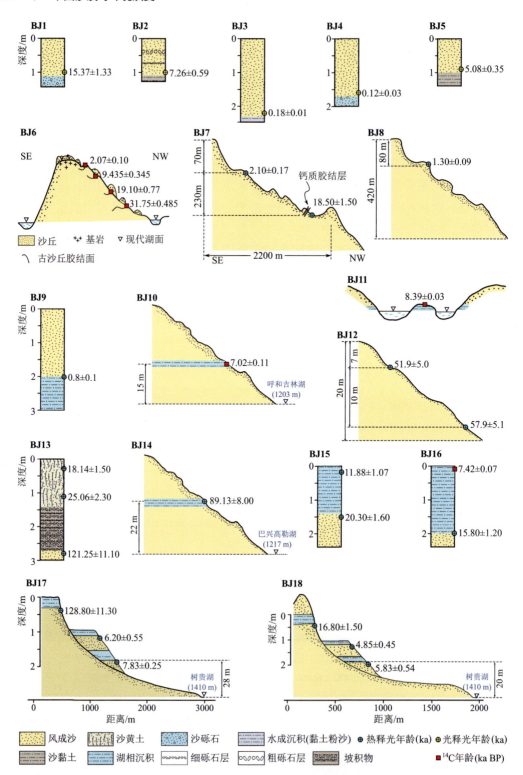

图 7.8 巴丹吉林沙漠东南部剖面示意图（剖面位置见图 7.7）

BJ1～BJ5 引自 Fan 等（2015），BJ6 引自 Yang（2000），BJ7～BJ11 引自 Yang 等（2003），BJ12～BJ16 引自 Yang（2004），BJ17、BJ18 引自 Yang（2006）。该图所列剖面均源于文献，剖面描述见下文。因描述均依据原文并与此处相同，下文省略了文献出处

BJ2 剖面（原编号 MD03，39.61°N，103.09°E）位于雅布赖山东南侧新月形沙丘和纵向沙丘间的丘间地，剖面顶部海拔为 1242 m。剖面厚度 1.3 m，自下而上可划分为 4 个沉积单元：1.3～1.1 m，灰黑色沙黏土层；1.1～0.75m，灰黄色风成沙层；0.75～0.7 m，风成沙夹有细砾石；0.7～0 m，灰黄色风成沙层，0.4 m 处见粗砾石。距剖面顶部 1 m 处的风成沙光释光年龄为 7.26±0.59 ka。

BJ3 剖面（原编号 MD06，39.66°N，103.16°E）位于雅布赖山东南侧新月形沙丘的垂直风蚀面上。剖面顶部海拔为 1246 m。剖面厚度为 2.5 m，自下而上可划分为两个沉积单元：2.5～2.3 m，灰黑色粉沙黏土；2.3～0 m，棕黄色风成沙。剖面深 2.2 m 处风成沙的光释光年龄为 0.18±0.01 ka。

BJ4 剖面（原编号 TD03，40.05°N，103.90°E）位于两个新月形沙丘交汇处，沙丘半固定，主要植物为白刺灌丛。剖面顶部海拔为 1439 m。剖面厚度为 2 m，自下而上可划分为两个沉积单元：2.0～1.7 m，中沙为主，含砾石；1.7～0 m，棕黄色风成沙。剖面深 1.6 m 处风成沙的光释光年龄为 0.12±0.03 ka。

BJ5 剖面（原编号 TD06，40.02°N，103.88°E）位于穹顶沙丘的底部。该穹顶沙丘高 2.6 m，表面被白刺灌丛固定。剖面顶部海拔为 1394 m。剖面厚度为 1.4 m，自下而上可划分为两个沉积单元：1.4～1.0 m，棕红色沙黏土；1.0～0 m，棕黄色风成沙。剖面深 0.9 m 处风成沙的光释光年龄为 5.08±0.35 ka。

BJ6 剖面（39.61°N，102.46°E）位于巴丹吉林沙漠东南部宝日陶勒盖大沙丘，沙丘上出露多个代表湿润环境的胶结层，胶结层中出露不同管径的植物根管。图 7.8 仅为依据野外找到的胶结层所绘制的示意图，实际上胶结层的层数更多，出露位置具有较大的偶然性。另外，并非所有钙质胶结层中都能找到钙质根管。自沙丘顶部向下的不同胶结层中植物根管的 ^{14}C 年龄依次为 2.07±0.10 ka BP、9.435±0.345 ka BP、19.10±0.77 ka BP 和 31.75±0.485 ka BP，这些年龄是未经校正的 ^{14}C 年龄。

BJ7 剖面（39.88°N，102.50°E）位于巴丹吉林东南部最高的沙山（高度 460 m）。沙丘的迎风坡与背风坡均为流沙，坡度较大；在较平缓的坡面见沙蓬和蒿属植物。距沙山顶部 71 m 处风成沙的热释光测年结果为 2.10±0.17 ka。距沙丘顶部 300 m 处钙质胶结层样品的热释光测年结果为 18.50±1.50 ka。

BJ8 剖面（39.88°N，102.47°E）位于 BJ7 南部，沙丘高度 420 m，距沙山顶部 80 m 处风成沙样品的热释光测年结果为 1.30±0.09 ka。

BJ9 剖面（39.56°N，102.36°E）位于巴丹吉林东南部巴丹湖（Lake Badain）。剖面厚度为 3 m，可划分为两个沉积单元：3.0～2.0 m，湖相沉积；2.0～0 m，风成沙。距剖面顶部 2 m 处风成沉积与湖相沉积交界处的风成沙样品的热释光年龄为 0.8±0.1 ka，推断在约 0.8 ka 时期，巴丹湖存在较高的水位。

BJ10 剖面（39.88°N，102.47°E）位于巴丹吉林东南部呼和吉林湖，高出现今湖泊水位 15 m 处古湖岸线（湖相沉积物中的有机质）的 ^{14}C 测年结果为 7.02±0.11 ka BP，推断早全新世呼和吉林湖泊存在高水位。

BJ11 剖面（39.71°N，102.42°E）位于巴丹吉林南部苏木吉林湖泊，对苏木吉林湖（南）

和苏木吉林湖（北）交界处干涸湖相沉积中有机质的 ^{14}C 测年结果为 8.39±0.03 ka BP，据此推断早全新世苏木吉林湖的湖泊面积较现在更大，南北两个湖泊可能连成一体。

BJ12 剖面（原编号 Site 1，40.38°N，103.23°E）位于巴丹吉林沙漠东部塔木素和树贵湖之间的沙丘，沙丘高度约 20 m。距沙丘顶部 7 m 处的热释光测年结果为 51.9±5.0 ka，距沙丘顶部 17 m 处的热释光测年结果为 57.9±5.1 ka。

BJ13 剖面（原编号 Site 2，40.15°N，104.38°E）位于巴丹吉林沙漠东缘阿拉腾敖包（Alatengaobao）附近经流水切割而成的天然露头，剖面厚度 3 m，自下而上可划分为 3 个沉积单元：3.0～2.7 m，风成沙；2.7～1.4 m，流水及坡积物；1.4～0 m，沙黄土。距剖面顶部 0.3 m 处沙黄土层的热释光测年结果为 18.14±1.50 ka，距剖面顶部 1.1 m 处沙黄土层的热释光测年结果为 25.06±2.30 ka，距剖面顶部 2.8 m 处风成沙的热释光测年结果为 121.25±11.10 ka。两处沙黄土层的年代表明在 25～18 ka 之间气候的干旱程度有所降低，可能与低温导致的蒸发量降低有关。

BJ14 剖面（原编号 Site 3，40.01°N，104.11°E）位于巴丹吉林沙漠巴兴高勒湖，高出今湖泊水位 22 m 处见古湖岸阶地。该处湖相沉积的热释光年龄为 89.13±8.00 ka，表明在 MIS 5b 时期巴兴高勒湖出现高水位。

BJ15 剖面（原编号 Site 4，39.55°N，102.35°E）位于巴丹吉林沙漠东南部巴丹湖，在高出今湖泊水位 10 m 处开挖人工剖面。剖面厚度为 2.4 m，自下而上可划分为两个沉积单元：2.4～1.4 m 为风成沙层；1.4～0 m 由两段不同颜色的湖相沉积层组成，下部（1.4～0.3 m）为灰白色湖相沉积，顶部（0.3～0 m）为黑色湖相沉积。剖面顶部向下 0.2 m 处湖相沉积的热释光年龄为 11.88±1.07 ka；1.5 m 处风成沙的热释光年龄为 20.30±1.60 ka。根据上述年代可推测，在末次冰期的晚期，巴丹湖的湖泊水位较高。

BJ16 剖面（原编号 Site 5，39.85°N，102.45°E）位于巴丹吉林沙漠东南部音德尔图湖泊，在高出今湖泊水位 25 m 处开挖人工剖面，剖面厚度为 2.4 m，自下而上可划分为两个沉积层：2.4～2.0 m 为风成沙层。2.0～0 m 为三段不同颜色的湖相沉积层。其中下部（2.0～0.9 m）为灰白色湖相沉积；中部（0.9～0.4 m）为灰白色-黄色湖相沉积；顶部（0.4～0 m）为黑色湖相沉积。剖面顶部向下 0.1 m 处湖相沉积的 ^{14}C 年龄为 7.42±0.07 ka BP，剖面顶部向下 2 m 处湖相沉积与风成沙交界处的热释光年龄为 15.80±1.20 ka。

BJ17 剖面（原编号 Site 1，40.32°N，103.58°E）为巴丹吉林树贵湖今湖泊水位以上 30 m 处出露的古湖岸-古风成沙互层堆积。剖面的基地为风成沙，区域地表被一层约 30 cm 厚的湖泊沉积覆盖，其下部的热释光年龄为 128.80±11.30 ka。在这一区域还有两层范围较小的湖相沉积，其下伏风成沙的热释光年龄分别为 6.20±0.55 ka 和 7.83±0.25 ka（图 7.8）。

BJ18 剖面（原编号 Site 2，40.32°N，103.58°E）由巴丹吉林树贵湖今湖泊水位以上 20 m 处出露的古湖岸-古风成沙互层沉积组成，距 BJ17 剖面的水平距离不足 2 km。剖面展示了由风成沙为主的低洼地貌单元，而沙丘中上部的风成沙被一薄层（30 cm）湖相沉积隔开，这层湖泊沉积下伏风成沙的热释光年龄为 16.80±1.50 ka，这个年龄也应代表了该层湖泊沉积的年龄。另外两层规模较小的湖泊沉积的热释光年龄分别为 4.85±0.45 ka

和 5.83 ± 0.54 ka（图 7.8）。该剖面的热释光年龄说明在末次冰消期和全新世中期时树贵湖曾出现过水位较高的时段。

二、沙漠西北部

巴丹吉林沙漠西北部的地层露头较少，以流动沙丘为主。剖面 BJ19 至 BJ24 位于古日乃湖东侧，BJ25 位于拐子湖南侧（图 7.7）。这些剖面的年代样品都是按照常规的释光测年流程进行前处理，细颗粒石英的等效剂量测试方法采用简单多片再生法，粗颗粒石英的等效剂量测试则采用基于单片技术的多片法（详见本书第 2 章）。测量仪器为 Daybreak 2200 型光释光测量仪，用于计算剂量率的铀、钍含量通过电感耦合等离子体质谱仪（ICP-MS）测定，钾含量利用电感耦合原子发射光谱仪（ICP-OES）测定。因这些样品的等效剂量值整体偏高，可能已接近信号的饱和值，所以较老的年龄还需在后续的研究中进一步验证。下面对这些剖面的地层信息及初步年代（图 7.9）进行详细描述。

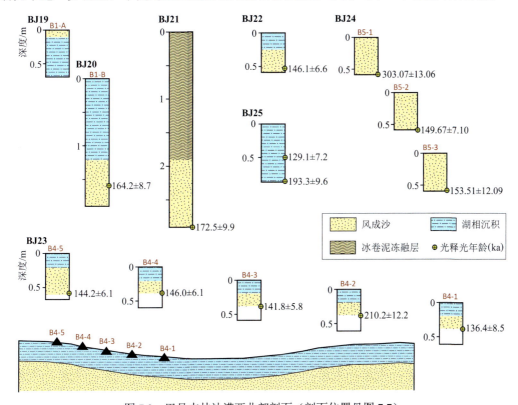

图 7.9　巴丹吉林沙漠西北部剖面（剖面位置见图 7.7）

BJ19 至 BJ24 位于古日乃湖东缘，BJ25 位于拐子湖南缘。BJ19 和 BJ20 由上下两段剖面组成。BJ23 由相邻的五个剖面组成，因此分别标注原编号 B4-1、B4-2、B4-3、B4-4 和 B4-5。BJ24 剖面位于丘间地，此处用原编号 B5-1、B5-2、B5-3 三处湖相-古沙丘遗存标注

BJ19 剖面（野外编号 B1-A，40.67°N，101.51°E）和 BJ20 剖面（野外编号 B1-B，40.68°N，101.51°E）是由上下两个剖面相接而成。剖面 BJ20 为 BJ19 湖相沉积的下部，

湖相沉积胶结保存完好，该湖相盖层对古沙丘的形态形成了保护。剖面 BJ20 自下而上的沉积单元依次为：1.9～1.2 m，风成沙；1.2～0 m，湖相沉积。自剖面顶部向下 1.6 m 处风成沙的光释光年龄为 164.2±8.7 ka，风沙沉积未见底。剖面 BJ19 位于平沙地，附近有大量泉华及湖相沉积，自下而上的沉积单元依次为：0.7～0.1 m，湖相沉积；0.1～0 m，现代风成沙。在该湖相沉积中，0.7～0.5 m 钙质结核多，0.5～0.4 m 钙质结核少，0.4～0.2 m 钙质结核多，0.2～0.1 m 钙质结核较少。

　　BJ21 剖面（野外编号 B2，40.83°N，101.48°E，海拔 1042m）总厚度为 2.9 m，剖面上部为典型的冰缘地貌景观冻融褶曲（图 7.10），推断该地区曾存在多年冻土。剖面自下而上的沉积单元依次为：2.9～1.9 m，风成沙层，沉积物粒径较现代沙丘沙更粗；1.9～0 m，冻融层，存在冰卷泥并有多个卷曲，沙层倾角为 34°～50°，个别已倒置。自剖面顶部向下 2.9 m 处风沙层的石英光释光年龄为 172.5±9.9 ka，说明这一冻褶曲应是深海氧同位素 6 阶段（MIS 6）形成的。

图 7.10　BJ21 剖面上部的冻融褶皱

　　BJ22 剖面（野外编号 B3，40.78°N，101.49°E，1060 m）周围出露大面积似泉华的块状胶结层。剖面自下而上沉积单元依次为：0.60～0.24 m：风沙层，未见底；0.24～0 m：湖相沉积，胶结层质地坚硬。自剖面顶部向下 0.55 m 处风成沙的光释光年龄为 146.1±6.6 ka。

　　BJ23 剖面（野外编号 B4，40.81°N，101.53°E）位于古日乃附近，由不同位置的五个剖面组成，自低处向高处依次编号为 B4-1、B4-2、B4-3、B4-4 和 B4-5。所有剖面顶部均出现 0.2～0.3 m 厚的胶结层，质地坚硬，有泥裂现象。自表层湖相沉积向下 0.4～0.6 m不等的深度处共采集五个年代样品。上述五个剖面的风沙沉积均被顶部的湖相沉积覆盖，我们选取湖相沉积下伏风沙的光释光年龄来推测该湖相沉积的形成年代。B4-1 剖面下部风成沙有倾斜层理，倾角为 24°，倾向为 55°，深度 0.4 m 处风成沙的光释光年龄为 136.4±8.5 ka。B4-2 剖面下部风成沙有倾斜层理，倾角为 17°，倾向为 100°，深度 0.4 m 处风成沙的光释光年龄为 210.2±12.2 ka。B4-3 剖面下部风成沙有倾斜层理，倾角为 20°，倾向为 91°，深度 0.4 m 处风成沙的光释光年龄为 141.8±5.8 ka。B4-4 剖面深度 0.4 m 处风成沙的光释光年龄为 146.0±6.1 ka，B4-5 剖面深度 0.6 m 处风成沙的光释光年龄为 144.2±6.1 ka。除 B4-2 剖面的年龄偏老以外，其他 4 个剖面光释光年龄均在误差范围内一致（χ^2 检验，p=0.817），约为 143 ka，指示了该地在 140～150 ka 左右可能存在一个较大的湖泊。这一湖泊的年代对应的是 MIS 6 时期，这里彼时可能是弱水的尾闾湖。

　　BJ24 剖面（野外编号 B5，40.83°N，101.47°E）位于丘间地，此处现为钙质胶结层，周围有芦苇等水生植物，古沙丘沙层保存完好，底部胶结层坚硬。推测古沙丘形成后气候转湿出现积水，在湖沼或成土作用下形成次生碳酸盐胶结。选取 B5-1、B5-2、B5-三处湖相-古沙丘遗存并分别测量古沙丘的倾向与倾角（图 7.11）。B5-1 剖面倾角为 17°，倾向为 165°，自剖面顶部向下 0.6 m 处风成沙的光释光年龄为 303.07±13.06 ka。B5-2 剖面倾角为 22°，倾向为 175°，自剖面顶部向下 0.6 m 处风成沙的光释光年龄为 149.67±7.10 ka。B5-3 剖面倾角为 15°，倾向为 180°，自剖面顶部向下 0.6 m 处风成沙的光释光年龄为 153.51±12.09 ka。BJ24 剖面位于古日乃湖的湖底，三处古沙丘的倾向指示在 300～150 ka 或更早时期，在北风和西北风的影响下，巴丹吉林沙漠西部已出现沙丘。

图 7.11　BJ24 剖面的古沙丘风沙斜层理

　　BJ25 剖面（野外编号 B6，41.31°N，102.41°E，海拔 955 m）位于拐子湖附近，剖面总厚度为 0.9 m，整个剖面为泉华，颜色为青灰色，湖相沉积（图 7.12）。自剖面顶部向下 0.5 m 处湖相沉积的光释光年龄为 129.1±7.2 ka，自剖面顶部向下 0.9 m 处湖相沉积的光释光年龄为 193.3±9.6 ka。泉华是发育于湖泊及溪流边缘以及泉水中的钙质壳，在干旱半干旱地区，泉华通常指示湖泊高水位的边界（Lowe and Walker，2014）。上述年代数据表明，距今约 200 ka 前后拐子湖已经形成，约 130 ka 前后湖泊面积仍不断扩大。

图 7.12　BJ25 剖面全景照片，地表出露青灰色湖相沉积

第三节　巴丹吉林沙漠的环境演变

自巴丹吉林沙漠形成以来，不同尺度的气候波动在该沙漠留下烙印，沙漠西部的冲积-湖积平原、东南部及东部的沙丘规模、湖岸线高度等也随之发生了相应的变化（Yang，1991；高全洲等，1995；杨小平，2000；Yang et al.，2010；Yang and Scuderi，2010；白旸等，2011；王乃昂等，2011；Wang et al.，2015；王乃昂等，2016）。总的来说，在气候湿润的适宜时期，巴丹吉林东南部高大沙山出现钙质胶结层和植物根管，地层中出现湖相-静水沉积，现代湖面以上出现指示高湖面的古湖岸线。在气候干冷时期，湖泊面积萎缩，风沙范围扩大，地层中以风成沙层为主要特征。

伴随中更新世干旱化的加剧，巴丹吉林沙漠开始扩张并逐步趋于稳定，沙漠腹地 WEDP02 钻孔以风成沙层为主，颗粒的平均粒径相对较粗（Wang et al.，2015）；位于巴丹吉林西部的 E1 钻孔以灰褐色和褐色的细沙为主，部分地层见螺化石，显示河流或浅湖相的沉积环境（甘肃地质局地质力学区测队，1982）。在 MIS15～13（650～450 ka）阶段气候转为暖湿，沙漠腹地 WEDP02 钻孔出现湖相地层，沉积物粒径显著减小，但地表仍以沙漠为主（Wang et al.，2015）；此时额济纳地区的地层以褐色的沙质黏土和黏土为主，颗粒粒径变细，指示沙漠北侧湖泊范围的扩大（甘肃地质局地质力学区测队，1982）。

在 MIS12 至 MIS6 时段，受冰期-间冰期旋回的影响，沙漠存在周期性的收缩与扩张，但总体趋势为沙漠的再次扩张，并在中更新世晚期逐步收缩。在这段较长时间内，沙漠腹地 WEDP02 钻孔以风成沙为主，整体气候应为冷干（Wang et al.，2015）。我们在沙漠西北缘的古日乃地区的研究显示：在 300～150 ka 之间，在北风和西北风的影响下，巴丹吉林沙漠西部形成古沙丘；而此后伴随中更新世晚期气候的好转，150～140 ka 左右的湖相沉积指示较大湖泊的形成。我们在沙漠北部拐子湖附近的沉积剖面显示在 200～130 ka 前后拐子湖已经形成（图 7.9）。

前人曾推测巴丹吉林沙漠在晚更新世存在两期高湖面或湿润时期，分别为 MIS5 阶段和 MIS3 阶段，彼时气候较今应更为潮湿，湖面的面积也更大。在 MIS5 阶段，弱水下游的嘎顺淖尔的古湖岸线记录显示约 121 ka 至约 85 ka 时期湖泊面积扩大（Li et al.，2017c），沙漠北部嘎顺淖尔的沉积环境也由滨湖相向淡水浅湖相转变（迟振卿等，2006）。沙漠腹地 WEDP02 钻孔在此时发育湖相沉积（Wang et al.，2015），雅布赖山西北部查格勒布鲁剖面以及东南部雅布赖盐湖附近也出现了厚层湖相沉积（董光荣等，1995a；高全洲等，1995；Gao et al.，2006；Yu et al.，2019），沙漠东缘的树贵湖、巴兴高勒湖分别在约 128 ka 和约 89 ka 出现高湖面（Yang，2004，2006），沙漠南部高大沙山下伏地层也在 MIS5e 阶段出现湖相沉积层（白旸等，2011）。值得注意的是，在 MIS5e 阶段，沙漠东部出现了古风成沙堆积，指示沙漠在约 121 ka 前后向东部的扩张（Yang，2004）。

在 MIS3 早期（57～51 ka）沙漠东部塔木素附近沙丘活化，我们基于古沙丘的颜色及规模可推断这一时期的气候更为暖干（Yang，2004）。在 MIS3 晚期，气候转为湿润，雨量增加。此时沙漠东南部多处高大沙丘出现钙质胶结层，推断当时的气候至少比现在更为湿润（Yang，2000；Li et al.，2015b），居延泽的沙砾质岸堤及雅布赖盐湖高于现代湖面湖相沉积物的 ^{14}C 年龄均显示了沙漠边缘可能存在的高湖面时期（Wünnemann et al.，1998；王乃昂等，2011）。

在晚更新世末期的 MIS2，气候寒冷干燥，风沙作用增强，气候的整体趋势由前期的相对湿润转为后期的干冷。沙漠东部阿拉腾敖包附近剖面在 25～18 ka 前后出现沙黄土层，显示此时气候的干旱程度有所降低（Yang，2004）；在东南部高大沙丘之上，19 ka 前后的钙质胶结层指示雨量或有效湿度增加（杨小平，2000）。在沙漠东缘，沉积剖面记录显示巴丹吉林沙漠与相邻两大沙漠（腾格里沙漠、乌兰布和沙漠）之间的沙丘带始于约 20 ka，并在 MIS2 后期（19～15 ka）以及早中全新世（11～9 ka、7.3 ka 及 6.6 ka）出现过周期性的扩张（Fan et al.，2015）。沙漠腹地 WEDP02 钻孔显示约 20 ka 以来风沙堆积速率加快（Wang et al.，2015）。

在早中全新世（9～4 ka），巴丹吉林沙漠又一次迎来了气候相对湿润的时期，并在中全新世达到峰值，沙漠腹地湖泊再次发育：包括毛日图、音德尔图、呼和吉林、诺尔图、巴丹湖和树贵湖在内的众多丘间地湖泊均存在高湖面，湖泊的面积比现在大得多（Yang，1991；Hoffmann，1996；Yang et al.，2003；Yang，2004，2006；Yang et al.，2010；王乃昂等，2016）。高大沙山之间湖相沉积的测年结果显示在约 7 ka 时期区域可能存在浅湖沼环境（白旸等，2011）。值得注意的是，树贵湖在今湖泊水位以上约 20～30 m 处保存有多个湖相沉积与风成沉积互层，其中湖相层的厚度为 12～30 cm 不等。由此可以推断，湖面高度在相当大的高度范围内变化迅速，高湖面的持续时间可能不会很长；

中全新世出现的两次高湖面可能是由于夏季风强度的增加所致（Yang，2006）。在沙漠北缘，古湖岸记录显示居延泽的水位在中全新世再次上升（Jin et al.，2015；Li et al.，2017c），东居延海在 5.4～4 ka 时段最为湿润（Hartmann and Wünnemann，2009）。沙漠南缘的雅布赖山东南麓冲洪积扇-湖泊沉积记录也显示中全新世湖泊达到最高水位（Yu et al.，2019），雅布赖山西北部的查格勒布鲁剖面在全新世大暖期发育弱古土壤（董光荣等，1995a）。

在沙漠腹地发现的新石器遗存和齐家文化（4.4～3.9 ka）陶片也表明在中全新世晚期该区域曾出现过适宜人类生存的环境（Yang et al.，2010）。晚全新世（4 ka）以来气候转干，河流流量出现波动性下降，大量干河床及冲积扇出露，现代流沙迅速堆积。沙漠东南部湖泊群水位开始下降（王乃昂等，2016），湖泊的 TDS 值也随之上升，湖泊由淡水湖变为咸水湖（Yang et al.，2003；Yang and Williams，2003）。与沙漠东南部现存的丘间地湖泊相比，目前沙漠北部鲜有湖泊存在，可能是受 4 ka 以来降雨量不断减少所致（Yang et al.，2010）；古居延泽的古湖岸线记录也显示，0.6 ka 前后东居延泽与西居延泽消失（Jin et al.，2015）。

第八章

腾格里沙漠

第一节　自然环境与风沙地貌特征

腾格里沙漠（37.4°N～40°N，102.5°E～105.6°E）位于阿拉善高原东南部，东依贺兰山，西北与民勤绿洲相邻，西南与祁连山山前洪积扇前缘相接，南部直抵黄河北岸（图 8.1）。该沙漠南北跨度接近 300 km，东西最宽超过 200 km，根据本书最新统计，其总面积约为 39 760 km²，是我国第四大沙漠。这片茫茫沙海曾被认为像渺无边际的天空一样，因此蒙语称之为腾格里（朱震达等，1980）。沙漠地势整体由西南向东北缓斜，海拔由西南祁连山山麓的接近 1800 m 下降到民勤和沙漠东北缘的 1300 m 左右，平均海拔约 1500 m。

腾格里沙漠在西北和北部通过雅布赖山两端的两个狭窄沙带与巴丹吉林沙漠相连，其东北部与乌兰布和沙漠也几乎连为一体，这三个沙漠之间是广阔的沙砾质戈壁且在地质构造上同属于阿拉善地块，因此也被统称为"阿拉善荒漠"（谭见安，1964），是我国重要的粉尘源区（Liang et al.，2022）。其周围主要的山岭为古生代岩层，部分地区有中生代地层，盆地中部有新近纪的湖相砂岩出露，大多数地区都被较厚的第四纪地层所覆盖（郭绍礼，1962）。腾格里地区的湖相沉积和厚达 30 多米的沙砾层表明其曾经是周围山体的汇流区，地表水文网密集，冰期后气候的波动变化很可能是这一地区水文网瓦解、湖泊干涸的主要原因（郭绍礼，1962）。腾格里沙漠景观的早期雏形可能形成于早更新世时期（1.8 Ma），并在 1.1 Ma 和 0.8 Ma 前后发生了两次扩张（杨东等，2006）。但因这一认识是根据沙漠东南 150 km 左右的陇西断岘黄土剖面中出现的风沙层间接推断的，彼时沙漠规模如何实际上无法确知。同样是通过对黄土沉积序列的分析，Guan 等（2011）则认为腾格里地区的沙漠大约在 0.85 Ma 开始出现，并将其归因于青藏高原在 0.85 Ma 前后的加速隆升而导致的冬季风加强及西风带中低高度的分叉。对腾格里沙漠腹地底界约为 3.55 Ma 的钻孔 WEDP01 的古环境研究结果表明，腾格里沙漠可能在约 0.9 Ma 开始形成（Li et al.，2014d）。来自腾格里沙漠北部白碱湖内的钻孔 BJ14 研究结果同样显示，约 0.9 Ma 之后，腾格里地区的古湖开始萎缩，腾格里大规模沙漠景观逐渐形成（Fan et al.，2020）。

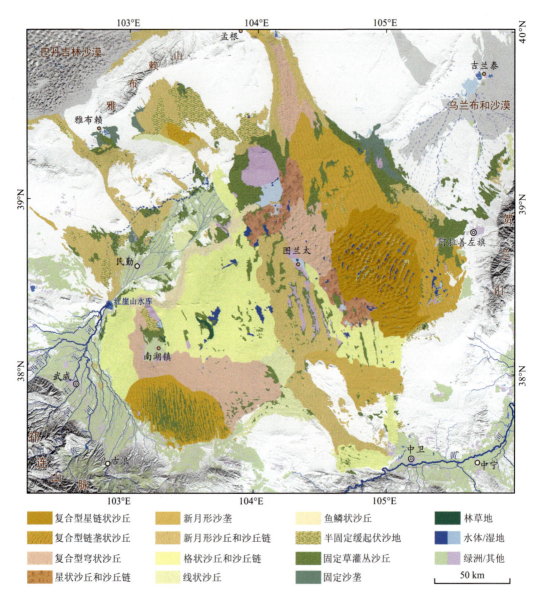

图 8.1 腾格里沙漠风沙地貌类型图

现代腾格里沙漠位于干旱区，其降水空间分布受到东亚夏季风的影响，自东南向西北呈现减少的趋势。地处沙漠东南缘的中宁近 50 年来多年平均降水量为 252 mm，而位于西北缘的民勤则降至 117 mm（图 8.2），沙漠内部降水量应小于 200 mm。腾格里沙漠全年水分亏缺，夏季（6～8 月）降水约占全年降水总量的 58%（图 8.2）。降水年际变化大，即使是西北部较为干旱的民勤，较湿润年份降水量也可达 200 mm，中宁则可达400 mm 以上。腾格里沙漠是我国沙漠、沙地中较为温暖的沙漠，年均温约 9～11℃，周边气象站点记录的多年平均夏季最高温可达到 30℃以上，冬季最低温低于-12℃，全年霜冻期 4～5 个月（图 8.2）。近 50 年来，腾格里沙漠也经历了显著的升温，变暖速率约为0.5～0.6℃/10a（图 8.2）。

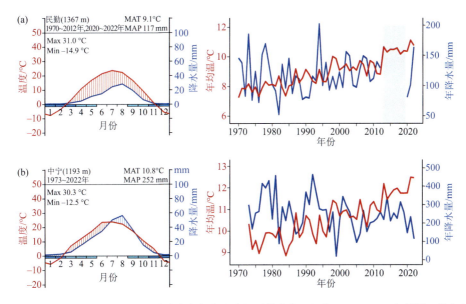

图 8.2　腾格里沙漠西北民勤和东南边缘中宁气象站点记录的降水、温度 Walter-Lieth 气候图及其年际变化

仅统计有效记录>260 天的年份（详细说明见图 3.2）。中宁气象站点数据来源：美国国家环境信息中心提供的全球地面逐日数据资料（GSOD）

东亚季风系统控制下的腾格里沙漠冬季盛行西北风，夏季盛行东南风，其中部分地区受到局地地形的影响，风况复杂（图 8.3）。总体来看，腾格里沙漠属于中低风能环境，年均总输沙势约为 100～200 vu，沙漠腹地的实际输沙势可能更高。沙漠西北部的民勤主要输沙风向为西北西风和西北风，合成输沙方向为东南（图 8.3），因此民勤绿洲成为阻隔巴丹吉林沙漠的沙带南侵与腾格里沙漠汇合的重要绿色屏障（Ren et al.，2014）。沙漠西南部 2009 年全年 10 分钟间隔的实测风况资料显示民勤西北戈壁的风能最强，合成输沙势可达 400 vu，而南湖镇至中卫一带的合成输沙势基本<100 vu，合成输沙方向为东南，大多数点位的风向变率中等（RDP/DP=0.4～0.8）（张正偲等，2012）。为了弥补沙漠东北部复合型沙山分布区气象观测记录的缺失，本书使用 ERA5-Land 再分析数据刻画其风况特征。结果显示这片区域主要以西北风和东南风为主，呈现典型的双峰特征，风向变率大（RDP/DP=0.03）[图 8.3（b）]。总体来看，沙漠腹地的输沙通量最大。

发源于祁连山北坡的石羊河横亘在腾格里沙漠的西北缘，并在尾闾三角洲区域发育较大面积的民勤绿洲，形成了腾格里沙漠西北部明确的地理景观边界（图 8.1）。尽管腾格里沙漠内部没有较大河流，地表径流较弱，但是其丘间地湖盆数量多达 240 个，多数湖泊面积小于 0.05 km²，总面积约为 27 km²（颜长珍等，2020）。其中，永久性湖泊主要分布于沙漠东部，其空间上呈现有规则的平行排列分布，主要位于东北-西南走向的沙丘链间的丘间洼地中（图 8.1），湖水多为周围山地潜水补给（朱震达等，1980）。这些湖泊的面积一般在 4 月达最大值，而由于夏季蒸发强烈且植被生长旺盛，降水对地表径流补给有限，7 月左右湖泊面积最小（颜长珍等，2020）。沙漠中南部则多见南北走向平行排

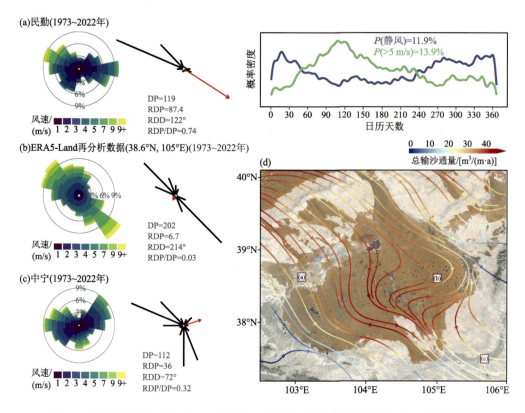

图 8.3　腾格里沙漠自西向东 3 个点位的风玫瑰图、输沙势玫瑰图及年内风速概率分布

（a）（c）基于民勤和中宁站点记录的 3 小时分辨率风况数据、（b）基于 ERA5-Land 提供的沙漠腹地小时分辨率数据；
（d）为腾格里沙漠 1973～2022 年平均年输沙通量分布

列的干涸湖盆，这类湖盆面积较大，一般延伸 20～30 km，宽 1～3 km，植被覆盖度较高，湖盆地势自北向南倾斜。石羊河下游在地质时期曾形成尾闾湖——古猪野泽，晚更新世时期该湖泊的面积颇大，但由于气候变化和人类活动的影响，猪野泽已于 20 世纪 50年代干涸（李育等，2014）。腾格里沙漠地下水埋深在山前地带达 30 m 以上，湖盆中约为 0.5～2 m（黄银晓和汪健菊，1962）。

腾格里沙漠内部呈现沙丘、湖盆草滩、山地残丘交错分布的地貌景观。沙丘作为沙漠内最主要的地貌单元，所占比例达 95.3%（表 8.1）。其中，流动沙丘约占 78%，主要形态为复合型沙丘、格状沙丘和沙丘链、新月形沙丘和沙丘链、线状沙丘、星状沙丘和鱼鳞状沙丘等（图 8.1）。沙漠东北部的北东-南西走向的复合型星链状沙丘高度约为 60～90 m；西南部北北西走向的复合型沙丘和沙丘链的迎风坡层层叠置着许多次一级的新月形沙丘，高度约为 20～40 m；而沙漠北部主要是复合型沙垄和链垄状沙丘，由多种形态复合而成，高度约为 10～20 m。复合型链垄状沙丘的周围还分布着一些复合型穹状沙丘，这类沙丘形似馒头，丘体的长宽近似，表面有密集的格状或新月形沙丘链，主要分布在沙漠北部和中南部（图 8.1）。这几种复合型沙丘约占腾格里沙漠总面积的 32.7%（图 8.1、表 8.1）。

表 8.1 腾格里沙漠风沙地貌类型及其面积比例（不包含贺兰山西麓零星沙区）

活动类型	沙丘类型	面积/km²	比例/%
流动沙丘	复合型星链状沙丘	3350	8.43
	复合型链垄状沙丘	5545	13.95
	复合型穹状沙丘	4100	10.31
	星状沙丘和沙丘链	1245	3.13
	新月形沙垄	1105	2.78
	新月形沙丘和沙丘链	6625	16.66
	格状沙丘和沙丘链	7315	18.40
	线状沙丘	1070	2.69
	鱼鳞状沙丘	735	1.85
半固定沙丘	半固定缓起伏沙地	1550	3.90
固定沙丘	固定草灌丛沙丘	4720	11.87
	固定沙垄	530	1.33
其他	被沙丘包围的耕地、水域、林草地等	1870	4.70
总面积	/	39 760	100

　　位于腾格里沙漠西南部的复合型沙丘区条带状湖盆周围分布的丘岗（图 8.4）被认为是湖水的岸边浪蚀在退缩过程中形成的一种缓倾斜地形（郭绍礼，1962）。从地形数据和遥感影像的预分析结果来看，近似笔直、平行的复合型沙丘脊线走向、规则变化的丘间距与呈东-西走向的不对称沙丘纵向断面形态[图 8.4（c）]，说明这类沙丘场是在不同时期风力作用下叠加形成的复合型沙丘，而并非流水作用的结果。即使后期出现过类似因流

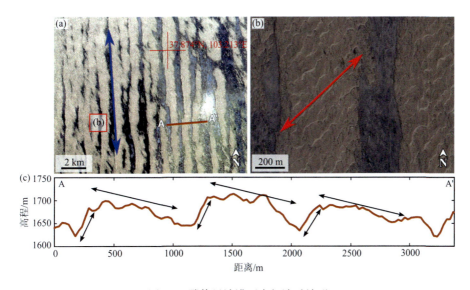

图 8.4 腾格里沙漠西南部沙丘地形

（a）腾格里沙漠西南部复合型沙丘遥感影像图，蓝色带箭头直线显示复合型沙丘脊线走向；（b）发育于复合型沙丘之上的简单型斜向沙丘遥感影像图，红色带箭头直线显示沙丘脊线走向；（c）复合型沙丘西-东方向断面 A-A′高程变化图

水作用形成的冲沟或湖泊景观，大多数也是在丘间地低洼地势的基础之上发育而来的。而这种复合型沙垄上叠置的次生沙丘的沙脊线走向则遵循潜在沙源充足情景下的不稳定床形发育模式（Courrech du Pont et al.，2014），对其沙脊线走向提取和统计分析结果与根据风况数据预测的沙脊线走向完全一致（高博钰等，2021）。

腾格里沙漠最广泛的沙丘类型是格状沙丘及新月形沙垄、沙丘和沙丘链，所占比例为 37.84%，主要分布在沙漠 38°N～39°N 之间的中部地区（图 8.1）。腾格里沙漠的格状沙丘是由走向为南西-北东的主梁和与其近于垂直的副梁组成，一般丘高 3～20 m，主梁西北坡长而缓（6°～12°），东南坡短而陡（28°～32°），沙脊线间距 30～170 m（哈斯等，1999）。沙漠边缘区格状沙丘缓慢向东南移动，移动速率约为 1.5～2 m/a（杨馥宁等，2023）。腾格里沙漠还分布着少量的星状沙丘、鱼鳞状沙丘以及线状沙丘等。腾格里沙漠的半固定、固定沙丘约占 17%，以半固定缓起伏沙地和固定草灌丛沙丘为主，主要分布在沙垄之间平坦的丘间地、沙漠腹地地下水位较高的湖盆草滩周围及沙漠东北缘（图 8.1）。此外，靠近贺兰山西麓的冲积扇上有一片以固定梁窝状沙丘和固定草灌丛沙丘为主的沙区，总面积接近 400 km² （图 8.1）。

腾格里沙漠呈现复合型草原化荒漠景观，荒漠草原成分对荒漠植被的影响尤为明显，成为本区与典型荒漠地区的最重要区别之一。从区域植被分布来看，沙漠南部流沙区的物种多样性显著小于西北部民勤绿洲区及北部戈壁沙漠交错区（李得禄等，2020）。在流动沙丘上散生沙蒿（*Artemisia desertorum*）、沙蓬（*Agriophyllum squarrosum*）、沙鞭（*Psammochloa villosa*）、细枝羊柴（*Corethrodendron scoparium*）等典型先锋沙生植物。半流动和固定沙丘上植被种类较多，代表性种类有柠条锦鸡儿（*Caragana korshinskii*）、黑沙蒿（*Artemisia ordosica*）、白刺（*Nitraria tangutorum*）、霸王（*Zygophyllum xanthoxylum*）等，并出现雾冰藜（*Grubovia dasyphylla*）、刺沙蓬（*Salsola tragus*）、绳虫实（*Corispermum declinatum*）、地锦（*Parthenocissus tricuspidata*）、砂蓝刺头（*Echinops gmelinii*）、茵陈蒿（*Artemisia capillaris*）、白莎蒿（*Artemisia blepharolepis*）等反映出一定的草原化过程的植物（中国科学院中国植被图编辑委员会，2007）。在沙漠地下水位较高的湖盆草滩周围分布多种盐爪爪（*Kalidium* spp.）、多种柽柳（*Tamarix* spp.）、多种白刺（*Nitraria* spp.）等耐盐碱植物。

第二节　腾格里沙漠沉积地层、年代及其环境演变

在腾格里沙漠边缘的冲洪积扇及山麓地区、石羊河流域、沙漠腹地，前人已研究了一定数量的沉积剖面（图 8.5），并利用光释光（OSL）、放射性碳（¹⁴C）及热释光（TL）等测年手段建立了腾格里沙漠不同地区沉积地层的年代标尺。

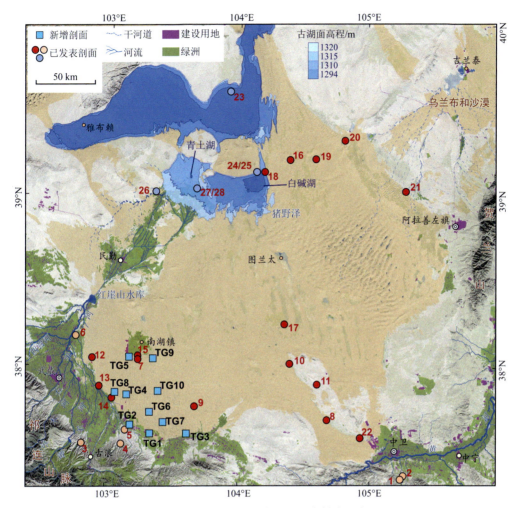

图 8.5　腾格里沙漠及毗邻地区研究样点分布图

1. S202-25km（冯晗等，2013）；2. 中卫南山（强明瑞等，2000）；3. 沙沟（Wu et al.，2006）；4. 白岩沟（李琼等，2006）；5. 土门（赵占仑等，2016）；6. 红水河（庞有智等，2010）；7. TGL14，8. TGL3，9. TGL8-1，10. TGL4，11. TGL63，12. TGL60，13. TGL53，14. TGL12，15. TGL14-2，16. TD13-2，17. TGL13-2（范育新等，2022）；18. TD13-1，19. TD13-5，20. TD13-6（Fan et al.，2015）；21. 锡 1 井，22. 团不拉水（高尚玉等，1993）；23. 断头梁（张虎才等，2002）；24. BJ-S1，25. BJ-S2（Long et al.，2012）；26. 三角城（SJC）（Chen et al.，2006；陈发虎等，2001）；27. QTH01，28. QTH02（Li et al.，2009）。古大湖范围根据前人识别典型古湖岸线（Pachur et al.，1995；Long et al.，2012；张虎才等，2002）所在等高线绘制

一、腾格里沙漠南部边缘的沉积序列

腾格里沙漠平均风速较高和大风日数较多的时期集中于春冬季，且主导风向为西北风（图 8.3）。在强劲干燥的西北风作用下，沙丘的移动方向和沙漠的扩张方向多为东南。因此，位于腾格里沙漠的下风向的山麓地带成为沙漠物质中细颗粒的储存地，其保存的环境信号可用于间接推断腾格里沙漠的景观状态。本书选取沙漠南缘距离沙漠较近的 4 个典型剖面（图 8.5、图 8.6），详细论述这些剖面所记录的环境变化过程，以期与沙漠腹地的古环境记录相互印证。

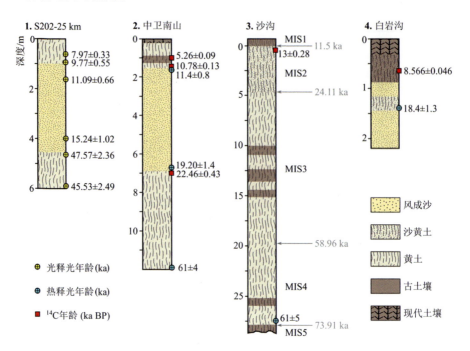

图 8.6　腾格里沙漠以南沙漠-黄土过渡带的典型剖面

沙沟（Shagou）剖面中灰色年龄为根据粒度曲线对比获得（Wu et al.，2006）

　　S202-25 km 剖面位于腾格里沙漠东南黄河以南的香山北麓（图 8.5），剖面厚 6 m（冯晗等，2013）。该剖面底部为质地坚硬的浅黄色沙质黄土，光释光年龄约为 46 ka。中部为 3.5 m 厚的无明显层理的浅黄色沙层，有生物扰动迹象，光释光年龄将其限定在 15～11 ka 左右（图 8.6）。而剖面顶部又堆积 1 m 厚的浅黄色沙质黄土，沉积年龄大约在 10～8 ka 的早中全新世（图 8.6）。距离 S202-25 km 剖面较近的是中卫南山剖面，其位于黄河以南香山山前二级台地前缘（图 8.5），剖面厚度为 11.95 m（强明瑞等，2000）。该剖面的沉积模式与前述剖面颇为相近，也是底部为平均粒径约 31 μm 的马兰黄土，中间为平均粒径约 80 μm 的粉沙-细沙质亚沙土，释光年龄约为 19～11 ka，其上又覆盖厚约 1.5 m 的全新世黄土（图 8.6）。中全新世时，该层黄土有弱成壤作用（强明瑞等，2000）。

　　不仅在沙漠东南部，位于腾格里沙漠西南的祁连山山麓洪积扇上的沙沟（Shagou）剖面也显示了类似的沉积特征（图 8.5、图 8.6）。沙沟剖面厚 28 m，记录了大约 MIS4 阶段以来的环境变化历史（Wu et al.，2006）。该剖面底部为大约 MIS5 阶段的古土壤，其上为厚达 24 m 的黄土层，并有 4 期成壤过程（图 8.6）。根据粒度组成变化曲线及剖面底部的热释光年龄和顶部的 [14]C 年龄推断，这层黄土大约在 MIS4 和 MIS3 阶段沉积，靠近上部的 3 层较深色的古土壤应该形成于较暖湿的 MIS3 阶段（Wu et al.，2006）。黄土层之上覆盖 5 m 厚的以粉沙和极细沙为主的沙黄土层（图 8.6），可能沉积时间为 MIS2 阶段。

　　白岩沟剖面和土门剖面也位于腾格里沙漠西南部的祁连山北麓，但与前述 3 个剖面相比，更靠近沙漠（图 8.5）。白岩沟剖面厚 2.1 m，剖面由底部的风成沙和沙黄土层及上部的古土壤和现代土壤层组成（李琼等，2006）。根据深度 1.45 m 处的热释光年龄限定可以推断，剖面底部的风成沙堆积时间约在末次盛冰期，该段>63 μm 的沙含量高达 88%，但是大约在末次冰消期的 Bølling-Allerød 暖期时沉积了 30 cm 厚的沙黄土（图 8.6），粒径明显变细，>63 μm 的含量降到 45%（李琼等，2006）。这层短暂堆积的沙黄土之上又出现一层厚约 30 cm 的极细沙为主的沉积物，>63 μm 含量约为 66%，推断可能是对新仙女木冷事件的响应（李琼等，2006）。该剖面上部则有明显的成壤作用，形成了一层厚约 55 cm 的古土壤层，^{14}C 测年显示此时段对应于早中全新世（图 8.6）。

上述 4 个剖面均是位于腾格里沙漠下风向的山麓地带沉积剖面，并且显示了非常相似的沉积模式，即颗粒较细的黄土地层和颗粒较粗的沙黄土或风成沙地层，且黄土地层中常有成壤过程。位于东南缘的土门剖面（赵占仑等，2016）、石羊河下游绿洲的红水河剖面（庞有智等，2010）及腾格里沙漠以南 30 多个黄土剖面的集成研究（Peng et al.，2022）也印证了这种沙漠-黄土过渡带普遍的沉积模式。总结来说，这些沙漠南缘的剖面间接反映了上风向的沙漠环境状态（如地表湿度、植被盖度等）及风力状况。例如，大多数粒度变粗的地层出现在气候干冷、冬季风强劲的末次盛冰期、新仙女木冷事件时期，而在气候较为湿润、冬季风较弱的暖期，这些沉积剖面大多粒径偏细且有成壤过程。

二、腾格里沙漠腹地沉积序列

除了基于沙漠边缘地区的间接记录，腾格里沙漠内部也有不少沙漠环境演变的直接证据（高尚玉等，2001；范育新等，2022）。腾格里沙漠腹地多见风成沙发育于湖沼/沼泽相黏土、冲积相沙层或古土壤之上的沉积序列，部分地区的古土壤被风蚀暴露。多数已发表的剖面记录了沙漠末次冰盛期以来的风沙堆积历史（Fan et al.，2015；范育新等，2022）。本部分将对来自沙漠内部的地层序列进行梳理，以期提供来自于腾格里沙漠本身的环境变化过程。

腾格里沙漠腹地偏北部的 4 个沉积剖面（即 TD13-1、TD13-2、TD13-5、TD13-6，位置见图 8.5）皆为风成沙堆积于冲洪积相、湖相或沼泽相沉积物上，但据其 OSL 测年结果，风成沙发育年龄的跨度较大，分别为 10 ka 前后和 0.91 ka 以来（Fan et al.，2015）。沙漠腹地东南部的 4 个沉积剖面（TGL4、TGL3、TGL63、TGL60）皆可见风成中、细沙覆盖于古土壤或湖沼/沼泽相黏土之上，在 TGL3 剖面中还可见黏土层下伏古风成沙层（图 8.7）。据 OSL 测年结果，沙漠东南部的风成沙堆积时间约为 7.9 ka 之前和 0.8 ka 以来（范育新等，2022）。沙漠腹地西南部的 6 个沉积剖面（TGL8-1、TGL14、TGL12、TGL14-2、TGL13-2、TGL53）可见古风成沙层上覆黏土层、黄土层，后再次发育风成沙。这些剖面的 OSL 测年结果显示，该地区的风沙层主要堆积时期为末次冰盛期和 0.46 ka 以来（范育新等，2022）。

锡 1 井和团不拉水剖面分别位于腾格里沙漠东北缘和东南缘（图 8.5）。其中，锡 1 井剖面是经风蚀形成的残留古土壤陡坎，下部为风成沙层，其上发育了厚约 2 m 的黑色沙质古土壤（图 8.7），古土壤的 ^{14}C 测年结果为 5.64±0.16 ka BP（高尚玉等，

2001）。团不拉水剖面是一个古土壤经风蚀形成的天然陡坎，古土壤的一部分被约 20 m 高的沙丘覆盖（高尚玉等，1993）。该期古土壤厚约 30 cm，其顶部有厚约 15 cm 的灰烬层，其 ^{14}C 年龄为 7.42±0.42 ka BP，附近丘间地发现石制刮削器、石斧等文化遗物（高尚玉等，1993）。对古土壤有机质的 ^{14}C 测年结果介于 8～7 ka BP 之间（高尚玉等，2001），与灰烬层年龄较为一致，表明腾格里沙漠东南缘在中全新世曾短暂发育古土壤，并有人类活动痕迹。

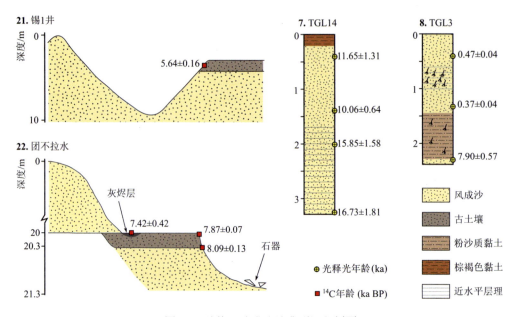

图 8.7　腾格里沙漠腹地典型沉积剖面

本书的 10 个新增剖面主要位于腾格里沙漠西南部（图 8.5）。其中，两个剖面（TG1、TG2）位于祁连山山麓与腾格里沙漠南缘交汇处，两个剖面（TG5、TG9）位于腾格里沙漠西南低洼处南湖镇附近（图 8.5）。本书野外考察新获得的剖面地层沉积特征与范育新等（2022）的考察结果相近，即该区域的沉积剖面多以沙黄土与风沙层的交互出现为主要特征（图 8.8）。在部分剖面中，沙黄土层之上发育有结构较致密的黏土层，或直接被现代风成沙覆盖。沙漠边缘的部分剖面在中全新世有明显的成壤作用。总结来看，腾格里沙漠近两万年来的环境演变过程与东亚夏季风的强弱有一定的对应关系，即末次盛冰期和早全新世风沙活动较强，沙漠内部的沉积地层中以风成沙为主，而 7～3 ka 的中全新世时期风沙活动减弱（Peng et al.，2016），地表植被覆盖有所改善，尤其是边缘地区的景观面貌趋于稳定，部分地区发育古土壤且在彼时成为局地人类赖以生存的场所（高尚玉等，1993）。而自 3 ka 以来，沙漠景观又有活化的趋势（Peng et al.，2016）。这一沙漠环境变化的直接证据也与前述的沙漠南缘下风向沙漠-黄土过渡带的间接记录相呼应。

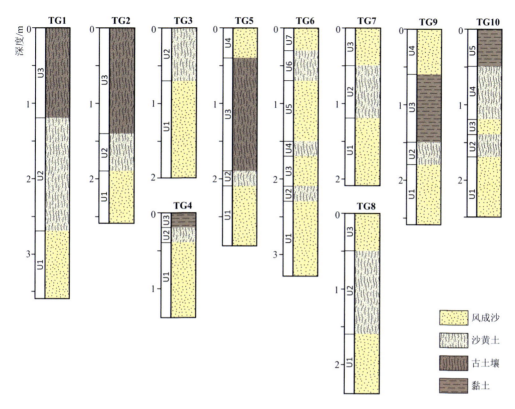

图 8.8 腾格里沙漠新增剖面的沉积模式

三、腾格里沙漠西北缘尾闾湖泊沉积反映的区域环境历史

腾格里沙漠以沙丘、湖盆草滩等交错分布为其特征景观，其西北缘较大的地表水系石羊河滋养了民勤绿洲（图 8.1）。那么，在地质历史时期，石羊河水系是否能够进入腾格里沙漠并显著影响该沙漠西北部的景观面貌？学者对此问题进行了一定程度的探索，来自该区域的湖相沉积记录表明腾格里沙漠在晚更新世时确曾发育较大的古湖泊（Pachur et al.，1995；张虎才和Wünnemann，1997；张虎才等，1998；张虎才等，2002；Li et al.，2009；Long et al.，2012）。全新世时期的较高湖面时段则与沙漠边缘的古土壤发育时间较为一致（李琼等，2006），可能反映了沙漠水文网和地表景观对东亚夏季风增强的协同响应。本书在此选取 6 个来自该区域较为典型的剖面（图8.9），以期提供腾格里沙漠西北缘古水文演变历史的直观记录。

腾格里沙漠西北缘石羊河的尾闾湖盆猪野泽包括白碱湖、青土湖等曾于历史时期贯通的小湖盆（李育等，2014）。在 20 世纪末期，前人已在猪野泽东北部的古湖岸堤开展该地区晚更新世以来"腾格里大湖期"的相关研究，结果表明腾格里沙漠及其毗邻地区可能于 35～22 ka 间普遍发育湖泊，晚更新世腾格里沙漠的湖泊高水位大致在海拔1310～1321 m 之间，高出现今湖面 16～27 m，古湖面积可达 16 000 km² （取 1310 m 为古湖岸线高程）（Pachur et al.，1995；张虎才和 Wünnemann，1997）。断头梁剖面即为"腾格里大湖期"湖相沉积剖面的典型代表，该剖面厚 4 m，无明显的沉积间断，记录着

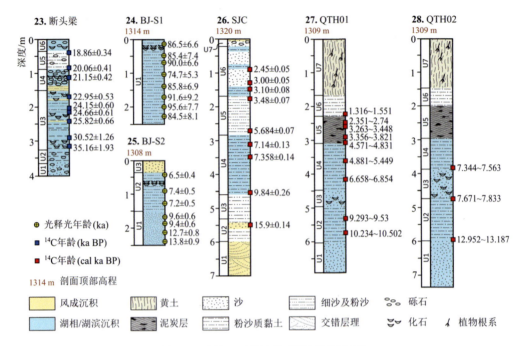

图 8.9 腾格里西北缘典型湖相沉积剖面

图中沉积相是根据原文作者描述判断，SJC 剖面图参照陈发虎等（2001）剖面图及 Chen 等（2006）对整个剖面的详细描述改绘。QTH01 和 QTH02 剖面是结合 Li 等（2009）和李育等（2014）改绘而成。断头梁剖面依据张虎才等（2022）改绘。BJ-S1 和 BJ-S2 剖面依据 Long 等（2012）改绘

约 42～18 ka BP 的猪野泽演化历史（张虎才等，2002）。剖面底部为约 40 cm 的由砾石组成的干盐湖相沉积，据实测年代数据与沉积速率推算，该剖面指示晚更新世后期的腾格里古湖泊的出现可能开始于 42～37 ka BP 前后。35～22 ka BP 期间剖面发育厚约 1.7 m 的湖相沉积，为黏土、黏土质粉沙、粉沙质黏土、细粉沙及风成粉沙的互层，富含微体化石，反映了古湖泊出现高水位且居高波动（张虎才等，2002）。随后，断头梁剖面的沉积地层向浅滩相转变，以湖滨砾石层为主并形成厚达 5 cm 的瓣鳃类化石堆积层（图 8.9），说明湖泊水位一度下降，但在 20～18.6 ka BP 湖面再次升高，直到 18 ka BP 前后大面积湖泊消失（张虎才等，2002）。然而，近 20 年来，随着测年技术的发展，关于"腾格里大湖期"的时间再起争议，部分学者认为腾格里大湖应发育于 MIS5 阶段，而非 MIS3 阶段（Long et al.，2012；隆浩和沈吉，2015）。例如，高程 1314 m 处的古湖岸堤的剖面 BJ-S1 显示，白碱湖北部可能在约 96～75 ka 发育厚达 2.5 m 的湖相沉积，并夹杂有软体动物化石层（图 8.9），说明 MIS5 阶段湖面高程至少可达 1315 m（Long et al.，2012）。基于光释光、电子自旋共振等多种测年方法，对腾格里沙漠西北部的多级古湖岸线及白碱湖钻孔的分析则显示，腾格里湖面介于 1310～1320 m 的古大湖应发育于早更新世晚期至中更新世，而非之前报道的晚更新世（Fan et al.，2020）。无论如何，地貌学和沉积学证据支持腾格里西北缘确曾发育古大湖，但是囿于地貌过程的复杂性及测年的不确定性，该区域高至海拔 1320 m 的高湖面出现的具体时间，还有待更为系统全面的评估。

　　末次冰消期以来亦被认为是猪野泽湖盆内高湖面发育的重要阶段，但该阶段的古湖泊水位波动较为频繁，且难以扩张至"大湖期"时的湖泊范围（Pachur et al.，1995）。位于猪野泽湖盆西部的三角城（SJC）探井深约 7 m，其上部和下部为风成沙和河湖交替沉积物，中部为发育良好的湖相沉积（陈发虎等，2001），该段湖相沉积被 AMS ^{14}C 测年约束在 10～7 ka 的早中全新世（图 8.9）。该时段，剖面发育以粉沙及粉沙质黏土为主的湖相沉积，孢粉谱以圆柏属、云杉属、松属等乔木花粉为主，可能对应了周边山地森林面积的扩大以及河流对乔木花粉搬运能力的增强，因而推断早全新世为该地区整个全新世期间植被发育最好的阶段，可能对应发育了较大的尾闾湖泊（Chen et al.，2006）。但是，位于猪野泽湖盆中部海拔约 1309 m 的 QTH01、QTH02 剖面及白碱湖北部的 1308 m 高程处的 BJ-S2 剖面则反映湖相沉积开始于 13 ka 甚至更早，而达到海拔 1310 m 的全新世最高湖面可能出现在 8～5 ka 的中全新世（Li et al.，2009；Long et al.，2012；李育等，2014；隆浩和沈吉，2015）。晚全新世时期，剖面多呈现湖相沉积层与沙层、泥炭层等交互的沉积特征，标志着该时期湖泊在波动中逐渐萎缩，最终形成当今的几乎干涸的白碱湖。

第九章

乌兰布和沙漠

第一节　自然环境与风沙地貌特征

乌兰布和沙漠（39.2°N～40.9°N，105.1°E～107°E）位于黄河中游河套平原的西南部，东邻黄河，北傍狼山，南接贺兰山，西南几乎与腾格里沙漠相连（图9.1）。乌兰布和沙漠主体部分像一只踩在贺兰山北端的靴子，东西跨越90 km，南北长约130 km。根据本书最新统计，包含吉兰泰盐湖西南的固定沙垄在内，乌兰布和沙漠的总面积为8980 km²。乌兰布和沙漠总体地势为南高北低，靠近贺兰山的南部海拔可达1200 m，而吉兰泰东北的北部低地约为1020 m，东北靠近河套平原部分大约为1050 m。

在巴彦乌拉山以北、狼山以西，还有几片零星分布的沙区（图9.1）。哈乌拉山以南至巴彦乌拉山以北有一片以新月形沙丘链和半固定缓起伏沙地为主的沙区，宽约8～15 km，北西-南东向延伸接近70 km，总面积约730 km²，本书将其命名为诺日公沙区（图9.1）。诺日公沙区以北、乌力吉以南、图克木以西的干旱山间盆地分布的零散沙区总面积约3050 km²，以新月形沙丘和沙丘链为主，沙丘高度10～20 m，被称为雅玛里克沙漠（朱震达等，1980），实际上是巴丹吉林沙漠向东南的延伸（见第7章）。雅玛里克沙漠东北靠近狼山的博克台沙区一直零散向西延伸到苏红图盆地，以固定草灌丛沙丘、格状沙丘及新月形沙丘为主（图9.1），总面积约2715 km²。博客台沙区的东北30 km处，有一片以固定沙垄、固定梁窝状沙丘及半固定缓起伏沙地为主的沙区，这片沙区的西北不远处分布着复合型沙垄为主的流动沙丘区，并一直延伸至蒙古国的山间盆地（图9.1），这两片沙区总面积675 km²，本书将其命名为西尼乌素沙区。

在地质构造上，乌兰布和沙漠属于吉兰泰-河套断陷盆地，第四纪时期受新构造作用的影响，盆地沉积了巨厚的河湖相沉积物，为沙漠的形成和发育提供了物质基础（春喜等，2009）。根据早期的物探资料，乌兰布和沙漠的第四纪沉积物厚度可达数百米以上（朱震达等，1980）。重矿物分析表明，乌兰布和沙漠的沙丘沙及下伏的松散沉积物均以角闪石为主，而狼山以北的雅玛里克沙漠的表沙则以绿帘石为主（朱震达等，1980），说明下伏的河湖相沉积地层是乌兰布和沙漠的主要物源。对乌兰布和沙漠表沙的常量、微量元素分析也印证了这一基于矿物学分析的结论（Li et al.，2022）。

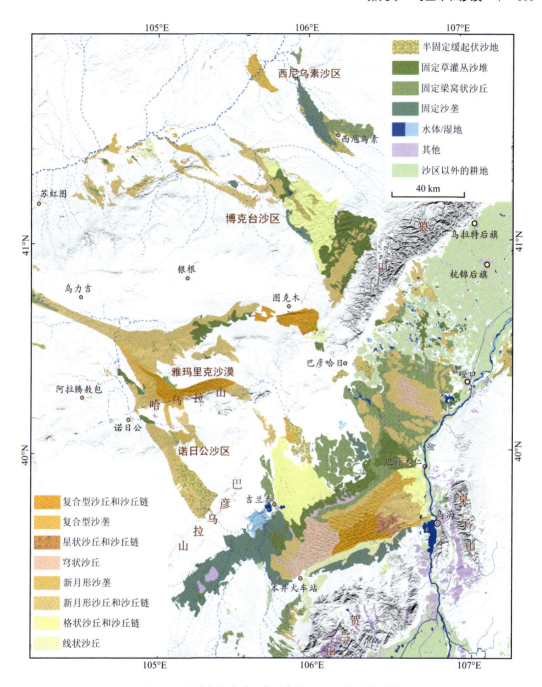

图 9.1　乌兰布和沙漠及其毗邻沙区风沙地貌类型图

　　乌兰布和沙漠气候干旱，多年平均降水量由东南向西北呈缓慢递减的趋势。位于乌兰布和沙漠东北约 50 km 的巴彦淖尔气象站记录的多年平均降水量为 198 mm（见第 10章），而位于沙漠西部的吉兰泰气象站的近 50 年的多年平均降水量为 105 mm，即使是降水较丰沛的夏季，月降水量也不足 20 mm（图 9.2）。较湿润年份的年降水量可达 150 mm以上，但大多数年份的年降水量都不足 80 mm（图 9.2）。1970～2022 年吉兰泰气象站器测记录的多年平均温度为 9.7℃，并呈现显著升温趋势，该时段多年平均夏季最高温为 33.3℃，平均冬季最低温为–16℃，全年显著霜冻期 5 个月，无霜期 3 个月 [图9.2（a）]。

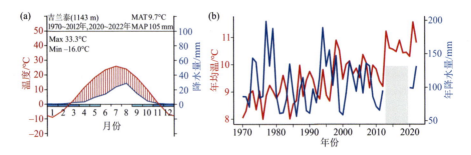

图 9.2 乌兰布和沙漠西部吉兰泰气象站点记录的降水、温度 Walter-Lieth 气候图及其年际变化
注：仅统计有效记录>260 天的年份（详细说明见图 3.2）

受周围山体地形影响，乌兰布和沙漠的风况较为复杂。位于西北的雅玛里克沙漠和诺日公沙区的合成输沙方向均是东南（图 9.3），这与当地的沙丘移动方向是一致的。因此，过去认为巴丹吉林沙漠在西北风作用下源源不断地向乌兰布和沙漠输送沙物质，有"巴丹吉林沙漠是乌兰布和沙漠的母亲"的说法（朱震达等，1980）。受到贺兰山的影响，乌兰布和沙漠主体部分的合成输沙方向在吉兰泰以南转为东北向（图 9.3）。吉兰泰站点数据虽然常见西南风和东北风，但是具有输沙能力的大风却主要来自西北，因此合成输沙方向为 145°。尽管与吉兰泰仅相隔 70 km，乌兰布和沙漠复合型沙丘核心区的主导风

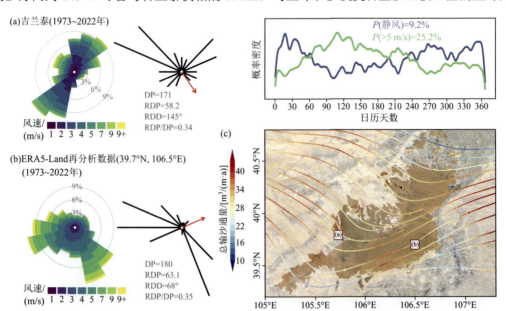

图 9.3 乌兰布和沙漠吉兰泰气象站点和复合型沙丘核心区的风玫瑰图、输沙势玫瑰图及年内风速概率分布
（a）基于气象站点记录的 3 小时分辨率风况数据；（b）基于 ERA5-Land 提供的小时分辨率数据；（c）为乌兰布和沙漠
1973～2022 年平均年输沙通量分布

向已经受到强烈的东南风的影响，使其合成输沙方向转为东北（图 9.3）。乌兰布和沙漠的北部受到贺兰山的影响似乎小些，总体输沙方向向东（图 9.3）。吉兰泰站点记录的>5 m/s 的大风频率约为 25%，无论是气象站点数据还是再分析数据，乌兰布和沙漠的年均总输沙势约为 170 vu，属于低风能环境，中变率风况（RDP/DP=0.3～0.4）。

位于沙漠下风向的黄河是乌兰布和沙漠扩张的东界。乌海至磴口段黄河受到乌兰布和沙漠风沙输入的影响，其沙质河床的泥沙中值粒径约为 110～220 μm，根据野外感测和断面输沙平衡计算，该河段风沙入黄河量每年约 0.1 亿 t（杨根生等，2003），对黄河河道演变有重要影响（李永山等，2016）。乌兰布和沙漠内部地表径流微弱，发源于贺兰山、巴彦乌拉山、狼山的季节性冲沟在降水丰沛季节或有洪水径流进入沙漠西北部低地（图 9.1），并补给沙漠北部、东北部分布的盐湖。这种发源于干旱山地的间歇性沙漠河流往往能带来丰富的碎屑物质（Laronne and Reid，1993），是山间盆地沙漠沙丘建造的重要物质基础。盐湖主要分布于沙漠西南部和北部，其中以吉兰泰盐湖最为典型，吉兰泰盐湖的西部保存有晚更新世时期的高湖面遗迹，湖泊范围可能曾一度与现今的贝加尔湖相当，被称为"吉兰泰-河套"古大湖（陈发虎等，2008）。吉兰泰盐湖的东北部也有相当数量的面积小于 1 km² 的盐湖，部分已经成为干湖盆，在真彩色遥感影像上呈现明显的白色，应是可溶盐含量高的盐类胶结。巴彦乌拉山山前至吉兰泰盐湖的浅层地下水溶解性固体总量 TDS 变化范围为 335～6230 mg/L，平均值约为 3200 mg/L，而深层地下水的 TDS 的平均值<1000 mg/L（党慧慧等，2015），表明乌兰布和沙漠的地表水及浅层地下水受到强烈蒸发作用的影响。而在靠近黄河及河套平原的沙漠北部存在大量的丘间地湖泊，是我国沙区湖泊最密集的地区之一（图 9.1）。磴口以北、杭锦后旗以南这一区域，面积≥1 km² 的较大湖泊约有 15 个，<1 km² 的小湖泊约有 230 个，在 1999～2018 年之间湖泊数量和面积都呈下降趋势，其消长受到引黄水量、地下水埋深和农田面积的影响（王理想等，2020）。

尽管乌兰布和沙漠是我国西部面积最小的沙漠，但沙丘类型较丰富。总体而言，固定、半固定沙丘约占 47%，流动沙丘约占 51%（表 9.1）。流动沙丘主要分布在西南至本井火车站、东北至巴彦木仁苏木之间南西-北东走向的区域，这里是乌兰布和沙漠的高大沙丘核心区。从沙丘类型来看，主要为复合型沙丘和沙丘链、复合型沙垄、星状沙丘等，沙丘平均高度约为 50～80 m，部分沙丘可达 150 m 以上。这片核心沙丘区的西南部分布有大片椭圆形的穹状沙丘[图 9.1、图 9.4（a）]，是世界上典型穹状沙丘分布区之一（Goudie et al.，2021）。这里的穹状沙丘长轴平均值为 855 m，最大可达 1.5 km，短轴平均值为 634 m，长短轴之比为 1.1～1.95，穹状沙丘的平均走向约 110°，与当地主风向大致平行（杨迎等，2021）。这片高大沙丘核心区以北是古湖积平原，主要分布较为低矮的固定草灌丛沙堆[图 9.4（b）]、固定梁窝状沙丘、新月形沙丘及格状沙丘等，沙丘高度 4～10 m，丘间地常为黏土粉沙质地。黄河西岸的新月形沙丘和沙丘链在西南风盛行的 3～5 月向黄河快速单向移动，2010～2014 年该沙丘区整体向东推进接近 20 m（郭建英等，2016）。磴口至巴彦哈日以北的黄河灌区零散分布固定草灌丛沙堆和小面积的新月形沙丘，大部分已开垦为耕地，这里是乌兰布和沙漠中自然条件最适宜的区域。

图9.4 乌兰布和沙漠复合型穹状沙丘（a）和灌丛沙丘（b）

表9.1 乌兰布和沙漠各类型沙丘面积及所占比例

活动性	沙丘类型	面积/km²	比例/%
固定沙丘	固定梁窝状沙丘	1800	20.04
	固定草灌丛沙丘	850	9.47
	固定沙垄	1365	15.20
半固定沙丘	半固定缓起伏沙地	220	2.45
流动沙丘	复合型沙丘和沙丘链	300	3.34
	复合型沙垄	465	5.18
	新月形沙丘和沙丘链	1775	19.77
	格状沙丘和沙丘链	985	10.97
	穹状沙丘	660	7.35
	线状沙丘	305	3.40
	星状沙丘和沙丘链	110	1.22
其他	被沙丘包围的水域、耕地、建设用地等	145	1.61
总计	/	8980	100

乌兰布和沙漠地处荒漠化草原向草原化荒漠的过渡地带，植被主要由对当地环境具有良好的适应性和抗逆性的沙生、旱生、盐生类灌木和小灌木组成（乌拉，2007）。在沙漠东南部流动沙丘区可见零星分布的沙蒿（*Artemisia desertorum*）、沙鞭（*Psammochloa villosa*）等沙生植物。在高大沙丘区以外广阔的湖积平原常见白刺（*Nitraria tangutorum*）、梭梭（*Haloxylon ammodendron*）、沙冬青（*Ammopiptanthus mongolicus*）等灌丛，而在水分条件较好的低地主要分布多种盐爪爪（*Kalidium* spp.）、芨芨草（*Neotrinia splendens*)、芦苇（*Phragmites australis*）、马蔺（*Iris lactea*）等盐化草甸植物。在沙漠东北部的古黄河冲积平原的低洼湿地，除分布典型的盐生草甸植物外，在常年或季节性积水滩地还有香蒲（*Typha orientalis*）、穿叶眼子菜（*Potamogeton perfoliatus*）、水蓼（*Persicaria hydropiper*）等水生植物。黑沙蒿（*Artemisia ordosica*）、沙生针茅（*Stipa caucasica* subsp. *glareosa*）等分布于沙漠东部降水较多的地区（张德魁等，2011；马全林等，2019）。

第二节　乌兰布和沙漠沉积地层、年代及环境演变

项目团队在乌兰布和沙漠对 5 个人工挖掘剖面开展了详细野外调查和室内样品分析。其中，JLT1、JLT2、JLT4 和 JLT5 剖面位于沙漠南缘，JLT3 剖面位于沙漠中部（图9.5）。本节将先详细介绍新增剖面的沉积相、颜色、年代及环境指标等信息，再结合已发表的典型剖面简述乌兰布和沙漠晚更新世以来的环境演变过程。

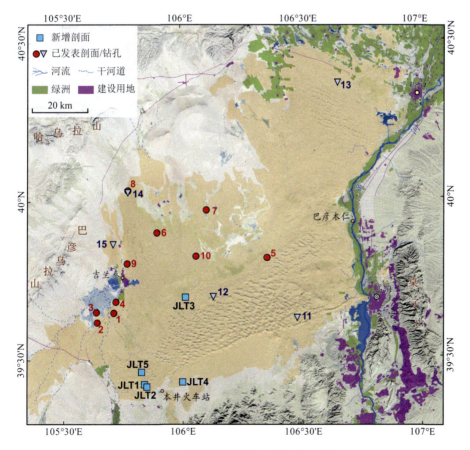

图 9.5　乌兰布和沙漠沉积剖面分布图

1. BS2，2. BS4，3. BS6，4. BS10，5. WS2（Chun et al.，2008）；6. QJD-1，7. QJD-2，8. QJD-4，9. QJD-5，10. QJD-6（Zhao et al.，2012a）；11. D-WL11ZK-1，12. C-WL12ZK-1，13. E-WL12ZK-2，14. A-WL10ZK-1，15. B-WL10ZK-2（Chen et al.，2014a）

　　JLT1 剖面位于沙漠南缘（图 9.5），周围分布灌丛沙丘（图 9.6）。该剖面深 1.70 m。剖面底部（1.70～0.50 m）为风成沙层，存在毫米级水平层理，颜色黑黄相间，下部湿润呈现深黑色，底部见地下水，0.80～0.70 m 有两层较粗沙粒，1.50 m 和 0.50 m 处风成沙样品的光释光年龄分别为 8.1±0.5 ka 和 7.1±0.5 ka。剖面上部（0.50～0 m）为干旱区典型土壤，胶结紧实，表面被风蚀；其中 0.50～0.20 m 处颗粒较粗且疏松，0.20～0.10 m 处坚硬紧实，颗粒较细。剖面平均粒径自下而上由细变粗后变细，在距离风成沙层中部明显变粗（图 9.7）。

图 9.6　乌兰布和西南部新增剖面周围地貌环境照片

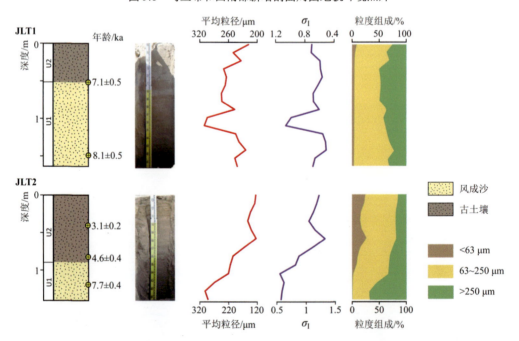

图 9.7　JLT1、JLT2 剖面地层、剖面照片及粒度变化

　　JLT2 剖面也位于乌兰布和沙漠南缘，距 JLT1 剖面不足 5 km（图 9.5）。JLT2 剖面周围的景观与 JLT1 剖面附近相似，周围有较多风蚀残丘分布（图 9.6）。该剖面深 1.40 m。

剖面下部（1.40～0.90 m）为风成沙，质地疏松，层理不明显，1.2 m 和 0.9 m 处的光释光年龄分别为 7.7±0.4 ka、4.6±0.4 ka。剖面上半部分（0.90～0 m）为土壤层，质地坚硬，普遍存在碳酸钙胶结，0.5 m 处的 OSL 年龄为 3.1±0.2 ka。剖面中的平均粒径自下而上呈逐渐减小的趋势，分选则逐渐变差（图 9.7）。

JLT3 剖位于乌兰布和沙漠靠近北部低地区域（图 9.5），剖面周围分布低矮的流动沙丘，沙丘丘间地生长较稀疏的草本植物（图 9.6）。该剖面深 1.6 m，自下而上可分为 4 个沉积单元。单元 1（1.60～1 m）为风成沙，颜色为棕色（10 YR 5/3），其中 1.3～1.2 m 有水平层理，夹杂较粗颗粒，该单元 1.1 m 处的光释光年龄为 9.8±0.6 ka。单元 2（1～0.45 m）为湖相沉积，颜色为浅黄色（2.5 Y 7/3），0.5 m 处的 OSL 年龄为 8.6±0.5 ka。这层湖相沉积之上发育了一期厚约 25 cm 的古土壤，颜色为黄褐色（10 YR 5/4），这期古土壤又被表层 20 cm 厚的颜色为浅灰色（2.5 Y 7/2）、质地坚硬的湖相沉积所覆盖。顶部湖相沉积的光释光年龄约为 7 ka，古土壤发育的时间约在 8 ka 左右（图 9.8）。

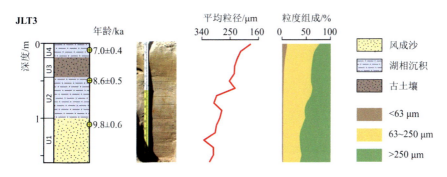

图 9.8 JLT3 剖面地层、粒度变化及剖面照片

因源于贺兰山的河流下切而出露的 JLT4 剖面位于乌兰布和沙漠南缘（图 9.5），附近地表以灌丛沙丘为主。剖面总深度为 2.40 m，自下而上可分为 4 个沉积单元。底部（2.40～1.80 m）为河流相沙砾石层，其中 2.40～2.15 m 处砾石颗粒粗，最大直径 5 cm，坚实且砾石分布连续；在 2.02 m 和 1.90 m 处也各有一层砾石层，其中 2.02 m 处砾石粒径较 1.90 m 处粗，应是季节性洪水带来的洪积物。这层沙砾石被 80 cm 厚且无明显层理的风成沙所覆盖，风成沙的光释光年龄介于 63～56 ka。在剖面 1 m 深处开始发育古土壤，颜色为浅棕色（7.5 YR 6/3），其中 1～0.9 m 为淀积层，白色且质地坚硬；0.75～0.65 m 处也出现连续小砾石沉积；该单元 0.65 m 处的 OSL 年龄为 45.2±2.4 ka。顶部（0.50～0 m）再次出现风沙沉积，单元底部（深度 0.4 m）的 OSL 年龄为 10.9±0.5 ka，表明该剖面曾长期经历剥蚀，至全新世早期风沙开始再次堆积（图 9.9）。

JLT5 剖面也位于乌兰布和沙漠的南部边缘区域（图 9.5）。剖面所处的地貌单元为源于贺兰山北部的季节性河流的河流阶地，阶地之上发育高度为 50 m 左右的复合型穹顶沙丘，沙丘表面叠附有格状沙丘。该剖面深 6 m，剖面自下而上一共由 5 个人工挖掘探坑组成，可分为 7 个单元，主要由以风成沙和粉沙质黏土为主的湖相沉积组成。剖面底部（6～4.15 m）为风成沙，胶结程度高，颜色呈黄色（10 YR 7/6），有近水平层理。4.15～

3.68 m 为静水沉积，黏土含量高，质地较硬，颜色呈浅褐色（10 YR 7/4）。3.68～3.40 m
为风成沙，有明显的交错层理，颜色呈黄棕色（10 YR 6/6）。这层风成沙又被 30 cm 厚的
静水沉积覆盖，这层静水沉积<63 μm 颗粒含量高达 95%以上，颜色呈黄色（10 YR 7/6）。
剖面上部 3.1 m 为有斜层理的风成沙，颜色为红黄色（7.5 YR 6/6）；该层风沙在深度 0.1 m
处夹有一层厚约 5 cm 的薄层黏土质粉沙，颜色呈深褐色（7.5 YR 3/3），应为静水沉积。
本剖面尚缺乏年代数据，其静水沉积应是较湿润时期河流径流量增加形成的河漫滩沉
积。JLT5 剖面沉积物自下而上平均粒径变化明显，三层静水沉积的平均粒径为 10 μm 左
右，而风成沙层平均粒径约为 200 μm（图 9.10）。

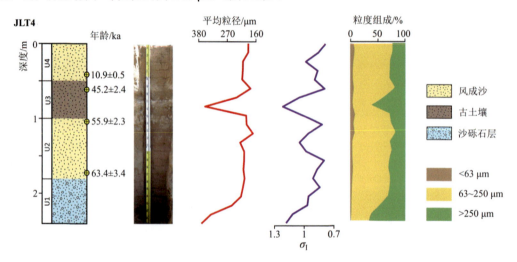

图 9.9　JLT4 剖面地层、粒度变化（不含砾石组分）及剖面照片

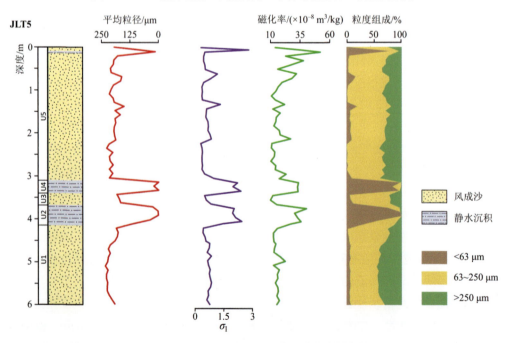

图 9.10　JLT5 剖面地层、粒度及磁化率变化

　　除了我们在乌兰布和南缘的新增剖面外，前人在乌兰布和沙漠吉兰泰东北部低地也做了较多工作（Chun et al.，2008；范育新等，2010；Zhao et al.，2012a）。从位于沙漠西部的吉兰泰盐湖南端的沉积剖面（BS2、BS4、BS6、BS10）来看，除深度较短的 BS2 剖面以外，其他 3 个剖面底部均发育水成沉积，并于 6.5 ka 前后开始堆积风成沉积（Chun et al.，2008）（图 9.11）。这 4 个剖面都靠近吉兰泰盐湖，且剖面周边都有古河道（图 9.5 中序号 1～4），甚至在现代降水较多季节也会有间歇性洪水汇入吉兰泰低地。因此，这些剖面显示，在中全新世时期吉兰泰南部地表径流过程较为显著，这可能与中全新世湿润有关。WS2 剖面与 JLT3 剖面一样，位于乌兰布和南部高大沙丘区与北部低地的交界处（图 9.5），反映了 6.8 ka 后该区域出现持续的风沙堆积（Chun et al.，2008）（图 9.11）。在更靠近北部低地的吉兰泰盐湖东北部区域，Zhao 等（2012a）对 5 个处于相近海拔的沉积剖面（QJD-1、QJD-2、QJD-4、QJD-5、QJD-6）进行年代测试，发现 7.8～7.1 ka 之间发育湖相沉积（图 9.11），此时乌兰布和北部可能存在一个面积颇大的局地湖泊；该湖泊在 6.5 ka 前后开始萎缩，并在该区域出现较大规模风沙沉积，与现代相似的沙丘景观可能开始形成。

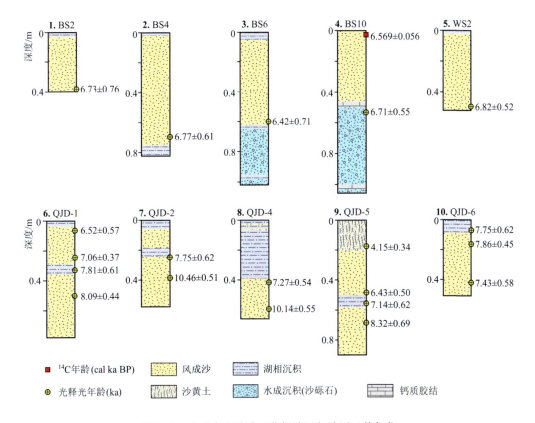

图 9.11　乌兰布和沙漠西北低地沉积地层及其年代

1～5 改绘自 Chun 等（2008），6～10 改绘自 Zhao 等（2012a）

　　除了靠近吉兰泰东北低地的乌兰布和南部区域，磴口附近的乌兰布和北部区域的沉积地层也保存有中全新世的湖相沉积（贾铁飞和银山，2004；赵杰等，2017）。贾铁飞和银山（2004）根据乌兰布和北部的沉积剖面发现沙漠北部全新世呈现三段式沉积模式，即早全新世风成沙沉积、中全新世河湖相沉积和晚全新世风成沙沉积。从黄土档、大闸、大闸东 0.5 km、北根台砖厂这 4 个剖面的测年结果来看，早全新世的风成沙沉积大致开始于 10～9 ka，于 7 ka 前后出现河湖相沉积，并于 2 ka 左右再次堆积风成沙（图 9.12）。基于乌兰布和北缘 10 多个湖相地层出露点和典型剖面的地层和年代学研究，乌兰布和北缘的大部分地层记录了该区域在 10～8 ka 的全新世早期退出湖泊环境，河汊或湖湾等局部地区的湖相沉积可延续至全新世中晚期（赵杰等，2017）。湖相地层年代的空间分异特征与沉积剖面的位置有关，即不同位置的河湖作用的过程和程度不同。

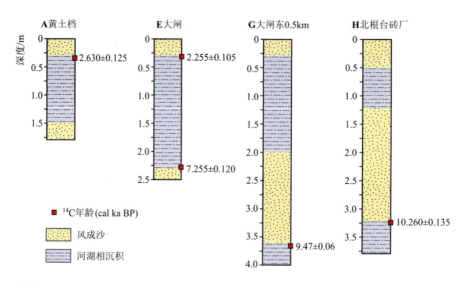

图 9.12　乌兰布和沙漠北部地区沉积地层及其年代［改绘自贾铁飞和银山（2004）］

总而言之，乌兰布和沙漠靠近北部低地的局部地区在早中全新世时期可能被湖泊占据，而钻孔和地貌证据表明在更早的晚更新世时期，乌兰布和北部可能存在一个更大的统一古湖，远超全新世时期的规模（陈发虎等，2008）。Yang 等（2008a）通过遥感卫星的解译确定了海拔1080～1070 m、1060 m、1050 m、1044 m 和 1035 m 的一系列古湖岸堤，并结合古湖岸线的沉积剖面的解析，认为吉兰泰-河套地区具备发育海拔 1050 m 以上统一大湖的条件。

Chen 等（2014a）在乌兰布和沙漠的东南部、西部和北部分别钻取了 5 个较长序列沉积地层钻孔（图 9.13），其中 A-WL10ZK-1 和 B-WL10ZK-2 海拔相近（分别为 1026 m 和1020 m），E-WL12ZK-2 海拔稍高（1053 m），C-WL12ZK-1h 和 D-WL11ZK-1 海拔最高（分别为 1093 m 和 1310 m）。这些岩心地层多为冲、洪积物和湖相沉积，其中也出现多层风成沙，这些风成沙夹层应是乌兰布和沙漠早期演变历史的地层证据。以位于沙漠西部的 A-WL10ZK-1 钻孔为例，自下而上可以分为 4 个沉积单元：单元 1（35.0～30.5 m）以风成沙为主；单元 2（30.5～19.8 m）为粉沙黏土和黏土；单元 3（19.8～0.1 m）的下部19.80～9.0 m 出现风成沙和黏土互层，上部9.0～0.1 m 以风成沙为主，夹薄层粉沙黏土；

单元 4（0.1～0 m）为灰白色粉沙黏土。钻孔的沉积相和测年结果显示，120～90 ka 期间河套-吉兰泰古大湖覆盖了现代乌兰布和沙漠的北部区域；之后湖泊退缩，区域逐渐出现大规模风沙地貌；直到全新世中期（8～7 ka）沙漠北部再次出现大面积湿地（图 9.13），可能与东亚夏季风增强带来的降水增多有关。

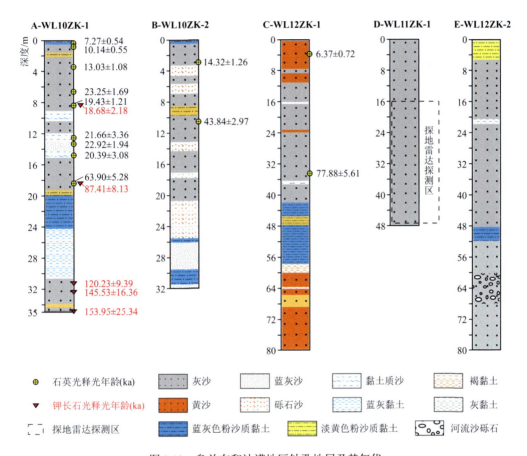

图 9.13　乌兰布和沙漠地区钻孔地层及其年代

改绘自 Chen 等（2014a），钻孔位置见图 9.5

　　本书的新增剖面及前人发表的相关研究结果均指示晚更新世以来乌兰布和沙漠环境发生过显著变化，且其演变历史与北部低地的湖泊发育息息相关。湖相沉积被风成沙覆盖说明现代乌兰布和沙漠的规模可能与吉兰泰古湖面积的不断缩小和干涸后湖泊周围松散沉积物的风蚀、搬运及堆积有着密切的关系。现代乌兰布和沙漠的地貌景观应是在古大湖消退之后才逐渐形成的。

第十章

库布齐沙漠

第一节　自然环境与风沙地貌特征

库布齐沙漠（39.6°N～40.8°N，107.2°E～111.3°E）位于黄河中游河套平原以南，整体呈带状分布卧于黄河几字形弯南岸（图 10.1），是我国唯一位于贺兰山以东，以流动沙丘为主的沙漠。从地理位置上看，库布齐沙漠像一个挂在黄河上的弦，在中国少数民族语言蒙语中"库布齐"含"弓上的弦"之意。库布齐沙漠总体地势南高北低，南部海拔可达 1500 m，而北部位于河套平原的部分海拔约为 1030 m。库布齐沙漠东西延伸超过 300 km，南北宽度由西部约 100 km 减小到东部的 20～30 km（图 10.1）。根据本书最新的统计，库布齐沙漠总面积为 12 325 km²，是我国第七大沙漠。除了黄河以南的库布齐沙漠，乌拉山北、乌梁素海以东还有一片以半固定沙丘和格状沙丘为主的独立沙区，可被称为乌梁素沙区，总面积约 360 km²（图 10.1）。

库布齐沙漠南北纵跨鄂尔多斯高原和河套平原，这两套地质单元共同构成了库布齐沙漠的基底，周围出露的基岩主要是白垩系、古近系和新近系的泥岩、泥灰岩、页岩和角砾岩等（马丽芳，2002）。鄂尔多斯高原在中生代早期持续下降，广泛发育湖盆和大型河流，新生代时期开始抬升，并在中新世晚期到上新世完成了从沉积盆地向剥蚀高原转型（岳乐平等，2007）。河套盆地早在渐新世开始沉积，在距今 60～50 ka 之前曾发育面积超过 3 万 km² 的古大湖（陈发虎等，2008），而此时库布齐沙漠的早期雏形即古大湖湖滨的近源沙丘或已形成。随后吉兰泰-河套古大湖干涸，形成了现今见到的河套平原，在湖盆底部的黄河南岸，发育了较为低矮的新月形沙丘，构成了现代库布齐沙漠北部的主要景观。

库布齐沙漠的沙丘大多覆盖在黄河冲积平原和阶地之上，因此河流在该沙漠形成过程中起到了关键作用。黄河限制了库布齐沙漠向北和向东发展的可能，亦为其沙丘建造提供了丰富的物质基础（Liu and Yang，2018）。沙漠中西部缺乏地表径流，流水作用微弱，仅北部位于黄河河漫滩的部分的丘间地存在多个面积 1～2 km² 的湖泊。在独贵塔拉镇以东，有 10 条发育于鄂尔多斯高原的"十大孔兑"（"孔兑"意为季节性河流）由南向北贯穿库布齐沙漠最终汇入黄河，在该区域内形成风沙、河流交互的水沙格局。这 10 条河流自西向东分别为毛不拉孔兑、卜尔色太沟、黑赖沟、西柳沟、罕台川、壕庆河、哈什拉川、母花河、东柳沟和呼斯太河（图 10.1）。这些孔兑流经之处，容易在高强度季节性洪流作用

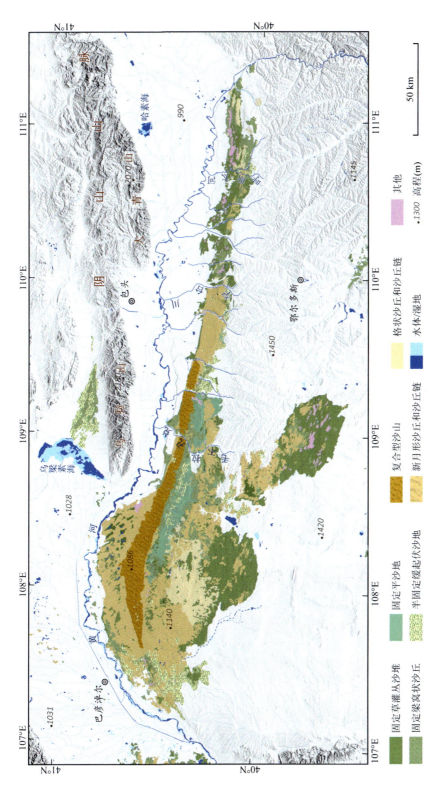

图 10.1 库布齐沙漠风沙地貌类型图

下侵蚀下切鄂尔多斯高原的原有的沙质沉积物并携带到下游，为黄河注入大量泥沙。

库布齐沙漠地处半干旱区，受东亚夏季风影响，其多年平均降水量从超过 400 mm 的东部向小于 200 mm 的西部递减。近 50 年（1973~2022 年）的气象观测记录表明，位于沙漠东南部的鄂尔多斯的多年平均降水量为 444 mm，而位于沙漠西部的巴彦淖尔多年平均降水量为 198 mm，降水多集中于夏季（图 10.2）。该沙漠降水年际变化较大，但近 50 年没有呈现显著的趋势。即使在较为干旱的巴彦淖尔，少数年份降水量也可达 500 mm 以上。Walter-Lieth 气候模式图表明沙漠西部在 4~6 月较为干旱，而东南部全年都相对湿润（图 10.2）。这种东西显著差异的水热组合模式也反映在地表景观上，即降水较高的东部以固定沙丘为主，而西部则以流动沙丘为主（图 10.1）。库布齐沙漠年均温约为 7~9℃，多年平均月最高温约 27~31℃，多年平均月最低温约为-15℃，全年显著的霜冻期可达 5 个月（11 月到翌年 3 月）（图 10.2）。近 50 年来，库布齐沙漠的年均温有明显的升高趋势，如位于沙漠东南部的鄂尔多斯升温速率约为 0.4℃/10a（图 10.2）。

基于 ERA5-Land 再分析数据的风况分析表明，库布齐沙漠总体输沙方向为自西向东，沙漠内部的输沙能力较强且明显高于河套平原地区（图 10.3）。位于库布齐沙漠西北缘的巴彦淖尔气象站风况数据显示，该地以西南风和东北风为主，其大于起沙风速的风向主要为西南风和西风，合成输沙方向为东-南-东（图 10.3）。而东南部的鄂尔多斯则以南风为盛行风向，但其大于起沙风速的风向主要为西北，合成输沙方向 95°（图 10.3）。沙漠腹地缺少公开气象站点数据，ERA5-Land 小时分辨率的格点数据显示西风和西南西风为输沙盛行风，南风也起到重要作用。总体来看，库布齐沙漠风向变率中等（RDP/DP 介于 0.4 到 0.6 之间），南部明显受到夏季风的影响，南风起到不可忽略的作用。

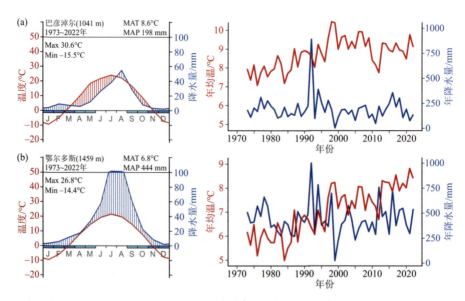

图 10.2　库布齐沙漠西北的巴彦淖尔（a）和东南的鄂尔多斯（b）站点记录的 1973~2022 年降水、温度 Walter-Lieth 气候图及其年际变化

数据来源：美国国家环境信息中心提供的全球地面逐日数据资料（GSOD）

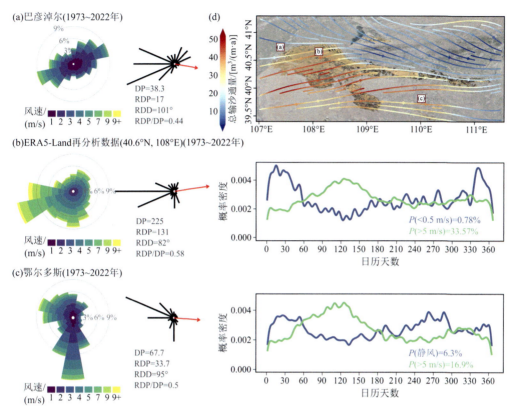

图 10.3　库布齐沙漠自西向东 3 个点位的风玫瑰图、输沙势玫瑰图及其年内风速分布

（a）（c）基于气象站点记录的 3 小时分辨率风速和风向数据；（b）基于 ERA5-Land 的小时分辨率风况数据，点位位置见图（d）；（d）库布齐沙漠输沙通量分布图，使用 ERA5-Land 再分析数据绘制

该区域春季（3～5 月）风力较强，>5 m/s 的大风在全年所占比例达 15%以上（图 10.3）。值得注意的是，尽管库布齐沙漠的总体输沙方向向东，但是区域内自西向东的表沙样品粒度差异和趋势并不显著，中值粒径均在 90～180 μm 之间（Yang et al.，2016）。

　　虽然库布齐沙漠也位于贺兰山以东的半干旱区，但其地表景观与中国东部其他沙地有着显著区别（朱震达等，1980；Yang et al.，2016）。该沙漠中西部的黄河阶地上主要分布复合型沙山，沙丘高度约为 20～40 m，部分沙丘高达 50 m 以上。这一区域南北宽约 4～8 km，东西延伸约 130 km，是库布齐沙漠沙丘景观的核心区域（图 10.1），占库布齐沙漠总面积的 8.84%（表 10.1）。而位于河套平原的黄河河漫滩、远离黄河阶地的沙漠西南部，以及卜尔色太沟以东、罕台川以西，主要分布低矮（<10 m）的新月形沙丘和沙丘链，是库布齐沙漠分布最广泛的流动沙丘类型，约占 34.6%。多时间序列卫星影像显示，毛不拉孔兑西侧新月形沙丘链在 1990～2014 年间向东移动了 391 m（管超等，2017）。在沙漠中南部，也分布有一块低矮的格状沙丘和沙丘链，约占 6.69%，植被覆盖度很低（表 10.1）。得益于近几十年在库布齐沙漠东部的生态修复，当前流动沙丘占库布齐沙漠总面积的 50.13%（表 10.1），显著低于 20 世纪 80 年代所统计的 80%（朱震达等，1980）。

表 10.1 库布齐沙漠不同沙丘类型面积及其所占比例

沙丘类型	特征描述	面积/km²	比例/%
固定沙地	固定草灌丛沙堆、固定梁窝状沙丘和固定平沙地。沙质地表植被覆盖度较高，>20%	5070	41.14
半固定沙地	地面略有起伏的沙质地表，植被覆盖度<20%	1075	8.72
复合型沙丘	规模较大的沙丘，排列有明显的链状特征，沙山之间有宽广的山间低地	1090	8.84
新月形沙丘	新月形沙丘、沙丘链和新月形沙垄。沙丘形态似新月形，以及由新月形沙丘相互连接而成，植被覆盖度低	4265	34.60
格状沙丘	沙丘链（梁），其间分隔的低地呈格状形态。部分区域间或分布形态似直线的沙丘体，植被覆盖度低	825	6.69
总计	/	12 325	100

固定、半固定沙丘多出现在该沙漠的中南部和东部（图 10.1），约占库布齐沙漠面积的一半，以固定草灌丛沙丘、固定梁窝状沙丘和平沙地为主，也分布有少量的抛物线形沙丘。沙漠中南部主要是固定沙丘、半固定沙丘及少量的流动新月形沙丘呈斑块状镶嵌分布（图 10.1），沙丘普遍低矮，向南延伸至杭锦旗以南，与毛乌素沙地几乎连成一片。沙漠东部的固定沙地主要分布在罕台川以东长约 120 km、宽 6～8 km 的狭窄条带上，植被覆盖率>70%，南北向的多条河流纵穿沙地而过，将其切割成多个独立区域（图 10.1）。区域范围内的植被类型也呈现出自东向西的地带性分布规律：东部为干草原植被类型，多年生植物占优势，主要植物有百里香（*Thymus mongolicus*）、黑沙蒿（*Artemisia ordosica*）等；而西部为荒漠草原植被类型，主要植物为蒙古杨柴（*Corethrodendron fruticosum* var. *mongolicum*）、木蓼（*Atraphaxis frutescens*）、沙鞭（*Psammochloa villosa*）等（云凌强和唐力，2009）。

第二节 库布齐沙漠沉积地层与年代

依托科技部基础资源调查专项"中国沙漠变迁的地质记录和人类活动遗址调查"，库布齐沙漠新增 5 个剖面。前人对库布齐沙漠的研究多集中于沙区西部的边缘及沙区东部（图 10.4）。下面将对本研究新获取的地层剖面的沉积学、土壤学特征及相关年代框架进行详细论述。

KA 剖面（40.23° N，109.95° E，1097 m）位于沙漠东部的黄河支流高出现代河床100 m 的河流阶地上（图 10.4）。整个剖面厚 4.4 m，由上下两层风成沙和中间一期古土壤组成（图 10.5）。剖面最底部的风成沙（4.4～3.4 m）可分为两部分：底部（4.4～4 m）为中等分选程度的浅黄棕色（10YR 6/4）细沙，碳酸钙和总碳含量较高，样品光释光年龄为 6.06±0.81 ka；顶部（4～3.4 m）为分选程度中等到良好的黄棕色（10YR 6/6）细沙-中沙，相比底部，粒度明显偏粗。剖面中间部分（3.4～1.5 m）为古土壤，主要由分选较

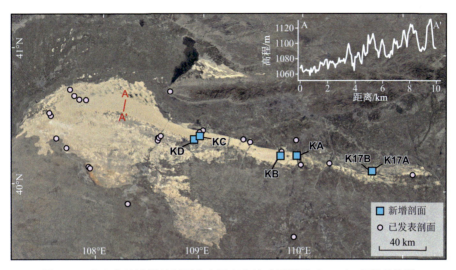

图 10.4　库布齐沙漠野外剖面分布及高大沙丘横断面（A-A'）高程变化图

差的棕色（10YR 5/3）粉沙和细沙构成，在这期古土壤的顶部有一层约 10 cm 厚的文化层（图 10.6），其沉积物主要为分选中等的粉沙，夹有少量的黑色碳屑。古土壤相比底部风成沙，粒度偏细，分选偏差。古土壤底部、中间和顶部的光释光年龄分别为 3.90±0.44 ka、1.90±0.20 ka、0.91±0.13 ka，表明这期古土壤大约发育于 4000 a 到 1000 a 之间。剖面最顶部为 1.5 m 厚的风沙层，有发育很好的沙丘斜层理，主要为浅黄棕色（10YR 6/4）细沙，分选程度由中等至良好，该层 1 m 处沉积物的光释光年龄为 0.24±0.04 ka（图 10.5），说明上部风成沙是最近两百多年以来才堆积的。

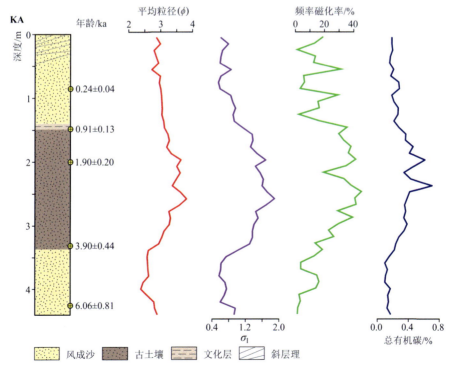

图 10.5　KA 地层剖面图、光释光测年结果及代用指标变化

图 10.6　KA 剖面中文化层（具体位置见图 10.5）实地照片

黑层中保留有动物骨骼、黑碳等，有"厨房"遗迹特征

KB 剖面（40.28° N，109.78° E，1072 m）出露于高出黄河支流现代河床 20 m 处的河流阶地上（图 10.4），剖面厚 3.2 m，与剖面 KA 类似，也是由两层风成沙和一期埋藏古土壤组成。剖面底部（3.2～2.4 m）为浅黄色（10YR 6/4）、分选程度中等到良好的细沙，2.9 m 处沉积物光释光年龄为 7.87±0.75 ka。古土壤（2.4～0.35 m）由深灰色（10YR 4/2）、分选差的极细沙和少量粉沙组成；与底部的古土壤不同，顶部 0.4 m 厚的古土壤发育更弱，具有微弱的块状结构，颜色偏棕色（10YR 5/3），粒径更粗，但分选程度较好。该层的光释光年龄表明古土壤的成壤时间大约介于 2.87±0.32 ka 与 2.18±0.29 ka之间。古土壤被剖面顶部约为 0.4 m 厚的风成沙所覆盖。该风成沙为浅黄色（10YR 6/4）、分选极好的中细沙（图 10.7）。

KC 剖面（40.37° N，108.92° E，1134 m）位于毛布拉孔兑一级阶地的顶部，该阶地高出现代河床 22 m（图 10.4）。整个剖面厚 3.7 m。底部风成沙（3.7～0.7 m）为浅黄棕色（10YR 6/4）、分选极好的细沙。顶部（0.7～0 m）的冲洪积物为浅棕色（7.5YR 6/3）、分选差的黏土质粉沙，碳酸钙含量高达 15%。在该剖面 0.6 m 处还发现了两层非常坚硬的钙质胶结层，其厚度约 2 cm，主要由白色（5YR 8/1）粉沙构成。该层指示了最新一期河床曾位于这一高度的洪水过程。年代学结果指示在 7.52±0.59 ka 到 3.88±0.46 ka 期间河床处于准稳定状态，而风沙沉积很可能出现在河道附近。位于剖面顶部的风沙与河漫滩相沉积的快速转换表明河流可能在 3.88±0.46 ka 之后发生了多次侧向摆动，从而形成了冲洪积物与风成沙的互层（图 10.7）。

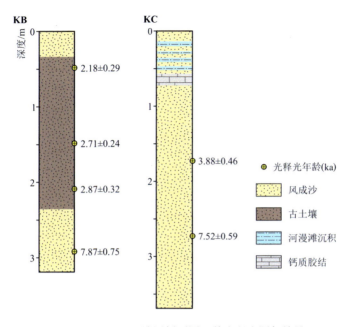

图 10.7 KB、KC 地层剖面图及其光释光测年结果

我们测到最老的风沙沉积物出现在 KD 剖面（40.40°N，108.98°E）的底部，该剖面近水平层理的沉积物中夹杂风成沙沉积，近水平层理沉积物为白色（5YR 8/1）、分选差的中沙，碳酸盐胶结程度高，含有直径 2～3 mm 的似圆形砾石。其中风成沙石英颗粒的光释光年龄为 16.24±1.41 ka。该剖面出露于靠近黄河主河道的低洼区，并被支流切割。结合沉积相特征，我们认为该部位原本是早期河道的一部分，沙质沉积物以河岸风沙沉积物的形式堆积形成。

以上 4 个剖面中，有 3 个剖面的底界年龄均为全新世，而另一个临近河滨区域的剖面底部风成沙则为晚更新世。风成沙层与古土壤中的环境代用指标，如平均粒径、分选、碳酸钙含量、磁化率、总碳和总有机碳均有较大差异（图 10.5）。风成沙粒度明显粗于古土壤，分选也优于古土壤。

K17A 剖面（40.15° N，110.69° E，1045 m）位于"十大孔兑"之一的呼斯太河东岸阶地上（图 10.8）。整个剖面高 24.3 m，主要是多期河流沉积与风沙沉积互层，中间夹有一层厚约 9 m 的湖相沉积。剖面底部风成沙（24.3～21.55 m）整体为黄棕色、分选较差的细沙，该风沙层光释光年龄从底部到顶部分别为 242.49±13.01 ka、221.32±12.74 ka、205.34±11.96 ka、199.24±11.62 ka，表明该风成沙形成于晚更新世，并且在该风沙层还可以观察到波状层理。其上覆盖了一层含近水平层理的（21.55～17.35 m）河流沉积，为白色-浅棕色（2.5YR 8/1～10YR 7/3）、分选较好的细沙，有 9 层碳酸盐层穿插其中，该层的光释光年龄显示河流沉积形成于 153.10±15.11～146.95±6.82 ka（图 10.8）。湖相沉积（17.35～8.75 m）由浅粉色（2.5YR 8/3）、分选较好并且遇酸反应剧烈的细沙组成。第二期风成沙（8.75～5.8 m）为棕色（10YR 5/4）、分选好的细-中沙，可以观察到清晰的厘米级斜层理，其倾角约 32°；该层顶部沉积不连续，斜层理被明显截断，另外在深度约 7.5 m 处

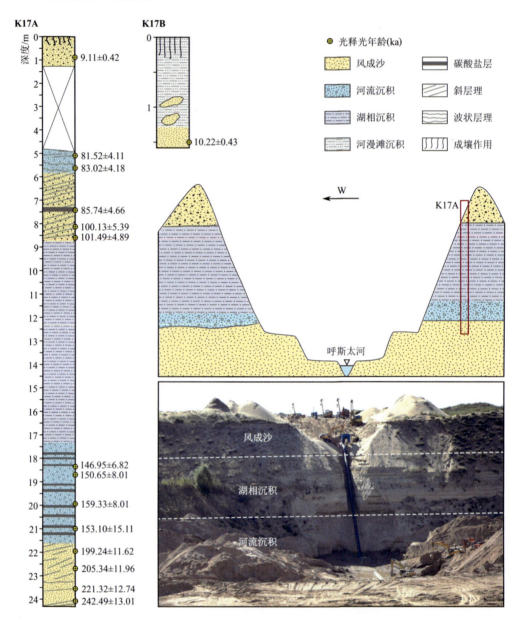

图 10.8　K17A、K17B 地层剖面图、光释光测年结果及其野外照片和示意图

有一层厚约 10 cm 的碳酸盐层，其光释光年龄揭示这层风成沉积开始于 101.49±4.89 ka，持续时间约 15 ka。随后，该风沙层又被含近水平层理的河流沉积（5.8～4.8 m）所覆盖，主要由黑黄棕色（10YR 4/4）、分选好、多结核的细-中沙组成，与下伏地层成不整合接触关系。在 5.7 m 和 5.1 m 处获得的光释光年龄分别为 83.02±4.18 ka 和 81.52±4.11 ka。该剖面最顶部为现代风成沙（1～0 m），棕黄色（10YR 5/6）、分选差的粉沙-细沙，最顶部 10 cm 出现较多现代植物根系，现代土壤发育有微弱块状构造，深度 0.95 m 处风成沙石英颗粒的光释光年龄为 9.11±0.42 ka（图 10.8）。该剖面揭示了库布齐沙漠东部区域晚更新世以来经历过多期环境变化。

K17B 剖面（40.15° N，110.70° E，1077 m）位于 K17A 剖面西北侧大约 200 m 处（图 10.4）。其底部为风成沉积，分选好、黄棕色（10YR 5/4）、细沙（1.6～1.3 m），在深度 1.5 m 处的光释光年龄结果显示为 10.22±0.43 ka。覆盖在风成沙之上的是河漫滩沉积（1.3～0 m），在深度分别为 1 m 和 1.2 m 处包藏棕黄色（10YR 6/6）的细风成沙（图 10.8），说明在河漫滩相沉积的历史上，曾出现过河漫滩干涸、风沙作用导致风成沙沉积。剖面顶部目前由芨芨草固定，草根上可以观察到泥炭；此外，现代土壤发育较好，厚约 25 cm。

第三节 库布齐沙漠的环境演变

库布齐沙漠位于黄河南岸，虽然有多条季节性河流流经沙漠，但是现今该区依旧有大量的流动沙丘。然而，根据《水经注》等史书记载，库布齐沙漠所在的位置在历史时期水草丰美，并且存在大规模的人类活动遗址，即使在今天，这茫茫的沙漠腹地仍保留着许多水成沉积记录。这些风沙与水成沉积互层的地质记录为我们揭开库布齐沙漠形成过程和环境背景提供了丰富且重要的素材。前人对库布齐沙漠形成的年龄和原因进行了详尽的研究，认为库布齐沙漠现代地表景观是末次冰期以来气候干旱化及人类活动共同作用的结果（范育新等，2013；Yang et al.，2016；管超等，2017）。由于干旱、半干旱区的空间异质性以及风沙沉积具有显著的瞬时性和不连续性，单一的地层剖面难以反映一个区域的气候、环境变迁过程。本节根据各文献中的沉积剖面描述，将所有已发表含年龄数据的剖面统一图例重绘，大致按照自西向东的顺序排列，并根据现有库布齐沙漠地区的地层沉积记录（图 10.9），力图勾画库布齐沙漠环境演变历史。

在万年时间尺度上，深钻中存在的厚几十米、时间跨度可达数万年至数十万年的风成沙，指示库布齐沙漠在约 1.65 Ma 时就已经形成（Li et al.，2017b）。而在探讨库布齐沙漠现代地表景观形成的过程中，河套地区发现的晚第四纪湖相沉积地层，许多地区保留的湖滨沙砾石沉积和连续的古湖岸线（陈发虎等，2008），钻孔资料中风成沙沉积和河湖相沉积物交互的沉积模式（Li et al.，2017b），以及我们新发现的 K17A 剖面中的河、湖相沉积（图 10.9），均显示该沙漠规模在湖泊扩张时应缩小，而在湖泊萎缩时才可能扩大。根据现有的湖相沉积记录和定年结果判断，"吉兰泰-河套"古大湖大约在距今 10 万年前后开始发育，并且在距今 6 万～5 万年形成了一个东西长 560 km，面积达 34 000 km² 的统一的古大湖（陈发虎等，2008）。随后湖泊发生退缩，虽然湖岸线有波动变化，但是覆盖河套平原的大湖一直存在。古大湖重建的湖岸线（海拔 1080 m）范围与库布齐沙漠有明显的重叠之处（图 10.10），同时该沙漠内的高大沙丘恰好位于古湖岸线的下风向，且界线清晰，所以推测，库布齐沙漠的部分高大沙丘可能是地质历史时期留下的湖滨沙丘。

在已知的剖面中，包含水成沉积地层的剖面大多位于"十大孔兑"沿岸和古湖岸线周围。K17A 剖面的 OSL 年代数据（图 10.9）显示现今库布齐沙漠形成于河湖沉积地层之上近万年以来的时期，尽管之前该地也有过约 20 万年前及约 10 万年前的风成沙，水成

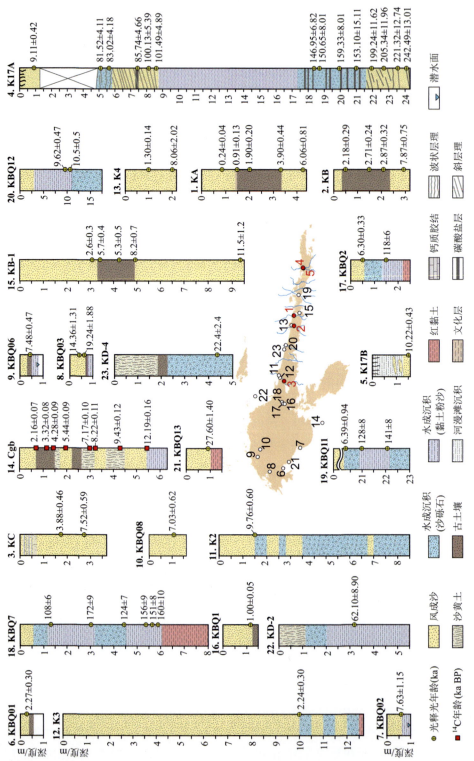

图 10.9 库布齐沙漠剖面沉积序列图及其光释光年龄（年代与原文一致，剖面示意图依据原文改绘）

剖面 1～5 为本研究新增剖面；剖面 6～13 引自范育新等（2013）；剖面 14 引自 Zhou 等（2002）；剖面 15 引自 Sun 等（2006）；剖面 16～21 引自 Xu 等（2018a）；剖面 22～23 引自杨利荣等（2017）

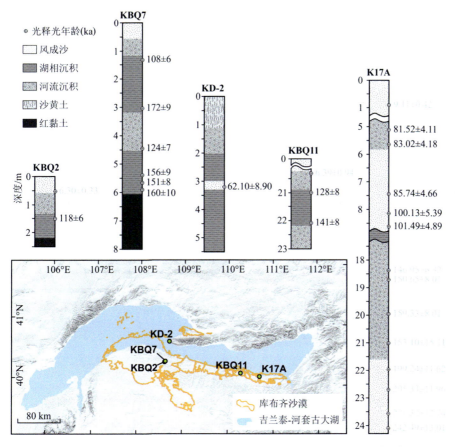

图 10.10　晚更新世时期库布齐沙漠地层沉积序列与"吉兰泰-河套"古湖时空关系（年代与原文一致）

KBQ2、KBQ7、KBQ11 剖面位置和沉积序列引自 Xu 等（2018a）；KD-2 剖面位置和沉积序列引自杨利荣等（2017）；K17A 剖面为本研究新增剖面。K17A 剖面约 100 ka 的风成沙底部也有一层湖相沉积，这里是否也是古大湖的组成部分尚需进一步研究

沉积年龄大多也为晚更新世。位于库布齐沙漠北缘古大湖范围内的 KD-2 剖面（杨利荣等，2017）较厚湖相沉积中的一层风成沙年龄为 62 ka（图 10.10），与吉兰泰-河套古大湖的存在时间接近。这些地层证据都暗示，库布齐沙漠的风沙层可能覆盖于湖相、河流相或冲洪积地层之上。当高湖面退去及河流断流之后，干涸的湖底和河床为风蚀作用提供了丰富的松散沉积物，经过搬运和剥蚀作用之后，在古湖岸、河岸或河流阶地上堆积出了如今见到的高大沙丘。

进入全新世，在空间维度上，库布齐沙漠的风沙堆积总体有"西早东晚"的特点（图 10.11）。具体而言，现有的文献资料显示，库布齐沙漠西部风沙沉积较早且分布较广，如位于库布齐沙漠西南缘的 KBQ13 剖面，记录到研究区内最早的风沙堆积时间为 27 ka，风沙层直接堆积于地质历史时期的红黏土之上（Xu et al.，2018a）。而东部风沙堆积相对较晚，多集中于晚全新世（图 10.11）。因为受东亚夏季风影响，库布齐沙漠东部处于流动沙丘与植被固定区的交界处，对降水量变化较为敏感，沙漠边缘也常发育古土壤。在 KA 和 KB 两个剖面中均观察到了埋藏古土壤，这一沉积相表明当时气候条件转好，有植物生长。而在位于沙漠偏西部的剖面，并没有观察到类似的古土壤，这一现象与库布齐东西现代环境格局以及现代气候格局相似。这暗示了库布齐沙漠东、西部地区对气候变化的响应也可能是不同步的。在气候转好的背景下，东部会优先响应，沙丘固定，并逐渐发育古土壤，而在西部地区风沙活动可能仍然继续。从本次研究的剖面及前人发表的地层年代数据中可以看出，现代库布齐沙漠的形成是从西部逐渐开始的，随着环境的持续干旱化，沙漠才逐步扩张到东部地区。

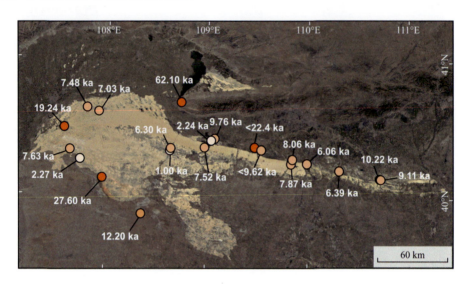

图 10.11　库布齐沙漠与现代沙漠景观关联的最早风沙堆积年代空间分布

时间维度上，在全新约 7 ka 时期库布齐沙漠存在一次范围较广的风沙堆积事件，从该沙漠西部一直延伸到东部边缘带，均有记录表明此时间前后有较快的风沙堆积记录。例如，在该沙漠东部的沉积剖面中记录了从 6.4 ka 开始的风沙堆积（图 10.11），这暗示了此时覆盖整个东、西部大面积的沙漠景观雏形形成了，这与"吉兰泰-河套"古大湖的逐步衰退有较好的呼应（Xu et al.，2018a）。

总体而言，库布齐沙漠地区自晚更新世以来均存在间歇性的风沙活动，由于风沙沉积的不连续性和空间异质性，现阶段对库布齐历史发展演变的认识仍有明显分歧，还需进一步深入研究。但是也有一些较为一致的观点，如库布齐沙漠最近一次风沙堆积是在距今约 2 ka 发生的。Sun 等（2006）在库布齐沙漠西部的剖面中发现有风沙堆积，光释光年龄显示约 2.6 ka（图 10.9）。本研究在库布齐东部的 KB 剖面（图 10.7）发现约 2.2 ka 以来有更强的风沙作用出现。而位于现今库布齐沙漠南部及北部边缘的剖面测年结果显示，该沙漠南北缘在 2.2 ka 才出现风沙覆盖（范育新等，2013）。根据以上研究推断，之前横贯东西的库布齐沙漠应在约 2.2 ka 开始向南北扩张，才形成了现在我们看到的像一条黄龙盘卧在鄂尔多斯高原北部的库布齐沙漠。

然而，仅仅依据沉积序列恢复古环境还是比较困难的，因为风沙系统与水文系统的交互作用是非常复杂的（Yang et al.，2011b；Telfer and Hesse，2013；Scuderi et al.，2017）。例如，19 世纪北美大平原活动沙丘的形成，是由于本地上风向发育较多间歇性干涸的辫状沙质河道，为下风向活跃的沙丘提供了丰富的物质（Muhs and Holliday，

1995）。因此，重建区域性的环境演变过程不仅需要详尽的沉积记录，也需要结合剖面周边的地貌环境，系统解读环境演变过程。目前我们项目团队在库布齐沙漠发现的最古老的风成沉积物的光释光年龄约 240 ka（图 10.8），并且该年龄所在剖面位于河岸。其特殊的地理位置和沉积相表明，并不是所有沙漠的形成都是由于干旱的气候，在库布齐沙漠区域内存在的河流沉积可以被风力搬运、沉积，因而为近源沙丘的发育创造了有利条件。

　　如前文所述，诸多研究都显示 2 ka 是库布齐沙漠最近一次沙漠扩张的关键时间点，然而较多的地质证据显示堆积于古土壤之上的风成沙的年龄常只有几百年。Sun 等（2006）在该沙漠东部的人工剖面展示了现代风成沙覆盖于古土壤之上，而古土壤层顶部的光释光年龄为 2.6 ka。同样，我们在库布齐沙漠地理位置偏东部的两个剖面中也观察到该区域在过去一段时间普遍发育古土壤（图 10.5）。光释光年代数据显示这期古土壤形成的时间大致在 4.0～0.9 ka 期间，指示了该时段内区域降水量或有效湿度增加，使植被生长，风沙活动减弱，进而使得有机质积累，土壤发育。古土壤的出现使总有机碳（TOC）也有显著增加，而风成沙层 TOC 含量则较低，较高的 TOC 值指示了成壤作用的发生。除此之外，频率磁化率在该时间段内也增加，暗示了区域降水量有所增加，气候变得相对湿润、适合植物生长，使得土壤发育和有机物积累。综上所述，在 2 ka 前后库布齐沙漠区域有效湿度相对偏高，应是不利于风沙堆积的。然而，库布齐沙漠在 2 ka 左右发生了显著扩张，因此无法单纯用气候变化解释这一时间库布齐地区大范围的风沙堆积过程。

　　关于著名的河套平原素有"黄河百害，惟富一套"之说，其位于黄河中游大弯曲以北，阴山以南，地势低平（图 10.12），土壤肥沃，历代以水草丰美著称。如此良好的自然环境为人类在这片土地上生存奠定了物质基础。这里曾经"草木繁茂、多禽兽"（《汉书•匈奴传》），有着宜牧宜猎的自然环境。

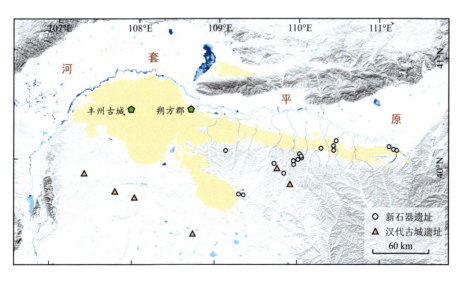

图 10.12　库布齐沙漠新石器及汉代遗址分布图［数据来自 Huang 等（2009）］

公元前 8 世纪（距今 3 ka 前后）西周周宣王曾在鄂尔多斯地区设立镇，并在黄河南岸（今杭锦旗范围）建立周南仲城，由此说明彼时像现今这样广袤的库布齐沙漠尚未形成，仍适宜人类居住生存（闫德仁，2004）。而在沙漠区开设郡县，大规模移民垦荒是从秦王朝开始的。秦政权瓦解之后，兴盛的汉唐时期（距今 2000～1000 年期间），朝廷曾在黄河沿岸设立郡县、修筑长城。汉武帝时期，卫青击败楼烦王和白羊王，再次驱逐匈奴到漠北，并效法秦朝，沿河岸设立朔方郡（图 10.12），郡下设十县，先后移民 80 万人到此开垦耕种。闫德仁根据当时的垦种习惯认为，鄂尔多斯作为新垦区，凡开垦之处，一切树木都被砍光伐尽；另外，在鄂尔多斯地区发现的多处汉墓群，墓葬中广泛使用木料。可见，当时河套以及鄂尔多斯地区开荒、樵采已经相当普遍，对自然环境的破坏逐渐扩大。

在此之后，历史文献对鄂尔多斯地区的环境变化多有记载。"河水又北，有枝渠东出，谓之铜口，东径沃野县故城南"，这是北魏时期郦道元所著的《水经注》里关于铜口枝渠的记载，表明直到公元 6 世纪初河渠尚在。当时地面即使有沙，仍无碍枝渠向东引水。而西汉铜口枝渠则是从距离库布齐沙漠不远的黄河东岸引水，以溉民田，但是如今大片沙丘高出沿河地面数米，已经不可能引水到沙丘上了（王北辰，1991）。另外，汉朝时设立的广牧县（地理位置大约在今库布齐沙漠中央），全县达三千多户，耕地面积有几万亩[①]，直至东汉末年荒废。可见在这两百多年间，广牧县所在的地方并不完全是沙漠，而如今却只能看到漫漫黄沙。隋朝时期，在如今库布齐沙漠的中央建立了丰州城（图 10.12），俗谓之"甘草城"，民间给它的这个俗称反映出它是甘草的集散地。而到了唐朝，环境进一步恶化，在纪行诗和文献中均有记载该区域陆续出现大片沙丘，被称为"普纳沙"或"库结沙"，而"库布齐"被认为是"库结"的变音。另外，在库布齐沙漠周边还分布有数十个新石器遗址和汉代古城遗址（图 10.12），均表明人类历史时期此地的环境并不完全被沙漠覆盖。

在现代，中国北方沙区以及邻近的蒙古国因干旱的气候环境而成为全球重要的粉尘释放中心之一（Engelbrecht and Derbyshire，2010）。位于内蒙古鄂尔多斯高原的库布齐沙漠，曾也是我国三大沙尘源区之一（Wang et al.，2008；Zhang et al.，2010）。除此之外，库布齐沙漠也曾是我国沙漠化过程最严重的地区之一，在沙漠化剧烈的时段内，如 20 世纪 80 年代，沙丘曾以 1 km/a 的速度向周围扩张（包小庆和陈渠昌，1998）。然而，库布齐沙漠西部的高大沙丘是地质历史时期环境演变的结果，且其现代多年平均降水量<200 mm，这无疑加大了防沙治沙的难度。

---

① 1 亩≈666.67 m^2。

第十一章

毛乌素沙地

第一节　自然环境与风沙地貌特征

毛乌素沙地（37.5°N～39.5°N，107.4°E～110.5°E）主体坐落于陕西北部和内蒙古南部的鄂尔多斯高原，是我国东部四大沙地之一。毛乌素沙地南至靖边、东抵神木，向东南的发展受无定河和榆溪河所限，在东南缘与黄土高原接壤；其北部到达乌审召镇北，与库布齐沙漠邻近，西至内蒙古鄂托克前旗、宁夏盐池，再向西与宁夏河东零星沙区有着若隐若现的联系（图 11.1）。根据本书最新的统计，毛乌素沙地被沙丘覆盖的总面积约为 21 740 km²（表 11.1）。若以图 11.1 所示的红色虚线作为毛乌素沙地这个自然综合体的边界，则其总面积为 31 260 km²，是我国东部面积最大的沙地。毛乌素沙地的地势总体上自西北向东南倾斜，海拔大致介于 1000～1400 m，西北部的局部梁地可达 1600 m，东南部榆溪河与无定河河谷低至 1000 m 以下。

在中生代，这一区域属于鄂尔多斯盆地，接受周边山地剥蚀所产生的碎屑物质后发育砂岩、泥岩等沉积岩。白垩纪时气候干旱炎热、氧化作用强，广泛沉积红色风成沙，后经固结、成岩作用形成红色砂岩（李孝泽等，1999）。新近纪时期，受喜马拉雅造山运动的影响，鄂尔多斯地区发生区域隆起，逐渐由沉积盆地转型为剥蚀高原，区域内差异隆升导致地势逐渐转变为西北高、东南低（程绍平等，1998；岳乐平等，2007）。

毛乌素沙地年均温约 7～9°C，多年平均夏季最高温接近 30°C，平均冬季最低温则低于–14°C，全年显著的霜冻期约为 5 个月（11 月到翌年 3 月）。毛乌素沙地 1970～2000 年期间温度显著上升，30 年间各个站点的升温幅度超过 2°C，2000 年以后升温速率变缓（图 11.2）。在东亚夏季风的影响下，毛乌素沙地降水量自东南向西北递减。沙地东南的榆林多年平均降水量接近 400 mm，西部鄂托克旗和盐池则降至 270 mm 左右（图 11.2）。降水集中在 7～9 月，约占全年降水总量的 60%～70%（图 11.2）。总体来看，毛乌素沙地 4 月到 6 月上旬较为干旱，7～9 月水分盈余较多，8 月降水量可达 60 mm 以上（图 11.2）。

站点记录表明，毛乌素沙地>5 m/s 的大风所占比例为 12%～20%，春季（3～5 月）风力最为强盛（图 11.3）。该沙地受季风影响显著，风向变率中等（RDP/DP=0.5～0.6），其冬、春两季以西北风为主，夏季和初秋盛行东南风（Zhang et al.，2020a），这种季节性反向的风况条件使得毛乌素沙地发育了典型的反向沙丘（Chen et al.，2022b）。从全年来看，沙地具有风沙搬运能力的盛行风主要是西北风，合成输沙方向总体向东南，沙地西南部的盐池合成输沙方向向东（图 11.3），这与根据卫星影像识别的沙丘整体移动方向一致（Xu et al.，2015a；Zhang et al.，2020a）。从风力空间分布看，该沙地北部风力最强，南部较弱（Liang and Yang，2016），位于西北的鄂托克旗潜在输沙势为 159 vu，而东南的榆林为 64 vu（图 11.3），整体属于低风能环境。

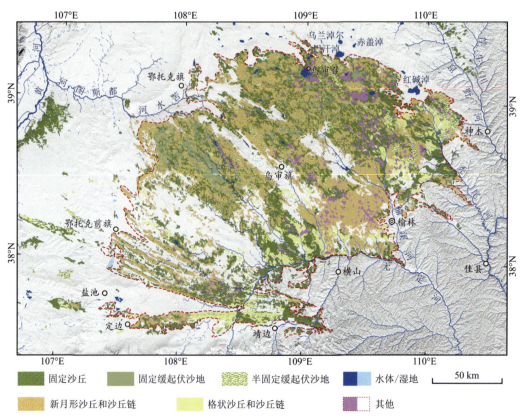

图 11.1　毛乌素沙地风沙地貌类型图

表 11.1　毛乌素沙地风沙地貌分类

活动类型	沙丘类型	面积/km²	比例/%
流动沙丘（地）	新月形沙丘和沙丘链	9370	29.97
	格状沙丘和沙丘链	1905	6.09
半固定沙丘（地）	半固定缓起伏沙地	730	2.34
固定沙丘（地）	固定梁窝状沙丘	5030	16.09
	固定草灌丛沙堆	3480	11.13
	固定缓起伏沙地	1225	3.92
其他	/	9520	30.35
总面积	/	31 260	100.00

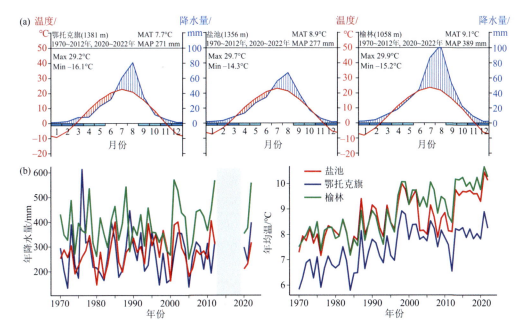

图 11.2 毛乌素沙地周边气象站记录的降水、温度 Walter-Lieth 气候图及其年际变化

仅统计有效记录>260 天的年份（详细说明见图 3.2）

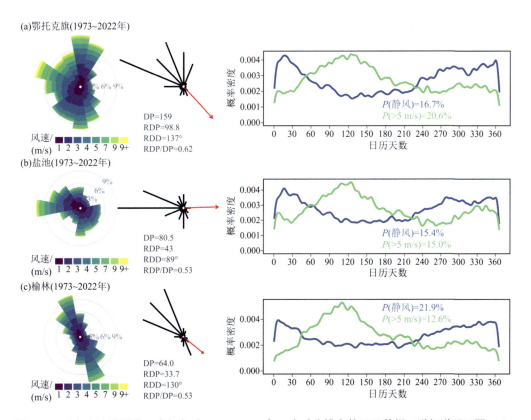

图 11.3 毛乌素沙地周边 3 个气象站 1973～2022 年 3 小时分辨率的风况数据（详细说明见图 3.3）

毛乌素沙地东部水系较为发育，沙地内部广泛分布季节性内流河及湖泊（图 11.1）。位于沙地东部的无定河、秃尾河、窟野河及西部的苦水河等均为黄河的一级支流（图 11.1），河流径流量大，从数亿立方米至十余亿立方米不等（郭巧玲等，2017；白乐等，2019；王伟等，2020）。沙地内部的季节性河流大多呈西北-东南向平行分布，这些季节性河流的河漫滩多有较为宽阔的河滨湿地或草场，成为当地农牧活动的重要区域（Liang and Yang，2016）。湖泊主要集中在沙地东北部（图 11.1），绝大多数是咸水湖，也有古日班湖等少量淡水湖（任孝宗和杨小平，2021；郑帅等，2021）。此外，沿着沙地内部的季节性河流，还串珠状分布着许多小湖、浅滩等。据统计，毛乌素沙地>0.5 km² 的湖泊约有50 个，其中大于 5 km² 的湖泊约有 7 个，湖泊总面积约 190 km²（徐丹蕾等，2019）。沙地各地貌单元的地下水埋深变化较大：滩地埋深一般小于 2 m，在固定、半固定沙地埋深约 5～10 m，在流动沙丘部分埋深超过 10 m（程东会等，2012）。地下水矿化度同样呈现较大变化，介于 160～660 mg/L（任孝宗和杨小平，2021）。

毛乌素沙地呈现流动沙丘与固定、半固定沙丘、农田交错分布的特点（图 11.1）。其中流动沙丘约占沙地总面积的 36%，主要以新月形沙丘和沙丘链为主，另有少量格状沙丘和沙丘链（表 11.1）。沙丘高度一般为 5～10 m（朱震达等，1980），近 20 年来毛乌素沙地的新月形沙丘移动速率约为 3～9 m/a（王静璞等，2013；Zhang et al.，2020a）。20世纪中叶，人类对土地的不合理开发利用导致流动沙丘分布呈现出东南部较西北部集中的特点（朱震达等，1980）。近几十年来，防沙治沙措施及沙区风力总体变弱的影响均使沙地东南部流动沙丘分布显著减少（图 11.4）。固定、半固定沙丘约占该沙地总面积的 1/3，广泛分布于沙地内部，主要包括固定草灌丛沙堆、固定梁窝状沙丘、固定缓起伏沙地和半固定缓起伏沙地（表 11.1）。毛乌素沙地以西至宁夏平原的黄河以东还有几片零星分布的沙区，以固定沙丘为主，镶嵌分布格状沙丘和新月形沙丘（图 11.1），被统称为宁夏河东沙地（朱震达等，1980），总面积约 1190 km²。

毛乌素沙地在植被区划上属于温带南部典型草原区。毛乌素沙地植被的空间结构类型较为复杂，物种多样性相对丰富（段义忠等，2018），但同时也是生态环境敏感脆弱、生物多样性极易丧失的地区。在未覆沙的梁地上分布以长芒草（*Stipa bungeana*）、戈壁针茅（*Stipa tianschanica* var. *gobica*）、猪毛蒿（*Artemisia scoparia*）等为主的典型草原及荒漠草原（中国科学院中国植被图编辑委员会，2007），局部地区分布以中间锦鸡儿（*Caragana liouana*）、柳叶鼠李（*Rhamnus erythroxylum*）、叉子圆柏（*Juniperus sabina*）等为主的沙地灌丛（李新荣，1997）。在固定与半固定沙丘之上普遍生长黑沙蒿（*Artemisia ordosica*）、沙蒿（*Artemisia desertorum*）、柠条锦鸡儿（*Caragana korshinskii*）、小叶锦鸡儿（*Caragana microphylla*）、叉子圆柏等沙生植物。流动沙丘上零星分布沙蓬（*Agriophyllum pungens*）、沙鞭（*Psammochloa villosa*）等一年或二年生沙地先锋植物和沙生灌丛（中国科学院中国植被图编辑委员会，2007）。在红碱淖及部分外流水体中生长眼子菜（*Potamogeton distinctus*）、狐尾藻（*Myriophyllum verticillatum*）、穗状狐尾藻（*Myriophyllum spicatum*）、水毛茛（*Batrachium bungei*）等水生植物。在丘间低地、滩地、湖滨低地和河漫滩多分布以温带成分为主的草甸，盐化地段生长盐角草

（*Salicornia europaea*）、碱蓬（*Suaeda glauca*）、芨芨草（*Neotrinia splendens*）等耐盐植物
（中国科学院中国植被图编辑委员会，2007）。

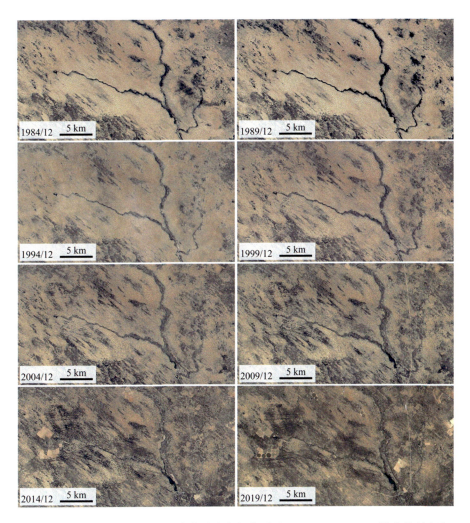

图 11.4　1984～2019 年期间毛乌素沙地东部典型区（38.9°N，110°E）地表景观变化

第二节　毛乌素沙地风沙沉积地层

一、晚新生代时期的形成与发展

　　毛乌素沙地是全球中纬度地区半干旱沙地的典型代表，也是黄土物源的潜在源区或
中转站（Nie et al.，2015；刘东生，1985）。长久以来，我国学者对毛乌素沙地环境演化
过程进行了诸多探讨。毛乌素沙地沉积地层中保存有大量风沙沉积物，年代最早可追溯

至白垩纪（李孝泽等，1999），而其中又以第四纪风成沙最多，主要包括镶嵌于地层中、沉积序列相对完整的埋藏古风成沙，以及裸露于地表、形态结构受到不同程度破坏的残留古风成沙，两者在同一地区往往同时存在（董光荣等，1983b；徐志伟和鹿化煜，2021）。沙漠环境中活跃而快速的地表堆积与侵蚀过程，导致难以从沙漠内部获取长时间尺度的连续风沙沉积记录，研究人员尝试通过毛乌素沙地周围下风向地区的厚层黄土和红黏土沉积来推断地质时期的沙漠演化历史（Lu et al.，2010a，2019；徐志伟，2014；徐志伟和鹿化煜，2021）。

丁仲礼等（1999）对距毛乌素沙地南部边界 12 km 的靖边县郭家梁剖面进行了古地磁、磁化率和粒度分析（图 11.3），该剖面厚度约为 280 m，以黄土、红黏土沉积为主。他们选用>63 μm 的颗粒含量作为指示沙漠边界进退的指标，发现 3.5 Ma 以来，毛乌素沙地整体上呈扩张趋势，在 2.6 Ma、1.2 Ma 和 0.7 Ma 前后发生了 3 次较大规模的扩张。后续研究对比了>63 μm 的颗粒含量变化曲线和深海氧同位素 $\delta^{18}O$ 记录（图 11.6），认为全球冰量和夏季风强度的显著变化是造成这 3 次沙漠大规模扩张的主要原因。

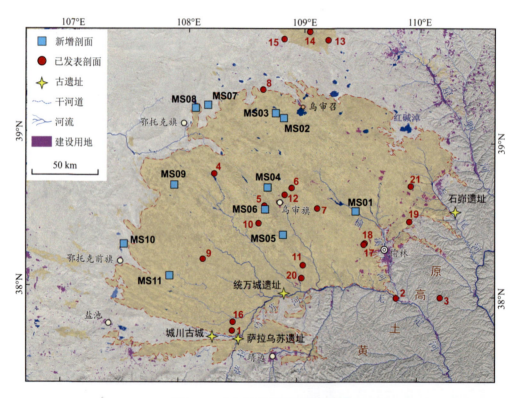

图 11.5　毛乌素沙地沉积剖面分布

图中 1～21 均来自文献。1. 郭家梁剖面，2. 石峁剖面，3. 蔡家沟剖面，4. SRL，5. GLT，6. BYT，7. DLS，8. MU11-30-MKN，9. MU11-35-ASE，10. MLL，11. 乌审南剖面，12. WS，13. HZZ1，14. HZZ2，15. HJQ，16. 滴哨沟湾剖面，17. SDG，18. ZBT，19. HSG，20. HJM，21. 锦界剖面

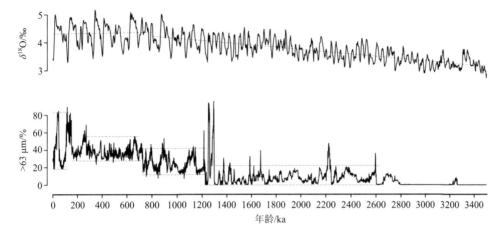

图 11.6　靖边郭家梁剖面粒度记录（>63 μm）与深海氧同位素记录对比图［改绘自 Ding 等（2005）］

二、晚第四纪时期的扩张与收缩

本研究在毛乌素沙地调查研究了 11 个新的剖面（MS01～MS11；图 11.5），光释光测年结果表明这些剖面均形成于晚更新世及全新世。其中，MS01 剖面采自榆溪河上游的一处河流阶地，深度约 9.15 m（图 11.5、图 11.7）。沉积相自下而上在 9.15～8.05 m 为含斜层理的褐黄色（10YR 6/6）风成沙；8.05～7.55 m 为无明显层理的褐黄色（10YR 6/6）风成沙，7.55～3.5 m 为水成沉积，包括 7.55～4.85 m 的浅黄褐色（10YR 6/4）、浅棕色（10YR 8/3）和浅红棕色（2.5YR 7/3）河湖相沉积和 4.85～3.5 m 的浅黄褐色（10YR 6/4）、浅棕色（10YR 8/3）河滨相沉积，在 7.30 m 和 3.90 m 处光释光年龄分别为 33.54±2.26 ka 和 19.70±0.87 ka，该段平均粒径最小，磁化率逐渐增大；3.50～1.45 m 为褐黄色（10YR 6/6）、浅黄褐色（10YR 6/4）风成或水成沙，3.40 m、2.60 m 和 1.50 m 处光释光年龄分别为 18.99±1.03 ka、12.47±0.71 ka 和 11.56±0.64 ka，平均粒径整体较大，但在 2.60 m 附近有所降低，磁化率较低；1.45～1 m 发育了一期棕褐色、有植物根系的古土壤，光释光年龄将其限定在 11.5～10 ka 之间。这期古土壤被 1 m 厚的浅黄褐色（10YR 6/4）风成沙所覆盖，这层风沙下部 70 cm 有清晰的斜层理，倾角约 32°，沉积物平均粒径较大，磁化率较低。

MS02 剖面位于毛乌素沙地北部（图 11.5），采自一处丘间地的人工剖面，附近环境以半固定沙丘为主，剖面深度约 3.30 m，其中 3.30～1.60 m 为红黄色（5YR 6/6）沙黄土与深棕色（7.5YR 5/6）沙砾石互层（沙砾石层主要有 2.50～2.25 m、2.05～1.90 m 和 1.70～1.60 m 三层），3.20 m、2.60 m、1.50 m 和 1.00 m 处的光释光年龄分别为 39.59±1.76 ka、19.65±0.96 ka、17.22±1.39 ka 和 17.45±1.11 ka，该段整体平均粒径和磁化率波动较大，但在 2.40 m 附近均出现短暂的快速增加；1.60～0.70 m 为沙黄土，平均粒径和磁化率较低；0.70 m 至顶部为倾角 12°的深棕色（7.5YR 5/6）风成沙，0.50 m 处光释光年龄为 0.21±0.04 ka，平均粒径较大，磁化率较低（图 11.8）。

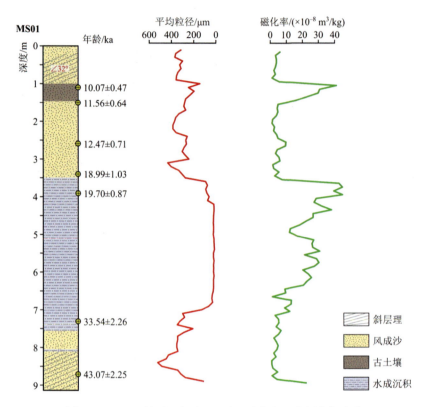

图 11.7 MS01 剖面沉积地层、光释光年代及代用指标变化

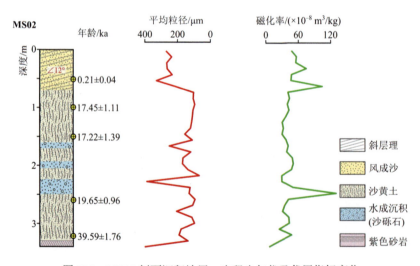

图 11.8 MS02 剖面沉积地层、光释光年代及代用指标变化

MS03 剖面采自 MS02 剖面西北约 7 km 的一处平沙地（图 11.5），周围以半固定沙丘为主，剖面深 2 m（图 11.9）。剖面底部 30 cm 为浅棕色（10YR 8/3）湖相沉积，平均粒径较小，磁化率偏低，1.8 m 处光释光年龄为 39.58±1.96 ka；1.7～1.1 m 为褐黄色（10YR 6/6）且胶结较好的沙黄土，这层沙黄土的中上部（深度为 1.5～1.2 m）发育了一期黄红色（5YR 5/6）古土壤，其平均粒径略小于底部的沙黄土沉积，磁化率偏低但在 1.1 m

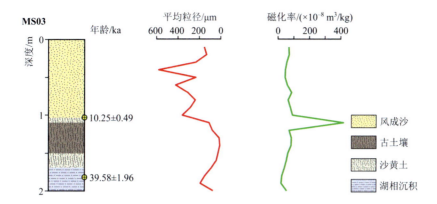

图 11.9　MS03 剖面沉积地层、光释光年代及代用指标变化

处即古土壤的上部出现磁化率高值。1.1 m 至顶部为褐黄色（10YR 6/6）风成沙，该段粒度偏粗（Mz > 200 μm）但存在明显波动，磁化率偏低，这层风沙的底部初始堆积年龄为 10.25±0.49 ka（图 11.9）。

　　MS04 剖面采自毛乌素沙地中部一盐湖的湖岸区域（图 11.5），附近地貌景观以湖滨固定沙丘为主，剖面深度 1.70 m（图 11.10）。底部 1.3 m 为湖相沉积，深度 0.40 m 处至顶部为黄色（10YR 7/6）风成沙。底部的湖相沉积表现为青灰色细粒沉积物与灰白色沙交互沉积，其中 1.65～1.6 m 为湖滨粗沙，1.6～1.4 m 为深水环境发育的青灰色细沙，1.40～1.35 m 夹一层粗沙，1.35～1.30 m 为青灰色细沙，1.30～1.05 m 为中粗沙，1.05～1.02 m 为青灰色淤泥，1.02～0.81 m 为粗沙，0.81～0.80 m、0.73～0.70 m 为深水环境发育的青灰色细沙，0.70～0.60 m、0.80～0.73 m 为浅水环境发育的较粗沙，0.60～0.45 m 为（深水）青灰色水平层理；底部水成沉积平均粒径较顶部风成沙粗且波动较大，但总体上自底部向顶部逐渐变细，磁化率整体较风成沙显著偏低。湖相沉积的光释光年龄被限定在约 5～3 ka 之间，顶部的风成沙是最近 500 年堆积的（图 11.10）。

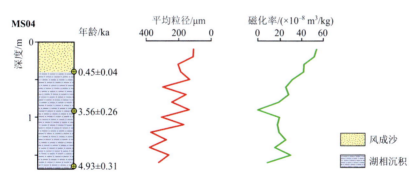

图 11.10　MS04 剖面沉积地层、光释光年代及代用指标变化

　　MS05 剖面出露于毛乌素沙地中部乌审旗东南海流兔河支流切穿的 7.5 m 高的沙丘断面上（图 11.4）。拔河高度为 0.3 m、4.5 m 和 5.9 m 处的风沙光释光年龄分别为 0.49±0.10 ka、0.48±0.03 ka 和 0.38±0.05 ka（图 11.11）。MS06 位于乌审旗县城西南的一建筑采沙坑（图 11.5），整个剖面高度约为 6 m，有清晰的 26°～30°高角度斜层理，

沙丘斜层理不同位置的光释光年龄分别为 0.58±0.06 ka、0.56±0.07 ka 和 0.57±0.08 ka（图 11.11）。

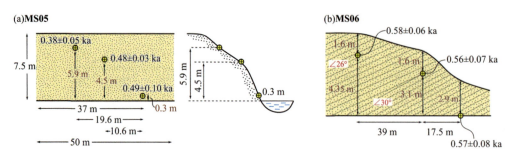

图 11.11　MS05（a）、MS06（b）剖面示意图及光释光测年结果

MS07 剖面采自毛乌素沙地西北部一处盐湖湖岸的天然露头（图 11.5），包括距湖岸由近及远的Ⅰ、Ⅱ、Ⅲ三个剖面（风蚀等因素导致高程略有不同）。Ⅰ剖面 3.20 m 以下为地下水，3.20 m 以上为风成沙，其中 2.12～2.10 m 为青色淤泥，在 2.00 m 处的光释光年龄为 0.06±0.02 ka；Ⅱ剖面下部为基岩，1.30 m 至顶部为风成沙，1.20 m 处光释光年龄为 6.56±0.31 ka；Ⅲ剖面下部为基岩，3.10 m 至顶部为风成沙，3.10 m 处光释光年龄为 13.55±0.63 ka（图 11.12）。

MS10 剖面位于毛乌素沙地西南部（图 11.5），为建筑施工出露的沙丘剖面，整体沙丘高度约为 14 m。在沙丘上部挖掘了两个相距约 20 m 深度分别为 4 m 和 3.5 m 的人工剖面。其不同深度的风沙释光年龄介于 0.54±0.05 ka 到 0.39±0.05 ka 之间；在紧邻沙丘底部的丘间地处向下挖掘深约 0.7 m 的人工剖面，见地下水，对深度 0.5 m 处的风沙进行光释光测年，其年龄为 9.91±0.52 ka（图 11.12）。

MS11 剖面位于毛乌素沙地西北部一低矮沙丘的背风坡（图 11.5），周围以半固定沙丘为主，剖面深度约 1.80 m，沉积相自下而上 1.80～0.95 m 为风成沙，1.70 m 和 1.00 m 处光释光年龄为 1.13±0.11 ka 和 0.35±0.03 ka；0.95～0.60 m 为黑色古土壤；0.60 m 至顶部为 29°倾斜的风成沙，0.60 m 处光释光年龄为 0.32±0.03 ka（图 11.12）。

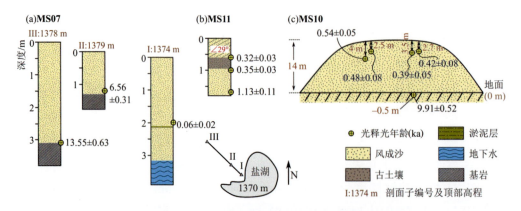

图 11.12　剖面 MS07、MS11 和 MS10 沉积地层及其光释光年代

MS08 剖面是采自沙地西北的一处人工剖面（图 11.5），附近以固定沙丘为主，剖面深度约 3.3 m，其中 3.3～3.0 m 为风成沙，在 3.2 m 处测得光释光年龄为 12.01±0.64 ka，该段平均粒径较小，磁化率较高；3.0～2.5 m 为古土壤，该段较底部风成沙平均粒径偏小，磁化率偏高；2.5 m 至顶部为风成沙，在 2.5 m 和 2.0 m 处测得光释光年龄分别为 11.19±0.58 ka 和 10.16±0.45 ka，该段平均粒径较大且自下而上逐渐上升，磁化率较低且逐渐下降（图 11.13）。

MS09 剖面采自毛乌素沙地西北部一沙丘的迎风坡（图 11.5），周围以活动沙丘为主，剖面深度 1.60 m，沉积相自下而上 1.60～0.70 m 为风成沙，在 1.60 m 和 0.75 m 处光释光年龄分别为 3.84±0.23 ka、1.13±0.08 ka，该单元平均粒径较大，磁化率偏低且自下而上波动下降；0.70～0.15 m 为古土壤，0.30 m 处测得光释光年龄为 0.35±0.04 ka，该单元平均粒径较小，磁化率较底部风成沙明显上升；0.15 m 至顶部为风成沙，平均粒径较大，磁化率较高（图 11.14）。

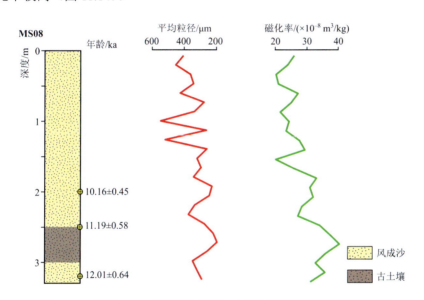

图 11.13　剖面 MS08 的剖面柱状图、光释光测年结果及代用指标变化

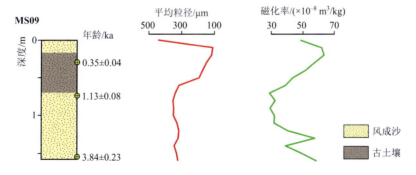

图 11.14　剖面 MS09 的剖面柱状图、光释光测年结果及代用指标变化

前人研究的剖面大多位于毛乌素沙地与黄土高原的边界地带、沙地内部及东南部河

谷洼地。例如，孙继敏等（1996b）在榆林市南部 50 km 处研究了厚度为 76.7 m 的石峁剖面（图 11.5、图 11.15），结合古地磁、热释光测年结果及地层沉积证据，认为该剖面的底界年龄约为 580 ka。由于地处沙漠-黄土边界带，石峁剖面中大多数的黄土层和古土壤层中夹杂风成沙层，参考刘东生（1985）的分类方法将古土壤层划分为 S0~S5，黄土层划分为 L1~L5，其中在 S2 和 S5 中分别夹杂了 1 层和 2 层风成沙，表明即使是在发育古土壤的暖期时也曾一度出现气候干冷、沙漠扩张的时期，这种显著的冷暖变化大致每 10 ka 出现一次，其原因可能是岁差周期导致的东亚夏季风减弱（Sun et al.，1999）。根据剖面中风成沙层的数目及平均粒径、>63 μm 的颗粒含量变化曲线，可以推断毛乌素沙地在 580 ka 以来至少发生了 13 次大规模的沙漠南侵，并且沙漠的南侵不仅发生在冰期，在部分暖期的寒冷气候幕也有可能出现（Sun et al.，1999；孙继敏等，1996b）。

根据热释光测年结果，榆林南郊的蔡家沟剖面保存了约 130 ka 以来的沉积记录（孙继敏等，1995）（图 11.15）。其中，末次间冰期的沉积是由三层古土壤和夹于其间的两层黄土组成，反映该时段包括三个暖期和两个冷期；末次冰期的沉积是由三层古风成沙和夹于其间的两层黄土组成；进入全新世后，沉积由一层古土壤和上层覆盖的流沙构成。蔡家沟剖面与石峁剖面 L2 上层具有相似的地层组合及年龄，表现出较好的区域一致性。结合地层组合和磁化率变化曲线，Sun 和 Ding（1998）认为毛乌素沙地在末次间冰期以来经历了三段显著干旱时期，即 MIS 4 阶段、MIS 3 阶段中期和 MIS 2 阶段。对比氧同位素阶段与粉尘通量记录，其中约 71 ka 左右和 24 ka 左右的沙漠扩张期可以较好地对应于

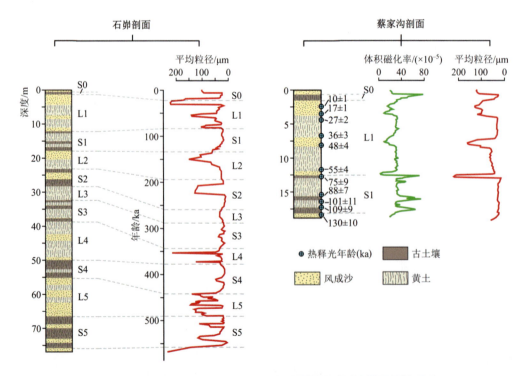

图 11.15　石峁剖面、蔡家沟剖面的岩性柱状图、年代及代用指标变化

石峁剖面改绘自 Sun 等（1999）、蔡家沟剖面改绘自 Sun 和 Ding（1998）

全球性的干旱事件，而 48 ka 左右的干旱事件可能是由区域气候变化引起的，其原因是北半球高纬度地区冰盖变化导致的东亚冬季风增强（Sun and Ding，1998；Sun et al.，1998）。

由于强烈的风蚀作用以及沙丘的活化与翻新，毛乌素沙地内部第四纪风沙沉积序列难以完好保存，剖面记录通常不完整，连续性较差（He et al.，2010；徐志伟和鹿化煜，2021）。例如，He 等（2010）在毛乌素沙地内部采集了 4 个沙丘剖面（SRL、GLT、BYT 和 DLS），并对 15 个样品进行了光释光测年（图 11.5、图 11.16），根据测年结果和地层沉积相可以推断毛乌素沙地在约 91 ka、71 ka、48～22 ka、5 ka、1.0 ka 和 0.44 ka 处于沙丘活跃期，与末次间冰期后期、末次冰盛期、小冰期的寒冷干旱时期在时间上较为一致；在约 65 ka 和全新世大暖期处于沙丘固定期。徐志伟（2014）对毛乌素沙地及周边地区的大量风沙沉积地层开展了综合研究，包括多个位于沙地腹地的剖面，图 11.16 展示了其中两个具有代表性的剖面岩性柱状图。MU11-30-MKN 剖面采集于沙地北部的一处大沙丘开挖剖面（图 11.5），出露两层沙质古土壤层，第二层沙质古土壤颜色偏黑，有白色碳酸盐假菌丝体发育，光释光年龄为 2.48±0.22 ka，可能发育于全新世适宜期末段，下层风成沙层顶部光释光年龄为 7.49±0.67 ka；MU11-35-ASE 为大型沙丘体开挖剖面（图 11.5），出露多层古土壤-风成沙互层，其中第二层古土壤层含较多的虫孔和植物根系，厚度约为 70 cm，光释光年龄为 8.45±0.87 ka，发育于中全新世，该层以下风成沙层光释光年龄为 10.07±1.05 ka。

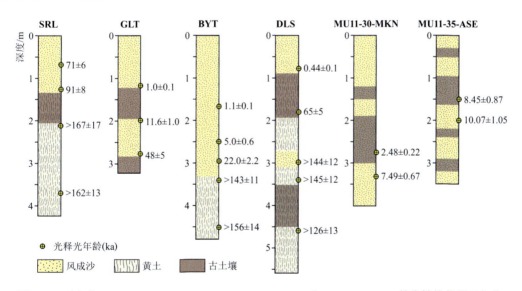

图 11.16　剖面 SRL、GLT、BYT、DLS、MU11-30-MKN 和 MU11-35-ASE 的岩性柱状图及年代
剖面 SRL、GLT、BYT、DLS 改绘自 He 等（2010），剖面 MU11-30-MKN、MU11-35-ASE 改绘自徐志伟（2014）

毛乌素沙地内部除常见的风成沙-沙质古土壤序列外，在一些地区还存在保存相对完整的黄土-古土壤沉积序列，如楚纯洁等（2018）研究了沙地中部一梁地上厚 11.6 m 的 MLL 剖面（图 11.5、图 11.17）。MLL 剖面由上覆风沙层和多个黄土（L1、L2、L3）-古

土壤（S1、S2）互层构成。根据光释光测年和磁化率、粒度年代模式的计算结果，该剖面底部年龄约为 258 ka。除顶部风沙层外，MLL 剖面>63 μm 的颗粒含量变化整体较小，说明自 258 ka 以来剖面所处位置受夏季风影响相对较弱，在古土壤发育过程中仍伴随有一定的风沙沉积，使得古土壤层粒度较粗。与黄土高原典型的黄土剖面相比，MLL 剖面顶部缺少全新世黑垆土发育，仅在风沙层下部发育了较弱的棕黄色沙土。同时 MLL 剖面不同位置之间的磁化率变化不显著，黄土与古土壤相差不大，可能与粗颗粒物质的"粒度效应"有关。而 MLL 剖面的 CaCO$_3$ 含量表现为黄土层显著高于古土壤层、钙结核淀积层明显富集的特点，说明古土壤发育期间淋滤作用较弱，钙结核淀积聚集在成壤层底部，未迁移至下层。

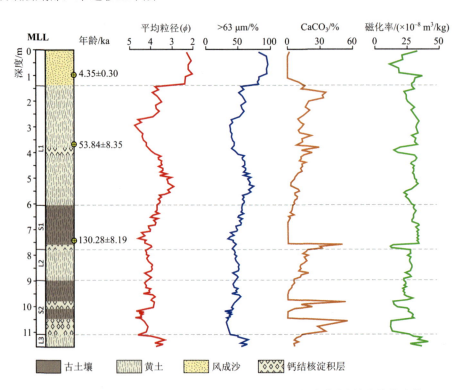

图 11.17　MLL 剖面的剖面柱状图、光释光测年结果及代用指标变化［改绘自楚纯洁等（2018）］

　　毛乌素沙地内部和北部地区还发现了一些沙楔、冻融褶皱等冰缘沉积记录，这些冰缘沉积由多年或季节性冻土冻融过程中造成的地层扰动和形变形成，与过去温度变化和风沙活动密切相关（董光荣等，1983b；徐志伟，2014）。乌审南剖面位于鄂尔多斯南部乌审旗，是一组发育于紫红色黏土层之上的连续沙楔剖面（图 11.5、图 11.18），深度 1～2 m，以顶宽底窄的楔形结构为主，也有顶部呈平底锅状的特殊结构，这往往是由于不同时代的沙楔叠加造成，楔形上下部不仅存在形状差异，走向也并不一致，热释光和光释光测年结果证实了顶部与底部形成年代差异较大（崔之久等，2004）。WS 剖面位于沙地中部，HZZ1、HZZ2、HJQ 剖面位于沙地北部（图 11.5、图 11.18），均为冻裂作用形成的典型沙楔，发育于灰绿色或黄绿色白垩纪泥质、沙质基岩、古近纪和新近纪砂岩、砾沙层以及第四纪早期黄土层中，深入基岩 1～2 m 以上，填充物以均质的、分选较好的中细沙为主，有时包含呈垂直排列的砾石，底部光释光年龄显示这些沙楔形成于末次冰盛期至冰消期之间（徐志伟，2014；Xu et al.，2015b）。根据 Vandenberghe 等（2004）的分类方法，底部较深且狭长的沙楔为多年冻土发育的"一期沙楔"，底部较浅开口较宽的沙楔为季节性冻融形成的"二期沙楔"，因而上述沙楔剖面均为发育于多年冻土环境的"一期沙楔"。由于多年冻土发育至少需要–6～–2℃的年均温，结合毛乌素沙地现今温度，上述沙楔剖面发育时的温度要比现今低约 11℃。同时，沙楔顶部平坦的风蚀面和沙楔内部分选较好的风成填充物均指示当时较强的风动力环境，根据沙楔底部的年代可以推断，在约 33 ka、26 ka、19 ka 和 15 ka，气候寒冷干燥引起地面冻裂，风力携带沙质物质填充在这些裂隙中，形成了大规模连续发育的沙楔剖面（Vandenberghe et al.，2004；崔之久等，2004；徐志伟，2014）。

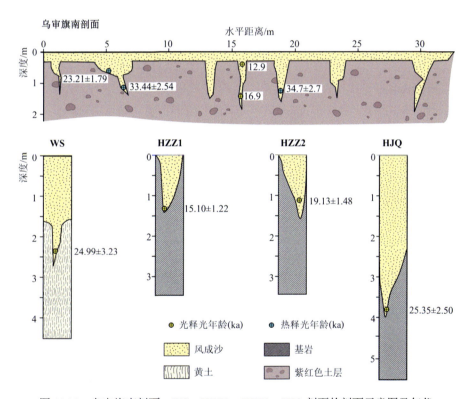

图 11.18 乌审旗南剖面、WS、HZZ1、HZZ2、HJQ 剖面的剖面示意图及年代

其中乌审旗南剖面改绘自崔之久等（2004），WS、HZZ1、HZZ2、HJQ 剖面改绘自徐志伟（2014）和 Xu 等（2015b）

毛乌素沙地东南部河谷洼地的风沙-河湖相地层以萨拉乌苏河两岸广泛出露的"萨拉乌苏组"为代表（徐志伟和鹿化煜，2021）。萨拉乌苏河位于毛乌素沙地东南缘（图 11.5），发源于陕北白子山，是无定河在内蒙古巴图湾以上的上游河段，沿岸沉积地层中含有丰富的古生物化石和人类活动遗址（裴文中和李有恒，1964；董光荣等，1983a）。尽管对于"萨拉乌苏组"的准确年代还存在争议（孙继敏等，1996a；苏志珠等，1997；Liu and

Lai，2012），但其中发掘的地层、古生物及考古学证据仍较好地反映了中国北方晚更新世以来的环境变迁。以滴哨沟湾剖面为例，该剖面包含了厚约 70 m 的第四纪沉积物，董光荣等（1983a）将其自下而上分为 5 组，分别为：①以棕黄色（略红）黏土质粉沙和棕黄色细沙为主的老黄土、风沙层；②以粉沙、砾石与湖相沉积互层为主的萨拉乌苏组；③以风成沉积为主的城川组；④下部为灰绿色（略黄）细沙与粉沙质细沙，发育有厚约 1 m 的厚冻融褶皱，上部为灰黑色淤泥的大沟湾组；⑤下部为灰绿色或锈黄色粉沙质细沙和棕黄色细沙，发育冻融褶皱，其上为 0.4 m 厚的黑垆土，中部为灰黄色粉沙质亚黏土，上部为现代风成沙丘的滴哨沟湾组。后续研究采用热释光、光释光、^{14}C 等方法测定了各地层组的年龄（孙继敏等，1996a；靳鹤龄等，2007），并进行了系统的环境重建工作。以滴哨沟湾孢粉指标为例（图 11.5、图 11.19），从中晚更新世的萨拉乌苏组（140～80 ka BP）到晚更新世的城川组（80～11.5 ka BP），区域植被可能由以蒿属、藜科为主的草原或疏林草原转为禾草草原，气候由相对适宜转为整体干冷；全新世则存在 4 个较为明显的气候波动时期（柯曼红等，1992）。

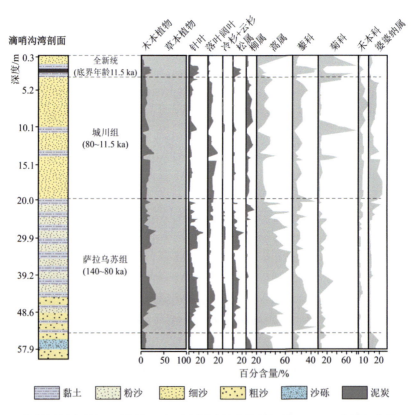

图 11.19　滴哨沟湾剖面的主要花粉百分比图谱[改绘自柯曼红等（1992）和马玉贞等（2015）]

此外，诸多研究人员还对毛乌素沙地东南缘的古土壤-风成沙序列开展了大量研究。SDG 和 ZBT 剖面位于榆林市附近的一处冲沟（图 11.5、图 11.20），结合剖面沉积相特征和光释光、^{14}C 测年结果，Jia 等（2015）推断毛乌素沙地在 11～8.5 ka 仍有局地的风沙活动，在 8.5～4 ka 沙丘大面积固定并发育沙质古土壤，同时伴有几次较短的干旱时期，而在 4 ka 以后固定沙丘又开始逐渐活化。对 ZBT 剖面风化程度的研究发现，由于东亚夏季风对内陆影响较弱，ZBT 剖面整体风化程度偏低，在 5.5～3.7 ka 时气候相对暖湿，化学、生物风化加强，此时成壤作用最强，但也表现出明显的不稳定性（杜婧等，2019）。HSG 和 HJM 剖面分别采自榆林市黄水沟和韩家峁村（图 11.5、图 11.20），HSG 剖面厚 3.5 m，包含两层古土壤（上部为沙质古土壤，下部弱发育沙质古土壤）、一层沙黄土和一层风成沙，其中沙质古土壤层顶部和底部的 ^{14}C 年龄分别约为 5.5±0.05 cal ka BP 和 9.1±0.06 cal ka BP；HJM 剖面厚 2.46 m，包含两层古土壤（上部为沙质古土壤，下部弱发育沙质古土壤）和两层风成沙，其中沙质古土壤层顶部和底部的 ^{14}C 年龄分别约为 5.4±0.06 cal ka BP 和 8.5±0.08 ka BP（Ding et al.，2021b）。锦界剖面位于神木县西北 30 km（图 11.5、图 11.20），深度 5 m（上覆 2.5 m 现代沙丘），包含三层古土壤层，光释光年龄分别为约 7.50～3.91 ka、2.93～1.74 ka 和 1.10～0.48 ka（马冀等，2011）。由此可见，尽管毛乌素沙地在全新世中期普遍表现为沙丘大面积固定和土壤发育，但不同剖面的古土壤层的起止时间和发育程度有较大的差异，可能受东亚季风强度变化和边界位置摆动（靳鹤龄等，2001；Lu et al.，2005）、剖面所处位置和沉积物保存条件的差异等多种因素的影响（徐志伟，2014；楚纯洁等，2018；徐志伟和鹿化煜，2021）。

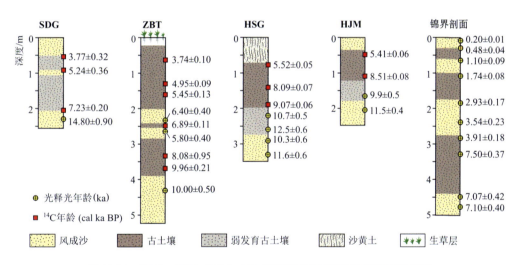

图 11.20 SDG、ZBT、HSG、HJM 和锦界剖面的岩性柱状图及年代

SDG、ZBT 剖面改绘自 Jia 等（2015），HSG、HJM 剖面改绘自 Ding 等（2021b），锦界剖面改绘自马冀等（2011）

三、毛乌素沙地空间变化与沙漠-黄土边界带位置移动

毛乌素沙地历史时期的空间变化频繁，沙地与黄土高原的边界发生过多次摆动（徐志伟和鹿化煜，2021）。Yang 和 Ding（2008）测定了位于黄土高原的一系列剖面不同时段的粒度变化，指出沉积物中包含的风沙沉积以近似由北向南的方向搬运，同时根据平均粒径和>20 μm 的颗粒含量的等值线，以 MIS2 为对比参照，推断沙漠-黄土边界带位置在

MIS3、MIS4、MIS5 和 MIS7 相对北退约 160 km、约 19 km、约 225 km 和约 223 km，而在 MIS6 时期相对南进约 29 km，并基于此认为在 MIS3 时期中国北方经历了一段相对冷湿的气候，而 MIS6 可能是近两个冰期旋回中最为干冷的时段。

徐志伟（2014）综合多个剖面资料和野外考察记录，通过不同位置沉积物中风成沙、古土壤的年龄（大部分为光释光年龄，其余为 ^{14}C 和热释光年龄），推断毛乌素沙地在末次冰盛期（约 26～16 ka）向南、向东大范围扩张，扩张距离超过现今边界约 30～50 km，扩张面积约为现代沙地面积的 25%（图 11.5）；在全新世大暖期（约 9～5 ka），毛乌素沙地气候适宜，植被覆盖较好，沙丘基本被固定，在沙地内部地层中发育了较厚的沙质古土壤。此外，毛乌素沙地地层中沙楔的形成与多年冻土的季节冻融和冻裂过程有关（董光荣等，1986），因而可以在一定程度上反映多年冻土带南缘的位置变化。Xu 等（2015b）调查了毛乌素沙地及周边地区的多个冰缘沉积剖面，包括由多年冻土和季节性冻土冻融作用形成的两种深度较大的沙楔，根据光释光测年和热释光测年结果，推断在末次冰盛期中国多年冻土南界至少到达 39°N 附近，甚至可能超过 38°N，与当时沙漠-黄土边界带的位置相近。

综上所述，尽管对于沙漠-黄土边界带的移动范围及沙漠面积最大的确切年代仍存在争议，但可以确定的是，在末次冰期时，沙漠-黄土边界带向南、向东大幅移动；之后由于气候逐渐转为暖湿，沙地植被、土壤开始发育，到全新世大暖期时，沙丘已基本处于固定状态，沙漠-黄土边界带北退；全新世后期，沙丘再度活化，逐步形成现今的沙漠格局。

值得注意的是，近期的研究表明，地形因素可能是影响毛乌素沙地现代南部边界的主要因素。Wang 等（2022）基于"50%沙地覆盖"原则划定了毛乌素沙地现代南部边界线；该边界线的位置与无定河河谷与黄土地形的分布大致相同，同时根据边界两侧表沙的粒度分析结果，认为密集分布的黄土冲沟对于风力搬运粗粒物质能力的限制、湖泊地貌对于跃移过程的阻碍作用等因素使沙漠的大规模发育中止，最终形成了沙地的南部边界。广泛存在于毛乌素沙地与黄土高原交界地带由风蚀作用形成的连续陡坡同样会影响区域沙漠扩张的速率，而黄土高原地层中的红黏土更容易被风力侵蚀，可能在一定程度上加速沙漠扩张的进程（Kapp et al.，2015）。此外，毛乌素沙地和黄土高原的物源研究显示二者粉尘来源表现出相似性与差异性（Stevens et al.，2013；Wen et al.，2019；Ding et al.，2021a），也在一定程度上增加了沙漠-黄土边界带划分的复杂性。

第三节　毛乌素沙地近 2000 a 来的风沙堆积与人类活动

考古证据及历史地理研究均表明，毛乌素沙地有着较为久远的人类活动历史。远在旧石器时代，毛乌素沙地南部的萨拉乌苏河流域已有人类活动的印迹（汪宇平，1957；裴文中和李有恒，1964；董光荣等，1981）。龙山晚期（距今约 4 ka）的石峁遗址位于沙地东缘与黄土高原过渡带、秃尾河东北侧的山峁上（图 11.1），可能是我国目前已知同时期规模最大的城址（详见本书第一章第四节）。近 2000 年来，伴随着人口密度增加，生态环境脆弱的毛乌素地区面临了前所未有的区域生态压力，较高强度的人类土地利用可能破坏了中全新世所形成的古土壤和湖沼层，致使末次冰期以来形成的风沙层被翻新。相较于游牧业，农业对于生态的破坏程度可能更大，历史时期毛乌素沙地较为严重的沙化往往与农垦增强密切相关。

　　基于历史地理学的毛乌素沙地近 2000 年来环境演变的相关研究自 20 世纪 70 年代以来，已取得了相当充分的认识。例如，侯仁之（1973）从古城兴废的角度，结合历史文献和实地考察，认为毛乌素沙地在魏晋时期的主导景观是环境条件较好的草原。公元 413 年，匈奴首领赫连勃勃在沙地南部的无定河上游东北岸统万城建都（俞少逸，1957；侯仁之，1973）。《元和郡县志》卷四的《夏州朔方县》记载，当时赫连勃勃曾北游位于统万城北 70 里[①]的契吴山，并盛赞道"美哉，临广泽而带清流。吾行地多矣，自马岭以北，大河之南，未之有也"。而成书于公元 6 世纪的《水经注》则记载统万城周边有"赤沙阜""沙溪""沙陵"等（邓辉等，2001），似乎是流沙遍布。邓辉等（2001）曾对契吴山的位置进行考证，认为该地约在今乌审旗县城以南 31 km、统万城遗址以北 35 km 的苏吉山（38.32°N，108.78°E）。苏吉山海拔为 1355 m，相对高度约为 60 m，位于一南北延伸的低缓梁地北端。其西侧是纳林河上游一处名为陶利滩的芨芨草滩地，东南侧是名为毛布拉格的内流小河。若此考证无误，即使是今日，登上苏吉山西眺，仍可见到"临广泽而带清流"的自然景观。而统万城城墙下部的风成沙则暗示建城之时城址周围可能为平沙地景观（戴应新，1981；王尚义和董靖保，2001）。可见，公元 5～6 世纪毛乌素沙地可能具有以沙地、滩地、河流、湖泊相间分布为主要特征的自然景观（邓辉等，2001；侯甬坚等，2001），但总体上统万城周围环境较好，应是草地连绵、河流纵横，绝不像今日一眼望去尽是漠漠黄沙。史念海（1980）在《两千三百年来鄂尔多斯高原和河套平原农林牧地区的分布及其变迁》一文中认为现代毛乌素沙地景观的形成与发展是唐末以后沙化面积不断扩大的结果。赫连勃勃所建的夏国被北魏所灭，而北魏灭夏时行军路线是从内蒙古托克托县渡过黄河，经乌审旗直驱统万城。若如今日之景观，北魏行军一定经过沙漠，可并无相关记载，且夏国灭亡后，北魏于其地建立夏州（史念海，1980）。直到唐末，夏州才出现沙漠的记载，如晚唐诗人许棠《夏州道中》写道："茫茫沙漠广，渐远赫连城"。位于红柳河西岸、鄂托克旗南部的城川遗址则为毛乌素沙地南部历史时期环境演化提供了又一例证。据考证（侯仁之，1973；朱士光，1982），城川遗址为唐元和十五年（公元 820 年）新宥州城旧址，城川古城所在的草滩曾为古湖泊；该湖泊在旧石器河套人时期即存在且面积颇大，但在秦汉以后尤其是唐代以来，不合理的农垦活动使得湖泊面积显著缩小并分化为零星的小湖。

　　本书中新研究的 MS02、MS04、MS05、MS06 等位于毛乌素沙地不同地点的剖面均显示顶部的风成沙年龄约为 1000 年甚至更为年轻（图 11.8、图 11.10、图 11.11）。位于毛

---

① 1 里=500 m。

乌素沙地中心乌审旗的 MS04 剖面底部为大约 5000～3000 年前的湖相沉积，而顶部的风沙沉积则形成于大约 450 年前（图 11.10），说明晚全新世以来风沙活动/堆积的增强。位于乌审旗县城西南的 MS06 为一建筑取沙切开的巨大沙丘剖面，沙丘高约 10 m，有明显的斜层理。相距超过 60 m 的两个高角度斜层理（>25°）的风沙年龄在误差范围内基本一致（约为 0.58 ka），说明该沙丘主体形成于大约 500 年前的快速风沙堆积事件。MS06 东南约 25 km 的 MS05 剖面出露于被海流兔河支流切穿的一高约 8 m 的沙丘断面上。这一沙丘断面不同位置的光释光年龄揭示了该沙丘大约形成于 500～300 年前的明中后期到清初。毛乌素沙地 20 ka 以来的风沙层光释光年龄分布显示近 1500 年以来（尤其是近 500 年）风沙光释光年龄显著增加（图 11.21）。不仅仅是在毛乌素沙地，中国东部其他沙地也表现出近 500 年尤其是近 300 年风沙光释光年龄记录显著增加（Li et al.，2019；杨小平等，2019；Liang et al.，2021）。这种共性的风沙光释光年龄分布模式，一方面可能是由于更老的风沙沉积已被翻新致使沉积记录被抹去，但同时也说明了明清以来中国东部沙地确有可能在移民政策下人类干扰增强，从而导致地表被破坏，地层中的风成沙得以翻新重新堆积成为最新一幕的沙丘并保留至今。

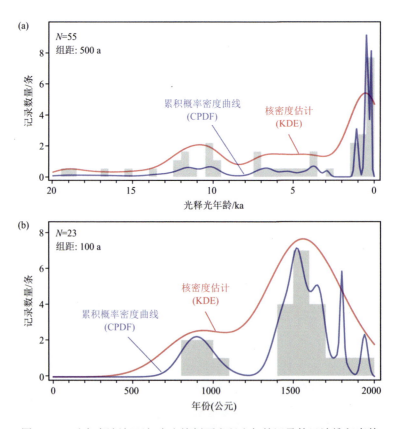

图 11.21　毛乌素沙地风沙-古土壤剖面光释光年龄记录的风沙堆积事件

核密度估计（Kernel Density Estimation，KDE）根据灰色直方图绘制，累积概率密度曲线（Cumulative Probability Density Functions，CPDF）则考虑每条年龄记录的误差

基于历史资料的考证，何彤慧和王乃昂（2010）认为毛乌素沙地至少经历了东汉至南北朝、唐末至宋夏、明清这三个较大规模的沙化时期。沙地东南缘沉积剖面的粒度分析佐证了唐中后期及明后期的这两次沙化过程，其中尤以明后期为甚，这次沙漠化很有可能奠定了毛乌素沙地现有的景观格局（Huang et al.，2009）。本研究中基于多个剖面近2000 年的风沙光释光年龄记录概率密度分析也基本支持在距今 1100 年左右的唐末至宋夏、距今 500 年以来的明清时期这两阶段存在显著的风沙堆积（图 11.21）。毛乌素沙地风沙沉积地层记录的显著风沙堆积期与位于毛乌素沙地以东约 180 km 的山西公海湖泊沉积记录的沙尘暴频发期基本一致（Chen et al.，2020）。以历史文献记录为基础重建的公元300 年以来我国雨土频数也显示明中后期到清中期是沙尘天气高发期（张德二，1984）。从上述不同证据和"源汇"角度综合分析，至少可以确定公元 1500～1700 年沙尘源地毛乌素地区风沙活动强并普遍存在新一期的沙丘建造，同时细颗粒粉尘在风力作用下向下风向搬运，导致多地沙尘暴频发。至于这一期风沙活动增强的具体原因，似乎可以归结为毛乌素地区此时存在较高强度的农耕活动，破坏了地表。

近年来，以生态修复为主的人类活动逆转了历史时期毛乌素沙地的沙化进程。多项研究表明，近 40 年来毛乌素地区的植被显著变绿，沙丘趋于固定，生态环境明显好转（Mason et al.，2008；Xu et al.，2015a；Liang and Yang，2016；Xu et al.，2018b；Zhang et al.，2020a）。这一植被恢复现象与区域风速下降导致的风沙活动减弱，以及 20 世纪 80 年代以来国家实施的退耕、禁牧、飞播等生态修复政策密切相关（Liang and Yang，2016；Xu et al.，2018b）。但是，毛乌素沙地的植被恢复出现明显的阶段性特征且沙地东、西部区域响应不同步，即 1981～2006 年，沙地东部的 NDVI 显著增长，西部则变化甚微；而 2005～2013 年，整个毛乌素沙地的植被显著转好（Liang and Yang，2016）。通过历史文献调查，Liang 和 Yang（2016）发现这一分界线大致与明清两代毛乌素移民实边开垦荒地的北界（即实际上的农牧分界线）相重合。这意味着气候变化和人类活动正面干预背景下，毛乌素沙地东、西部区域的不同步响应与区域的土地利用历史有关：西部区域一直处于自然状态或轻微的放牧扰动背景下，随着自然条件好转，植被缓慢恢复，而东部地区自然气候条件较好但历史时期破坏严重，耕种等类农业活动停止后加之风速降低、降水量略有增加，植被能够快速响应，表现出较好的生态恢复力。

第十二章

浑善达克沙地

第一节　自然环境与风沙地貌特征

　　浑善达克沙地（41.93°N～44°N，111°E～117.7°E）南邻阴山、燕山山脉，东依大兴安岭，西部宽约 10 km 的狭窄沙带向西延伸与蒙古国的沙区相连，北至查干淖尔。地势东南高、西北低，高程由东南部山麓约 1500 m 下降至西北部 1000 m 左右，起伏和缓（图 12.1）。浑善达克沙地东西延伸超过 500 km，南北最宽处约 130 km，根据本书最新统

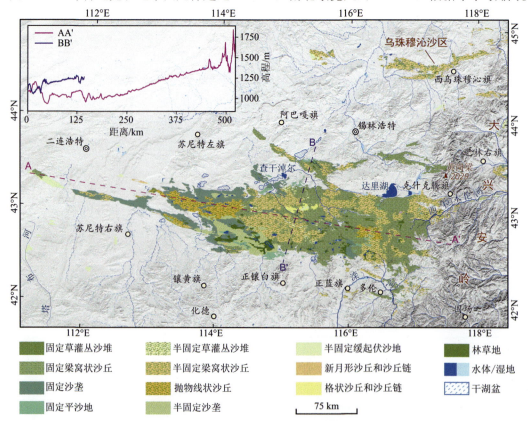

图 12.1　浑善达克沙地风沙地貌分类图

计，浑善达克沙地总面积为 28 000 km²。在浑善达克沙地东北约 100 km 的西乌珠穆沁旗，还分布着一片以半固定梁窝状沙丘为主的乌珠穆沁沙区，东西延伸约 200 km，南北宽约 20 km，总面积约 1340 km²（图 12.1）。

　　浑善达克沙地在大地构造上处于兴蒙造山带，是华北板块与西伯利亚板块及其间微地块于早二叠纪末至中三叠纪末碰撞拼接而成（葛肖虹等，2014）。本区域在中、新生代进入板内改造演化阶段。晚三叠纪至中侏罗纪，区域处于南北挤压构造应力场之下，整体隆升（葛肖虹等，2014；Xiao et al.，2015）。晚侏罗纪末，燕山运动使大兴安岭整体抬升，从而奠定了浑善达克沙地地区盆地发育的构造格架（内蒙古自治区地质矿产局，1991）。早白垩世以来，在区域伸展作用下，这一地区发育多个断裂盆地，广泛接受河湖相沉积，浑善达克沙地大部属于二连盆地腾格尔拗陷（Meng et al.，2003；李先平等，2015）。新生代以来，浑善达克沙地整体处于伸张构造背景之下，所在区域被命名为浑善达克断陷（李锦轶等，2019）。这一时期地壳活动相对不强烈，沉积了通古尔组和宝格达乌拉组等地层（卫三元等，2006）。第四纪时，浑善达克地区继续沉积了河湖相及风沙地层，形成目前景观。

　　浑善达克沙地位于东亚夏季风北缘，以干旱半干旱气候为主。浑善达克沙地年均降水量 380～140 mm，自东南向西北递减（Yang et al.，2013b）。近 50 年的气象站点记录数据显示沙地东南部的多伦多年平均降水量为 374 mm，而西部边缘二连浩特的降水量为 141 mm（图 12.2）。沙地降水主要集中在夏季，6～9 月降水量占全年近 70%（图 12.2）。浑善达克沙地紧邻蒙古-西伯利亚高压东南缘，是我国冷空气活动强度最大的地区（周琳和孙照渤，2015），冬季漫长而酷寒，多年平均温度约 3～5℃，一月平均气温-15℃ 左右，

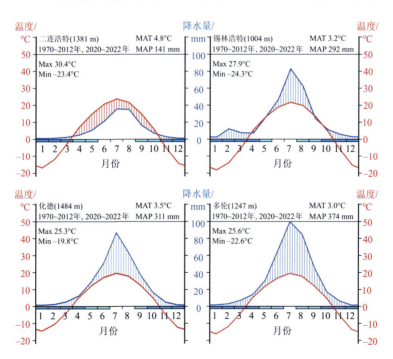

图 12.2　浑善达克沙地周边二连浩特、锡林浩特、化德和多伦 4 个气象站点降水、温度 Walter-Lieth 气候图

仅统计降水有效记录>260 天的年份（详细说明见图 3.2）

冬季平均最低温可达–22℃以下，霜冻期达 7 个月（图 12.2）。7 月平均气温超过 20℃，气温年较差大。根据柯本气候分类法，沙地大部属于冷型草原气候（BSk），东南部为温夏冬季干冷气候（Dwb），沙地西缘则接近冬季寒冷型沙漠气候（BWk）（王婷等，2020）。

浑善达克沙地西部和南部盛行偏西风与西北风，北部的锡林浩特盛行偏南风，风力强劲，沙地周围大多数站点记录的>5 m/s 的大风占全年的 25%以上（图 12.3），沙地内部可能风力更强。大风主要集中在春季，但是沙地南部站点多伦在冬季也有相当高的大风比例。浑善达克沙地是我国东部潜在输沙能力最强的沙地（杨小平等，2019）。基于站点风况数据的输沙势计算表明，浑善达克沙地西部的潜在输沙势>400 vu，属于高风能环境；北部和南部也 >200 vu，属于中风能环境。可输沙的风向变率中等偏小（RDP/DP>0.6），整体上输沙方向为东南东（图 12.3）。

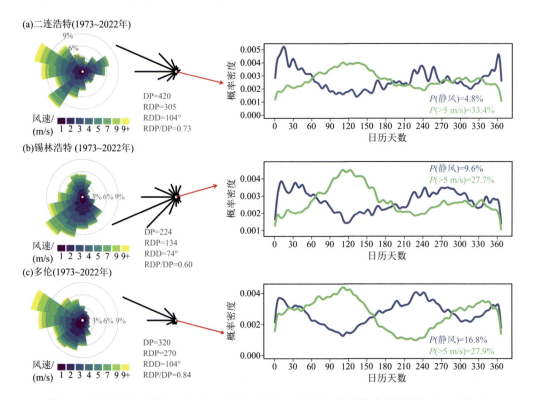

图 12.3　浑善达克沙地自西向东 3 个气象站的风玫瑰图、输沙势玫瑰图和年内风速分布
（详细说明见图 3.3）

浑善达克沙地位于我国内流区与外流区的过渡区域。沙地东部和东南部降水较多，地表径流发育，是外流河集中分布地区。西拉木伦河（又称"潢水"）即发源于浑善达克沙地东部。在沙地东南部，则有多条滦河支流发源于此。这些河流下切明显，且速率很高。西拉木伦河阶地热释光年龄显示，该河流十几万年下切深度超过 100 m（赵秀娟，2012）。浑善达克沙地大部属于内流区。在沙地中部，自东向西发育有高格斯台河与恩格尔高勒河，它们发源于沙地腹地，注入查干淖尔湖（图 12.1）。沙地西部则少有地表径流。另有多条时令河发源于阴山山脉北侧，向北流入沙地南缘后消失。

浑善达克沙地湖泊众多，东北缘分布有达里湖（又名达里诺尔、达赉诺尔）及岗更湖（岗更诺尔）等湖泊。岗更湖为达里湖上游的吞吐湖，湖水通过河道补给达里湖，因此为淡水湖（盐度为 0.3‰左右）（周一兵和毕凤山，1996）；达里湖面积约 185 km^2（2016 年）（甄志磊等，2021），盐度在 9‰左右，属微咸水（杨富亿等，2020）。上文提到的查干淖尔湖位于浑善达克沙地北缘，该湖分为东西两部分，中间由天然堤坝相隔。目前仅查干淖尔东湖有水，面积近 30 km^2（2010 年），查干淖尔西湖面积自 20 世纪 50 年代末有记录（约 80 km^2）以来逐渐减小，在 2002 年已完全消失（刘美萍等，2015）。除沙地北缘外，浑善达克沙地腹地也有众多湖泊，但面积一般较小，大多不足 5 km^2，主要分布在浑善达克沙地中南部与中西部（图 12.1）。沙地内河流流经区域（如更为湿润的东部）则少有湖泊分布，河流下切导致地下水位下降应是这些区域缺少湖泊的原因（Yang et al.，2015b）。

在植被区划上，浑善达克沙地位于温带草原区，受气候影响，浑善达克沙地植被多样，具有过渡性特征。在降水及地表水资源较多的中东部，分布有森林和草甸草原，向西逐渐过渡到典型草原和荒漠草原（图 12.4）。自西向东，随着降水量增加，多年生草本植物逐渐增加（齐丹卉等，2021）。典型草原具体包括：羊草、丛生禾草草原，克氏针茅草原，沟叶羊茅草原，治草、冰草、丛生矮禾草草原，糙隐子草草原，冷蒿草原，沙蒿禾草草原等。荒漠草原包含：戈壁针茅荒漠草原，沙生针茅荒漠草原，短花针茅荒漠草原等（中国科学院中国植被图编辑委员会，2007）。浑善达克沙地的森林以榆树疏林为主，在沙地东部还有少量白桦、山杨和蒙古栎。灌丛在沙地大部均有分布，以锦鸡儿灌丛为主，在沙地东部还有黄柳、乌柳群落为代表的温带落叶灌丛，西部则为小果白刺灌丛（齐丹卉等，2021）。

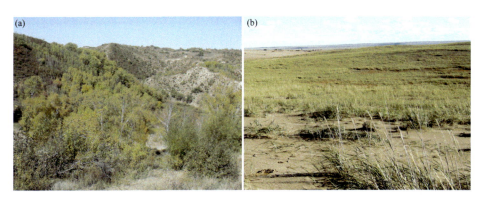

图 12.4　浑善达克沙地植被景观
（a）沙地东南部疏林（摄于 2011 年 9 月）；（b）沙地西部草原（摄于 2010 年 8 月）

浑善达克沙地固定、半固定沙丘占绝对优势，二者各占一半左右，活动沙丘不足 1%（表 12.1）。沙丘的活动状态也具有一定的东西向过渡性特征，固定沙丘主要分布在沙地的中部和东部。但与植被相比，沙丘活动状态的东西向过渡性分布规律并不十分显著，沙地的半固定与活动沙丘并非集中在降水最少的沙地西部，而是与活动沙丘镶嵌分布。

这反映了降水并非是浑善达克沙地沙丘活动状态的主要控制因素，人为因素、地下水位、沙源供应、沙丘演化阶段等都可能决定沙丘活动状态。

表 12.1 浑善达克沙地风沙地貌分类及面积所占比例

流动性	沙丘类型	面积/km²	比例/%
固定沙丘	固定草灌丛沙堆	60	0.21
	固定缓起伏沙地	680	2.43
	固定梁窝状沙丘	10 550	37.68
	固定沙垄	3675	13.13
半固定沙丘	半固定草灌丛沙堆	320	1.14
	半固定缓起伏沙地	345	1.23
	半固定梁窝状沙丘	7735	27.63
	抛物线状沙丘	1820	6.50
	半固定沙垄	1365	4.88
活动沙丘	格状沙丘和沙丘链	150	0.54
	新月形沙丘和沙丘链	65	0.23
其他	沙地内部被沙丘包围的建设用地、林草地、耕地、水域	1235	4.41
总面积	/	28 000	100

从沙丘形态来看，浑善达克沙地以梁窝状沙丘、沙垄和抛物线形沙丘为主，这些沙丘高度大多不超过 30 m（图 12.5），沙丘走向与盛行风向一致（图 12.3），反映了风力对沙丘形态的控制作用。浑善达克沙地植被覆盖总体较好，植被是沙丘形态的又一重要控制因素。沙地内部广泛分布的梁窝状沙丘即是新月形沙丘或沙丘链被植物固定、半固定所形成[图 12.5（a）]。浑善达克沙地也是我国抛物线形沙丘主要的分布区域之一，多呈半固定状态[图 12.5（c）（d）]，主要集中在沙地中西部（图 12.1）。抛物线形沙丘与新月形沙丘形态刚好相反，沙丘的两个翼角指向上风向。相当一部分抛物线形沙丘即是由新月形沙丘转化而来。在有植被生长的条件下，新月形沙丘两翼由于沙层较薄，风沙通量较低，更易被植物固定；沙丘中部沙层较厚，不利于植被生长，因此在风力作用下继续向前移动，最终形成抛物线形态（Durán and Herrmann，2006；Reitz et al.，2010）。在浑善达克沙地可看到，沿着盛行风向自西向东，沙丘形态由新月形逐渐过渡为抛物线形，记录了抛物线形沙丘形成过程[图 12.5（c）]。除新月形沙丘外，风蚀坑也是抛物线形沙丘的重要起源（Nield and Baas，2008；Pye and Tsoar，2009）。在浑善达克沙地，众多抛物线形沙丘的迎风坡伴随有风蚀坑发育[图 12.5（d）]，体现了风蚀坑对沙丘形态的重要影响。风蚀坑的形成应该是一部分沙丘发育的初始阶段。在水分条件和植被覆盖较好的沙地东部，风蚀坑众多，一部分只有风蚀坑的形貌，另一部分风蚀坑下风向则伴有大片流沙，指示风蚀比较活跃[图 12.5（e）]。这些风蚀搬运出的流沙为沙丘形成提供了物质基础，也是这一地区荒漠化的主要表现形式。

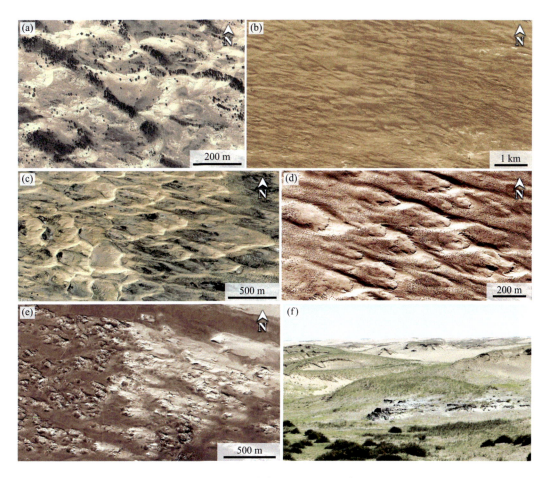

图 12.5　浑善达克沙地部分沙丘类型

遥感影像显示的梁窝状沙丘（a）、沙垄（b）、新月形沙丘与抛物线形沙丘（c）、伴有风蚀坑的抛物线形沙丘（d）和风蚀坑（e）；（f）浑善达克沙地西部半固定沙丘与风蚀坑（摄于 2010 年 8 月）

第二节　沉积地层与环境变化

　　浑善达克沙地风沙沉积厚度沿盛行风向自西向东逐渐变厚，可能是风沙长期自西向东搬运堆积的结果。在沙地西部，风沙沉积地层厚度一般不超过 5 m，下伏地层多为红黏土或沙黄土，光释光测年结果显示，这些风沙沉积均形成于全新世［图 12.6（a）（b）］。沙地中部的那日图附近钻孔结果显示，风沙沉积厚度可达 50 m 左右（李孝泽和董光荣，1998）。在沙地东部西拉木伦河河谷，部分断面河流下切风沙沉积深达 150～200 m 左右［图 12.6（c）］。即使在沙漠东缘的大兴安岭西麓，一些剖面显示风沙沉积厚度也超过 40 m［图 12.6（d）（e）］。

图 12.6 浑善达克沙地风沙地层

（a）～（b）沙地西部地层与光释光年龄（照片摄于 2015 年 7 月）；（c）沙地东部西拉木伦河谷两侧风沙沉积（摄于 2011 年 10 月）；（d）～（e）沙地东缘大兴安岭西麓风沙沉积（摄于 2011 年 10 月）

　　但与我国西部沙漠相比，浑善达克沙地风沙沉积厚度较薄，风沙沉积年龄也较年轻。现有年龄统计显示，这一地区风沙沉积大部分形成于末次冰消期以来（图 12.7）。但这并不意味着末次盛冰期及以前浑善达克沙地没有风沙活动。这些年龄数据大部分来源于释光测年，而释光测年只能记录最近一次的埋藏年龄。因此，更古老的风沙沉积可能由于后期风沙活动被翻新曝光而无法被记录。浑善达克沙地由于风沙地层整体较薄，沙层翻新所需的时间更短，这可能是其风沙年龄低于西部沙漠的原因之一。

　　一些学者认为，沙地东南缘上新统粉沙质红土古土壤沉积表明浑善达克沙地至少形成于新近纪，当时是副热带荒漠的一部分（李孝泽和董光荣，1998）。但这个判断基于红土沉积来源于沙漠这一假设，该剖面没有古沙丘发育的直接证据。因此，严格来说，无

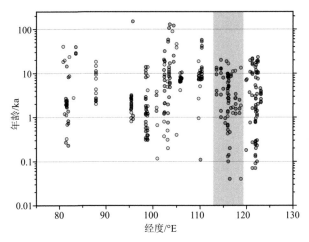

图 12.7　我国北方沙漠/沙地风沙年龄时空分布

灰色区域为浑善达克沙地及周边地区[修改自 Li 和 Yang（2016）]

法根据这一剖面来确定当时沙地存在与否，沙地位置及大致范围也无从得知。目前，浑善达克沙地已发现最老的古沙丘位于沙地东缘西拉木伦河南岸百岔河附近，其形成时代为上新世中晚期，指示当时该地区具有沙丘形成发育的环境条件（鄂犀利等，2010）。但是由于该剖面位于河谷，尚无法判断该沙丘是古浑善达克沙地的一部分，还是河岸近源（单体）沙丘。浑善达克沙地北缘是我国火山活动的重要区域，分布有阿巴嘎和达里诺尔火山群，第四纪火山熔岩成为了这一时期沉积物的保护盖层，使得下覆河湖和风沙沉积地层得以保存。释光定年结果显示，达里湖东北部玄武岩盖层之下的风沙沉积年龄达321.2±11.5 ka，是这一地区目前最老的第四纪风沙年龄（孙晓巍等，2019）。但是该剖面位于达里湖古湖滨附近，相距不远还有湖相沙沉积剖面，其年龄与风沙沉积基本相同（孙晓巍等，2019），且两个剖面高程与达里湖外泄通道高程基本一致（Goldsmith et al.，2017b）。因此，不能排除湖滨沙丘的可能。如果是湖滨沙丘，该剖面应该是高湖面的证据，而非是气候干旱化的标志。笔者在二连盐池西部古湖岸地层中也发现了古沙丘沉积，根据周边地层初步判断应属于更新世（图 12.8），很可能也是湖滨沙丘。可以看出，目前这些较老的风沙沉积记录零星而分散，且多位于浑善达克沙地边缘，在更详细的地貌与地表过程的研究之前，很难用其推测、重建浑善达克沙地景观。

　　浑善达克沙地全新世以前沉积记录不多，大部分属于末次冰消期（Yang et al.，2008b；周亚利等，2013），这一时期地层全部为风沙沉积，指示当时应以风沙活动强烈的沙漠环境为主。众多记录显示末次盛冰期是北半球粉尘释放的高峰期（Xiao et al.，1999；Guo et al.，2009；Jacobel et al.，2017；Serno et al.，2017），浑善达克沙地东缘黄土沉积在末次盛冰期也保持较高的沉积速率（Yi et al.，2015），这些证据都指示末次盛冰期我国北方干旱区风力和干旱程度加强，一些学者也推断这一时期沙漠呈扩张状态（Lu et al.，2013）。但就浑善达克沙地而言，目前极少有末次盛冰期的风沙记录，因此对这一时期沙地景观、风沙活动状态知之甚少。沉积间断在风成沉积物中普遍存在，黄土沉积中也多有地层缺失现象，且主要发生在冰期（Stevens et al.，2018；鹿化煜等，2006）。因

图 12.8 二连盐池西部古湖岸沉积剖面

底部为风沙沉积，可见清晰的风沙交错层理（摄于 2016 年 7 月）

此，末次盛冰期浑善达克沙地应为活动沙丘，可能由于强风条件下风蚀严重而沉积间断，但也不排除冰期沙丘存在一定程度（或季节性）冻结的可能。笔者在 2012 年 4 月对浑善达克沙地东部进行野外考察时发现，虽已时至早春，部分沙丘仍呈冻结状态。考虑到末次盛冰期气温显著低于现代（崔之久等，2002），整个沙地可能属于多年连续冻土带（Zhao et al.，2014），因此冰冻因素也不可忽视。

虽然浑善达克沙地缺少更新世及以前沉积记录，但全新世沉积记录众多，从现有沉积剖面数量来看，在我国沙漠/沙地中位居前列。其原因可能是该沙地沙丘多为固定、半固定状态，风蚀形成的沉积露头众多，便于开展古环境研究。但现有记录的空间分布不均，多集中在中东部，沙地西部偏少。

在浑善达克沙地，全新世沉积普遍存在暗黑色古土壤层，是这一时期的标志层。古土壤层厚度多为 0.5～1 m 不等，固结较硬，抗风蚀能力较强，沙地西部风蚀残存露头皆为古土壤［图 12.6（a）］。古土壤层的形成与植被覆盖密切相关，浑善达克沙地全新世古土壤层有机碳含量明显高于风沙沉积，虽然经过长期降解，依然高于现代表层风沙层（Yang et al.，2008b，2013b）。因此，更确切地说，这一层"古土壤"应为古土壤的有机质层，紧邻其下为灰白色碳酸钙淀积层，固结较硬，是判断古土壤位置的另一重要依据（图 12.9）。这些古土壤表明，浑善达克沙地在全新世的有些时段植被覆盖明显好于现代，同时风沙活动较弱，沉积速率明显降低，甚至不及风沙沉积层的 1/10。

从现有记录看来，这层普遍发育的古土壤形成于全新世早中期，但对于其具体存在时代仍有一定争议（图 12.10）。一些学者认为，古土壤开始形成于距今 8 ka 前后（Mason et al.，2009；周亚利等，2008）。但也有众多剖面年龄显示这层古土壤自距今 1 万

图 12.9　浑善达克沙地西部赛汉西里剖面全新世风沙-古土壤序列（摄于 2010 年 8 月）

[详见文献 Yang 等（2013b）]

年左右就开始发育了（Li et al.，2002；杨利荣和岳乐平，2011；Yang et al.，2013b），且这些记录在沙地东西部均有分布。即使在同一地点，不同剖面记录的地层和年龄也存在差别。在研究记录众多的桑根达来附近，3 个沉积剖面显示古土壤底界年龄约为 1 万年（图 12.10 剖面⑨、⑪、⑫），而 1 个剖面显示古土壤形成不早于 8.3 ka 前（图 12.10 剖面⑩），且该剖面不仅有风沙与古土壤沉积，还有沙黄土沉积，显示该剖面附近经历了复杂的沉积环境变化过程。此外，古土壤层结束的年龄也不尽一致，从 5 ka 持续至 2 ka 前后（图 12.10）（Li et al.，2002；Yang et al.，2013b）。整体而言，浑善达克沙地在距今 12～10 ka 期间，应为沙丘形成发育阶段，沙地东西部均有这一时期风沙沉积记录（图 12.10 剖面②、③、⑧、⑫）；10～8 ka 期间，大部分地区发育古土壤，少部分区域有活动沙丘分布；在距今 8～4 ka 这段时间基本为古土壤发育时期，风沙活动记录非常有限；距今 4～2 ka 古土壤逐渐被风沙地层取代，沙丘再次发育，其中距今 3～4 ka 是主要转换时期。

　　浑善达克沙地大部分古土壤层发育记录与一些湖泊古环境记录基本一致，反映了气候变化对古土壤发育的控制作用。沙地南缘巴彦查干湖孢粉与夏日淖尔湖同位素记录均指示全新世早中期降水较多，6 ka 后降水逐渐减少（Jiang et al.，2006；Sun et al.，2018a）。沙地东部好鲁库湖孢粉记录也显示，10 000～5900 a BP 期间降水偏多，其中 10 000～8000 a BP 为冷湿气候，8000～5900 a BP 是暖湿气候（Liu et al.，2002）。但沙地

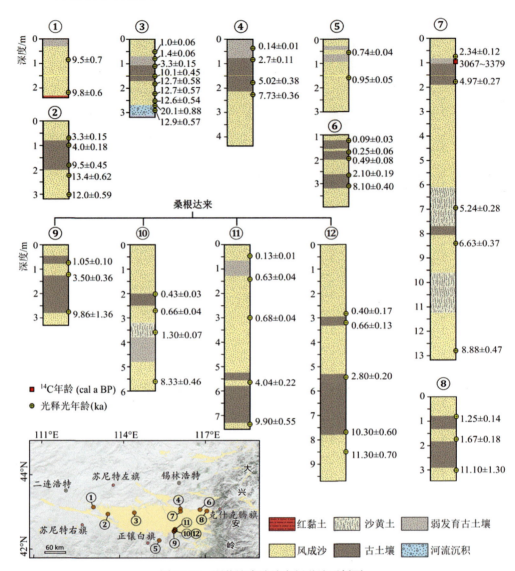

图 12.10　浑善达克沙地全新世地层剖面

剖面①为本书新增剖面，剖面②、③引自 Yang 等（2013b），剖面④、⑦来自 Mason 等（2009），剖面⑤、⑩、⑪引自周亚
利等（2008），剖面⑥、⑫引自韩鹏和孙继敏（2004），剖面⑧、⑨引自文献 Li 等（2002）

东北缘达里湖孢粉记录与这些结果不尽相同，达里湖孢粉记录显示这一地区直到 8.3 ka
降水才开始增多，并持续至 6 ka（Wen et al.，2017），降水开始增多的时间与沙地部分沉
积剖面古土壤开始形成时间基本一致（图 12.10 剖面⑥、⑩）。周边湖泊记录存在差异的
原因可能与局地环境、代用指标不同及年代的不确定性有关。同时，古土壤与湖泊记录
又存在一些差异。浑善达克沙地古土壤结束时间（4 ka）滞后于湖泊记录降水开始减少时
间（6 ka）长达 2 ka 左右，这反映了两者的阈值不同，适合古土壤发育的气候条件范围
较宽，因此对降水变化的响应滞后。
　　沙地内部沉积记录的差异性与复杂的风沙地貌及地表过程密切相关。半干旱区植被

对土壤水分敏感，沙地内部不同地貌部位因土壤水分含量不同而导致植被覆盖存在显著区别。一般而言，丘间地由于汇集水分，风沙活动较弱，植被较多；即使对于同一沙丘而言，植被覆盖也会因为南北坡向不同而存在明显差异[图 12.6（a）]；同一区域沙丘因处于不同演化阶段，植被覆盖也大不相同[图 12.6（c）（e）]。因此，不同沉积剖面古土壤层发育时代的差异很可能是沙地植被景观空间异质性在沉积地层中的体现，也是半干旱气候的产物。在全新世中期，降水大幅增多，并持续了千年以上，植被明显改观，浑善达克沙地东部广泛分布榆、云杉等木本植物（Liu et al.，2002；Wen et al.，2017）。此时的浑善达克沙地流沙基本被固定，植被盖度的空间差异达到最小，地貌等非气候因素对植被的影响基本被掩盖，从而广泛发育了黑色古土壤。此外，沉积间断或剥蚀导致某一时期地层缺失，也是不同剖面沉积记录差异的常见原因之一，增加了不同剖面对比及古环境解释的难度（Gong et al.，2013）。

除全新世早中期古土壤外，一些剖面后续还发育了多期古土壤（靳鹤龄等，2004；杨利荣和岳乐平，2011）。与前者相比，后者厚度一般较薄，且部分颜色略浅（图 12.10）。从现有地层年龄来看，这些“次级”古土壤持续的时间较短，以百年等亚轨道尺度为主。现有记录显示，这些不同区域的“次级”古土壤并非属于同期地层。因此，无法断定这些古土壤是气候因素导致（形成于气候湿润事件），还是地貌过程的产物（由沙丘运动所导致的丘间地沉积与沙丘沉积相互转变）。但不能因此否定气候因素在“次级古土壤”形成过程中可能起到的作用。如果气候变化信号强度不够，即气候变化不能达到一定的幅度或持续足够的时间，那么气候变化信息可能就淹没在地貌与地表过程等干扰信号之中。部分剖面的次级古土壤上至地表，释光年龄最小仅有 100 余年（图 12.10），表明在现代水分和风沙活动条件下，浑善达克沙地东部局地仍有明显的土壤发育。这些发育次级古土壤的剖面都位于比较湿润的中、东部，沙地西部少有分布，因此，气候背景依然是次级古土壤发育不可排除的重要因素。

第三节　浑善达克沙地古水文演化

沙漠/沙地分布与水文环境密切相关，河流与湖泊等地表水文过程为沙丘发育提供了物质基础（Yang et al.，2012b）。浑善达克沙地表沙地球化学分析结果显示，这些风沙沉积物都曾经历了河湖环境（Liu and Yang，2013）。此外，古水文本身也是气候变化信息的重要载体。因此，探究这一地区水文演化历史对理解浑善达克沙地形成演化及区域气候变化具有重要意义。

与风沙沉积相比，河湖相沉积由于固结较硬，抗侵蚀能力较强，因此其“记忆力”要好于风沙沉积。在浑善达克沙地，末次盛冰期以前的古水文遗迹多有分布。与沙地东部相比，风沙覆盖较薄的沙地西部地区河湖相沉积露头更多。由于长期风蚀作用，很多河湖相沉积地层已形成残丘或高地，也有连片分布的，形成台地地貌景观（图 12.11）。这些露头高程多为 1060～1160 m，主要为灰白色细沙、极细沙，碳酸盐含量高，根据野外调查初步推断，其形成时代应为中更新世。目前，这些露头还未进行系统研究，尚不清楚具体年龄及当时的古水文格局，但至少说明浑善达克沙地在第四纪经历了非常显著的环境变化。

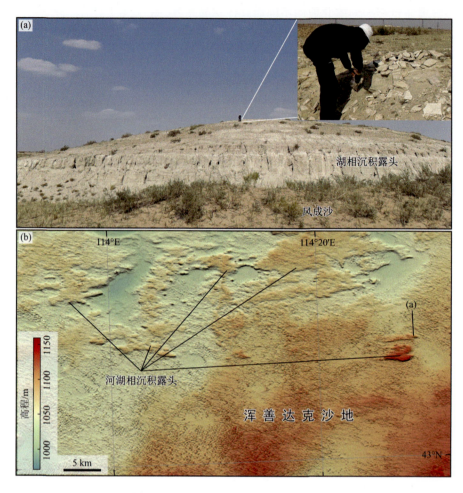

图 12.11 浑善达克沙地河湖相沉积露头

（a）巴彦淖尔镇附近湖相沉积（摄于 2020 年 9 月）；（b）ALOS AW3D 数字表面模型显示的河湖相沉积露头

近年来，我们对浑善达克沙地西部晚更新世以来的古水文演化进行了详细研究，基本厘清了晚更新世以来这一地区的水文格局（Li et al.，2023）。从数字高程模型（DEM）数据来看，浑善达克沙地西部存在 4 个主要盆地［图 12.12（a）］，这些盆地边缘保存有众多湖滨地貌。南部盆地边缘保存有沙嘴、沙坝、潟湖等多种地貌证据［（图 12.12（b）（c）］，伴随分布着大量贝壳，其高程均位于 1025 m 附近，指示了南部盆地古湖面的高度。盆地之间的河道断面显示，南部盆地水流应该从东部盆地流入南部盆地，并形成了两级侵蚀基准面，其中最高一级基准面在 1020 m 附近，考虑到后期河流侵蚀因素，该基准面基本与1025 m 高湖面对应［图 12.12（d）］。同理，南部与北部盆地之间的河道断面显示，其应为南部盆地湖泊的湖水流出通道，该湖泊为吞吐湖［图 12.12（e）］。河道断面高程还分别指示了南北盆地的湖面高程分别为 1025 m 和 990 m 左右［图 12.12（e）］。北部盆地与西南盆地同样展示大量湖滨地貌证据，湖岸最低高程均位于 990 m 左右，与南北盆地间的古河道指示的湖面高程一致（图 12.13），表明当时北部盆地与西南盆地湖泊是一体的。同样，该湖也非封闭湖，在北部盆地西缘有一曲流排水通道[图 12.13（j）]。东部盆地位于南部盆地的上游，其古湖面也较高。在东部盆地东缘至少有 4 级湖岸阶地，高程分别为 1038 m、1051 m、1065 m 和 1080 m，在盆地西部古河道 1040 m 附近发现了湖相沉积，可能对应于 1038 m 阶地。因此东部盆地古湖面高程至少在 1040 m 左右。对这些湖滨沉积物进行的释光、铀系、^{14}C 测年结果显示，该古湖属于末次间冰期（深海氧同位素 5 阶段，MIS 5，图 12.14）。

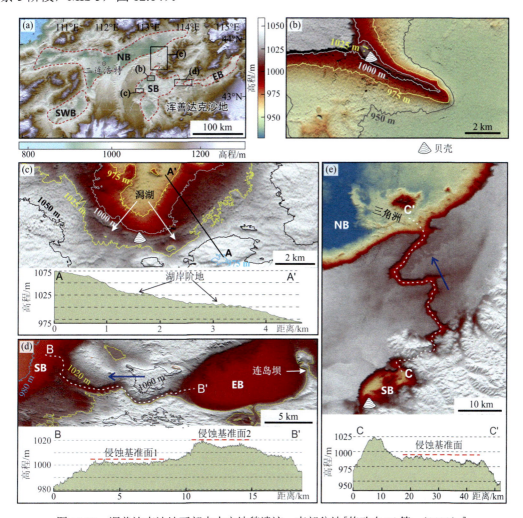

图 12.12　浑善达克沙地西部古水文地貌遗迹：南部盆地[修改自 Li 等，（2023）]

（a）浑善达克沙地西部湖盆分布：南部盆地（SB）、东部盆地（EB）、北部盆地（NB）、西南盆地（SWB）；（b）南部盆地沙嘴；（c）南部盆地古湖岸阶地与潟湖；（d）东部与南部盆地之间的古河道（蓝色箭头代表流向），河道纵断面中的侵蚀基准面分别指示南部盆地不同的湖面高程；（e）南部盆地与北部盆地之间的古河道，其纵断面指示了流向（蓝色箭头所示）及北部盆地的古湖高程（DEM 数据来源：ALOS AW3D DSM）

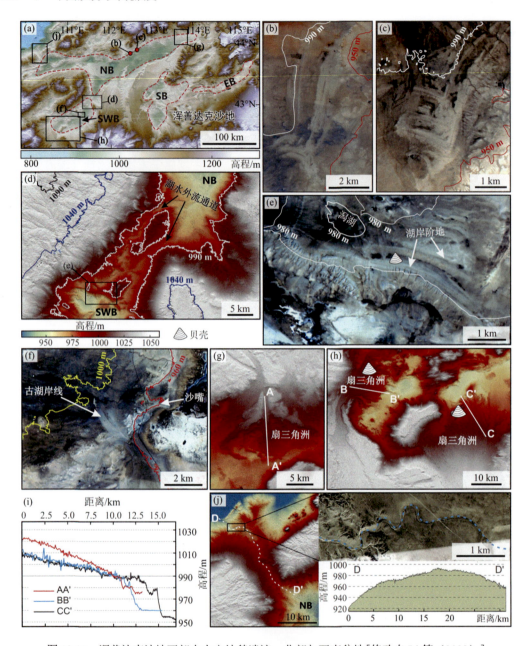

图 12.13　浑善达克沙地西部古水文地貌遗迹：北部与西南盆地[修改自 Li 等（2023）]

（a）DEM 数据显示的浑善达克沙地西部地形与湖滨地貌位置；（b）～（c）遥感影像展示的北部盆地北缘湖岸线与尖形滩地貌；（d）～（e）北部盆地与西南盆地之间的连接通道与湖滨地貌；（f）西南盆地古湖岸线；（g）～（h）北部盆地与西南盆地扇三角洲地貌；（i）扇三角洲纵断面显示在 990～980 m 处均有坡折，表明当时在此高度有水体存在；（j）北部盆地外流通道，纵断面高程图显示其最高点为 990 m 左右，与其他湖滨地貌高程一致（数据来源：DEM 数据为 ALOS AW3D DSM）

　　除此之外，浑善达克沙地西部地区的南部盆地在 1000 m 高程附近还分布有古湖岸线，这一高度附近的沉积地层为灰白色湖相沉积，这层湖相沉积随着高度增加逐渐变薄，最高出现在 1008 m 附近，光释光测年结果显示，该期高湖面出现在全新世中期 6.7 ka

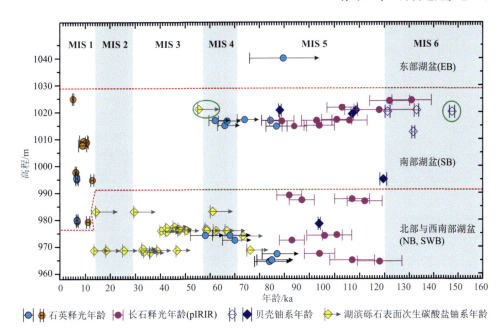

图 12.14 浑善达克沙地西部古湖年龄［修改自 Li 等（2023）］

石英释光年龄中的蓝色代表湖相沉积物，橘黄色代表风成沉积物；湖滨砾石表面次生碳酸盐铀系由于后期湖泊消失后成壤作用所形成，因此其指示湖泊最小年龄（用箭头表示），绿圈为贝壳铀系年龄及贝壳表面次生碳酸盐年龄，分别指示湖泊年龄上限和下限

左右（图 12.15）。此时，湖面高度低于南北盆地之间的古河道，所以全新世南部盆地古湖为尾闾封闭湖，与 MIS 5 时期的吞吐湖不同，全新世湖面高程完全由补给水量（流域降水量）决定，因此高湖面的年龄即为浑善达克沙地全新世最湿润时期。在东部盆地的查干淖尔湖，全新世中期古湖面高程在 1027 m 左右（刘美萍和哈斯，2015；Li et al.，2020a）。综合以上研究结果，我们根据现代 DEM 数据重建了末次间冰期和全新世中期浑善达克沙地西部古水文格局（图 12.16）。在 MIS 5 时期，东部、南部与西南部盆地湖泊接受南部广大区域径流补给，当湖泊水位超过外泄古河道时，便通过古河道补给北部湖盆，直至北部盆地湖面到达 990 m，再通过外泄古河道将湖水排至现今蒙古国的戈壁荒漠，形成了一系列串珠状古湖泊群，总面积达 15 500 km^2 左右。根据现代 DEM 数据估算，南部盆地、西南盆地、北部盆地和东部盆地 MIS 5 时期湖泊水深分别可达 100 m、50 m、90 m 和 55 m。正是这些外泄古河道的存在，使湖面较长时间维持在一定的高度，为各种湖滨地貌的发育提供了必要条件。

利用流域水分平衡模型，对 MIS 5 和全新世高湖面时期分别进行了降水量重建（Li et al.，2023）。结果显示，全新世中期降水量较现在高出 80%～110%左右，此时，浑善达克沙地大部分地区年降水量超过了 400 mm。所以沙地腹地此时广泛发育古土壤，形成了树木丛生、百草丰茂的森林草原景观。而在湖面更高的 MIS 5 时期，浑善达克沙地的降水量较现在高出 120%～150%左右，由此推断沙地南缘当时年降水量已达 800 mm 左右。在强劲的夏季风影响下，当时我国"南北方地理分界线"可能在长城以北。此外，在 MIS 5

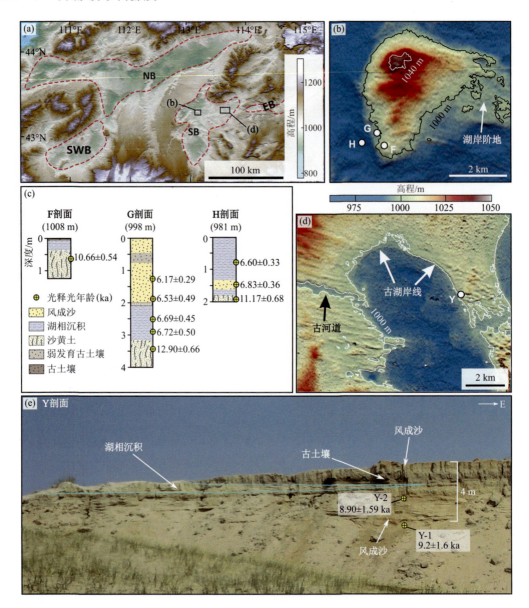

图 12.15 浑善达克沙地西部全新世高湖面记录[修改自 Li 等（2023）]

（a）全新世地层部分采样点位置；（b）全新世古湖心岛附近地形与剖面位置；（c）古湖心岛剖面地层与年龄，可见随着高程降低，湖相沉积地层逐渐增厚；（d）南部盆地东缘全新世湖滨地貌与采样剖面位置；（e）湖滨 Y 剖面照片，可见湖相沉积地层向东（远离湖泊方向）逐渐变薄（DEM 数据来源：ALOS AW3D DSM）

时期湖岸线附近广泛存在贝壳，包括湖蚬（*Corbicula largillierti*）、河蚬（*Corbicula fluminea*）、细蚬（*Corbicula lenuis*）、纹沼螺（*Parafossarulus striatulus*）等。这些水生软体动物也具有一定的气候指示意义。例如，河蚬一般生活在淡水或微咸水环境中，水体最高盐度不超过 8 g/kg（Mackie and Claudi，2010），纹沼螺则是淡水物种。因此，可以判断当时湖泊水体盐度不会太高。目前，浑善达克沙地及附近地区湖泊盐度与流域降水量密切相关，微咸水及淡水湖泊大致分布在多年平均降水量 >300 mm 的地区。笔者在年均降水量 150 mm 地区 MIS 5 时期的古湖岸线附近发现蚬类贝壳，以此推断当时降水量也要比现在高出 1 倍以上。同时，河蚬对冬季温度敏感，因结冰引起的水体缺氧可导致河蚬死亡（Werner and Rothhaupt，2008）。目前，我国现生河蚬基本分布在 1 月（最冷月）平均气温-8℃以上地区，结合浑善达克沙地河蚬化石分布可推断，MIS 5 时期 1 月平均气温较现在高 10℃以上。这与古气候模拟结果存在较大差异。多个模型模拟结果显示 MIS 5 时期增温主要集中在夏季，冬季气温比现在更低（Otto-Bliesner et al.，2021）。但目前尚不清楚 MIS 5 时期的"暖冬"是贯穿于整个间冰期还是其中较短的一个时段，也不清楚这种"暖冬"是我国北方普遍存在还是主要集中在浑善达克沙地附近。这也和当前全球变暖的气候格局不同。近 10 年来，在北极增温的背景下，东亚与北美地区冬季温度持续偏低（Kug et al.，2015）。浑善达克沙地西部古气候研究表明，全球增温下，可能还存在中高纬地区普遍增温的模式。这一发现对于我们评估当前的全球变暖具有很强的启示意义。

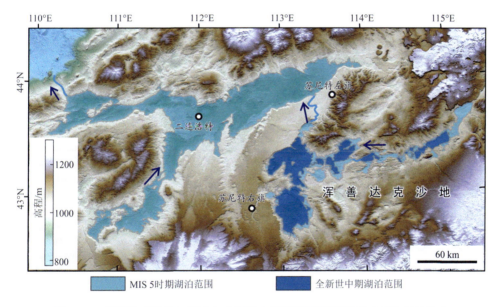

图 12.16　浑善达克沙地 MIS 5 与全新世中期湖泊范围［修改自 Li 等（2023）］

箭头指示湖水补给方向

在浑善达克沙地东部，较厚的沙层掩盖了众多的水文地貌遗迹，这为古水文重建带来了新的挑战。时至今日，沙地东部古水文重建主要集中在全新世，除火山灰盖层之下的更新世河湖相地层外（孙晓巍等，2019），尚未见其他报道。沙地东部的古水文研究主要分布在达里湖和西拉木伦河流域。

达里湖地处沙地北缘，古湖岸线众多，大多尚未被流沙掩盖。DEM 数据显示，该湖古湖岸线主要分布在 1240～1290 m 之间［图 12.17（b）］。达里湖全新世湖泊水位变化也受地形影响，湖盆北部 1290 m 附近存在一个排水通道，因此这一湖水流出通道决定了达里湖水位上限。14～10 ka 左右达里湖可能有三次高湖面时期［略低于 1290 m，图 12.17

（c）]。在 8～6 ka 左右，达里湖流域面积较现代明显扩大。当时，达里湖南部自南向北分布有碌碡湾、大水诺尔、好鲁库三个湖泊，湖泊之间有河道相连，形成了串珠状湖泊群[图 12.17（a）]，外溢的湖水自南向北最终注入达里湖（Yang et al.，2015b），达里湖水位进一步升至排水通道高度（1290 m）而成为吞吐湖（Goldsmith et al.，2017b），此时湖泊水位受控于地貌因素而无法反映降水（增多）的变化。达里湖全新世高湖面自 6 ka 左右开始逐渐下降（Goldsmith et al.，2017b），湖面面积由全新世中期约 1400 km² 缩小至今 300 km² 左右。达里湖上游的好鲁库与大水诺尔高湖面则至少维持到 5.2 ka 前后，之后逐步萎缩消失（Yang et al.，2015b）。

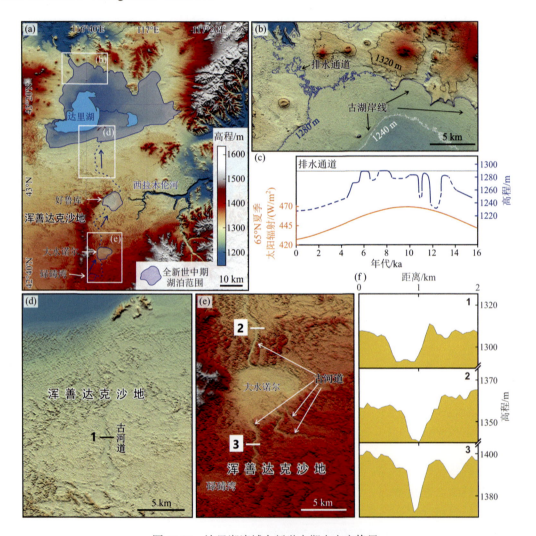

图 12.17　达里湖流域全新世中期古水文格局

（a）全新世湖泊范围及补给关系（蓝色虚线为古河流，流向如蓝色箭头所示），据 Yang 等（2015b）及 Goldsmith 等（2017b）绘制；（b）DEM 数据显示的达里湖北部古湖岸线及位于火山熔岩之上的湖泊排水通道；（c）16 ka 以来达里湖湖面变化，修改自 Goldsmith 等（2017b）；（d）～（e）DEM 数据显示的达里湖流域全新世古湖之间的古河道；（f）古河道横断面，断面位置见图（d）、（e），古河道自南向北逐渐变宽，反映了当时河水流向和水文补给关系（DEM 数据来源：ALOS AW3D DSM）

达里湖湖面变化对浑善达克沙地全新世古气候具有重要指示意义。对于全新世早期达里湖高湖面原因，部分学者认为可能与冰消期冰雪融化有关（Xiao et al.，2008；Liu et al.，2017b），但也有学者对此持怀疑态度，认为大兴安岭冰川冰量不足以维持达里湖高湖面，高湖面系季风降水增多所致，降水变化与我国南方石笋氧同位素记录一致（Goldsmith et al.，2017a，2017b），即全新世早期季风就已加强并接近全新世中期水平。考虑到全新世中期达里湖是吞吐湖，虽然与全新世早期相比湖面高程变化不大，但全新世中期实际降水量可能显著高于全新世早期。因此，达里湖水位变化实际上也指示了沙地东部末次冰消期以来最湿润的时期出现在全新世中期，而非全新世早期。

目前，达里湖全新世湖面变化历史还存在一些争论（Goldsmith and Xu，2020；Han and Li，2020；Jiang et al.，2020），部分研究认为早全新世湖面明显低于中全新世，且全新世中期高湖面并未达到排水通道高程而形成吞吐湖（Jiang et al.，2020），与 Goldsmith 等（2017b）的研究结果有明显差异。这些争论凸显了湖滨地貌过程与古水文重建的复杂性，其解决还有待于更详细的沉积学、地貌学和年代学研究。

另外，达里湖孢粉证据（Wen et al.，2017）和查干淖尔湖湖面高程记录都显示全新世中期气候明显比早期更为湿润。因此，达里湖水位变化历史表明浑善达克沙地东部全新世中期较全新世早期更为湿润，滞后于太阳辐射变化，这与浑善达克沙地西部古水文记录是一致的（Li et al.，2023），并与我国南方石笋记录有所区别。

除气候变化外，地貌过程可能是这些湖泊演化的驱动因素。西拉木伦河下切袭夺地下水可能是好鲁库古湖萎缩消失和沙丘活化的重要原因（Yang et al.，2015b）。在西拉木伦河源区，河流下切深度超过百米（图 12.18）。除西拉木伦河干流（沙里漠河）外，还有两个干涸的支流河谷。高程纵断面显示，两条支流末端的河床分别高出西拉木伦河约 15 m 和 75 m[图 12.18（c）]。两条支流不同的落差高度表明，位于中间的北二支流应首先断流，然后北一支流也发生断流，但发生断流的具体年龄尚不清楚。沙里漠河发展成为西拉木伦河正源的原因可能与区域降水格局有关。浑善达克沙地地势与降水均呈南高北低的格局，因此地下水也自南向北输送补给。沙里漠河位于另外两条支流南侧，地下水更丰富，目前尚未断流。沙里漠河水量较大，下切速率较快而袭夺地下水[图 12.18（d）]，导致两条支流集水区域地下水位进一步下降，这可能是两条支流断流的重要原因。北一支流源头距离好鲁库湖全新世古湖岸线仅约 3.4 km，而落差超过 75 m[图 12.18（a）（c）]，好鲁库的地下水很可能补给了北一支流，河流下切也可能造成了好鲁库古湖的萎缩。因此，西拉木伦河如同沙地地下水的"抽水机"，加剧了水资源紧缺的状况，也是荒漠化的重要推手。地下水位随河流下切而持续下降，很难再回升，因此这一地貌过程导致的荒漠化也将很难逆转。沙地东缘西拉木伦河经棚水文站目前多年平均年径流量达 1911 万 m³（李亚光，2021），按照现有流域面积计算，径流深度达 330 mm 左右，接近当地降水总量，所以应有流域外地下水补给西拉木伦河。因此，西拉木伦河形成发育不仅改变了流域内的水文格局，也影响了周边区域的水文循环乃至景观和环境。

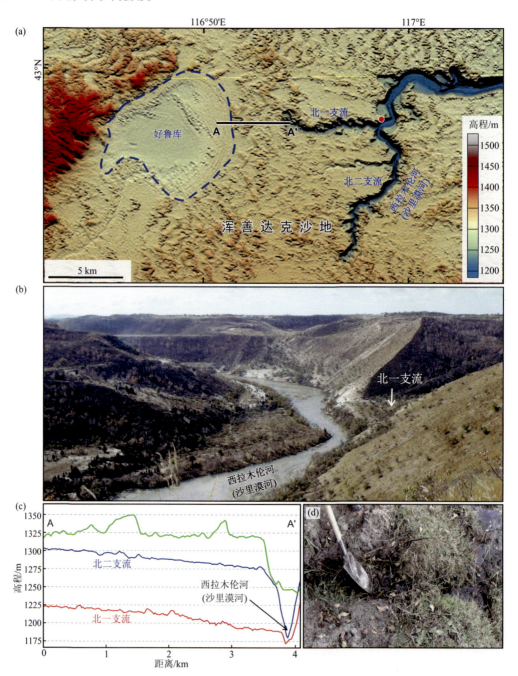

图 12.18　西拉木伦河溯源侵蚀

（a）DEM 数据显示的西拉木伦河源区水系及古水文地貌遗迹分布，蓝色虚线为全新世中期好鲁库古湖最大范围；（b）西拉木伦河及其北一支流河谷野外照片（摄于 2011 年 10 月），可见北一支流河谷已断流，且明显高于西拉木伦河，照片拍摄位置如图（a）中红点所示；（c）北一支流（红线）与北二支流（蓝线）河谷纵断面及好鲁库湖与北一支流源头高程断面（绿线，断面位置如图（a）中直线 AA′所示）；（d）照片显示西拉木伦河谷北侧（北一支流附近）地下水渗露补给河流目前，达里湖现存最老古湖岸线不超过末次冰消期，虽然浑善达克沙地西部古水文重建显示 MIS 5 时期的气候明显比全新世中期更湿润，但在达里湖尚未发现更高古湖岸线，存在两种可能原因：①排水通道早已存在，MIS 5 时期达里湖也为吞吐湖，由于湖泊排水通道基底为第四纪火山熔岩［图 12.17（b）］，抗侵蚀能力较强，导致 MIS 5 时期与全新世中期排水通道高程变化不大，湖泊水位基本相同，MIS 5 时期古湖岸线被全新世中期湖泊沉积覆盖，虽然有学者认为晚更新世达里湖水位与全新世中期接近（耿侃和张振春，1988），但晚更新世地貌与沉积证据不多；②排水通道流经的火山熔岩形成时间晚于 MIS 5 时期，所以 MIS 5 时期排水通道高程更低，当时湖面低于全新世中期，从而使 MIS 5 时期古湖岸线埋藏于全新世地层之下。

从浑善达克沙地晚更新世以来古水文与古环境演化历史可以看出，除气候变化外，地貌过程是环境变化的另一个重要驱动力，揭示了干旱区地表过程研究在干旱区古环境与古气候重建中的重要意义。从浑善达克沙地晚更新世以来高湖面记录来看，MIS 5 及全新世中期是两个最显著的气候湿润期，且 MIS 5 时期降水量明显更多。目前，浑善达克沙地尚无 MIS 3 时期高湖面证据。浑善达克沙地东北 250 km 处乌拉盖湖泊钻孔粒度与烧失量数据显示，MIS 3 时期气候较为温暖湿润（Yu et al.，2014）；但位于沙地西南 250 km 的黄旗海没有 MIS 3 时期高湖面证据，湖滨附近黄土沉积指示当时气候较为干旱（Zhang et al.，2012）。其原因可能是 MIS 3 时期湿润气候持续时间较短、强度较弱，没有发育大规模湖滨地貌，抑或是 MIS 3 时期湖面高程较低，导致其湖滨地貌被全新世湖泊沉积埋藏。因此，浑善达克沙地晚更新世以来的气候变化与南方石笋氧同位素记录明显不同，其变化特征与北方黄土乃至贝加尔湖沉积记录更为相似（图 12.19），可能反映了晚更新世以来东亚地区降水变化的南北显著差异。

第四节　浑善达克沙地现代植被变化与荒漠化

荒漠化是我国干旱、半干旱区面临的主要环境问题，自 20 世纪 70 年代以来逐渐引起学者和公众的关注。沙漠化即为沙质荒漠化，是荒漠化的一个类型（朱震达，1998）。在荒漠化概念正式提出之前，我国学者对于荒漠化的认识存在一些分歧。例如，朱震达和王涛（1992）认为，沙漠化是发生在人类历史时期，特别是一个世纪以来以风沙活动为主要标志的土地退化，强调了人类经济活动的作用。但另有学者指出，沙漠化与荒漠化不应有时间上的限制，地质时期同样可能发生（董光荣等，1988）。目前被广泛使用的荒漠化定义是联合国防治荒漠化公约给出的，指的是"包括气候变化和人类活动在内的各种因素造成的干旱、半干旱和半湿润地区的土地退化"（UNCCD，1994）。按照这个定义，前文所述的浑善达克沙地晚全新世古土壤向风成沙转化应属于荒漠化的范畴，气候变化与人类活动是荒漠化的主要原因。本部分讨论的是浑善达克沙地近几十年来荒漠化及植被变化过程。

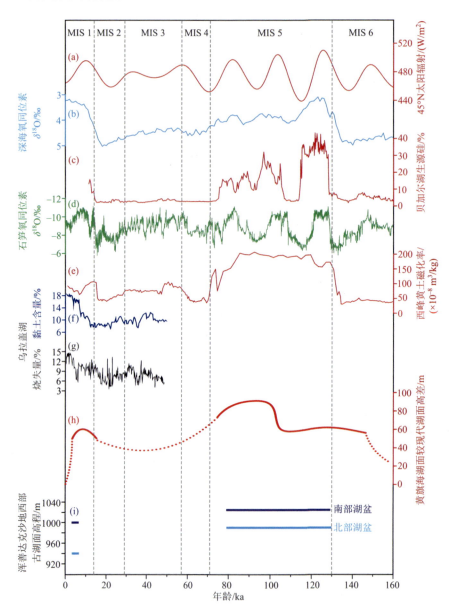

图 12.19　晚更新世以来浑善达克及周边地区古水文记录及其与其他古环境指标对比

（a）45°N 夏季（6～8 月）太阳辐射（Laskar et al., 2004）；（b）深海氧同位素（LR04）记录（Lisiecki and Raymo, 2005）；
（c）贝加尔湖生源硅记录（Prokopenko et al., 2006）；（d）我国南方石笋氧同位素记录（Cheng et al., 2016）；（e）西峰剖面
黄土磁化率（Guo et al., 2009）；（f）～（g）乌拉盖湖黏土（<2 μm）含量与烧失量（Yu et al., 2014）；（h）～（i）黄旗海
（Zhang et al., 2012）与浑善达克沙地西部古湖面高程变化（Li et al., 2023）

　　整体看来，浑善达克沙地归一化植被指数（NDVI）接近典型草原，但年际波动较小，其变异系数接近灌丛与森林植被［图 12.20（a）（b）］。半干旱区植被指数与降水量密切相关，随降水量增加，NDVI 显著增高［图 12.20（c）］。但降水与 NDVI 的相关性存在区域差异，在 NDVI 较低的区域，NDVI 与降水量的相关系数更高［图 12.20（d）］。这些特征表明，相对于其他地区，沙地植被对降水波动变化不太敏感，其原因可能有二：

①浑善达克沙地中部和东部有较多的灌木与乔木，与草本植物相比，木本植物对降水响应较慢且平缓；②风沙是良好的储水体，其颗粒较大，很难形成毛管，显著减少了水分蒸发，导致沙地地下水较丰富，从而使植被对降水的依赖有所降低。但这并非意味着沙地更有利于植被生长，事实上，在相同降水量的条件下，浑善达克沙地植被指数显著低于其他地区[图 12.20（c）]。这从侧面说明，草原一旦沙化成为沙地，植被生产力将显著降低。

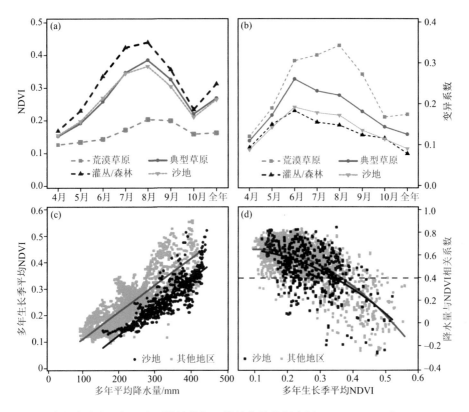

图 12.20　浑善达克沙地及邻近地区植被特征（植被指数数据来源：1982～2006 年 GIMMS NDVI）

沙地与不同植被类型（a）生长季植被指数变化及（b）年际变异系数；（c）多年平均生长季（4～10 月）NDVI 与多年平均降水量散点图；（d）多年平均生长季（4～10 月）NDVI 和降水量与 NDVI 相关系数散点图，虚线代表 0.05 显著性水平

过去几十年来，浑善达克沙地显著增温（$p<0.001$），50 余年增温幅度达 2.5～3℃左右，20 世纪 80 年代以来的增温尤其明显[图 12.21（a）]。相比之下，降水年际波动较大，有略减少的趋势，但不显著，20 世纪 90 年代降水量持续偏高[图 12.21（b）]。与温度变化趋势相似，平均风速也有显著降低，且风力减弱主要发生在 20 世纪 80 年代以来[图 12.21（c）]。在显著增温的背景下，从 20 世纪中叶至 21 世纪初，包括浑善达克沙地在内的我国北方地区气候呈干旱化趋势（马柱国和符淙斌，2006）。除气候变化外，人类活动（干预）也对浑善达克沙地植被变化具有重要影响。这些人为因素包括饲养的牲畜数量变化、放牧方式（建立围栏限制牲畜迁移）及荒漠化防治措施（春季休牧、限制牲畜数量）等。因此，近些年浑善达克沙地气候与人为因素都有显著变化，如何评估这些

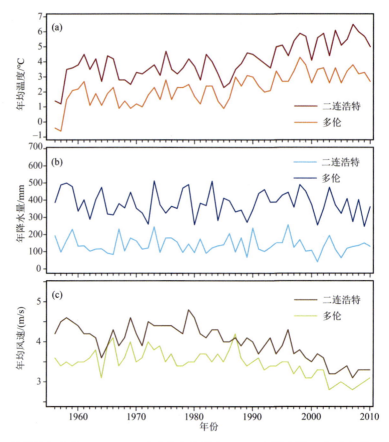

图 12.21　二连浩特与多伦 1956～2010 年期间年均温度（a）、年降水量（b）和年均风速（c）变化
（数据来源：中国气象数据网 https://data.cma.cn/）

因素对植被变化及荒漠化的影响，一直是研究工作的重点和难点。

20 世纪 80 年代至 21 世纪初，与我国北方其他沙地相比，浑善达克沙地大部分地区植被指数变化趋势不显著，且沙地内部植被变化存在区域差异，植被指数下降区域主要集中在沙地的中部。同时，不同研究时段得到的结果存在一定区别。例如，在1982～2006 年间，浑善达克沙地生长季植被指数上升区域明显多于植被指数下降区域 [图 12.22（a）]，1982～2011 年间生长季植被指数发生显著降低的区域明显增多 [图12.22（b）]，这应与 2007～2010 年区域降水量偏少导致植被指数偏低有关 [图 12.21（b）、图 12.22（c）]。21 世纪以来，浑善达克沙地植被总体好转（Ma et al.，2017；Gou et al.，2021）。此外，浑善达克沙地植被变化趋势存在显著的季节差异。在 1982～2006年间，虽然生长季平均 NDVI 以增加为主，但 5～6 月 NDVI 显著下降的区域较其他月份明显偏多（Li and Yang，2014），显示了植被变化趋势复杂性的特征。

对于浑善达克沙地荒漠化趋势，即使对于同一时段，不同研究方法得到的结论也存在一定差异（李鸿威和杨小平，2010）。例如，基于多时相遥感影像解译分类的结果显示，20 世纪 80 年代末至 2000 年，浑善达克沙地沙漠化快速发展（王牧兰等，2007；刘海江等，2008）；NDVI 时间序列数据的分析则表明，20 世纪 90 年代沙地的植被指数较

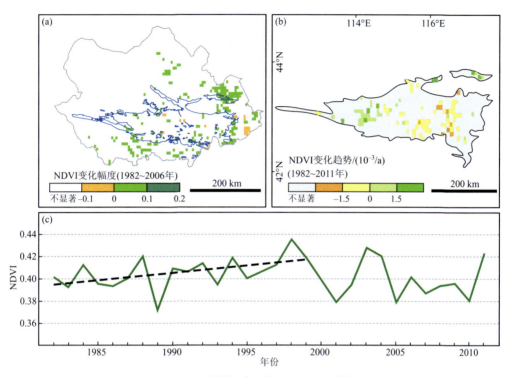

图 12.22　浑善达克沙地 NDVI 变化趋势

（a）1982~2006 年生长季（4~10 月）浑善达克沙地（蓝线区域内）及周边地区 NDVI 变化幅度（Li and Yang，2014）；

（b）~（c）1982~2011 年生长季（5~9 月）浑善达克沙地 NDVI 变化趋势（Zhou et al.，2015），图（c）中虚线为 1982~

1999 年 NDVI 线性趋势

80 年代高（Zhou et al.，2015），沙漠化并未显著发展。其原因可能是多时相遥感影像解译受当年降水量影响较大，2000 年浑善达克沙地降水量偏低［图 12.21（b）］、植被长势较差［（图 12.22（c）］，基于当年影像解译分类的结果无法反映 20 世纪 90 年代植被整体偏好的趋势。同时，植被指数代表的是绿度水平，无法精准反映植被群落种类的变化，而植被种类变化也是荒漠化的重要指标。

浑善达克沙地植被变化趋势具有显著空间差异，可能指示了植被变化原因的多样性。降水是浑善达克沙地植被变化的重要驱动因素。绝大部分地区年降水量与生长季植被指数呈显著正相关［图 12.20（d）］。20 世纪 90 年代浑善达克沙地降水量持续偏多，导致植被指数偏高［图 12.22（c）］。干旱区植被对降水的响应具有滞后性的特征，在浑善达克沙地，滞后期为 1~5 个月不等（Li and Yang，2014），其长短与季节及植被类型有关。整体而言，较为干旱的荒漠草原的滞后期更长，降水较多的 7~8 月滞后期较短。这些差异可能反映了干旱区植被对降水利用效率的变化，在干旱缺水的环境下，即使较长时间以前的降水也可以土壤水的形式储存下来被植被利用。

除降水外，其他因素也对浑善达克沙地植被生长具有重要影响。残差趋势分析是剔除降水影响而识别其他植被变化因素的方法之一（Evans and Geerken，2004）。结果显示，1982~2006 年间非降水因素对植被生长产生了显著的促进作用（Li and Yang，2014）。一般认为全球变暖会促进中高纬地区植被生长及返青期提前（Myneni et al.，

1997；Zhu et al.，2016），但温带干旱、半干旱区植被由于同时受制于降水和温度，其对增温的响应较为复杂。对于我国北方植被而言，气候变暖背景下大部分植被类型的返青期均有所提前，但荒漠植被返青期并未提前，甚至有所推迟（Cong et al.，2013）。在浑善达克沙地及附近地区，4月 NDVI 显著增高，但这可能与增温无关，因为 NDVI 增高发生在 2001 年后，与当地实施春季（4月）休牧的时间一致，应该是人为保护作用的结果（Li and Yang，2014）。此外，最近几十年中国北方干旱区风力显著降低[图 12.21（c）]，并被认为是部分沙地植被好转的另一重要气候因素（Xu et al.，2018b）。但浑善达克沙地植被变化趋势在季节和空间上均存在差异，这些特征无法用普遍减弱的风力来解释。也有学者指出，相对于大幅降低的风力，植被变化的幅度与之并不相称，相对于其他因素，风力作用并不突出（Mason et al.，2008）。

浑善达克沙地中西部部分地区 5～6 月 NDVI 从 20 世纪 90 年代中期开始呈显著下降趋势，这与 90 年代中期牲畜数量显著增加的时间基本一致（Li and Yang，2014）。可能受降水偏多的气候条件影响，浑善达克沙地 20 世纪 90 年代牲畜数量显著增加[图 12.23（a）（b）]，这一变化虽然没有影响夏季植被，但对高温少雨的 5～6 月的沙地西部植被产生了巨大压力，导致植被指数显著下降。春旱（5～6 月）的气候是重要背景因素，致使春季浑善达克沙地植被最为脆弱，而增多的牲畜则成为植被指数降低的诱因。目前，尚不清楚季节性植被指数降低是否会对植被覆盖造成永久性破坏。年际变率较大的降水与经营方式也是诱发植被变化的重要原因。浑善达克沙地降水量年际变化较大，导致植被生产力也

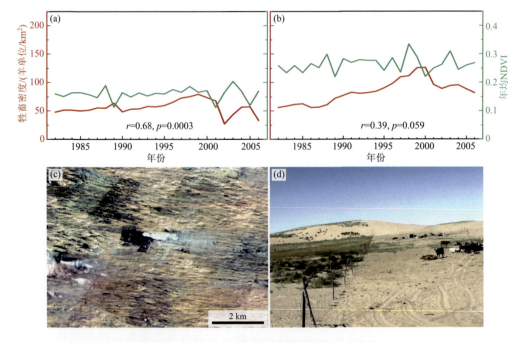

图 12.23 浑善达克沙地植被变化中的人为因素

（a）～（b）苏尼特右旗（橙色）和阿巴嘎旗（绿色）牲畜密度及植被指数变化，图中数字为牲畜密度与前一年植被指数相关系数（r）及显著性水平（p）（Li and Yang，2014）；（c）Sentinel 2A 真彩色合成影像显示的浑善达克沙地西部围栏导致的斑块景观（影像拍摄日期：2015 年 8 月）；（d）照片显示的围栏两侧植被覆盖对比（摄于 2010 年 8 月）

一直波动变化，但牲畜数量并未同步变化，而是延迟一年，前一年饲草长势较好，通常使第二年牲畜数量增加，在浑善达克沙地西部的苏尼特右旗这一现象尤其明显，前一年植被指数与第二年牲畜数量呈显著正相关[图 12.23（a）（b）]。但这种植被长势很难连续维持，从而使植被生产力与牲畜需求量错位，进而导致干旱年份生态压力骤增、植被退化。

　　浑善达克沙地自 20 世纪 90 年代中期开始实施的围栏也深刻影响了沙地景观与荒漠化。受围栏影响，沙地呈现斑块化特征[图 12.23（c）]，其原因是围栏两侧放牧强度不同。放牧强度较低的一侧（通常用作种植过冬牧草）流沙基本被固定，放牧的一侧则植被稀疏，沙丘呈活动状态[图 12.23（d）]。沙丘一旦活化之后，恢复植被的难度要大得多。图 12.24 展示了浑善达克沙地中部一块 NDVI 显著下降区域的植被退化过程，1995 年

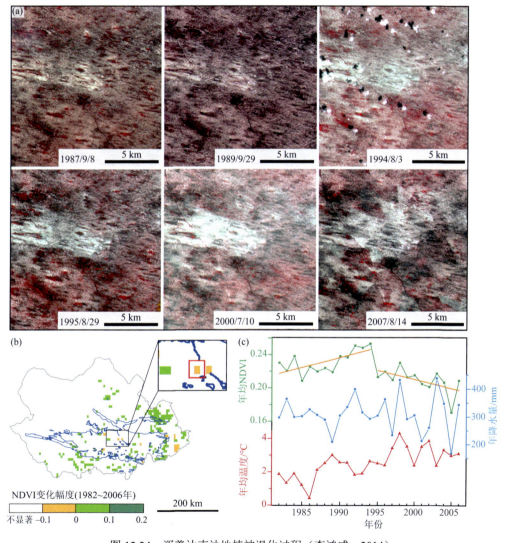

图 12.24　浑善达克沙地植被退化过程（李鸿威，2014）

（a）Landsat TM 与 ETM 影像记录的一个 NDVI 显著下降区域的流沙逐渐扩大（假彩色合成影像，红色为植被，白色为流沙），可看见流沙周边 20 世纪 90 年代后逐渐出现的围栏所形成的整齐边界；（b）植被退化区域所在的位置（红色方框内的橙色像元）；（c）该区域 NDVI、降水和温度的变化过程（橙色实线为 1982～1994 年与 1995～2006 年两个时段 NDVI 的线性趋势）

是 NDVI 趋势的转折点，Landsat 影像显示，流沙自 20 世纪 90 年代中期开始逐步扩大，流沙边界有围栏的痕迹。该区域温度和降水在 90 年代中期并未发生显著变化[图12.24（c）]。因此这一区域的植被退化很可能是过度放牧所致。

除放牧外，极端气候事件也是造成局地沙丘活化的诱因。1989 年浑善达克沙地降水量较常年偏少 30%左右[图 12.21（b）]。在此次干旱事件影响下，浑善达克沙地 NDVI达到有记录以来的最低水平[图 12.22（c）]。如图 12.25 所示，流沙较多、植被覆盖较差的区域自 1989 年后，虽然经历了较为湿润的 90 年代，但与其他地区相比，植被指数没再恢复，流沙显著扩大。这也体现了生态系统的双稳态特征（Scheffer et al.，2001），即对于干旱区脆弱生态系统，外部干预达到一定程度之后，植被将会转换到另一个稳定状态，即使外部条件恢复，植被也难以回到先前状态，从而导致在相同外部条件下出现截然不同的植被覆盖状态。

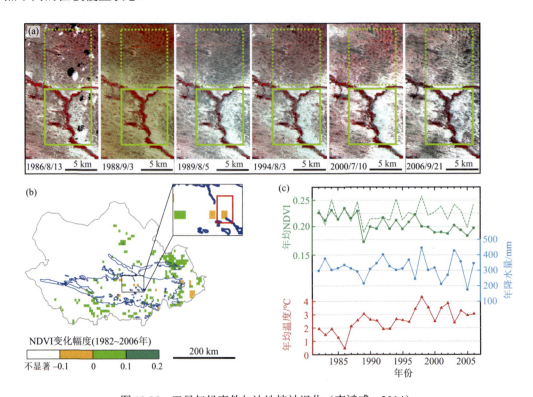

图 12.25　干旱气候事件与沙地植被退化（李鸿威，2014）

（a）Landsat TM 与 ETM 影像记录的一个 NDVI 显著下降区域（绿色实线框内）的流沙逐渐扩大及其与邻近区域（绿色虚线框内）对比（假彩色合成影像，红色为植被，白色为流沙）；（b）图（a）中的区域所在位置（红色框内）；（c）图（a）区域的 NDVI [绿色实线和虚线分别为图（a）中的退化区域和邻近对比区域]、年均气温及年降水量变化曲线

与毛乌素与科尔沁等沙地相比，浑善达克沙地耕地比例较小，但不能因此低估人类活动对植被覆盖的影响。如前所述，围栏两侧植被覆盖的巨大差异就说明了人类经营方式对植被的重大影响，也从侧面说明，浑善达克沙地植被生产力具有较大的潜力。最近20 年来，浑善达克沙地治理取得了显著成果。通过为牧民提供生态补贴的方式降低了牲

畜数量[图 12.23 （a）（b）]，荒漠化状况逆转（Ma et al.，2017；Gou et al.，2021）。笔者近 10 余年来在浑善达克沙地野外考察也发现植被覆盖明显好转。值得注意的是，在我国北方荒漠化整体逆转背景下，湖泊水体却一直在减少、萎缩，工农业用水的剧增被认为是主要原因（Tao et al.，2015）。浑善达克沙地附近水体也有湖泊萎缩消失、径流量下降趋势（刘美萍等，2015；白雪梅等，2016；尹源和范雪松，2022），湖泊面积减小与蒸发量变化关系不大，很可能也与人类活动有关（甄志磊等，2021）。另外，植被好转也会导致蒸散量显著增加（Gong et al.，2017），进而引起径流量减少，这也可能是浑善达克沙地湖泊水体减小、消失的原因之一。因此，在荒漠化防治过程中，应统筹考虑各种措施带来的可能影响，以达到生态效益最大化。

第十三章

科尔沁沙地

第一节　自然环境与风沙地貌特征

科尔沁沙地（42.8°N～46.1°N，118.2°E～124.6°E）分布于东北平原的西部，散布于西辽河下游干流、支流和嫩江支流沿岸的冲积平原上（图 13.1），其地势南北高中间低，总体向东倾斜，海拔介于 150～650 m。燕山北部山地以北、西辽河以南、大兴安岭以东、

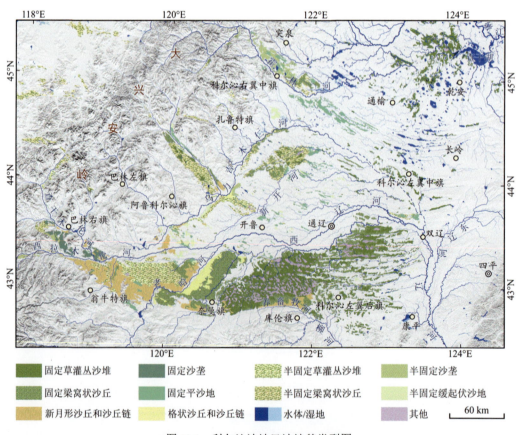

图 13.1　科尔沁沙地风沙地貌类型图

辽河以西的近三角形地带是科尔沁沙地的主体区域,总面积为 15 910 km²,呈现典型的沙地景观,沙丘分布较为集中(图 13.1)。西辽河以北、直抵霍林河北岸-嫩江南岸的沙区零散分布,独立沙区面积较小(图 13.1),许多地区的沙丘已被改造成农田,这部分零散沙区的总面积为 7930 km²。朱震达等(1980)在《中国沙漠概论(修订版)》中将长岭、通榆一带分布在嫩江流域的零星沙地单列为"松嫩地区的零星沙地",而将位于乌力吉木仁河以南的西辽河流域的沙地统称为"科尔沁沙地"。由于这两部分沙地在空间上没有明确的边界且都有强烈的人类活动成因,因此本书将南至养畜牧河、北到嫩江的广大区域的沙地统称为科尔沁沙地(图 13.1)。根据本书最新统计,科尔沁沙地的总面积为23 840 km²(表 13.1)。

表 13.1　科尔沁沙地风沙地貌类型及其面积占比

流动性分类	沙丘形态类型	面积/km²	比例%
流动沙丘	格状沙丘和沙丘链	615	2.58
	新月形沙丘和沙丘链	2455	10.30
半固定沙丘	半固定梁窝状沙丘	3455	14.49
	半固定沙垄	635	2.66
	半固定缓起伏沙地	550	2.31
	半固定草灌丛沙堆	740	3.10
固定沙丘	固定梁窝状沙丘	5525	23.18
	固定沙垄	440	1.85
	固定缓起伏沙地	1470	6.17
	固定草灌丛沙堆	6675	28.00
其他	被沙丘包围的耕地、基岩等	1280	5.37
总面积	/	23 840	100

科尔沁沙地所在的西辽河平原在地质构造上属于新华夏系松辽平原一级沉降带的次一级盆地,在中生代燕山运动和新生代初期喜马拉雅运动的影响下,盆地不断下降(大庆油田地质处,1978)。第四纪新构造运动时期,西辽河平原以开鲁盆地为中心持续下降,可进一步详细分为四个沉积-构造期:早更新世缓慢构造下沉堆积期、中更新世稳定下沉堆积期、晚更新世缓慢构造下沉堆积期及全新世稳定的构造-沉积期(赵福岳,2010)。盆地填充的松散第四纪冲积、风积和湖积物成为科尔沁沙地形成的物质基础(董光荣等,1994;裘善文,2008)。基于元素地球化学及地貌学分析的物源研究表明,西拉木伦河、查干木伦河等河流在侵蚀作用下将大兴安岭南部的碎屑物质搬运至西辽盆地(Chen et al., 2022a),这些沙质沉积物在盛行风吹扬搬运的作用下堆积形成科尔沁沙地的沙丘景观。

在我国沙漠沙地中,科尔沁沙地距离海洋最近,湿润的气流为其带来较为丰沛的降水，其气候具有半湿润区向半干旱区过渡的特点，在我国东部沙地中水分条件最好（杨小平等，2019）。科尔沁沙地多年平均降水量接近 400 mm，受东亚季风影响，75%左右的降水集中在 6～8 月，7 月降水量可超过 100 mm（图 13.2）。即使在沙地最西部的巴林左旗，降水量仍高达 375 mm（图 13.2），东部部分地区年降水量超过 400 mm。降水年际变化大，较湿润年份的降水量可超过 500 mm，较干旱年份降水量低至 200 mm（图 13.2）。科尔沁沙地近 50 年多年平均气温约 6～7.5℃，多年平均冬季最低温约–18℃，平均夏季最高温约 29℃。除位于大兴安岭山中的巴林左旗外，其他两处站点的全年显著霜冻期达 5 个月，无霜期仅 3～4 个月（图 13.2）。近 50 年来，科尔沁沙地各个气象站点变暖显著，升温速率约为 0.4℃/10a（图 13.2）。

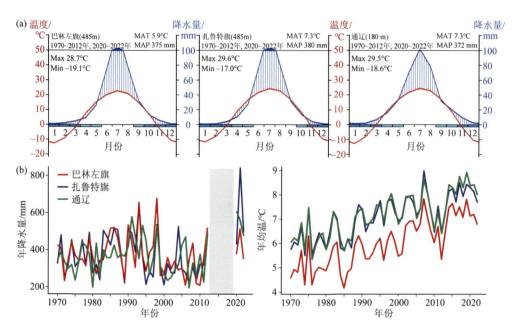

图 13.2　科尔沁沙地周边 3 个气象站记录的降水、温度 Walter-Lieth 气候图及其年际变化

仅统计有效记录>260 天的年份（详细说明见图 3.2）

科尔沁沙地西部和北部靠近大兴安岭的部分都是以西北风为主，但是在中东部的通辽除了西北风外，南风也相当重要（图 13.3）。在位于沙地中东部的通辽具有风沙搬运能力的盛行风向以偏南风为主，西北风次之，风况呈钝双峰形，风向变率较大（RDP/DP=0.45），合成输沙方向为东北东（图 13.3）。沙地北部的扎鲁旗和西部的巴林左旗的主要输沙风则以西北风为主，风向变率相对小些（RDP/DP>0.7），合成输沙方向为东南（图 13.3），与对应地区沙丘移动方向基本一致。巴林左旗和通辽的潜在输沙势分别为 257 vu 和 232 vu，属于中风能环境，而北部扎鲁特旗的潜在输沙势为 67 vu，属于低风能环境（Fryberger 和 Dean，1979）。总体来看，科尔沁沙地在春季（3～5 月）大风频率高，巴林左旗和通辽大风频率超过 20%，无风天气主要发生在夏季（图 13.3）。

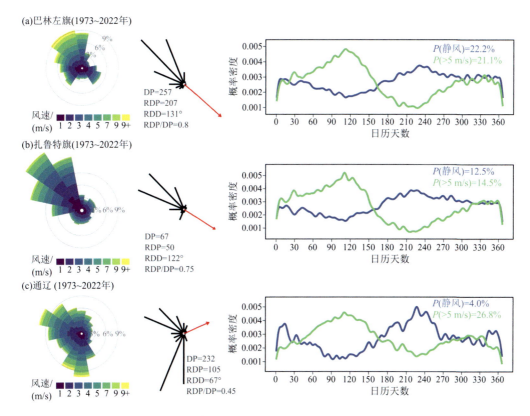

图 13.3 科尔沁沙地自西向东 3 个气象站 1973~2022 年 3 小时分辨率的风况数据（详细说明见图 3.3）

科尔沁沙地地表水文网错综复杂，其沙丘分布与河流动力过程密切相关，河流侧向侵蚀为河滨近源沙丘的发育提供物源（Han et al.，2007）。自西向东的西辽河形成了沙地主体部分的北界，其上游经溯源侵蚀切穿大兴安岭，并延伸至浑善达克沙地东部的西拉木伦河（Yang et al.，2015b），少郎河、老哈河等支流自南部汇入，查干木伦河自北部汇入（图 13.1），随后在双辽与源自吉林哈达岭山脉的东辽河汇注成辽河向南奔流至渤海。发源于燕山山脉的老哈河自西南向东北贯通沙地的主体部分，并在下风向河流阶地上形成宽约 8 km 的格状沙丘带。同样发源于燕山山脉的养畜牧河在沙地南部边缘自西向东汇入柳河，并在河流北岸阶地形成新月形沙丘带。西辽河以北的主要河流有新开河、乌力吉木仁河及嫩江流域的霍林河等（图 13.1）。乌力吉木仁河是由发源于大兴安岭东坡的众多支流汇合而成，沿着大兴安岭东麓流向东北，并在扎鲁特旗东部转弯向东南。由于宽广的河流冲积平原都已被开垦为耕地，在科尔沁左翼中旗一带已经难觅这条河的踪迹了（图 13.1）。科尔沁沙地不仅河网发育，小型湖泊、水泡子也随处可见。仅科尔沁左翼后旗的>0.05 km^2 湖泊数量在 1995 年可达 700 多个，总面积 17 km^2，近几十年湖泊数量和面积有下降趋势（常学礼等，2013）。

科尔沁沙地地貌类型丰富，沙丘与丘间洼地、沙垄与垄间洼地、湖沼及广泛分布的耕地相间分布，共同构成科尔沁沙地与众不同的自然景观（朱震达等，1980；裘善文，2008）。西辽河以南的主体区域沙丘类型自西向东趋于简化且固定沙丘比例增加（图

13.1）。流动沙丘的类型主要有新月形沙丘和沙丘链、格状沙丘和沙丘链［图 13.4（a）
（b）］，占沙地面积 12.88%，主要分布在沙地西部奈曼旗附近以及老哈河、养畜牧河下风
向的河流阶地上（图 13.1）。半固定沙地类型有半固定沙垄［图 13.4（c）］、半固定梁窝
状沙丘［图 13.4（d）］、半固定缓起伏沙地、半固定草灌丛沙地等，占总面积的
22.57%，主要分布于沙地西部的西拉木伦河以南，以及沙地西北部乌力吉木仁河及其
支流的河流阶地上。固定沙地类型有固定沙垄［图 13.4（e）］、固定梁窝状沙丘［图
13.4（f）］、固定缓起伏沙地、固定草灌丛沙地等四种类型，面积所占比例高达
59.19%（表 13.1），主要分布于老哈河以东、西辽河以南的广大区域，以及通榆—长
岭一带到嫩江之间的松嫩零星沙区（图 13.1）。霍林河北部主要分布半固定沙垄、半
固定草灌丛沙丘以及固定平沙地等。

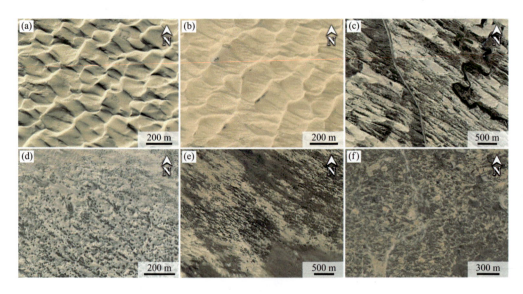

图 13.4　科尔沁沙地部分沙丘类型

（a）格状沙丘；（b）格状沙丘链；（c）半固定沙垄；（d）半固定梁窝状沙丘；（e）固定沙垄；（f）固定梁窝状沙丘

值得注意的是，图 13.1 中未标记风沙地貌类型的除山地外，绝大多数平坦区域以及宽
阔的河漫滩、平坦的丘间地等均已被开垦为耕地，使得科尔沁沙地成为我国垦殖率最高的沙
地，也是人类活动对自然环境产生明显影响的地区之一。近几十年来，科尔沁沙地经历了明
显的农业扩张（乌兰图雅，2000），西辽河以北除了零星地区有沙丘分布外（图 13.1），均已
成为连片分布的农田，不宜再被认为是科尔沁沙地这个自然综合体的一部分。

在我国东部沙地中，科尔沁沙地植被覆盖率最高，是中国北方农牧交错带最为典型
的一段，受水热条件和时空组合较优越的影响，其夏季 MODIS 归一化植被指数介于
0.39~0.61 之间（杨小平等，2019）。该区域内原生植被是以榆树和蒙古栎为主的稀树草
原，在人为破坏和沙漠化的作用下，大部分天然植被已经演变成处于不同退化阶段的沙
生植被（赵学勇等，2009）。其中，主要灌木和半灌木为盐蒿（*Artemisia halodendron*）、
黄柳（*Salix gordejevii*）和小叶锦鸡儿（*Caragana microphylla*）等；草本植物包括糙隐子

草（*Cleistogenes squarrosa*）、地锦草（*Euphorbia humifusa*）、豆科（Fabaceae spp.）、叉分蓼（*Koenigia divaricata*）、狗尾草（*Setaria viridis*）、冷蒿（*Artemisia frigida*）、沙蓬（*Agriophyllum pungens*）、砂蓝刺头（*Echinops gmelinii*）和雾冰藜（*Grubovia dasyphylla*）等（朱震达等，1980；罗永清等，2016）（图13.5）。

图 13.5　科尔沁沙地植被景观

（a）盐蒿灌丛；（b）典型草原景观（摄于 2019 年 8 月）

第二节　风沙沉积地层与环境变化

围绕依托项目的调查研究任务，本书研究团队在科尔沁沙地调查研究了 9 个新的地层剖面，利用光释光测年方法建立了这些剖面的年代标尺，并且对粒度和磁化率进行了测量分析。根据沉积相成因类型、剖面采集位置可划分为两种主要沉积序列，一种采集于沙丘陡坎的风成沙-古土壤剖面，另一种采于河流阶地包含水成沉积的剖面（图 13.6）。本节将侧重介绍这些新地层剖面的特征。

NM4（42.83°N，120.83°E，337 m）剖面地处奈曼旗教来河东部河流阶地上发育的半固定沙丘风蚀坑边缘，沙丘表面有植被覆盖（图 13.7）。剖面朝向西南，深 2.35 m。0.95 m 以下为风成沙沉积，未见底，剖面底部呈浅棕色（7.5YR 6/3），至中部变为棕色（7.5YR 5/3），无层理。剖面 0.95 m 以上为土壤层，其中 0.95～0.65 m 为棕色（7.5YR 4/2）土壤过渡层，0.65 m 至地表为暗棕色（7.5YR 3/2）沙质土壤 A 层，含有植物根系。从剖面底部的风成沙到上部的土壤层，磁化率呈增加趋势，平均粒径减小，分选变差。1.05 m、1.55 m、2.05 m 处的光释光年龄分别为 9.16±0.47 ka、10.10±0.54 ka、11.17±0.58 ka。0.25 m 处光释光年龄为 5.40±0.24 ka；0.75 m 处光释光年龄为 8.06±0.40 ka。

KL3（42.74°N，121.87°E，253 m）剖面朝向西南。剖面下部 3.70 m 以下为砾石层，未见底。3.70～1.46 m 为浅棕色（7.5YR 6/4）、平均粒径较小、磁化率较低的沙黄土。1.46 m 至地表为暗棕色（7.5YR 2.5/2）粉沙质古土壤，平均粒径呈现向上波动增加的趋势，磁化率较高。其中 0.2 m、0.6 m、1.4 m 处光释光年龄依次为 0.13±0.03 ka、

2.38±0.15 ka、24.99±1.29 ka；1.9 m、2.5 m、3.7 m 处光释光年龄分别为 29.03±1.41 ka、39.14±2.73 ka、65.35±3.09 ka（图 13.8）。

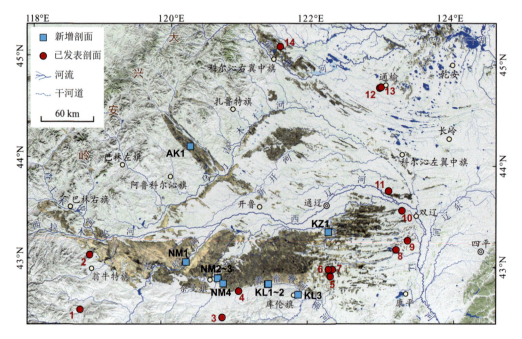

图 13.6　科尔沁沙地研究剖面分布图

1. MTG, 14. TQ (Guo et al., 2018)；2. WNT, 3. SJZ, 4. XZB, 9. BYMH, 12. TY-A, 13. TY-B（弋双文等，2013）；5. 甘旗卡，6. 采沙场，7. 金顶，8. 海里图（Zhao et al., 2007）；10. TL（Liu et al., 2019）；11. ADQ（Yang et al., 2012a）

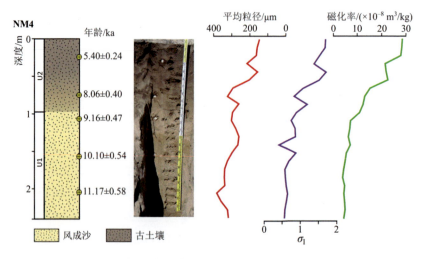

图 13.7　剖面 NM4 的剖面柱状图、光释光测年结果及代用指标变化

KZ1（43.36°N，122.28°E，190 m）剖面位于科尔沁左翼后旗的沙丘区域，为半固定沙丘侧面的风蚀露头，出露地表 4 m，朝向正西。该剖面主要沉积特征为风成沙和古土壤互层。其中 4～3.65 m、2.9～2.1 m、1 m 至地表为粉色（7.5YR 8/4）风沙沉积，平均粒径

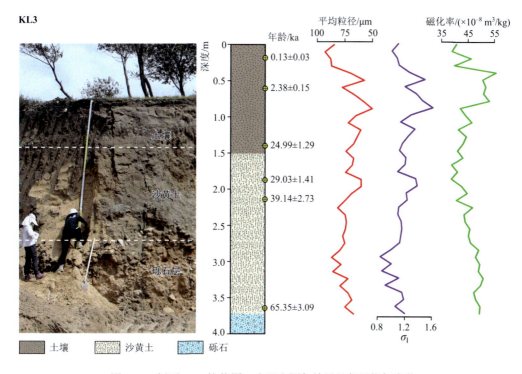

图 13.8 剖面 KL3 柱状图、光释光测年结果及代用指标变化

较大，分选较好，磁化率较低。深度 0.9 m、2.2 m、2.7 m、3.7 m 处光释光年龄分别为 0.05±0.01 ka、1.10±0.10 ka、1.06±0.07 ka、10.01±0.69 ka。3.65～2.9 m 和 2.1～1 m 处发育两层棕色（7.5YR 5/4）古土壤，磁化率较其母质层高，为沙质古土壤。深度 2 m、3 m 处光释光年龄分别为 1.05±0.15 ka、1.32±0.08 ka（图 13.9）。

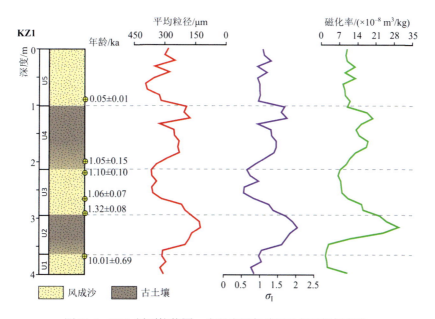

图 13.9 KZ1 剖面柱状图、光释光测年结果及代用指标变化

AK1（44.18°N，120.33°E，450 m）剖面地处阿鲁科尔沁旗一沙丘侧面出露的风蚀陡坎，附近环境以半固定沙丘为主，剖面朝向东北，总深度 2.3 m（图 13.10）。2.3～0.6 m 为古土壤和土壤过渡层，古土壤颜色为暗棕色（10YR 3/3），磁化率较高，分选较差，平均粒径向上波动变小。0.6～0.0 m 为近水平层理，淡棕色（10YR 7/4），分选良好，平均粒径较大、磁化率较低以粗沙为主的现代风成沙堆积。0.6 m 处光释光年龄为 0.20±0.10 ka；1.1 m、1.6 m、2.0 m 处光释光年龄分别为 0.71±0.07 ka、2.16±0.14 ka 和 7.92±0.51 ka。

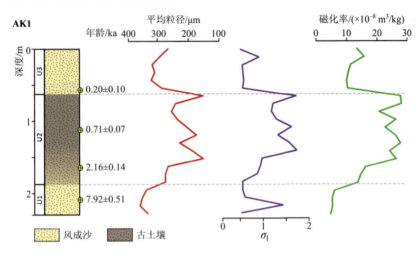

图 13.10　剖面 AK1 柱状图、光释光测年结果及代用指标变化

上述四个剖面显示，科尔沁沙地在晚更新世以来经历了多个古土壤发育时期。这和前人的研究结果有一定的一致性。例如，弋双文等（2013）结合科尔沁沙地外围的风成沙-沙质古土壤剖面的光释光年龄与气候代用指标重建了末次冰盛期的沙地边界（图 13.11），结果显

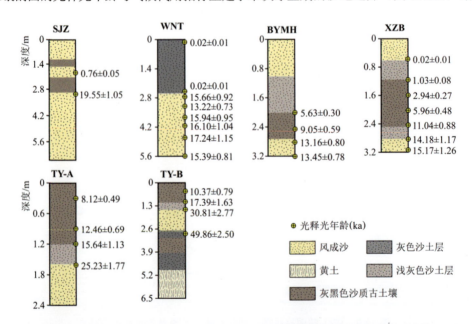

图 13.11　SJZ、WNT、BYMH、XZB、TY-A、TY-B 剖面图及其年代［改绘自弋双文等（2013）］

示，该时期沙地同时向南北扩张。处于沙地边界的剖面风沙层光释光年龄表现为：翁牛特剖面 WNT 为 17.24 ka，新镇北剖面 XZB 为 15.17 ka，三家子 SJZ 为 19.55 ka，BYMH 为 13.45 ka，通榆 TY-A 为 25.23 ka 以及其下接部分 TY-B 为 30.81 ka，海里图为 24.9 ka（图 13.12），由此得出末次冰盛期东南边界范围，即翁牛特旗-库伦旗一线沙地边界较现代向南扩张 26 km。库伦旗-双辽边界较现代无明显变化，双辽以东向北扩张至通榆。前述的养畜牧河南侧的 KL3 剖面底层沙黄土年龄为 65 ka，25 ka 左右开始发育土壤（图 13.6）。暗示可能由于库伦旗南部发育有东西流向养畜牧河，流沙向南扩张受到限制，即使末次冰盛期时沙地南界未扩张至此。

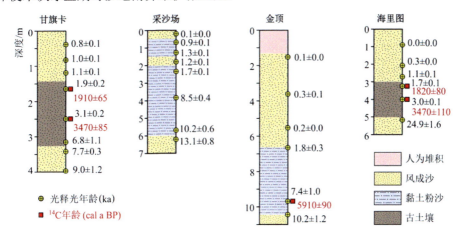

图 13.12　甘旗卡、采沙场、金顶、海里图剖面岩性柱状图及年代［改绘自 Zhao 等，（2007）］

全新世时期，科尔沁沙地经历了多次活化与固定，但因空间异质性，各个剖面古土壤的年代并不完全一致。例如，Zhao 等（2007）在科尔沁左翼后旗甘旗卡镇的固定-半固定沙丘地带采集了 4 个剖面（图 13.12），剖面均含有以下沉积单元：黄色松散分选良好的沙丘沙、深棕色沙质古土壤或深灰色黏土粉沙。对 28 个样品进行了光释光测年、5 个样品进行了 ^{14}C 测年，结果显示光释光年龄与沉积物中未分解的植物残体的 ^{14}C 年龄基本吻合。这些剖面指示了大约在 7.5 ka 时地表风沙沉积减弱，而在约 2 ka 沙丘开始再次活化。

Liu 等（2019）在 ^{14}C 测年的年代框架下研究了科尔沁沙地东部通往通辽市公路旁一塬面边缘的被称为 TL 的剖面（图 13.13），推断该区域在全新世经历了多次暖湿、冷干气候变化。在 7.0～5.0 cal ka BP，即剖面深度 4.06 m 以下，有两期发育自风成沙的古土壤，并且磁化率、有机质含量、Al_2O_3、Fe_2O_3 和 TiO_2 伴随着古土壤的发育而增加，而平均粒径、$SiO_2/(Al_2O_3+Fe_2O_3)$ 和 SiO_2/TiO_2 值则逐渐减小，因此可以推断该时段东亚夏季风作用加强，地表植被增加。在 5.0～3.6 cal ka BP，即剖面深度 4.06～2.55 m 处，为富含有机质的黏质粉沙，磁化率在此沉积阶段达到最大值，Al_2O_3、Fe_2O_3 和 TiO_2 含量向上递增，反映了全新世大暖期背景下，该剖面所在地区整体表现为夏季风影响较强，植被覆盖率增加，以及风化作用增强。而在约 4.2 cal ka BP 和 3.7 cal ka BP，则出现了由气候寒冷干燥引起的风沙活动。在 3.6～1.3 cal ka BP，即剖面深度 2.25～1.19 m，磁化率、有机质含量及 Al_2O_3 等地球化学指标降低，$SiO_2/(Al_2O_3+Fe_2O_3)$、SiO_2/TiO_2 值则增加，表明植被减少，气候条件有变干旱的趋势，并且在 3.5～3.3 cal ka BP 有平均粒径较大的风成沙堆积。1.19 m 以上为风成沙和古土壤互层，磁化率值、有机质含量、Al_2O_3、Fe_2O_3 和 TiO_2 达到最低，而 $SiO_2/(Al_2O_3+Fe_2O_3)$ 和 SiO_2/TiO_2 则达到最高值，表明在晚全新世后期该区域降水量降低、沙地再次活化。

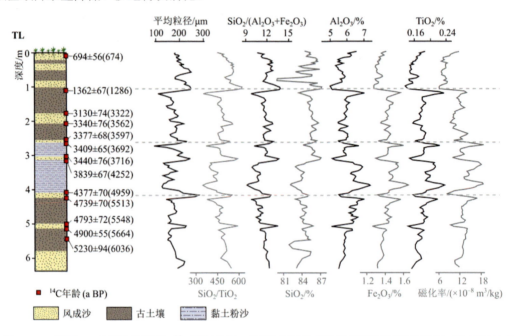

图 13.13　剖面 TL 的岩性柱状图、^{14}C 测年结果、代用指标及地球化学指标变化[改绘自 Liu 等（2019）]

括号中的年龄为校正后的中值年龄，单位为 cal a BP

Yang 等（2012a）对位于沙地东部的 ADQ 剖面进行了光释光测年和孢粉分析（图 13.14），其沉积序列大致分为 4 个阶段：剖面深度 5～3.1 m 为古土壤层，依据光释光测年推算此段年龄为 4.0～3.8 ka，花粉浓度、木本植物花粉百分含量达到最大值，同时

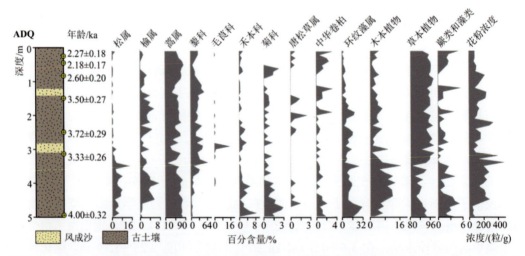

图 13.14　剖面 ADQ 的岩性柱状图、光释光测年结果及主要花粉含量图谱[改绘自 Yang 等（2012a）]

含有少量松属、榆属花粉，植被类型可能为生长有少量松、榆的稀树草原；3.1～2.9 m，在 3.7 ka 左右出现风成沙堆积，花粉浓度和木本植物花粉百分含量显著降低，蒿属和藜科百分含量的组合特征指示剖面附近为典型草原景观；0.9～0.1 m，光释光年龄大概为 2.6～2.2 ka，松属、榆属百分含量和花粉浓度达到剖面最低值，剖面附近为典型草原景观，木本植物花粉再次减少。ADQ 剖面及周围环境在 4.0～2.2 ka 经历了由草甸草原向典型草原逐步退化的过程，这与 Li 等（2006b）在西辽河流域所研究剖面显示的 2.9～2.6 ka 期间乔木花粉减少、植被退化事件相对应。

冰期-间冰期的 C$_4$ 植被生物量分布与东亚夏季风边界带变化有着密切的联系（Yang et al.，2015a），在半干旱地区，暖期降水量的增加和气温上升影响着 C$_4$ 生物量（An et al.，2005）。科尔沁沙地的 $\delta^{13}C$ 含量在我国北方沙漠沙地中最高，C$_4$ 植物丰度也最高（Lu 等，2012）。Guo 等（2018）在常用气候代用指标和光释光测年的基础上对科尔沁右翼中旗北部和翁牛特旗南部的两个厚 5.2 m 和 5.4 m 的沉积剖面（TQ、MTG，地理位置见图 13.6）进行了 $\delta^{13}C$ 的测定和 C$_4$ 生物量的计算（图 13.15）。结果显示，所研究的两个沉积序列受风蚀作用轻微，保存较完整，成壤作用始于约 10.0 ka，结束于约 1.0 ka；在此期间，5.5 ka 左右有风成沙堆积，表明在发育古土壤的暖期也曾出现过气候干冷、沙漠扩张的时期。TQ 剖面的磁化率值和总有机碳值明显低于 MTG，说明其成壤作用较弱并且古土壤有机质含量较低，但两个剖面的古土壤阶段都呈现出总体增长的趋势（图 13.15）。TQ 剖面在大约 9.0～5.0 ka 之间磁化率、$\delta^{13}C$、C$_4$ 生物量值最高，结合邻近剖面古土壤形成时期可以推断，在此期间科尔沁沙地植被覆盖度显著增加，其原因可能是该时段受东亚季风影响，降水量增加，气候相对湿润。

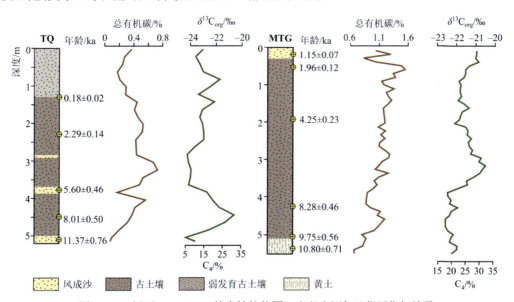

图 13.15　剖面 TQ、MTG 的岩性柱状图、光释光测年及代用指标结果
［改绘自 Guo 等（2018）］

第三节 河湖沉积地层与河流地貌演化

科尔沁沙地水文演化历史始于松辽盆地内陆湖盆的形成，与构造运动密切相关。早第四纪时期多个钻孔的第四纪沉积序列和古地磁定年结果表明该地区仍有古大湖存在，其范围北达黑龙江省富裕县，南至内蒙古科尔沁左翼中旗，当时西辽河与东辽河的流向也与现代截然相反，皆向北汇入松辽古大湖。然而随着晚更新世松辽分水岭上升，辽河溯源侵蚀袭夺了东西辽河，河流改道向南形成了如今的格局（杨秉赓等，1983；裴善文等，2012）。

秦小光等（2011）通过对科尔沁沙地遥感影像的解译，将其可辨认的河流发育过程划分为以下阶段：末次冰期以前河流尚且能够汇入松辽古大湖，残余古河道表现为被后期河道切穿和被沙丘覆盖掩埋。末次冰期松辽古大湖开始萎缩，河流消失于沙地之中的内陆河阶段，河流为沙地提供丰富的沙源，在河流的摆动（流水作用）及增强的风沙活动下，科尔沁沙地大体形成。其余三期河道的变迁与科尔沁沙地沙丘活动相互制约，其演变时期集中在全新世，因浅层地下水丰富，利于农作物生长，多已成为农田（图13.16）。

图13.16 科尔沁沙地河道变迁地貌证据

（a）三期河道迁移进程；（b）沿河分布的农田；（c）废弃河道；（d）河流与近源沙丘

摄于2019年9月

在早期探讨科尔沁沙地形成年代问题时，研究者们对研究区的风成沙和河流沙沉积特征进行了划分，即风成沙堆积为黄色，而河流沙相对灰白（郭绍礼，1980；关有志，1992；董光荣等，1994；裴善文，2008）。经过本团队 2019 年野外考察，早先研究者们所描述的黄色应为 Munsell 比色卡中 7.5YR 色系，灰白色为 10YR 色系。虽然，河流沙和风成沙的矿物成分含量基本一致（郭绍礼，1980），但是因为搬运营力和沙源不尽相同，河流沙较河岸沙丘沙更细（王勇等，2016）。因此根据粒径和沉积相特征，能够分辨出养畜牧河岸和大青沟地层剖面有多层河流相沉积、湖沼相沉积和风成沙沉积，并且普遍具有沉积韵律，即灰白色中细沙层往往具有水平层理，其上发育有一层古土壤，被灰黄色风成沙覆盖后，风成沙又会发育一层古土壤，再被现代风成沙覆盖，如此形成风、水两相成因的沉积旋回，同时该沉积韵律广泛存在于科尔沁沙地（关有志，1992；刘新民等，1996；韩广和张桂芳，2001；裴善文，2008）。

在前人工作的基础上，为进一步精确描述全新世时期河流故道的演变历史，本团队在科尔沁沙地不同河流阶地处采集了多个具有河流沉积相的沉积剖面，将河流沙的颜色用 Munsell 比色卡比对，并且利用光释光测年建立了年龄框架。在教来河流阶地，共采集了两个剖面 NM2、NM3。NM2 剖面（42.88°N，120.76°E，327 m；图 13.17），剖面朝向西北，深 2.30 m。2.30～1.60 m 为粉白色（7.5YR 8/2）粒径较粗河流沙，2.00 m 处光释光年龄为 11.37±0.61 ka，是古土壤发育的母质层，分选良好，平均粒径较大，介于 400～200 μm 之间，向上减小。1.60～1.38 m 为古土壤的淀积层，滴加 HCl 后，有明显反应，指示碳酸盐含量较高，淀积层与下部母质层界线明显，粒度向上逐渐变细，磁化率则反之，1.40 m 处光释光年龄为 0.98±0.11 ka。1.38～1.33 m 为黑色（10YR 2/1）古土壤腐殖质层，样品加入 H_2O_2 反应剧烈，指示有机质含量高，该层磁化率达到峰值；1.33～0.93 m 为古土壤发育的粉灰色（7.5YR 7/2）风成沙母质层，分选较差，平均粒径较小，磁化率低，1.00 m 处光释光年龄为 1.67±0.10 ka；0.93～0.64 m 为腐殖质含量较高的古洪水沉积，磁化率较高，平均粒径无明显变化；0.64～0.3 m 为黑色（2.5Y 2.5/1）古土壤，磁化率呈增加

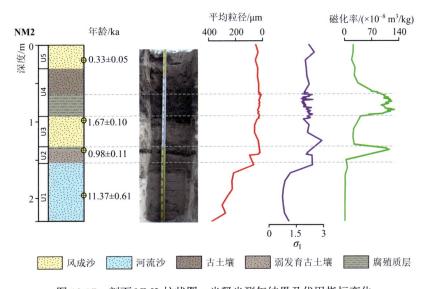

图 13.17　剖面 NM2 柱状图、光释光测年结果及代用指标变化

趋势，并且在 0.64 m 处达到最大值，平均粒径变化较小。0.3 m 至地表为粉白色（7.5YR 8/2）的近现代风成沙，光释光年龄为 0.33±0.05 ka，平均粒径较小，磁化率较低。

NM3 剖面位于 NM2 剖面向北 30 m 处，剖面厚度 2.2 m，朝向东北。2.2～1.2 m 为河流沙沉积，该单元平均粒径较大，由分选良好的浅棕色（10YR 8/3）中细沙组成，磁化率较低，1.3 m、2.0 m 处河流沙的释光年龄分别为 11.48±0.78 ka、11.23±0.67 ka，说明这层河流沉积年龄约为 11 ka，这种年龄倒置在误差范围内仍是可靠的。1.2～0.2 m 为浅褐色（10YR 6/3）古土壤，下部腐殖质含量低，古土壤下部年龄为 9.26±0.79 ka；上部 0.3 m 处光释光年龄为 5.61±0.28 ka。0.2 m 至地表覆盖有浅黄棕色（10YR 6/4），0.30±0.06 ka 以来沉积的现代风成沙，平均粒径较小，分选差（图 13.18）。

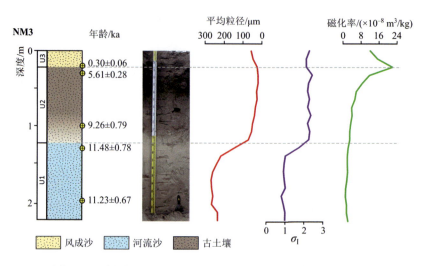

图 13.18　剖面 NM3 柱状图、光释光测年结果及代用指标变化

科尔沁沙地第四纪松散沉积物在河流的侵蚀和堆积作用下，形成浅滩、沙坝等，在枯水时节裸露于地面，是在河流下风向形成近源沙丘的有效沙源。在冬季降雨量减少、风力增强的影响下，河流一级阶地上形成沙丘的规模会扩大，然而受气候、地下水、湖泊湿地等条件制约，流动沙丘群在暖湿气候时期会逐渐固定，因此其规模受到限制，主要分布于横向迁移的河流两岸（图 13.19）。

因地处半干旱-半湿润气候区，本沙地年内降水季节差异较大（图 13.2），故水位变化幅度较大，洪枯水期交替频繁，洪水时期主河道的流速较大，曲流河道会截弯取直，形成牛轭湖。牛轭湖附近处于上风向的沙丘群在盛行风的搬运下，最终会将其埋没（图 13.19）。相对于洪水时期的河漫滩，受限于较小的水流速，河流只能携带细沙和黏土在河漫滩堆积。奈曼旗老哈河下游河流阶地一处人工挖掘剖面 NM1 记录了该演变过程的沉积序列（图 13.20）。该剖面深度为 3 m。剖面底部为河流沉积，中部为水成沉积，应属牛轭湖沉积，上部为风成沙。3～1.1 m 为黑色（7.5YR 2.5/1）泥炭层（主要有 1.2～1.1 m、2.4～1.38 m 两层）与浅棕色（10YR 8/3）风成沙和河流沙互层（1.38～1.2 m、3～2.4 m 两层），黑色泥炭层根据沉积相判断为牛轭湖相沉积，富含有机质，平均粒径小于 50 μm 且分选较差。1.2 m 处薄层风成沙沉积的光释光年龄为 1.54±0.07 ka；1.7 m 处光释光年龄为 1.96±0.18 ka；2.5 m 处光释光年龄为3.45±0.17 ka；1.38～1.2 m 为浅棕色（10YR 8/3）风成沙。较厚的风成沙堆积主要出现在 1.1 m 至顶部，分选中等。在 0.5 m 处平均粒径由 50 μm 左右显著增加至近 150 μm，0.8 m 处光释光年龄为 1.34±0.08 ka。

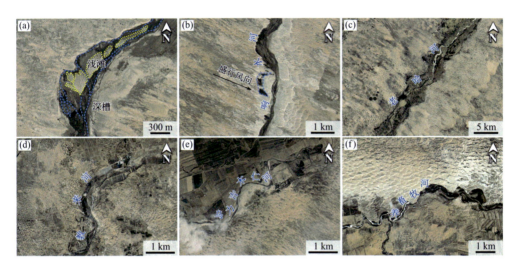

图 13.19　科尔沁沙地近源沙丘实例

（a）枯水期浅滩供给沙源；（b）风力搬运沙丘埋没牛轭湖；（c）～（f）分别为老哈河、教来河、乌力吉木仁河、养畜牧河及其沿岸流动沙丘

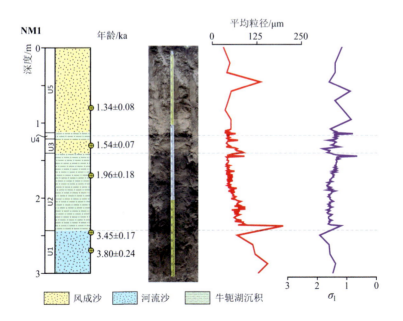

图 13.20　剖面 NM1 柱状图、光释光测年结果及代用指标变化

　　KL1（42.84°N，121.45°E，313 m）剖面位于库伦旗养畜牧河河流阶地，剖面朝向西南，厚 2.8 m（图 13.21）。2.8～1.6 m，整体沉积物为白色（2.5YR 8/1）河流沙，具有河

漫滩沉积相特征，下粗上细，磁化率较低，以中粗沙为主，2.4～2.2 m 处发育向河床方向倾斜的斜层理，可见锈斑，2.5 m、2.3 m、2 m 处光释光年龄分别为 11.94±0.86 ka、0.97±0.11 ka、0.82±0.13 ka。1.3～1.6 m 为深褐色古土壤（7.5YR 2.5/2），磁化率较高，有机质含量较高，分选差。1.3～0.5 m 为白色（2.5YR 8/1）、分选较好的风成沙，磁化率低，风成沙年龄为 0.40±0.04 ka。0.5 m 至地表为由下部风成沙发育而来的现代沙质土壤，磁化率增高，平均粒径较小，0.2 m 处光释光年龄为 1.41±0.07 ka。因为有生物扰动，该剖面上部的释光年龄有较大的不确定性。

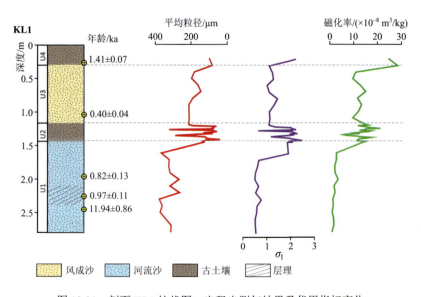

图 13.21　剖面 KL1 柱状图、光释光测年结果及代用指标变化

KL2（42.84°N，121.46°E，327 m）剖面位于养畜牧河北侧河流阶地上发育的沙丘区域，为风蚀坑断面，朝向西北（图 13.22）。1.26 m 处为风沙沉积与河流沉积的交界；1.60～1.26 m 可见风成沙沉积与静水沉积互层，其中 1.41～1.26 m、1.58～1.48 m、1.63～1.60 m、1.86～1.64 m、1.99～1.88 m、2.60～2.00 m 分别为粉白色（7.5YR 8/2）、浅棕色（10YR 6/3）、粉色（7.5YR 7/3）、浅灰色（10YR 7/2）、浅灰色（10YR 7/2）、淡棕色（10YR 7/3），该层风成沙普遍具有分选较好、平均粒径较大、磁化率较低特征，并且 2.60～2.00 m 风成沙层具有倾角为 28°、倾向 NE 的厘米级斜层理。1.26～0.82 m 为河流沙，平均粒径下粗上细，具有河漫滩二元沉积结构，磁化率存在小的波动，河流沙中部的年龄为 21.47±1.06 ka。0.64～0.63 m 为古洪水滞留沉积中残留的有机物；0.82～0.64 m 之间为具有水平层理的细沙与粉沙互层，0.82 m 处有薄层有机质层。在 0.64 m 处为有机质层，平均粒径达到最小值，磁化率在此处达到最大值。0.63～0.24 m 为褐色（7.5YR 4/2）古土壤，平均粒径向上增大，磁化率向上减小，光释光年龄为 4.55±0.24 ka。0.24～0.00 m 为具有水平层理、分选良好、粉色（7.5YR 8/4）的现代风成沙，年龄为 0.02±0.01 ka，磁化率低，平均粒径较大。

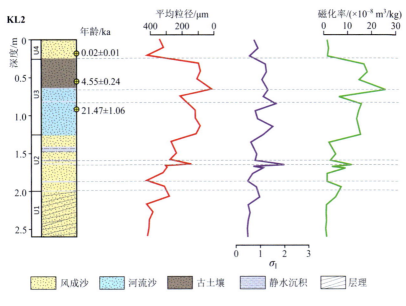

图 13.22　剖面 KL2 柱状图、光释光测年结果及代用指标变化

第四节　人类活动与荒漠化

西辽河文明的核心区域位于科尔沁沙地所在西辽河流域，与"黄河文明""长江文明"并列华夏文明三源头。自全新世中期先后出现了新石器时代的小河西文化、兴隆洼文化（8200～7200 cal a BP）、赵宝沟文化（7000～6400 cal a BP）、红山文化（6600～4900 cal a BP）、小河沿文化（4900～3600 cal a BP），以及青铜器时代的夏家店下层文化（3900～2800 cal a BP）、夏家店上层文化（3100～2000 cal a BP）等；直至铁器时代，随我国朝代更迭变化，人类活动扰动日益加强（夏正楷等，2000；胡金明等，2002；索秀芬，2005；Jia et al.，2017）。不同时期的文化景观和人类活动遗迹的密度反映了不同气候条件、古环境特征。特别是我国东北地区在 5～4 ka 期间经历了一个人类活动遗址减少的时段（图 13.23）。

气候波动是史前文化变迁的主要驱动因素之一。在全新世大暖期的影响下，我国的新石器文化、铜器文化等得以发展（施雅风等，1992），西辽河流域的人类文化亦是如此。全新世大暖期（9～5 ka）东亚夏季风带来的降水量增加，总体上促进了我国东部沙地内部新石器文化的出现与发展，其中科尔沁沙地人类活动的强度较显著，并且此时采集、渔猎占主导地位，粗耕农业处于发展阶段，受环境条件限制较大，人口规模应不足以促进沙漠化（胡金明等，2002；李宜垠等，2003；卓海昕等，2013）。

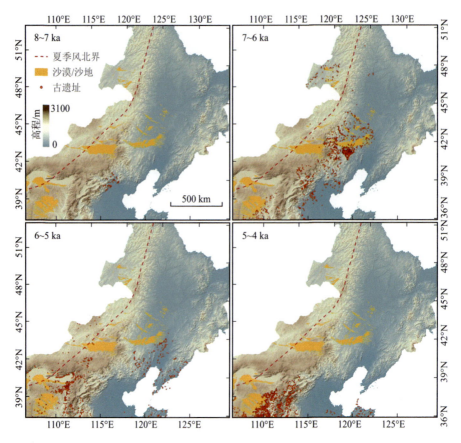

图 13.23　中国东北地区 2 km 分辨率 DEM、沙漠/沙地新石器至青铜时代遗址时空分布图（遗址用红色点表示）

数据来源：考古遗址数据来自 Hosner 等（2016）；东亚夏季风边缘带改绘自 Chen 等（2008）

4.2 ka 干旱事件标志着从全新世大暖期向寒冷干旱气候条件的转变（Booth et al.，2005；Wanner et al.，2011；Yang et al.，2015b），并且致使全球许多古文明趋于崩溃（Mayewski et al.，2004；Wu and Liu，2004；Wagner et al.，2013；Hosner et al.，2016；Ran and Chen，2019）。但是，许多源于该沙地的地层剖面并没有证实这一大的气候转型。例如，图 13.9、图 13.10 中的地层年代都显示，即使近 2000 年以来也有成土过程，可能是地貌部位不同沙漠化程度亦不同，科尔沁沙地的地层剖面的古土壤年代变化范围较大，甚至是出现在全新世的各个时期。今天存在于科尔沁沙地的空间异质性，在全新世时期也应是一直存在的。

晚全新世，伴随着铁器时代的到来，人类对环境的扰动也日益频繁，尤其体现在 2 ka 以来（Yang et al.，2017a）。北魏时期（公元 386～534），据《魏书》记载："库莫奚之先，东部宇文之别种也。初为慕容元真所迫，遗落者窜匿于松漠之间。""登国三年，太祖亲自出讨，至弱洛水南，大破之"，此处松漠指平地松林，位于翁牛特旗，"漠"既有繁茂又有寂寞之意，并非沙漠，弱洛水指西拉木伦河，魏太祖在弱洛水南大破库莫奚和契丹，隐匿于松漠之间（景爱，1988）。《辽史·地理志》载："辽国之先曰契丹，本鲜卑之地，居辽泽中……南控黄龙，北带潢水，辽河堑左。高原多榆柳，下湿饶蒲苇。"潢水即西拉木伦河，该河以南一幅沼泽密布，水草丰美的景象（张柏忠，1991）。由此看来，当时植被繁茂，仍能为契丹人提供足够的衣食之源（张柏忠，1991）。随着北方少数民族游牧文化与中原农业文化的融合，人类生产力水平得到很大提高，人类开始砍伐森林，建立城镇，开垦农田；同时，民族间战争采取火攻焚烧了大量森林。农牧经营方式的更替、滥垦滥牧滥伐、上游水资源过度利用及战争破坏一直持续至清朝（朱震达等，1980），导致曾经的松漠满目疮痍。

如今，在遥感影像及野外实地考察都可看到，湖泊和河流沿岸分布有大面积的农田（图 13.24）。并且伴随有斑点状流沙出现，多与毁草种田造成草地荒漠化有关[图 13.24（a）]。20 世纪 50～80 年代中期，科尔沁沙地土地利用快速发展，直至 20 世纪 80 年代后期才发生了逆转。自 21 世纪初，国家针对我国北方农牧交错带沙漠化问题实施封沙育草、植树造林和恢复植被，得到了显著成效。然而，大规模的农田灌溉使得水资源可利用性减小，对于干旱半干旱地区而言，水资源是制约土地沙漠化治理及农牧业经济发展的重要因素，这也是实现持续性土地沙漠化逆转所面临的严峻挑战（赵学勇等，2009）。

图 13.24　科尔沁沙地人类活动类型例证

（a）和（d）湖泊周围及河漫滩农田；（b）围栏两侧因放牧强度差异而出现截然不同的景观；

（c）沙地人工林（摄于 2019 年 8 月）

第十四章

呼伦贝尔沙地

第一节 自然环境与风沙地貌特征

呼伦贝尔沙地是中国东部四大沙地之一，位于中国内蒙古东北部的呼伦贝尔高平原，是中国境内纬度最高的沙地，其纬度介于 47.5°N～49.5°N，总面积约 6300 km²。呼伦贝尔沙地海拔介于 600～800 m，东依大兴安岭（海拔约 1800 m），西傍呼伦湖（海拔约 545 m）。地势总体上东高西低，从大兴安岭向呼伦湖倾斜。呼伦贝尔地区河网遍布，发源于大兴安岭的锡尼河、伊敏河、海拉尔河、哈拉哈河、辉河等多条河流自东向西穿过沙地流入呼伦湖（图 14.1）。

沙区主体位于中生代时期形成的断陷-拗陷型盆地——海拉尔盆地（内蒙古自治区地质矿产局，1991）。新生代时期，大兴安岭自中新世开始间歇式穹曲隆起并伴随玄武岩火山喷发活动（刘嘉麒，1987），一直持续到晚更新世。随着大兴安岭地带的逐渐抬升，海拉尔盆地在新近纪开始沉积，其岩层主要为泥岩、泥质砂岩、砂砾岩等，厚可达 200 m 以上（内蒙古自治区地质矿产局，1991）。第四系岩层从下更新统的冰水砾石沉积过渡到中更新统的黏土、亚黏土和沙砾石，厚约 30～80 m（张长俊和龙永文，1995）。现代风沙沉积的直接下伏地层为上更新统海拉尔组，主要由冲积、洪积形成的沙砾石、沙、粉沙等组成，厚度可达 50 m 以上（张德平等，2006）。20 世纪 60 年代，王乃樑等（1966）参加中国科学院蒙宁综合考察队并对呼伦湖周边地区第四纪地层进行了初步研究，提出早更新世时呼伦贝尔高平原存在一个较大的湖泊，即呼伦湖的前身；到中更新世气候变干变暖，湖泊的中心处在呼伦湖东南的乌尔逊河一带；而到了气候干冷的晚更新世，气候寒冷，蒸发微弱，山地冰雪融水可能导致这里湖泊曾经扩大，并在洼地形成河湖交错的地理环境，此时堆积了大量的海拉尔组沙层，可能为该地区的沙丘发育提供了充足的松散沉积物。

总体而言，呼伦贝尔的风沙地貌主要为风蚀坑、梁窝状沙丘及抛物线形沙丘，常见沙丘高度为 5～15 m（朱震达等，1980；Sun et al.，2016；Yang et al.，2017b）。沙地大多数沙丘植被覆盖>10%，还有部分沙丘植被覆盖率高达 50%（Yang et al.，2012b；陈永宗，1981）。沙地周边地区主要地貌类型为干旱冲积平原和低起伏的剥蚀台地（中华人民共和国地貌图集编辑委员会，2009）。按照中国土壤分类系统，该地区土壤类型为具有暗沃均腐殖质表层的干润均腐土，有机质含量自地表向下逐渐减少，颜色逐渐变浅，相当于土壤发生学分类中的栗钙土或黑土（龚子同，1999）或者美国土壤分类系统中的软土（Mollisol）（Soil Survey Staff USA，1999）。

图 14.1　呼伦贝尔沙地风沙地貌类型图

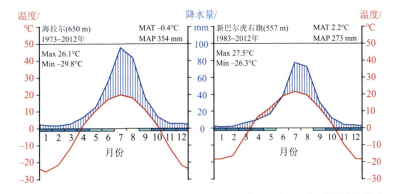

图 14.2　呼伦贝尔海拉尔和新巴尔虎右旗气象站 Walter-Lieth 气候图显示的季节性水热分配模式（Walter and Lieth，1960）

其中海拉尔气象站数据采用世界气象组织（WMO）共享的全球历史气候网络（Global Historical Climatology Network）日值数据集（GHCN-Daily）；新巴尔虎右旗数据采用美国国家环境信息中心提供的全球地面逐日数据资料（GSOD）。分析时段内的年有效数据均大于 300 天在东亚夏季风的控制下，呼伦贝尔沙地的多年平均降水量从东部呼伦贝尔市海拉尔区附近的 350 mm 向西部呼伦湖附近的 280 mm 递减，其中约 66%的降水集中于夏季（6～8 月）（图 14.2）。这里冬季严寒漫长，夏季短暂，近 50 年来（1973～2012 年）海拉尔气象站的器测记录统计分析表明这里多年平均最低温可达–30℃，平均最高温 26℃，多年年平均气温约–0.4℃，全年显著霜冻期达 7 个月，无霜期仅两个月（图 14.2）。岛状多年冻土广泛分布于呼伦贝尔高平原，其厚度可达 7～13 m（Zhou et al.，1991；Jin et al.，2016）。风玫瑰图显示海拉尔附近以<5 m/s 的南风或者南南东（SSE）风为主，西侧的新巴尔虎右旗则以>5 m/s 的西北风和<3 m/s 的南南西（SSW）风为主，也显示了来自东南的夏季风的影响向西逐渐减弱（图 14.3）。代表风沙搬运能力的输沙势玫瑰图表明，研究区具有风沙搬运能力的盛行风向为西北风（图 14.3），这与该地区整体沙丘走向是一致的。该地区总输沙势年际变化较大，但基本上>200 vu，属于中风能搬运环境（Fryberger and Dean，1979）。值得注意的是，呼伦贝尔地区的风能最强势时段为每年的 3～5 月，其潜在输沙贡献超过全年的 50%（图 14.3），而此时段也是该地区相对较为干旱时段（图 14.2）。该区每年风速超过 5 m/s 的大风日数约为 140～240 日，这也导致了呼伦贝尔沙地容易遭受严重的风蚀（陈永宗，1981），风蚀坑广泛发育（Du et al.，2012；Sun et al.，2016；Yang et al.，2017b）。

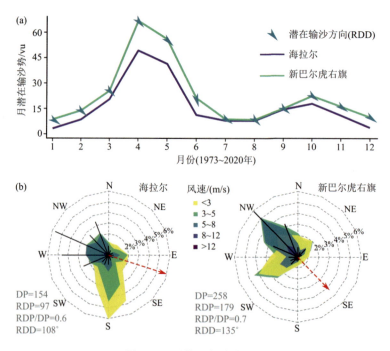

图 14.3　呼伦贝尔沙地风况

（a）1973～2020 年不同地点月潜在输沙势及潜在输沙方向；（b）基于海拉尔和新巴尔虎右旗 1973～2020 年站点器测记录计算的多年风玫瑰图和输沙势玫瑰图

尽管朱震达等（1980）和陈永宗（1981）将呼伦贝尔沙地划分为东西走向的北部、

中部、南部三条主要沙带，但本书根据新近调查的沙丘总体分布将呼伦贝尔沙地划分为五个较大（>100 km²）的沙区（dune fields），以及一些分布于河流阶地或者湖岸的近源沙丘（图 14.1）。本书根据沙区邻近城镇地名将这五个较大沙区自北向南命名为：海拉尔沙区、英根庙沙区、希贵图沙区、巴尔虎沙区和萨如沙区（图 14.1）。下面将对各个沙区分别论述。

一、海拉尔沙区

海拉尔沙区主体位于海拉尔河南岸阶地上，东至海拉尔市，向西延伸到呼伦湖北侧的扎赉诺尔矿区。该沙区主体呈弓形，中部最宽达 30 km，两端狭长，东西延伸 110 km 左右，总面积约为 1410 km²。主体沙区外围尤其是完工镇到海拉尔市之间靠近海拉尔河部分，虽然植被固定较好，但是直径 100~500 m 大小的风蚀坑广泛分布。主体沙区内部沙丘形态主要为受植被影响的梁窝状沙丘，以及少量的抛物线形沙丘和新月形沙丘，基本呈西北西（WNW）走向。西侧靠近嵯岗镇东侧有约 200 km² 的丘间低地植被覆盖良好，但仍能隐约见到沙丘形态残留。整体上沿海拉尔河阶地前缘丘较为高大（>20 m），嵯岗镇东北尤为明显，沙丘沿着阶地前缘堆积（图 14.4），形成了宽约 700 m、西南向东北延伸约 16 km 长，相对高度约 20 m 的狭窄沙丘带。阶地面上沙丘高度基本上为 3~10 m，在该沙区东部及北部较为发育（图 14.1）。该沙区的现代流动沙丘似是已有的较大沙丘经风蚀作用再次活化而堆积形成，丘间地较为湿润，常生长有樟子松、榆树等乔木。沙区南部边缘有十多个串珠状湖泊，湖泊面积基本小于 3 km²，紧邻湖泊外围地区形成以湖泊为中心的密集植被区，其以沼泽湿地植被为主，在遥感影像上颜色较深。

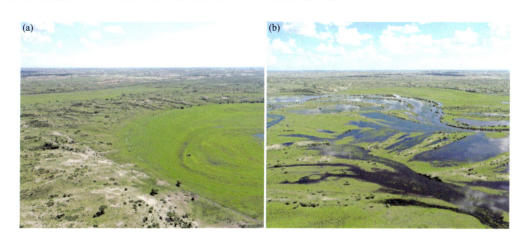

图 14.4　海拉尔沙区景观（拍摄于 2021-06-24 3:17 PM）
（a）海拉尔河南岸半固定沙丘景观；（b）海拉尔河，远处可见海拉尔沙区的半固定沙丘

二、英根庙沙区

英根庙沙区位于新宝力格苏木以南约 15 km 处的英根庙一带，总面积约 160 km²。沙

地西侧有一条季节性河流，其自东向西流出沙地。该河源头有一小片局地径流汇聚的湿草地，当地牧民尚赖其丰美水草在此畜牧。这片低洼湿地两侧发育高达 20 m 的流动沙丘，植被盖度约 10%（图 14.5）。沙地东侧植被盖度较高，发育有抛物线形沙丘及风蚀凹地，凹地低处生长有沙柳及禾本科等植物。

图 14.5　英根庙沙区典型景观

（a）和（b）分别为英根庙沙区西部和东部的遥感影像图；（c）（d）分别为（a）（b）中红色箭头处对应的野外照片

三、巴尔虎及希贵图沙区

巴尔虎沙区主要分布于新巴尔虎左旗以东，处于乌尔逊河和辉河之间（图 14.1）。该沙区呈三角形，新巴尔虎左旗旗政府位于这个三角形的一个顶点上，东西长约 80 km，南北最宽处约 40 km，总面积约为 1500 km²。沙区内部多以半固定沙丘为主，风蚀坑广泛发育，沙区北部有完全被固定的抛物线形沙丘，在遥感影像上沙丘形态明显。实际调查显示：这些抛物线形沙丘高约 5～10 m，其单侧臂膀长约 200～500 m，开口处宽约 100～300 m，运动方向为东南东（ESE），约 100°～120°，沙丘起伏平缓（图 14.6）。此外，沙区中部也有多处抛物线形沙丘分布区。沙区内部串珠状湖泊及干涸河道广布，似在过去有较为发达的水系。沙区南部边界极为平直，并沿边界处分布有湖泊若干，似在过去这里曾有河流，限制了沙地向南发展。

希贵图沙区位于辉河东岸阶地上，看似巴尔虎沙区向东的延伸，以宽达 6～10 km 的辉河河漫滩湿草地为界与巴尔虎沙区隔河相望，沙区总面积约为 580 km²。该沙区沙丘已经基本被灌木固定，有零星分布的风蚀坑，尚能见到抛物线形沙丘的形态残留。"希贵图"在蒙语中意为"曾经有森林的地方"，现如今这里乔木仅零星可见，主要植被类型为沙蒿、禾本科、藜科及沙柳灌木丛。

图 14.6　巴尔虎沙区西北部抛物线形沙丘（拍摄于 2021-06-22 3:02 PM）

四、萨如沙区

萨如沙区向西延伸至蒙古国境内的哈拉哈河东岸，向东至大兴安岭山麓红花尔基镇附近，总面积约为 2600 km²（图 14.1）。该沙区西部被宽约 4～6 km 的平坦草场分为南北两个部分，但在沙区东部两部分又连为一体。北部沙区中心地区地形最高，海拔约750 m，向东北和西南均递减，遂将该沙区分成两个独立流域，北侧地表径流流入呼和诺日湖（海拔约为 700 m）并汇入辉河，南侧的和日森查干河向西南流经和日森查干诺尔（725 m）出境最终流入哈拉哈河（图 14.7）。和日森查干河下切约 15～35 m，现今河流时有断流，在河道流经地形成宽约 300～500 m 的河漫滩湿草地。哈拉哈河东岸与和日森查干河北侧可见大片形态保存完好的典型固定抛物线形沙丘分布，其两翼长度约300～700 m，运动方向为东南东（ESE），约 95°～110°（图 14.8）。在遥感影像上，和日森查干河南侧的中蒙边界两侧景观形成鲜明对比：中国境内反照率高，裸露沙丘明显，沙地西部的蒙古国境内部分仅能看到梁窝状或抛物线形沙丘地貌形态残留，植被覆盖高达 95%以上，仅在哈拉哈河东岸阶地上仍有一部分植被覆盖率相对较低的半流动沙丘（图 14.7）。

图 14.7　萨如沙区遥感影像图

图中白色箭头表示河流流向，（a）（b）（c）（d）白色方框为图 14.8 所示代表性景观影像或野外照片位置

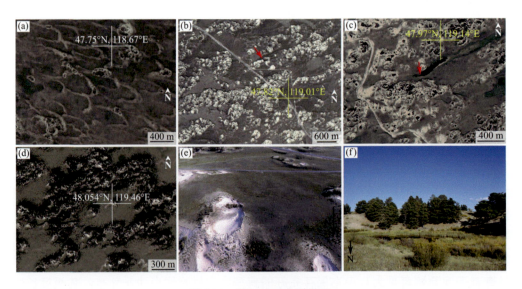

图 14.8　萨如沙区典型景观

（a）～（d）为遥感影像图，（e）（f）分别为（b）（c）红色箭头处对应的实地照片（分别拍摄于 2017-09-02 4:28 PM 和 2014-09-10 3:45 PM），展示了萨如沙区常见的风蚀坑和固定沙丘上生长的樟子松

原有沙丘上发育 30～100 m 的点状风蚀坑并连成片状、并在其下风向风蚀坑边缘堆积平沙地或者低起伏沙丘，是萨如沙区中部主要的地貌景观。沙区北部的抛物线形沙丘运动方向主要向东，走向约为 90°～110°；沙区南部的抛物线形沙丘运动方向为北东（NE）或者东北东（ENE），走向约为 50°～70°，并且向南有逐渐偏向北的趋势。与北部的海拉尔和巴尔虎沙区相比，该沙区基本趋于固定，风沙活动极为有限。该沙区向东延伸至大兴安岭山麓地区红花尔基镇，虽基本被樟子松等乔木完全覆盖，但沙丘形态依然可见，实地考察亦能见到直径 15～40 cm 粗的樟子松生长在固定沙丘上（图 14.8）。

五、其他沿湖岸、河道的近源沙丘

紧邻呼伦湖东岸有长约 40 km、宽约 2～4 km 的沙丘带，沙丘上植被覆盖不足10%，高度约 5～10 m。伊敏河东岸北起鄂温克、南至伊敏河镇，沿着伊敏河阶地前缘断续分布阶地沙丘（cliff-top dunes），其覆盖区域宽约 100～400 m，沙丘高出河漫滩 15～30 m，高出阶地面 5～10 m，阶地面多为平坦的冲积湖积平原（图 14.9）。这些阶地沙丘西南坡较为裸露，植被覆盖通常低于 20%，东北坡生长有榆树、沙柳及丛生禾草等，植被覆盖率超过 60%。与伊敏河模式一致，伊敏河的东侧支流锡尼河北岸及东岸沿河阶地也有沙丘分布，宽 30～300 m 不等，沙丘高度最高可达 15 m（图 14.9）。特别需要指出的是，大兴安岭山前丘陵地区的锡尼河上游有两片沙丘地貌形态明显的区域，此地沙丘完全被白桦、樟子松及禾本科植物固定，沙丘形态以小型抛物线形沙丘为主，沙丘高度为10～15 m 左右。

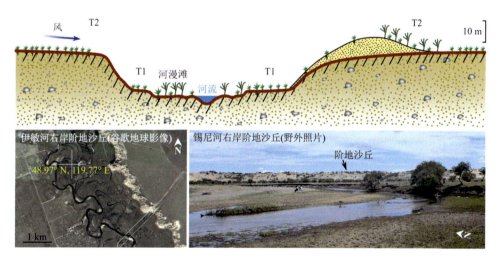

图 14.9　伊敏河、辉河、锡尼河等河流右岸的阶地沙丘分布模式示意图及野外照片

第二节　呼伦贝尔沙地风沙沉积序列及其年代

在科技部基础资源调查专项"中国沙漠变迁的地质记录和人类活动遗址调查"项目的支持下，呼伦贝尔沙地共新增剖面 12 个，其中海拉尔沙区 3 个，巴尔虎沙区 7 个，萨如沙区 2 个（图 14.10）。下面将根据剖面所在位置涉及的海拉尔沙区、巴尔虎沙区、萨如沙区对本书新获取的沉积地层序列的沉积学、土壤学特征及相关年代框架进行详细论述。

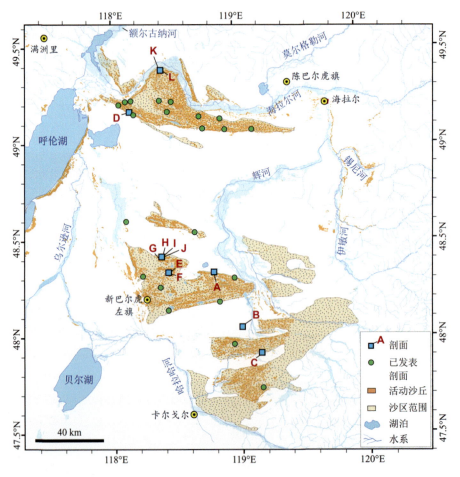

图 14.10　呼伦贝尔沙地野外剖面分布（文字叙述中都以 HL 为前缀，即为呼伦贝尔的简称）

一、海拉尔沙区

海拉尔沙区是前人挖掘剖面较为集中的沙区，有 15 个以上来自此沙地的剖面数据被发表（Li et al.，2002；Li and Sun，2006；Yang and Ding，2013；曾琳等，2013；刘瑾等，2015；Zeng et al.，2018）。前人剖面较多集中在沙区偏南部，因此我们在此沙区较少有剖面存在的北部及西部两个地点新增 3 个剖面（图 14.10），分别为 HLD、HLK、HLL。其中 HLK 和 HLL 为同一个风蚀凹地陡坎上的两个剖面。

HLD（49.18°N，118.17°E，619 m）出露于海拉尔沙区西南部边缘的约 45 m 直径的风蚀凹地侧面陡坎上（图 14.10）。整个剖面厚 2.8 m，共由 3 个沉积单元组成，包含两期古土壤（图 14.11）。单元 1（2.8～1.38 m）的底部约 0.7 m 是由浅褐色（10YR 7/4-d）、分选良好、磨圆较好的细沙组成的风成沙，呈现出模糊的近水平层理或者无层理，无生物扰动现象。对风成沙底部（深度为 2.75 m）的石英颗粒测年显示，其 OSL 年龄约为 17.02±0.84 ka（HLD-1）（图 14.11）。风成沙向上逐渐过渡到约 0.6 m 厚的古土壤，颜色逐渐变深，其沉积物为深棕色（10YR 4/4-d）、中等分选的细沙。这期古土壤有较高的有机质含量，没有明显的碳酸盐胶结。古土壤的 Bwb 发生层底部靠近风沙层顶部（深度为 2.1 m）的 OSL 年龄为 14.63±0.72 ka（HLD-2），指示了该期古土壤约在 14.5 ka 前后开始发育并积累有机质（图 14.11）。单元 1 的这期古土壤被单元 2（1.38～1.12 m）下部约 15 cm 厚的黄棕色（10YR 5/4-d）、分选良好的风成沙埋藏，这期风沙底部的 OSL 年龄为 1.14±0.06 ka（HLD-3）（图 14.11）。单元 2 上部约 11 cm 发育一期较弱古土壤，仅出现发生层 A 层，其沉积物为棕色（7.5YR 4/4-d）、中等偏好分选的细沙，含有少量的粉沙质黏土（图 14.11）。这层土壤又被一层约 1.12 m 厚的风成沙层所覆盖（单元 3，1.12 m 至表层），其沉积物为黄棕色（10YR 5/4-d）、分选良好、磨圆度较好的细沙，没有明显层理，

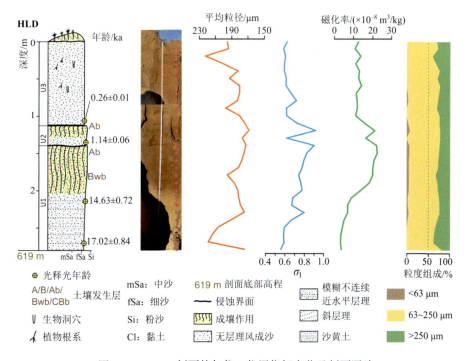

图 14.11 HLD 剖面的年代、代用指标变化及剖面照片

剖面照片中红色小圆点代表代用指标采样位置（图例也适用于本章所有其他地层剖面图）

可在浅于 0.75 m 的层位中发现现代植被根系，生物扰动较大（图 14.11）。单元 3 底部 5 cm（深度 1.1 m）的地层年龄为 0.26±0.01 ka（HLD-4）（图 14.11）。

　　HLK（49.40°N，118.39°E，640 m）位于海拉尔沙区北部的一个直径约 48 m 的风蚀坑的南缘（图 14.10）。HLK 位于下部，总深度为 1.72 m，HLL 位于上部，总深度为 1.25 m，两剖面基本连续，应是古土壤与风成沙的抗风蚀能力不同，导致在古土壤的顶部形成了阶梯式陡坎。HLK 剖面底部 0.9 m 为单元 1（0.82～1.72 m），其下部约 0.65 m 为浅黄色（1.62 m 处，2.5Y 6/6-w），向上逐渐变为浅棕色（1.12 m 处，10YR 4/6-w）、分选良好、细沙、层理消失（图 14.12）。该风成沙逐渐过渡为棕色（10YR 3/6-w）、较差分选的极细沙-细沙的古土壤，这期古土壤有机质含量较高，土壤呈松散的颗粒状结构，据野外观测判断其为弱发育的 Ab 发生层（图 14.12）。该沉积单元古土壤下部（1.22 m）的风成沙的 OSL 年龄为 12 090±770 a（HLK-1）。该高有机质含量的深色古土壤被一层颜色较浅（0.72 m 处，10 YR 4/6-w）的中等分选、厚约 10 cm 的风成沙层所覆盖，无层理（图 14.12）。在这层浅色风成沙之上，发育了>0.8 m 厚、深棕色（0.32 m 处，10YR 3/3-w）的古土壤，该层古土壤的成土母质为分选较差的细沙，粉沙、黏土含量明显增加（图 14.12）。该期古土壤呈现 Ab-Bwb-CBb-C 的发生层模式（图 14.12），可能持续了较长时间，其 CBb 底部的光释光样品（HLK-2）丢失，准确年龄无法获知，根据其他剖面的数据，推测其年龄可能为早中全新世。在风蚀作用下，该期古土壤被暴露出来，形成约 1～1.5 m 宽的侵蚀古土壤平台，其上又堆积了约 1 m 厚的风成沙（HLL 剖面）。

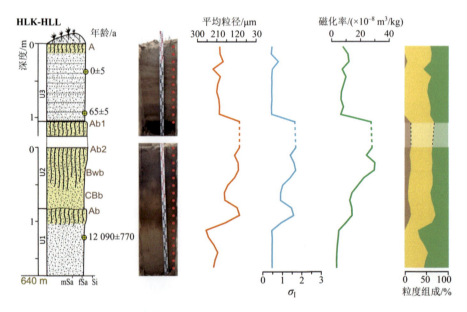

图 14.12　HLK 和 HLL 剖面的年代、代用指标变化及剖面照片（图例参见图 14.11）

　　将 HLL（49.4°N，118.39°E，641 m）最上层风成沙清理出整齐的竖直剖面后，又向下挖掘约 0.2 m 的古土壤埋藏 A 层，使得与 HLK 剖面的顶部连续，HLL 剖面总厚度为 1.25 m（图 14.12）。HLL 的上部风成沙与古土壤 Ab 层分界清晰平直，呈现出平行不整合接触（图 14.12）。其上部的风成沙底部 0.25 m 颜色稍深（10YR 4/4-w），有黑色有机质斑点，对沉积物（深度为 0.95 m）进行光释光测年，共测试 76 个测片，仅有 37 个测片通过筛选标准，其单片等效剂量分散，离散度（over-dispersion，OD）约为 35%±5%。若假设分散的等效剂量是由不彻底的曝光所引起（Olley et al.，2004），根据 3 参数最小年龄模型（MAM-3）计算的 OSL 年龄约为 65±5 a（HLL-1）（图 14.12）。上部风成沙显示出清晰的厘米级近水平层理，基本上为黄棕色（10YR 5/4-6-w）、分选中等的细沙，但在 0.41 m 深处有一层近水平的粗沙层（图 14.12）。对 0.4 m 深处的石英颗粒进行等效剂量测试，石英天然光释光信号极弱，前 0.8 s 的信号约为 1300 cts/0.4s，背景值约为 1000 cts/0.4s，呈现出很低的信噪比。共测单片 58 个，其中 35 个观测值通过筛选，通过筛选的单片等效剂量值从约−0.28±0.85 Gy 到 3.55±0.4 Gy，其离散度高达 62%±11%，呈现出分散、误差大等特点。使用 MAM-3 对单片等效剂量进行统计分析，最终计算出的 OSL 参考年龄为 8±2 a（测试日期为 2018 年），经基准年公元 2010 年校正后为 0±5 a（HLL-2）（图 14.12）。上述来自 HLL 风沙层的两个 OSL 年龄指示了 HLL 剖面 1 m 厚的风成沙是在公元 1950 年以来沉积的。该剖面现代植物根系可至地表以下 0.5 m 深处，所在地表为平沙地景观，植被覆盖度约为 5%～10%。

二、巴尔虎沙区

在巴尔虎沙区的三个不同地点共挖掘沉积剖面 7 个，其中 HLA 来自于巴尔虎沙区东部的北缘，HLE 和 HLF 来自于巴尔虎沙区中部，HLG、HLH、HLI、HLJ 来自于巴尔虎沙区北部的一大片半固定-固定沙丘的风蚀陡坎上（图 14.10）。

HLA（48.32°N，118.96°E，739 m）剖面出露于巴尔虎沙区东部北缘的一个风蚀陡坎上。其上部为已经基本被固定的沙丘，下部能明显观察到两期古土壤，在风蚀过程中形成了两级台地，剖面周围生长有蒿属、禾本科、藜科等草本植物及少数沙柳、榆树等木本植物（图 14.13）。HLA 总厚度 3.5 m，剖面基本上由两个沉积单元组成，自下而上有两期古土壤及交替出现的风成沙，其古土壤呈现出加积型特征。单元 1（3.5～2.0 m）是由厚约 1.5 m 的风成沙及两期古土壤组成。单元 1 的底部 0.7 m 是浅褐色（10YR 8/2.5-d），分选良好的细沙，能观测到模糊的近水平层理（图 14.13）。2.8～2.45 m 是一层弱发育的古土壤，其成土母质为棕色（7.5YR 4/4-d）、分选良好的细沙，土壤结构微弱。紧邻这层微弱土壤的底部的石英 OSL 年龄为 14.53±0.73 ka（HLA-1）。2.45～2.0 m 为发育较好的呈现 Ab-Bwb-CBb-Cb 型埋藏古土壤（图 14.13），呈深棕色（10YR 4/3-d），并有微弱的土壤团粒结构。来自 Bwb 发生层的沉积物的 OSL 年龄为 5.86±0.30 ka（HLA-2），指示了这期土壤主要存在于中全新世。这期较厚的深色古土壤被 2 m 厚的黄褐色（10YR 6/4-d）、分选良好的风成沙掩埋，形成明显的不整合接触界面（图 14.13），该层风成沙（单元 2，2.0 m 至地表）底部 0.4 m 有微弱的近水平层理，上部无层理，植被根系较多，生物扰动较大。这层风成沙底部有微弱层理处的样品光释光年龄约为 0.53±0.04 ka（图 14.13），指示了上部 2 m 厚的风沙层是在过去 530 年左右堆积而成。该剖面 0.8 m 深度处有一层连续的枯枝落叶层（图 14.13），其 AMS ^{14}C 测年结果表明最上部 80 cm 的风沙层是公元 1950 年以后沉积的，并逐渐被"麦草方格"等防沙治沙项目的植被所固定，固定沙丘表面残留的麦草方格仍可在野外见到（图 14.13）。

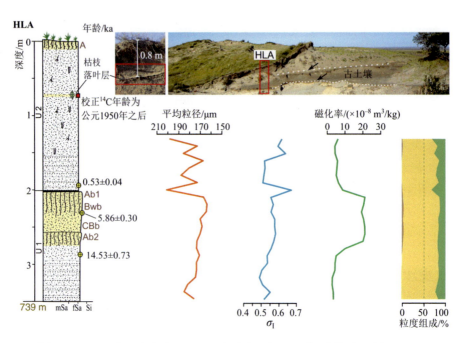

图 14.13　HLA 剖面的年代、代用指标变化及剖面照片（图例参见图 14.11）

HLF（48.35°N，118.44°E，699 m）出露于巴尔虎沙区中部的一个直径约为 160～190 m 的不规则风蚀坑的东缘（图 14.10）。从形态来看，该风蚀坑主要受到西北风的侵蚀，并在其东南侧堆积约 0.3～1 m 厚的平沙地，植被覆盖约 40%～60%，该沙丘向下风向铺开约 100 m 宽，其边缘被植被完全固定，限制了沙丘进一步发展。风蚀坑最低处较为湿润，生长 0.5～1 m 高的沙柳等灌丛。HLE 剖面与 HLF 剖面相距约 15 m，在地层关系上，HLF 处于 HLE 的下层。HLF 剖面处于风蚀坑内部的缓坡上，厚 1.25 m，地表现代植被覆盖度约 10%。HLF 主要由分选中等较差的细沙组成，总体存在厘米级别的近水平层理，有些层位包含 1～2 cm 厚的中粗沙层（图 14.14）。深度 0.45 m 处有微小的冻融作用导致的水平层理形成的褶皱（图 14.14）。HLF 剖面 1.05 m 和 0.45 m 深处两个 OSL 分别为 9915±580 a（HLF-1）和 10 745±535 a（HLF-2），出现了年龄倒置，但考虑到测年的误差范围，这两个年龄也都是可信的（图 14.14）。

HLE（48.35°N，118.44°E，700 m）剖面位于这个风蚀坑的边缘陡坎，总厚度 2.8 m。其下部 2.8～1.75 m 是浅褐色（10YR 8/3-d）、分选良好的细沙，有厘米级的清晰近水平层理，局部有疑似冻融作用扰动过的波状层理，有些层位夹杂有中粗沙。1.75～1 m 是黄褐色（10YR 4/6-d）、分选良好的细沙，基本无层理（图 14.14）。在此风沙层之上，发育了厚达 0.7 m 的加积型 Ab-Bwb-CBb 古土壤，其中 1 m 至 0.3 m 颜色逐渐变深，从 0.9 m 处

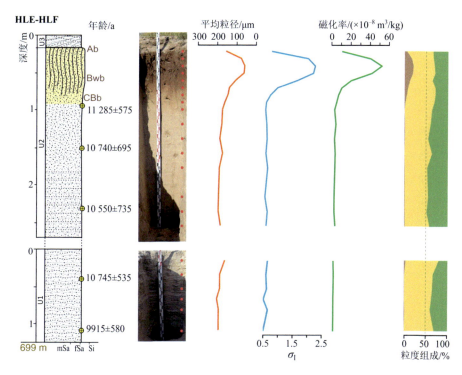

图 14.14　HLE 和 HLF 剖面的年代、代用指标变化及剖面照片（图例参见图 14.11）

的黄褐色（10YR 5/4-d）逐渐变为 0.4 m 处的深褐色（10YR 3/4-d），分选也逐渐变差，黏土和粉沙含量明显升高（图 14.14），呈现弱的土壤团粒结构。这层古土壤中富含现代植被根系。古土壤被约 0.3 m 厚、具有清晰沙丘层理的现代风成沙所覆盖，呈现明显的不整合边界（图 14.14）。在这层古土壤下部风成沙的三个不同层位分别取样，其从下到上的释光年龄分别为 10 550±735 a（HLE-1，深度 2.4 m），10 740±695 a（HLE-2，深度 1.55 m），11 285±575 a（HLE-3，深度 1.05 m）。与 HLF 一样，本剖面的三个年龄也出现了年龄倒置现象，但考虑到误差范围，这些年龄数据都是可信的（图 14.14）。综合起来看，HLE-F 整个厚约 4 m 的地层都出现了年龄倒置现象，尽管这些样品都取自有较清晰层理的风沙层。从等效剂量测试数据来看，来自这两个剖面的样品离散度介于 14%～23% 之间，颗粒晒退较为完全，均适合使用中心年龄模型（CAM）计算。若考虑 1σ 的年龄误差，HLE-F 的 5 个年代的卡方检验（χ^2）显示：没有证据表明这五个年龄有统计上的显著性差异（p=0.5761），其反距离加权平均值为 10 655±273 a，指示了在 11～10 ka 左右本地区的快速风沙堆积事件，以至于以释光定年的精度无法从年龄上建立高分辨率的年代序列。

　　HLI（48.45°N，118.40°E，711 m）剖面位于巴尔虎沙区北部边缘（图 14.10）。周围主要分布抛物线形的固定沙丘或半固定沙丘。其中 HLG、HLH、HLI 剖面分别位于一个较大沙丘的迎风坡的同一个风蚀坑的不同部位。沿着东南缘风蚀陡坎可以看到一层连续分布的埋藏古土壤，在此选择一处挖掘 HLI 剖面，总厚度为 2.53 m，自下而上共分为两个沉积单元（图 14.15）。单元 1（2.53～0.28 m）包含底部的风成沙及上部成壤作用改造过的古土壤，单元 2（0.28 m 至表层）为现代风成沙（图 14.15）。单元 1 下部 2.6～0.73 m 总体上为浅褐色（10YR 6-7/4-w）、分选良好的细沙。底部 0.6 m（2.6～2 m）有模糊的近水平层理，上部 1.27 m（2～0.73 m）无层理，1.73 m 处有生物扰动形成的深色古土壤包裹体，深度 1.3 m 处有一分选较差的细-中沙层。这层风沙层之上发育约 0.45 m 厚（0.73～0.28 m）、向上颜色逐渐变深的深色古土壤（图 14.15，主要为 CBb 发生层的浅褐色（10YR 7/4）过渡到 Ab 发生层的深棕色（10YR 4/3）、分选较差的极细沙，有土壤团粒结构。深度 0.9 m 以上能见到现代植物根系（图 14.15）。单元 1 的底部有层理的风成沙（深度 2.23 m）OSL 年龄为 10 435±625 a（HLI-1），这层风成沙和上部古土壤的过渡处（深度 0.83 m）的 OSL 年龄为 9770±465 a（HLI-2），指示了这期厚约 0.45 m 的古土壤应该是早全新世以来发育的（图 14.15）。这期弱发育的古土壤被一层 0.28 m 厚、浅黄色（7.5YR 4/3-d）、分选良好的风成沙所覆盖，无层理，古土壤与风成沙边界清晰，存在着明显的沉积间断（图 14.15）。

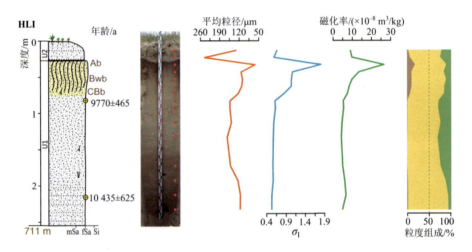

图 14.15　HLI 剖面的年代、代用指标变化及剖面照片（图例参见图 14.11）

HLH（48.45°N，118.40°E，710 m）剖面位于 HLI 剖面的北侧 36 m 处，出露于风蚀坑北缘的陡坎。该剖面总厚度 1.9 m，自下而上分为两个沉积单元（图 14.16）。单元 1（1.9～0.8 m）为浅褐色（10YR 7/4-d）、分选良好的细沙，呈现厘米级的水平层理。该单元顶部的风成沙 OSL 年龄为 10 605±480 a（HLH-1）。单元 2（0.8 m 至地表）倾斜覆盖在单元 1 的风沙层之上，该单元有较为明显的沙丘斜层理，颜色呈黄褐色（7.5YR 4/3-d），并在近地表有一期弱发育的呈现较深颜色的古土壤（图 14.16）。根据本地的风蚀特征及与两侧地层对比，单元 1 之上有宽约 20 cm 的风蚀台地，单元 1 与单元 2 之间应曾有一类似于 HLI 上的古土壤层，但因剥蚀作用现已不复存在（图 14.15、图 14.16）。

HLG（48.45°N，118.40°E，710 m）剖面出露在风蚀坑西侧陡坎上，在 HLH 剖面西南 20 m，剖面总厚度约为 2.4 m（图 14.16）。HLG 剖面底部 1 m 主要为黄棕色（10YR 5/4-d）、分选良好的极细沙，在 2 m、1.8 m、1.55 m、1.45 m 深处夹杂有 3～10 mm 的浅褐色（10YR 7/4-d）、分选中等的细沙层。1.4～0.6 m 为浅黄棕色、分选良好的极细沙，并有清晰的亚厘米级斜层理，自下而上倾角逐渐增大，从深度 1.15 m 处的倾角 13°逐渐变化到 0.7 m 处的倾角 16°。在有斜层理的风沙层之上有一期微弱发育的埋藏土壤 Ab 层，地表 10 cm 以风成沙为主，成壤作用显著减弱（图 14.16），地表植被覆盖 30%左右。HLG 底部（深度 2 m）和上部（深度 0.6 m）的 OSL 年龄分别为 100 ± 5 a（HLG-1）和 85 ± 10 a（HLG-2），显示了这 2 m 厚的风成沙是在最近 100 年来迅速堆积的（图 14.16）。

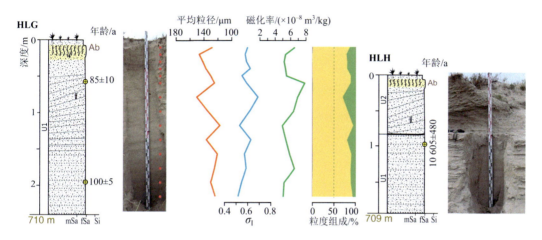

图 14.16　HLG 和 HLH 剖面的年代、代用指标变化及剖面照片（图例参见图 14.11）

HLJ（48.45°N，118.40°E，711 m）剖面位于 HLG-H-I 剖面西北 350 m 处的另外一个风蚀凹地陡坎上，该剖面处在巴尔虎沙区和北部平坦草原的分界处。该风蚀坑底部断续出露深棕色古土壤，保护了更深层的风成沙，使得风沙掏蚀作用不能继续。在野外对 HLJ 所在的约 2 m 的天然风蚀陡坎进行清理并向下挖掘约 1.5 m（图 14.17）。

图 14.17　HLJ 剖面野外照片，深色古土壤清晰可见

　　HLJ 剖面总厚度为 3.45 m，可分为两个沉积单元（图 14.18）。单元 1（3.45～2.5 m）包含一期加积型古土壤（图 14.18），该单元底部 22 cm 为典型风成沙，呈浅褐色（10YR 7/4-w），分选良好，属极细沙。该层风成沙之上发育厚约 0.73 m（3.2～2.5 m 深度处）的 Ab-Bwb-CBb-C 型加积土壤，为深褐色（10YR 3/2-w）、分选较差或极差的极细沙，没有层理，粉沙和黏土等细颗粒物质含量明显升高（图 14.18）。该古土壤的下部母质风沙层的光释光年龄为 15090±905 a（HLJ-1），指示该地区可能早在 15 ka 就开始景观稳定并发育古土壤了（图 14.18）。该深色古土壤顶部被 2.5 m 厚的淡褐色（10YR 6/3-w）、分选良好的风成沙所覆盖，该风成沙具有清晰的亚厘米级或毫米级沙丘斜层理（图 14.18）。接近地表有一层略深色的弱埋藏土壤 Ab 层，富集有机质，之后风沙堆积超过成壤作用。该层风沙底部（深度为 2.25 m）和上部（深度为 0.75 m）的 OSL 年龄分别为 110±10 a（HLJ-2）和 95±5 a（HLJ-3），表明上部 2.5 m 厚的风成沙应该是最近 100 年沉积的（图 14.18）。尽管 2.25 m 处的 HLJ-2 样品的单片等效剂量分布分散，33 个单片等效剂量值的离散度高达 32%±5%，但其最小年龄模型所计算年龄表明 2.25～0.75 m 共 1.5 m 厚的风成沙可能是在 15 年左右的时间里快速堆积的，显示了极高的沉积速率（图 14.18）。

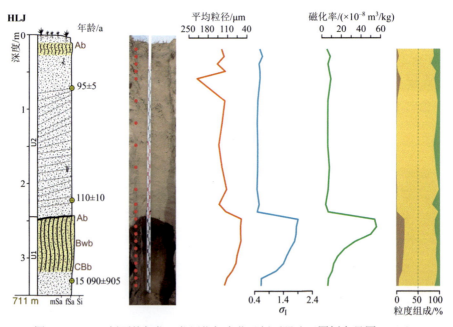

图 14.18　HLJ 剖面的年代、代用指标变化及剖面照片（图例参见图 14.11）

三、萨如沙区及沙地外围

　　HLC（47.93°N，119.19°E，765 m）剖面出露在萨如沙区中部边缘的一个风蚀凹地中的约 1.5 m 高的天然风蚀残丘陡坎上。这样的风蚀凹地在萨如沙区极为常见。该风蚀残丘剖面中间一期深色古土壤在野外特别明显，风蚀残丘顶部植被覆盖高达 90%。HLC 剖面总厚度为 2 m，底部 0.8 m（2～1.2 m）是浅褐色（7.5YR 7/3-d）、分选中等的中沙，下部 0.3 m 有模糊的近水平层理，上部 0.5 m 几乎没有层理（图 14.19）。1.2～0.7 m 呈现出显著的成壤改造，富集有机质，并呈现深褐色（7.5YR 3/3-d）、分选差的细沙到中沙，并有少量泥质颗粒（粉沙、黏土），微弱的土壤块状结构，在古土壤的 Bwb 发生层，生物洞穴极为普遍（图 14.19）。这层古土壤风成沙母质的下部（1.8 m）和上部（1.15 m）的石英 OSL 年龄分别为 1.25±0.07 ka（HLC-1）和 0.97±0.06 ka（HLC-2）。这层古土壤之后风沙活动增强，地层中成壤作用减弱，沉积物颜色变为黄棕色（10YR 5/4-d）、较差分选的细沙到中沙，其 OSL 年龄为 0.48±0.07 ka（HLC-3）。这层 23 cm 厚的风成沙之上又发育了约 12 cm 厚的弱古土壤（图 14.19），为深棕色（10YR 3/3-d）、分选较差的中沙。这层古土壤被 0.35 m 厚的风成沙所覆盖，其风成沙呈黄棕色（10YR 5/4-d）、分选中等的中沙。这层风成沙的表层 10 cm 发育现代风沙土，被密集植被固定（图 14.19）。

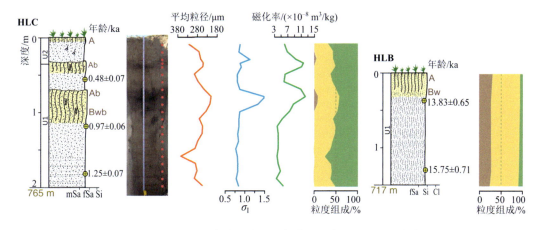

图 14.19　HLB 和 HLC 剖面的年代、代用指标变化及剖面照片（图例参见图 14.11）

在 HLC 剖面的西北约 15 km 处的现代草原景观下挖掘人工剖面 HLB（48.04°N，119.06°E，717 m）作为典型沙地景观沉积地层序列的参照。HLB 剖面距离其东侧河道约 250 m，其地表景观为平坦的干草原景观。HLB 剖面总厚度 1.5 m，其底部（1.5～0.3 m）为质地均一的沙黄土沉积，以粉沙和极细沙为主（图 14.19）。近地表 0.3 m 为现代草原土，按照中国土壤分类系统为具有暗沃表层的干润均腐土（龚子同，1999），有机质含量高，地表植被密集。对 HLB 剖面中未经显著成壤改造的两个沙黄土样品中的石英颗粒进行测年显示：其底部（深度 1.3 m）和上部（深度 0.4 m）的 OSL 年龄分别为 15.75±0.71 ka（HLB-1）和 13.83±0.65 ka（HLB-2），指示了这里的沙黄土均沉积于末次冰消期（图 14.19）。HLB 剖面西南侧有大量陶片（图 14.20），考古研究表明，这种带有蓖纹纹饰的灰陶器应该在辽金时期被广泛使用。HLB 剖面旁边发现有乔木焚烧遗迹，结合这里遍地的破碎陶片（图 14.20），此处可能是烧制陶器作坊。对其木炭进行 AMS ^{14}C 测年显示校正后的日历年龄为公元 860～892 年（HLB-C14-01）（图 14.20），基本与陶片指示的年代一致。根据这些遗迹推测，辽之前这里可能是契丹先祖的活动范围，并砍伐树木烧制陶器。

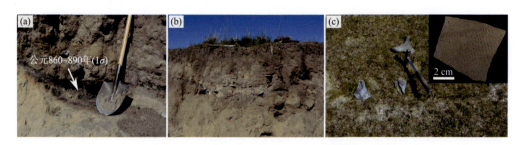

图 14.20　HLB 剖面西南侧人类活动遗迹

（a）灰坑及其 ^{14}C 年龄；（b）地层中镶嵌的陶片；（c）地面散落的带有蓖纹饰的灰陶

第三节　古环境代用指标在地层中的变化及其指示意义

本书分析了 174 个样品的粒度及磁化率变化特征，其中古土壤样品 58 个，典型风成沙样品 116 个。虽然剖面位置不同，土壤发育的母质有所差异，但总体上古土壤相对于风成沙的粒度特征表现出显著的统计差异（t-检验 $p<0.001$，图 14.21）。例如，古土壤呈现出较小的平均粒径，其均值为 146 ± 55 μm（1σ），风成沙为 184 ± 51 μm（1σ）（图 14.21）。分选（σ_I）上的差别更为显著，古土壤的分选系数约为 1.14 ± 0.5，基本上属于较差分选，而风成沙的分选系数为 0.6 ± 0.1，属于中等偏好分选（Blott and Pye，2001）。从偏态（Sk_I）上来说，古土壤几乎全部呈正偏态（$Sk_I = 0.21\pm0.18$），而风成沙呈负偏态或对称分布（$Sk_I= -0.17\pm0.17$）（图 14.21）。风成沙和古土壤中<63 μm 的黏土和粉沙含量也呈现出显著区别，所有剖面中古土壤的细颗粒含量显著增多，约为 3%～15%，少数剖面可高达 20%（如 HLE、HLJ、HLK 等）（图 14.12、图 14.14、图 14.18），而风成沙中的<63 μm 颗粒几乎都小于 1%（图 14.21）。古土壤和风成沙中均以细沙（63～250 μm）颗粒为主要成分，其平均含量高达 67%±16%，并且两者没有表现出统计学上的显著差异（古土壤 65%±13%，风成沙 68%±17%，t-检验 $p=0.069$），>250 μm 的中粗沙也没有统计学上的显著差异（t-检验 $p=0.31$）（图 14.21），指示了古土壤是以风成沙为主要成土母质发育而来的，其主要物质组成是类似的。

在浑善达克沙地南部进行的不同植被覆盖度捕获大气沉降能力的野外实验表明：在半干旱区植被覆盖度的增加能显著促进大气粉尘累积，当植被覆盖率达到 75% 时，其捕获<63 μm 的大气粉尘能力可以达到 2.5 g/(m^2·d)（Yan et al.，2011），这暗示植被盖度增加导致的捕获大气粉尘颗粒能力增强可能是古土壤中细颗粒增多的主要机制。来自毛乌素沙地不同植被覆盖度下的表沙样品粒度组分分析也表明：相对于流动沙丘表沙沉积物，固定沙丘和半固定沙丘的沉积物有显著增加的<63 μm 的细颗粒物质（Liu et al.，2017a），也说明了古土壤中的细颗粒成分显著增加与植被恢复、沙丘固定有着密切联系。另外，古土壤的磁化率[$(20\pm12)\times10^{-8}$ m^3/kg，$n=58$] 也显著高于风成沙[$(6\pm3)\times10^{-8}$ m^3/kg，$n=116$]

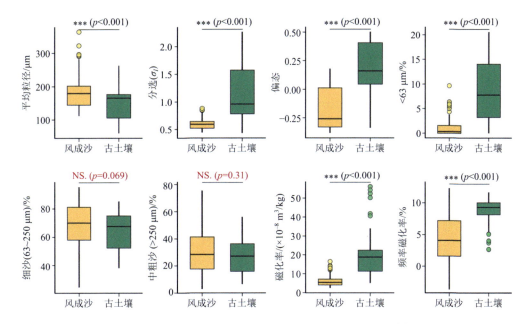

图 14.21　本研究目前已核验的呼伦贝尔所有剖面古土壤（$n=58$）和风沙层样品（$n=116$）粒度特征及磁化率之对比

其中***表示两组之间在 95%的置信水平上经过 t-检验，存在显著性差异（$p<0.05$），NS.代表未通过显著性差异检验

（图 14.22），有些土壤发育较好的剖面其磁化率高达 $60×10^{-8}$ m^3/kg（如 HLE、HLJ 等剖面），其变化与地层变化一致（图 14.11～18），是地层中成壤作用的良好代用指标，可能与细颗粒含量增加密切相关。同时应该注意到古土壤的频率磁化率（8.6%±2.24%）也高于风成沙（4.32%±3.44%），具有显著的统计学差异（t-检验 $p<0.001$），指示了成壤作用原地风化形成的单畴超顺磁矿物颗粒的增加（Maher and Taylor，1988；Dearing et al.，1996）。对典型风成沙样品和古土壤样品在 400 倍光学显微镜下观察，均为磨圆较好，表面有碟形坑的典型风沙沉积物，但是未经成壤改造作用的风成沙明亮干净，而古土壤样品的细沙颗粒上附着暗黑色的细粒物质（图 14.22），这与粒度组分分析所展示的结果一致。

本书选取 6 个来自 HLA、HLC、HLD 剖面古土壤 Ab 发生层的样品进行孢粉分析。其中，1 个样品（HLA-2.7 m）的孢粉浓度过低（<12 粒/g），无法达到鉴定要求，其余 5 个样品共鉴定孢粉 1621 粒，分别属于 25 个科或属，单个样品的孢粉统计粒数为 304～363 粒。孢粉统计结果按照样品据 OSL 年代学结果推算的年龄进行排序，其浓度介于 64～809 粒/g，样品越年轻，其孢粉浓度越高（图 14.23）。所有样品均以蒿属（Artemisia）、藜科（Chenopodiaceae）、禾本科（Poaceae）、菊科（Asteraceae）及莎草科（Cyperaceae）等草本花粉为主，有少量（<6%）的乔木（如桦木属、松属等）（图 14.23）。其中以温带草本植物蒿属占绝对优势（>30%），其次是藜科（>15%）。最近千年以来沉积的 HLC 剖面的两期古土壤的孢粉浓度（分别为 212 粒/g 和 809 粒/g）均显著高于其他剖

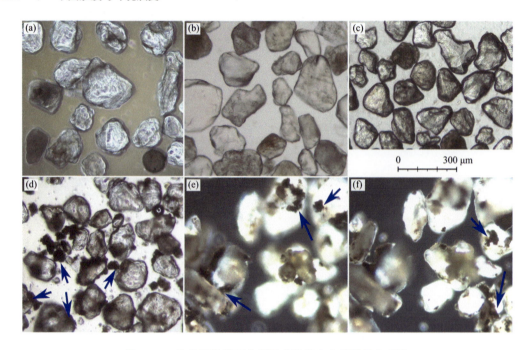

图 14.22　光学显微镜下典型风成沙和古土壤样品之对比

（a）～（c）为典型风成沙样品，（d）～（f）为典型古土壤样品，蓝色箭头指示附着在石英颗粒上的细颗粒沉积物及有机质

面（<120 粒/g）（图 14.23）。目前仅 5 个样品尚不能以此推测整个沙地的植被变化，孢粉化石中蒿属和藜科的显著优势可能代表了主导植被类型，还可能与其具有较高的孢粉产量有关（Herzschuh et al.，2003；Li et al.，2005；Zhao et al.，2012b）。HLC 剖面约 400 a样品中较高的莎草科指示当时剖面可能邻近河滩低地等湿地草甸环境。总体上，古土壤的孢粉组成和现代表土组成基本一致（汪佩芳，1992；何飞等，2016），显示出这些主要植被类型依然主导着现代沙地植被景观。

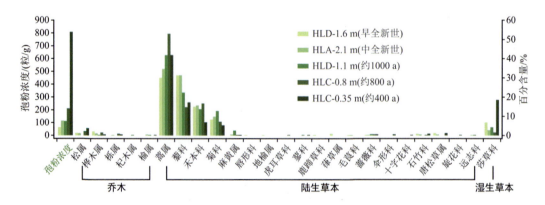

图 14.23　HLA、HLC、HLD 三剖面中不同深度古土壤样品的孢粉百分含量及其浓度

图中显示的样品年龄是根据相关层位的 OSL 年龄推算所得

第四节　呼伦贝尔地区风沙光释光年龄概率分布

本书共收集发表的来自 25 个剖面的风沙地层年龄 55 个（Li et al.，2002；Li and Sun，2006；Yang and Ding，2013；曾琳等，2013；刘瑾等，2015；Zeng et al.，2018），新增来自 11 个剖面的风沙地层年龄 25 个，共有来自 36 个沉积序列的风沙年龄记录 80 个。其中以相对活化面积较大的海拉尔沙区和巴尔虎沙区剖面及年龄数目最多，海拉尔沙区剖面 19 个、年龄记录 43 条，巴尔虎沙区剖面 12 个、年龄记录 28 条（表 14.1），而面积较大却植被覆盖良好的萨如沙区仅有 3 个剖面、7 条年龄记录。希贵图沙区以固定沙丘为主，仅有沙丘地貌形态残留，在野外寻找天然露头比较困难，目前尚无沉积地层记录。对沙丘直接钻探可能是未来探索固定沙区下伏沉积地层的有效手段。

表 14.1　呼伦贝尔沙地风沙年龄及剖面分布

沙区名称	剖面数/个	年龄数据/个	沙地面积/km²
海拉尔	19	43	1410
英根庙	2	2	160
巴尔虎	12	28	1500
希贵图	0	0	580
萨如	3	7	2600
总计	36	80	6250

这些风成沙光释光样品的采样深度介于 0.3～7 m，其文章报告 0.3 m 处和 7 m 处的年龄分别为 0.05±0 ka（曾琳等，2013）和 12.2±1.1 ka（Li and Sun，2006）。所有光释光年龄中最年轻的为现代风沙[深度 0.4 m，年龄 0±5 a，HLL]，最老为 18.07±1.16 ka（Zeng et al.，2018）。除特别年轻的两条年龄记录（0.05±0 ka 和 0±5 a）无法评估报告年龄相对误差之外，其余 78 条年龄记录的相对误差范围为 3.7%～25%，平均相对误差为 8.1%（图 14.24）。其中较年轻样品的相对误差略高，可达 15% 以上，较老样品相对误差低，约为 5%（图 14.24），这应该与年轻样品的释光信号弱、信噪比较低有关（Madsen and Murray，2009）。

对所有样品进行高斯概率密度估计并且将各个样品的密度估计值累加（Stauch，2016），形成累积概率密度分布函数曲线（CPDF），以此来识别风沙活动的时段。但是概率密度估计是按照统计学方法对原始信息的提取和简化，高度依赖于样品的误差结构，其曲线会过分强调高精度数据，而低估低精度数据（Galbraith and Roberts，2012），总是表现为年轻样品具有极高的概率密度，较老样品具有很低的概率密度（图 14.25）。因此，本书也将原始数据及其误差按照顺序排布，形成经验分布函数（empirical distribution function，EDF），并根据年龄的误差结构设置合适的组距，将样品实际分布以直方图展示

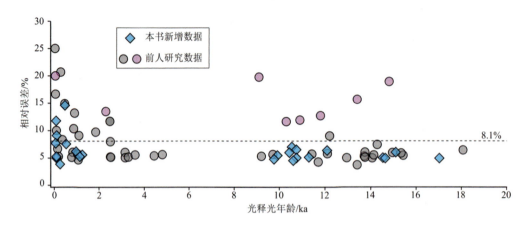

图 14.24　呼伦贝尔沙地风沙释光年龄的误差结构

其中虚线为平均相对误差，紫色圆圈标注了来自同一个研究的异常高的年龄误差，该研究未详细交代其年龄误差估计方法及异常高值原因，因此在有限元混合模型分析中移除了 9 ka 以前这 6 个高误差年龄记录

（Galbraith and Roberts，2012），并利用核密度估计（kernel density estimates，KDE）方法构建连续曲线（图 14.25）（Silverman，2018）。结果显示目前所有的风沙释光年龄主要分布在末次冰消期和晚全新世这两大时段：15.5～9 ka 时段共有风沙释光年龄记录 37 条，占总记录的 46%；5 ka 至今的晚全新世共有记录 41 条，比例为 51%，而在 15.5 ka 以前的末次盛冰期仅有两条年龄记录（图 14.25）。

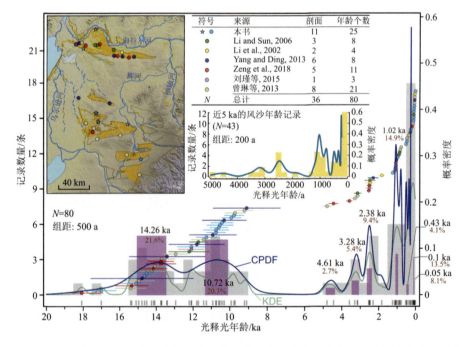

图 14.25　呼伦贝尔沙地风沙光释光年龄的经验函数分布、直方图分布、累积概率密度函数分布（CPDF，蓝色曲线）和核密度估计（KDE，浅绿色曲线）

不同颜色代表不同的文献来源，其空间分布显示在左上侧插图中。经验分布的误差范围均来自原文报告误差，默认为 1σ。图中紫色直方为综合有限元混合模型及概率密度分布计算的风沙活动峰值

除去 9 ka 之前异常高误差的 6 条记录（图 14.25），对其余记录在 LDAC（v1.2）中进行有限元混合模型（FMM）分析（Galbraith and Green，1990；Liang and Forman，2019），以期用统计学方法识别年龄分布的峰值。综合概率密度曲线的峰值及 FMM，基于风沙年龄记录的过去 2 万年来呼伦贝尔沙地的风沙活动集中在约 14.26±0.26 ka（21.6%）、10.72±0.63 ka（20.3%）、4.61±0.25 ka（2.7%）、3.28±0.18 ka（5.4%）、2.38±0.25 ka（9.4%）、1.02±0.07 ka（14.9%）、0.43±0.07 ka（4.1%）、0.1±0.01 ka（13.5%）和 0.05±0.01 ka（8.1%）等 9 个时段（图 14.25），其中以 14.26 ka、10.72 ka、1.02 ka、0.1 ka 四个时段的风沙年龄记录分布最多（>10%）（图 14.25）。

第五节　晚更新世以来呼伦贝尔沙地环境演变过程

关于呼伦贝尔沙地的风沙地貌与环境演变研究可以追溯到 20 世纪 80 年代。陈永宗（1981）对呼伦贝尔高平原地区的风沙地貌的分布和特征做了初步描述。他注意到该地区沙丘垂直剖面上普遍存在三层有机质含量比较丰富的埋藏黑沙土夹于灰黄色细沙之中，并指出该地区的沙丘自发育以来曾经历了多次被植被固定并发育土壤的过程。根据地层中埋藏的石器遗迹，他推断最底部一层黑沙层的形成时代不早于新石器时期，大约距今 7000 年（陈永宗，1981）。[14]C 定年技术的发展为建立环境变化的年代学框架提供了新的机遇（Gardner et al.，1987）。汪佩芳（1992）通过 [14]C 测年及孢粉分析，认为呼伦贝尔沙地曾经在 12～9 ka、6～5 ka、3.4～2.5 ka 和 1 ka 左右经历了四次沙丘固定。

随着释光定年技术的发展及其在风沙沉积中的应用（Singhvi et al.，1982；Wintle and Huntley，1982；Forman and Maat，1990；Forman et al.，2005），尤其是单片再生剂量法的提出（Murray and Wintle，2000；Murray and Wintle，2003），使得沙漠环境演化研究发生了根本性转变。新技术的出现使得呼伦贝尔地区出现了来自直接测定风成沙颗粒埋藏年龄的光释光年龄（Li et al.，2002；Li and Sun，2006；Yang and Ding，2013；曾琳等，2013；Zeng et al.，2018）。在释光年龄的支持下，这些不同研究对呼伦贝尔沙地环境演变历史提出了不同观点。Li 和 Sun（2006）根据剖面古土壤出现和持续的时间，认为呼伦贝尔沙地在 11～4.4 ka 基本固定。Yang 和 Ding（2013）根据 13 个剖面风成沙的年龄及环境代用指标，推断呼伦贝尔沙地的面积在末次盛冰期扩大了 9 倍。也有研究根据沙地内部的多个沉积地层序列及其年代学结果，并结合下伏的上更新统海拉尔组沉积地层的大致范围，假设其在干冷的末次盛冰期全部活化，推测该沙地在末次盛冰期向北推进了 60 km，向东推进了约 50 km，整个沙地大约扩张了 2.7 倍（Lu et al.，2013；曾琳等，2013）。

一、末次盛冰期

虽然众多研究讨论末次盛冰期的呼伦贝尔边界问题，但是目前很少有末次盛冰期（26.5～19 ka；Clark et al.，2009）风沙沉积物的直接证据。目前所有发表的研究中，最深的剖面位于海拉尔沙区中部，其深度约 7 m，底层风成沙年龄约为 12.2 ka（Li and Sun，2006）。最老的风沙年龄约为 18 ka（图 14.25），其剖面位于海拉尔沙区西部，风沙层之上约 13 ka 之后发育了一期很薄的弱古土壤，约 12 ka 之后发育了厚约 2m，可能为逐渐加积型的古土壤，并可能一直持续到晚全新世（Zeng et al.，2018）。但是，值得注意的是，没有风沙沉积的证据不等于没有风沙活动，即风沙活动≠风沙沉积。正如多位研究者所指出的（Lu et al.，2013；曾琳等，2013；Xu et al.，2015b），这种现象的可能机制是在末次盛冰期，极为剧烈的风沙活动导致呼伦贝尔地区极少发生净沉积过程（沉积总量−侵蚀总≈0）。而光释光年代学的先天特质是仅仅反映沉积物最后一次被埋藏的时间（Aitken，1998；Duller，2008），无法探测沉积物所经历的"埋藏—暴露—再埋藏—再暴露"等多个循环过程。如果风沙活动没有沉积增量，矿物颗粒不断在地质营力作用下再循环，导致释光信号不能逐渐累积，进而导致剧烈的风沙活动就不能被记录下来（Mason et al.，2011；Halfen and Johnson，2013）。呼伦贝尔地区在末次盛冰期时段风沙年龄的缺失极有可能与这种风蚀过程的信号擦除作用密切相关（Li and Yang，2016；杨小平等，2019）。

地貌学及沉积学证据表明呼伦贝尔沙地在末次盛冰期并未发生显著的扩张，其边界范围不会超出现代沙区（包含固定沙丘）的范围之外。末次盛冰期时，现在已经完全固定的希贵图沙区、萨如沙区西部及巴尔虎沙区中部有可能部分活化。

对大量多年冻土遗迹及冰缘现象的系统综合研究表明，末次盛冰期整个北半球的冻土广泛发育，并在约 25～17 ka 冻土分布达到最大范围（Vandenberghe et al.，2014），被称为末次多年冻土盛期（last permafrost maximum，LPM）。而此时期，中国多年冻土面积达到了$(5.3～5.4)×10^6$ km²，是现代中国多年冻土[$(1.35～1.59)×10^6$ km²]的 3 倍多（Ran et al.，2012；金会军等，2019）。东北地区沙质土中保存了大量的冰楔、沙楔等，对沙楔围岩及上覆沉积物 ^{14}C 测年显示这些沙楔基本上形成于<15 ka 左右的末次冰消期（Jin et al.，2016），推断此时年均温应该<−5℃。根据东北地区晚更新世地层中发现的寒冷气候的代表性动物（如猛犸象、披毛犀等）的化石分布来看，晚更新世末期多年冻土南界可能到了 42°N 左右甚至更南（Zhou et al.，1991；Jin et al.，2016）。古气候数值模拟数据也显示末次盛冰期本地年均温达到了−9℃，全年出现霜冻，年降水量约为 270～315 mm（图 14.26），指示该阶段呼伦贝尔地区属于半干旱极冷环境，有充分的条件广泛发育多年冻土。这种极冷环境下的多年冻土的活动层较薄（Nelson，2003），风力较大的 3～5 月，温度可能均<0℃，冰冻的地表导致了风蚀难度大，大大减少了沉积物有效性（Mckenna-Neuman，1989）。

结合冻土遗迹及温度重建，本书认为末次盛冰期呼伦贝尔地区广泛发育多年冻土，具有释放松散沉积物能力的冻土活动层极薄，使得整个地区的沉积物有效性受到了极大限制，纵然具有高风能环境，风沙沉积也极少发生。高风能环境、低沙源有效性导致了风沙沉积物快速翻新，无法积累释光信号。沙楔填充物也很少有>15 ka 的沉积物，与较为温暖的毛乌素地区截然不同，显示了同为发育多年冻土的末次盛冰期，两地的活动层厚度完全不同，呼伦贝尔的沉积物有效性极低。无层理或者近水平模糊层理的地层学证据和磨圆分选均较好的沉积学证据均表明该地区在末次冰消期以前以寒冷型平沙地景观为主，而非沙丘景观。前人研究以物源供给作为干冷的末次盛冰期发育大规模沙丘景观的充分条件，或者认为沙丘扩张在空间上连续，以大兴安岭山麓发现的风沙沉积作为末次盛冰期沙地扩张的证据勾勒沙漠边界的研究方法有待进一步商榷。事实上，现代大兴安岭山麓地区河流附近仍然存在半固定或者固定沙丘，多被樟子松、桦树等覆盖，但沙丘形态依然存在（图 14.27）。但这些沙丘旁边即为典型的草原景观，其地层主要是覆盖在冲洪积物之上的黄土沉积（图 14.27）。可以推测，在末次冰盛期，这些沙丘可能活化，但不能以此推测整个呼伦贝尔沙地扩张到了大兴安岭山麓地带。

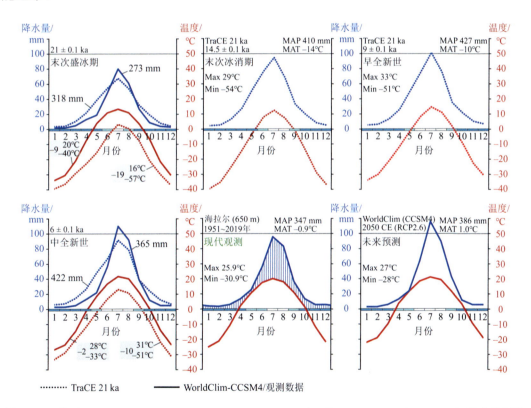

图 14.26 基于 WorldClim-CCSM4（Fick and Hijmans，2017） 和 TraCE-21ka（He，2011）数值模拟数据的不同时期海拉尔地区月降水-温度 Walter-Leith 气候图（Walter and Lieth，1960）

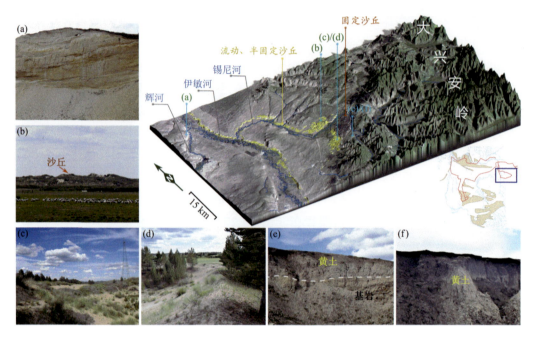

图 14.27　大兴安岭山麓地区锡尼河流域沙丘景观

（a）辉河左岸阶地沉积物；（b）锡尼河右岸半固定沙丘；（c）樟子松林覆盖的固定沙丘区；（d）生长樟子松的抛物线形沙丘
一翼；（e）大兴安岭山麓黄土覆盖于基岩之上；（f）大兴安岭山麓具有垂直节理的黄土及现代草原土壤（干润均腐土）。3D
图高程数据为 SRTM 30 m 分辨率数据，垂直放大比例为 28∶1，地表景观为自然真彩色合成数据并经 15 m 全波段数据融
合，影像获取时间为 2015 年 7 月 5 日

二、末次冰消期及早全新世

呼伦贝尔沙地风沙光释光年龄数据 40%以上集中分布在 15.5～9 ka 的末次冰消期及
早全新世（图 14.25）。从释光分布的概率密度曲线及经验分布函数看，来自不同研究的
数据均表明此时段是显著的风沙活动积累期。利用有限元混合模型对年龄分布进行解
组，也发现在末次冰消期中 Bølling-Allerød 暖期（14.7～12.9 ka，Alley and Clark，
1999）时的 14.26 ka 和早全新世的 10.72 ka 存在两个风沙活动高峰期。尽管 FMM 模型计
算出 15.5～9 ka 可能存在两期不同的显著风沙活动事件（图 14.25），而在约 12.5 ka 的新
仙女木事件期间，风沙记录较少，但是释光年龄在此阶段约 0.5～1 ka 的年龄误差导致对
新仙女木事件的响应无法厘定。但无论如何，从末次冰消期到早全新世，确实存在显著
高于 15.5 ka 之前的风沙活动概率。

从呼伦贝尔沙地东边约 100 km 月亮湖的基于孢粉重建的末次冰消期古温度来看，区
域温度在约 15.5 ka 左右迅速上升（Wu et al.，2016），在不到千年的时间里，全球古气候
指标综合重建的温度变化显示升温超过 3～8℃（Shakun and Carlson，2010；Clark et al.，
2012；Shakun et al.，2012）。这种迅速的升温导致在末次盛冰期形成的多年冻土开始在夏
季局部消融，地表的活动层增厚（Kasse，1997；Owen et al.，1998），从而有潜力释放出
更多的松散沉积物，增强了沉积物有效性。呼伦贝尔地区沙楔填充物的出现也主要在 15 ka

以后的末次冰消期（金会军等，2011；Jin et al.，2016），从旁佐证了该时段沉积物有效性的增强，更多的风成沙在风力搬运下可以被沙楔所捕捉。

因此，我们推断随着区域及全球温度在 Bølling-Allerød 事件后迅速升温，多年冻土的活动层增厚，释放出更多的松散沉积物。冬季风的减弱使得风速有所下降，进而风能和沉积物有效性之间的比例降低，增加了风沙累积的概率。年代学证据表明在 15.5 ka 之后，风沙沉积记录爆发式增长，目前发表的 80 个风沙释光年龄记录中，仅在 15.5～9 ka 之间的记录所占比例高达 42%，显示了显著的风沙堆积期。根据此阶段仍然为低角度模糊层理的地层特征，虽然此时沉积物有效性得以提高，但仍是以寒冷型平沙地为主导景观，这与欧洲西北部在 14～12.4 ka 的末次冰消期温度上升后冻土退化形成的景观模式类似（Kasse，1997）。但同时，14.5 ka 以后中国东北地区的区域降水显著增加，呼伦贝尔沙地风沙沉积序列对此响应迅速。地层剖面 HLA、HLB、HLD、HLJ 均显示，在 14.5 ka 之后成壤作用增强，形成一期较厚的深色加积型古土壤。这些古土壤的厚度总体上 >50 cm，颜色为棕色（10YR 4/3）或者深棕色（10YR 3/3），细颗粒（<63 μm）含量及磁化率显著增加（图 14.11、图 14.13、图 14.18、图 14.19），显示了植被覆盖度增加之后捕捉大气粉尘能力及成壤作用的增强。来自 HLD 剖面末次冰消期至早全新世古土壤的孢粉分析表明此时植被以藜科占绝对优势（约 35%），蒿属、菊科和禾本科次之（图 14.23）。结合年代及土壤学证据，相对于末次盛冰期，在温度、降水同时大幅度增加的末次冰消期，呼伦贝尔沙地被多年冻土限制的沉积物有效性得以部分释放，风沙活动和成壤作用共存，沙地景观表现出高度的空间异质性。

三、中全新世

在 9 ka 以后的全新世阶段，呼伦贝尔甚至整个东亚地区都进入到相对温暖湿润的气候适宜期，尽管最适宜期的确切时段不同地点可能有所不同（An et al.，2000；Liu et al.，2015；Zhou et al.，2016；Lu et al.，2018）。根据黄土高原全新世古土壤的有机碳同位素含量重建的 C_4 植物生物量显示，与末次盛冰期相比，中全新世东亚夏季风雨带可能向北推移达 300 km，这使得处于夏季风边缘的半干旱区降水显著增多（Yang et al.，2015a）。根据呼伦湖的孢粉重建的区域气候也表明在约 8～5 ka 的中全新世，该地区降水丰富，温度适宜，气温可能比现代仍要略高（Wen et al.，2010；Wen et al.，2017）。呼伦贝尔沙地东北约 300 km 的霍拉盆地古植被重建表明该区域在约 9～6 ka 的中全新世时期，现今北大兴安岭寒温带针叶林地区发育以鹅耳枥属、榛属、松属、云杉属为主的针阔叶混交林植被群落（赵超等，2016；李小强等，2018），而长链正构烷烃稳定碳同位素研究也表明中全新世大兴安岭地区 C_4 植物显著扩张（马雪云等，2018），均指示了温暖湿润的环境。同样处于东亚季风边缘的浑善达克沙地的风沙-古土壤地层序列研究表明该沙地在早中全新世降水量可能增加 30～140 mm（Yang et al.，2013b）。进入全新世以后，无论是湖泊记录（Chen et al.，2015a；Goldsmith et al.，2017b）、洞穴沉积（Dykoski et al.，2005），还是黄土古土壤序列记录的植被响应（Yang et al.，2015a；Jiang et al.，2019），都对夏季风降水增强事件表现强烈。HLA 剖面来自古土壤 Bwb 发生层的光释光年龄显示其发育时段约为 5.86±0.3 ka（图 14.13），佐证了末次冰消期开始发育的古土壤可能一直持续到中全新世以后。虽然来自古土壤的沉积物的释光年龄有一定的不确定性，但是多个研究的深黑色古土壤沉积物年龄介于中全新世（Li et al.，2007；Zeng et al.，2018；Guo et al.，2019），从侧面也能反映在 9～5 ka 左右的早中全新世期间呼伦贝尔沙地风沙累积近乎停止，沙丘普遍被固定，成土作用显著增强，有机质在地层中累积。

来自于 HLA 剖面的孢粉证据表明中全新世孢粉浓度较末次冰消期显著增加，其自然景观应该是以蒿属为主、藜科和禾本科次之的温带草原景观（图 14.23）。前人根据孢粉组合也曾提出呼伦贝尔沙地中全新世时期沙丘固定，其自然植被可能是以蒿属为主的蒿类草原，少部分地区可能出现榆树等乔木，呈现出疏林草原景观（汪佩芳，1992）。这些至少持续到中全新世的古土壤有机质含量较高，颜色深暗，少数剖面中古土壤 Ab 发生层的粉沙和黏土颗粒含量能够达到 20%（图 14.21），磁化率的显著增高表明细颗粒含量上升既有成土作用生成的黏粒贡献（Heller et al.，1991），也有来自于植被捕捉的大气粉尘（Yan et al.，2011）。通过对比频率磁化率，发现大多数剖面古土壤的频率磁化率均显著高于风成沙（图 14.21），表明成壤作用产生的单畴超顺磁矿物颗粒显著增加（Heller et al.，1991），其磁带在高频率下被阻挡，导致高频磁化率和低频磁化率之间差异显著（Maher and Taylor，1988；Dearing et al.，1996）。这共同说明了当时植被覆盖达到了可观的程度，成壤作用显著，半固定或者固定沙丘成为全新世中期的主导景观（Liu et al.，2017a）。地层中此时期广泛发育的古土壤及风沙层光释光年龄记录在此时段的缺失，共同表明了沉积物有效性在中全新世被植被控制。末次冰消期之前较为显著的高风能环境在中全新世也进一步削弱，此阶段具有风沙搬运能力的冬季风衰弱，而带来降水的东亚夏季风显著增强（杨石岭等，2018），植被恢复导致的低沉积物有效性与具有搬运能力的风的减弱均不利于沙丘的进一步发展（Kocurek and Lancaster，1999；Durán and Herrmann，2006），共同促进了风沙活动偃旗息鼓、沙丘固定，稳定的地表景观成为呼伦贝尔沙地在中全新世时的标志性特征。

四、晚全新世

5 ka 以后，该地区逐渐出现零散的风成沉积年龄记录，但直到 3.6 ka，记录的数量较少（图 14.25），还无法判断其是显著的风沙活动事件还是局部地区的沙丘活化。虽然风沙沉积事件和气候变化之间的对应关系及驱动关系尚不明确，但晚全新世以来风沙沉积序列中的古土壤普遍很薄，土壤发育微弱（Zeng et al.，2018；杨小平等，2019），东亚季风系统与沙地景观系统都表现出不稳定性。湖泊沉积的孢粉、磁化率多指标等表明晚全新世东亚季风系统的波动可能与晚全新世以来厄尔尼诺-南方涛动（ENSO）事件发生频率增强有关（Chen et al.，2014b；Wu et al.，2019）。例如，在位于呼伦贝沙地东南约 500 km 的黑龙江省镜泊湖记录的 3.6～2.1 ka 夏季风减弱事件期间（Chen et al.，2014b），海洋浮游生物红拟抱球虫（*Globigerinoides ruber*）的 Mg/Ca 值指示的西太平洋暖池海表温度显著低于 29℃（Stott et al.，2004），进而导致厄尔尼诺态增强，引发了气候系统的波动及东亚夏季风的衰弱、降水量的减少。

为了揭示近两千年来风沙活动的驱动机制，对 2 ka 以来的风沙沉积事件与基于历史文献记录重建的中国东部干湿度指数（Zheng et al.，2006）、中国北方沙尘暴（雨土）事件的频数（张德二，1984）进行对比（图 14.28）。结果表明，除了公元 900～1050 年左右及晚清公元 1700 年以来的风沙沉积期与中国东部干湿度指数无法对应外，其他三期高概率风沙沉积事件（公元 1200 年左右的南宋时期，公元 1500 年左右的明中叶，公元 1620年左右的明清之交）均与干湿度指数一致：即相对干旱时期雨土事件发生频率高，呼伦贝尔地区风沙累积概率曲线也呈现局部峰值（图 14.28）。这种一致性基本反映了呼伦贝尔地区的风沙活动是对气候变化的响应，在夏季风减退的较为干旱时期风沙活动较强，而在夏季风增强的湿润时期风沙活动较弱。来自 HLA 的地层记录显示发育于中全新世的古土壤上覆风成沙的年龄约为 0.53 ka（图 14.28），HLC 剖面在约 0.48 ka 之前有一层厚约 23 cm 的风沙层（图 14.19），应该与明中叶的干旱事件相关联（图 14.28）。

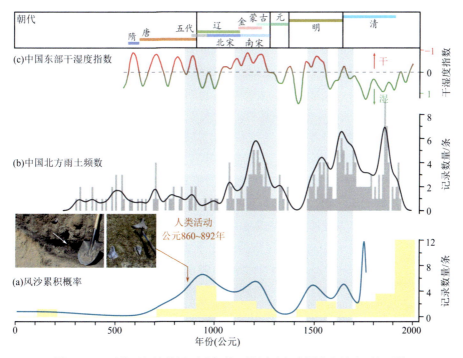

图 14.28 呼伦贝尔沙地近两千年的风沙活动与中国北方沙尘天气对比

（a）过去两千年来的风沙释光年龄反映的风沙沉积直方图（组距为 100 年，淡黄色）及累积概率密度曲线（蓝绿色）；（b）中国北方沙尘天气发生频率（张德二，1984）；（c）中国东部干湿度指数（Zheng et al.，2006）。灰色阴影表示风沙沉积高峰期

但值得注意的是两个无法对应的时段，即公元 900～1050 年左右的显著风沙堆积期以及公元 1700 年以来风沙光释光年龄爆发式的增长（图 14.28）。尤其是公元 1700 年以后，在呼伦贝尔地区多处都有风沙活动。当然，这与研究者倾向于选择在现今流动或者半固定沙丘挖掘沉积剖面有着密切关系，所以最近百年呈现出很高的沉积概率。但另外

一个方面也说明了在最近 300 年，呼伦贝尔沙地总体上有着活化的趋势，即使在历史文献记录重建的公元 1700～1950 年间较为湿润的时期（Zheng et al.，2006）。地层记录证据表明在最近 100 年是显著的风沙堆积期，如 HLG 和 HLJ 剖面均显示约 2 m 厚且具有沙丘斜层理的风成沙均是在公元 1900～1920 年之间快速沉积的（图 14.13、图 14.15、图 14.17）。风沙光释光年龄数据集的有限元混合模型分析也指示了 0.1 ka 左右是风沙显著堆积期，比例达 13.5%（图 14.25）。基于海拉尔沙区东侧的樟子松树轮重建的过去 181 年干湿度变化表明在 1904～1909 年呼伦贝尔地区发生持续干旱，这与当地文献记载的干旱期基本一致，1909 年从春季到秋季基本没有降水记录（Gao et al.，2013；Liu et al.，2016）。HLD 剖面上部风沙沉积表明表层 1 m 厚的风成沙是在公元 1750 年以后沉积的（图 14.11）。HLA 剖面深度 80 cm 处的落叶层 AMS ^{14}C 年龄表明其在公元 1950 年以后快速堆积，HLL 剖面顶部 1 m 厚的近水平层理的风成沙也是在过去 60 年中堆积的（图 14.13～图 14.18）。这些沉积地层证据均指示了最近 300 年来的快速沉积事件频繁发生，风沙活动/堆积事件较为显著。

那么，整体而言，为什么这个近 300 年较为湿润的时期反而成了显著的风沙堆积期呢？回到公元 1731 年（雍正九年），清朝政府军队和准噶尔蒙古军队战争失利，漠北边境局势紧张，为了加强对准噶尔蒙古的防御并就近训练军队（奇文瑛，2001），地处边防要地的呼伦贝尔移民就拉开了序幕。到公元 1732 年，其移民总数达 13 000 人，主要居住在海拉尔河、额尔古纳河、克鲁伦河、伊敏河之间的水草丰美的草原上。到公元 1887 年（光绪十三年），呼伦贝尔地区的人口达到三万人以上，牲畜数量超过 370 万头（奇文瑛，2001）。在光绪后期又开始了第二次移民，其目的是"兴办屯垦以实边境"（宋小濂，1909），其主要以招民垦荒为主。虽然第二次移民不甚成功，但总体上反映了清朝中期以后朝廷对呼伦贝尔地区的重视，其军事政治需要及移民实边政策改变了呼伦贝尔地区的人口结构及规模（宋小濂，1909），使得寂静的呼伦贝尔牲畜繁盛。这种较大规模的移民政策和实践刺激了本来就脆弱的生态系统，导致了原有沙丘的再次活化。

现在回过头来看另外一个与季风区气候变化不协调的公元 900～1000 年左右的显著风沙沉积期。HLC 剖面下部风沙层在约 1.25～0.97 ka 之间，HLA 中部也有一层 10 cm 厚的风沙层沉积于 1.14 ka 左右，均与这期风沙事件相对应。在这期高概率风沙事件期间，中国北方沙尘记录没有表现出显著高发期（张德二，1984），历史文献重建的古气候记录也较为湿润（Zheng et al.，2006）。这指示了这期风沙沉积事件很可能是呼伦贝尔地区的局部事件，而非沙地环境对气候波动的区域响应。巴尔虎沙区南侧、辉河左岸发现的大量广泛使用于辽时期的灰色陶器为这期风沙活动提供了重要线索（图 14.20）。这些散落陶片旁侧灰坑的碳屑 AMS ^{14}C 测年与根据陶片纹饰断代结果一致，其年代约为公元 860～892 年（图 14.20），略早于辽国建国时间公元 907 年。根据碳屑残留的树木形态，判断其所烧木块直径至少为 15 cm。考虑到当时的交通运输能力，这些树木应该是就地取材，可见当时周围尚有可观的树木生长，而如今该地周围 30 km 内这样的树木已经很稀少了。根据周围大量的破碎陶片及灰坑，判断该地极有可能是生活在该地区的族群制作陶器的工厂。而这个陶器厂仅仅是公元 900 年左右人类活动的缩影，这样高强度的人类活动可能破坏了本来就脆弱的生态系统，导致了随后的风沙堆积增强，即使是 960～1050 年的较湿润气候也没有使得被破坏的生态系统彻底恢复，风沙活动仍在继续。但同时，部分地区的剖面也显示该时段有较为弱且薄的浅色古土壤发育（Li et al.，2007；Zeng et al.，2018），可以解释为人类活动背景下的局地活化与固定。这一切还有待更多调查研究的佐证。

第十五章

近源沙丘——以雅鲁藏布江沿岸沙丘为例

　　虽然风成沙丘是沙漠、沙地最常见的地貌类型，但它也常出现在海岸带、湖滨、河岸。地貌学界把离河岸、湖岸较近的沙丘统称为近源沙丘，意味着沙丘沙来源于其旁边的河岸或湖岸。近源沙丘的发育除受风力因素控制外，更主要是依赖于可被风蚀的沙源。在我国内陆地区的许多地点都可见到类似的近源沙丘。例如，在陕西大荔县境内洛河、渭河交会区域发育的面积约 250 km² 的沙丘，即大荔沙苑。在青海湖、鄱阳湖湖滨也都有较大面积的沙丘分布，特别是在相对较为干旱的青藏高原的河谷地区近源沙丘时有出现（李森等，1997）。本章拟以青藏高原南部雅鲁藏布江沿岸沙丘为例，分析近源沙丘的空间分布规律及其形态学、沉积学属性。

　　新特提斯洋与印度板块向欧亚板块的俯冲碰撞造就了广袤的青藏高原（图 15.1）。碰

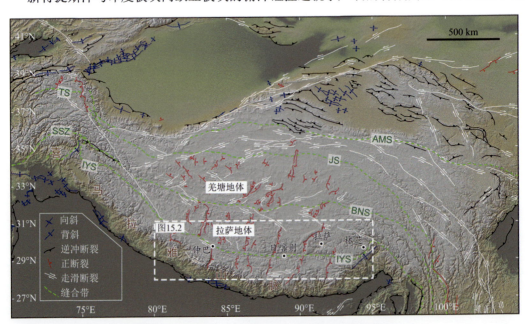

图 15.1　喜马拉雅-青藏高原区域地形图及活动构造

地形高程数据来源于 GeoMap APP 中的全球多分辨率地形数据（Ryan et al.，2009）。活动构造引自 Taylor 和 Yin（2009）。

IYS：印度河-雅鲁藏布江缝合带；BNS：班公湖-怒江缝合带；JS：金沙江缝合带；SSZ：Shyok 缝合带；TS：Akbaytal-

Tanymas 缝合带；AMS：阿尼玛卿-昆仑-木孜塔格缝合带

撞作用及之后的持续挤压，使得青藏高原持续抬升成为世界第三极，并演变成为高海拔地区典型的干旱-半干旱区域。研究表明，风成沉积广泛分布于青藏高原上的干旱或半干旱地区（Stauch et al.，2012；Dong et al.，2017），许多研究认为这些风成沉积与大型河流系统有关[例如，Li 等（2006a），Porter 和 Zhou（2006），Pan 等（2014）]。作为藏南地区最大的河流，雅鲁藏布江不仅具有巨大的流域面积与剥蚀量，且河谷沙丘分布广泛（图 15.2）。据统计，雅鲁藏布江河谷区风沙地貌总面积达 1920 km²，其中谷坡风积地貌 240 km²，谷底风积地貌 1680 km²（李森等，1997）。沙丘类型主要有新月形沙丘、横向沙丘，以及半固定、固定平沙地等。

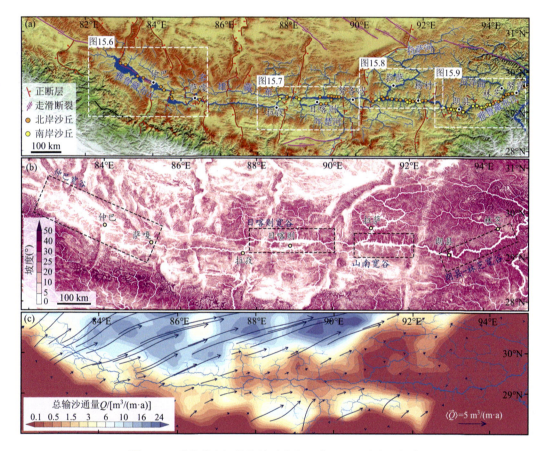

图 15.2　雅鲁藏布江沿岸沙丘分布、地形及风沙搬运能力

（a）雅鲁藏布江沿岸沙丘分布及活动正断层；（b）雅鲁藏布江及周边地区地形坡度分布；（c）雅鲁藏布江沿岸潜在饱和输沙通量分布。蓝色线段长短及箭头表示 1973～2022 年平均饱和净输沙通量（$\overline{Q}$）及合成输沙方向；填充色颜色表示平均总输沙通量（Q）；风况资料为 ERA5-Land 小时分辨率数据（Muñoz Sabater，2019），输沙通量计算方法参见 Liang 和 Yang（2023），其中粒径 $d=200\ \mu m$

虽然有关雅鲁藏布江沿岸风成沉积所记录的环境变化的工作受到了广泛关注[如 Sun 等（2007），Kaiser 等（2009），Lai 等（2009），Zheng 等（2009），Kaiser 等（2010），Shen 等（2012），Zhang 等（2015）]，但对其沙丘分布规律及其物源的研究相对较少，

藏南风成沉积过程与河流系统之间的关系至今仍不清楚。雅鲁藏布江沿岸风沙沉积的成因有两种可能：一是根据雅鲁藏布江绝大部分风成沉积物位于宽谷而非狭窄峡谷的现象，认为它们来源于雅鲁藏布江的河流沉积物（杨逸畴，1984；李森等，1999）；另一种可能的成因是，宽阔的山谷只提供容纳这些风沙沉积物的空间，而沙粒则来自于广阔的藏南区域并直接经风力搬运而成（与雅鲁藏布江河流搬运关系不大）。在这两种情况下，风沙沉积物均会携带多个源区的信号，利用风沙沉积与潜在物源区基岩在地球化学特征上的相似性无法区分这两种机制。

揭示风沙沉积和雅鲁藏布江之间关系的直接方法是分别采集沙丘上的风成沙与雅鲁藏布江心滩（不是河漫滩，因为它们可能受风力搬运的影响更大）上的河流沙，然后比较它们之间的地球化学特征和岩石学特征。此外，还有一种约束雅鲁藏布江与其沿岸风成沙丘之间潜在关系的方法，即：首先根据雅鲁藏布江的特征参数，推测出雅鲁藏布江沿岸风成沉积的空间分布格局，从而获取潜在关系的初步认识；其次，统计每个沙丘场中单个沙丘的沙脊线走向，定量约束沙粒的运移方向，说明可能的沙源，并对比南岸与北岸沙丘在沙粒运移方向上的差异。

第一节 雅鲁藏布江河谷沙丘分布

雅鲁藏布江发源于藏南西部的杰马央宗冰川，自西向东流经喜马拉雅山与拉萨地体之间的雅鲁藏布江缝合带，围绕东构造结发生大转弯，之后流入印度被称为布拉马普特拉河，并最终汇入孟加拉湾。该河流在中国境内总长度超过 2000 km，北岸汇水盆地隶属于藏南的拉萨地体和羌塘地体，南岸汇水盆地则隶属于喜马拉雅地体（Cina et al.，2009；Wang et al.，2020）。作为西藏最大的河流，雅鲁藏布江从西到东横穿青藏高原，同时贯穿了不同的地体，周围岩性较为复杂。

从雅鲁藏布江上游的杰马央宗冰川至东喜马拉雅构造结，这一河段具有宽谷与峡谷交替发育的特征（图 15.2），二者之间往往发育裂点（Zhang，1998）。与这一特征相对应的是，雅鲁藏布江河流纵剖面反复出现缓、陡变化，宽谷河段纵剖面较平缓，而峡谷河段的纵剖面则较陡（Zhang，1998）。与雅鲁藏布江河流纵剖面陡-缓相间特征不同的是，雅鲁藏布江南北两岸的地形坡度呈现出系统性的变化，由西向东有递增趋势 [图 15.2（b）]，这一趋势仅受到一系列南北向裂谷的干扰 [裂谷位置见图 15.2（a）]。

为阐明雅鲁藏布江沿岸沙丘的空间分布格局，并推导沙丘与河流之间的潜在关系，我们首先提取雅鲁藏布江河道宽度和纵剖面特征，识别出雅鲁藏布江沿岸沙丘的分布特征，并根据上述河道参数绘制沙丘分布图。前人对雅鲁藏布江的河道宽度和纵剖面特征进行过一定研究（Zhang，1998，2001），本研究在此基础之上，利用精度更高的地形数据重新绘制从仲巴县以西（30°27'53"N，82°38'05"E）到雅鲁藏布大峡谷（29°52'02"N，95°08'14"E）的雅鲁藏布江河道宽度与纵剖面图（Wang et al.，2021）。

　　结果显示，雅鲁藏布江河流纵剖面呈现出 5 个较为平坦的河段，两个平坦河段之间通过裂点相连接（图 15.3）。这种纵剖面特征与河谷宽度特征相对应，表现为宽谷和峡谷相间排列。在宽谷河段，河流纵剖面较平坦，而在峡谷河段，其纵剖面较陡峭。这些宽谷河段的河谷宽度基本都大于 1 km，多在 3～5 km，最宽可达 20 km 以上，自西向东分别被命名为仲巴宽谷、多白宽谷、日喀则宽谷、山南宽谷和朗县-林芝宽谷，而峡谷宽度基本小于 100 m，自西向东则分别被命名为萨嘎峡谷、拉孜峡谷、尼木峡谷、加查峡谷和直白峡谷（图 15.3）。宽谷段的河道呈辫状、交错的特征，冲积层较厚，而峡谷段往往表现为深切的基岩河道（图 15.4）。

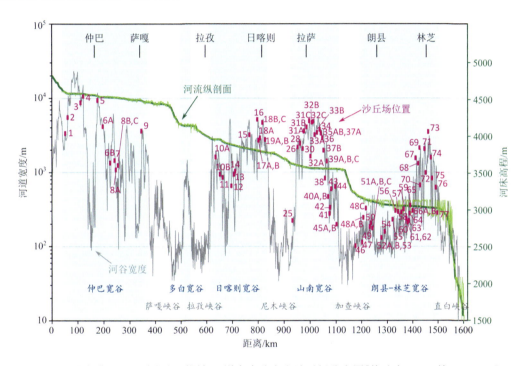

图 15.3　雅鲁藏布江河流纵剖面图与河道宽度分布和沙丘场分布图［修改自 Wang 等（2021）］

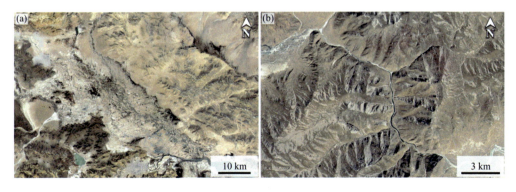

图 15.4　雅鲁藏布江河谷的典型宽谷和峡谷

（a）仲巴宽谷；（b）萨嘎峡谷

本书共识别了发育于雅鲁藏布江沿岸的 111 片沙丘场（位置见图 15.3）及其中的
4676 个沙丘。大多数沙丘分布于仲巴、日喀则、山南和朗县-林芝宽谷中，而在多白
宽谷和峡谷河段则未见沙丘发育。大部分沙丘场分布于雅鲁藏布江北岸，仅少数几
个沙丘场分布于南岸，这应是受到区域风场的影响。尽管上游（仲巴和日喀则宽
谷）的沙丘数量比下游（山南和朗县-林芝宽谷）少，但上游与下游沙丘的形体大小
呈现有规律的变化，即沙丘的平均大小由上游向下游系统性地减小。例如，仲巴宽
谷河段中沙丘（沙丘场 3、沙丘场 4）的发育规模最大，其平均宽度约 250 m、长约
350 m，最大宽度可达 510 m，最大长度可达 550 m。日喀则和山南宽谷中沙丘的尺寸则
要小得多，平均宽约 35 m、长约 45 m。朗县-林芝宽谷河段中的沙丘规模最小，平均
宽度约为 20 m，长度约为 25 m。这种从上游到下游沙丘形体大小的变化与风的搬运
能力变化趋势是一致的，上游的仲巴宽谷平均单宽饱和输沙通量约 9 m³/(m·a)，而到
中游地区的日喀则宽谷则只有 1.04 m³/(m·a)，下游地区的单宽饱和输沙通量则不足
0.5 m³/(m·a)[图 15.2（c）]。

第二节　沙丘移动方向与风况分析

雅鲁藏布江沿岸的沙丘大多为新月形沙丘，雅鲁藏布江流域中段（25～33 处）有一
些横向沙丘，而抛物线形沙丘和星状沙丘仅在 28C 和 31B 处出现。新月形沙丘通常是在单
峰近稳态风场条件下形成的（Pye and Tsoar，2008），因此能够准确揭示出沙粒的运移方向。
本研究共目视识别并测量了雅鲁藏布江沿岸 4676 个沙丘的沙脊线走向，并根据迎风坡推测
了这些沙丘的移动方向（图 15.5），实际上反映了沙丘沙颗粒的运移方向。

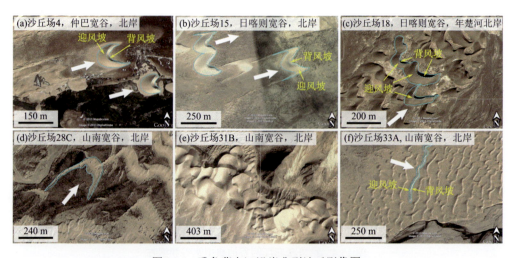

图 15.5　雅鲁藏布江沿岸典型沙丘影像图

白色箭头代表由沙丘沙脊线走向推测的风向。（a）新月形沙丘；（b）新月形沙丘；（c）新月形沙丘与沙丘链；（d）抛物线形
沙丘；（e）星状沙丘；（f）横向沙丘

一、仲巴宽谷河段

仲巴宽谷河段谷宽 2～20 km，发育沙丘的河段谷宽大多大于 3 km（图 15.3）。该河段的沙丘多为新月形沙丘，其风况呈现出稳定的单峰特征［图 15.6（a）］。根据 12 个沙丘场的沙脊线统计结果推断的沙丘主要移动方向为东北东。仲巴宽谷盛行风为西南风，在 4～6 月的潜在净输沙通量最大，有利于沙丘建造。全年各月份的合成输沙方向在 44°～73°之间变化，春夏季略偏东，秋冬季略偏北［图 15.6（b）］。该区域多年平均合成输沙方向为 65°［图 15.6（b）］，与统计的沙丘移动方向完全一致。值得注意的是萨嘎以东的 9 号沙丘场的沙丘移动方向为东南东，该沙丘场明显受到局地地形的影响。仲巴宽谷的 12 个沙丘场均位于雅鲁藏布江北岸，南岸没有发育沙丘，可能与雅鲁藏布江南侧支流系统汇入导致的河流冲刷作用较强，且输沙方向为东北有关。

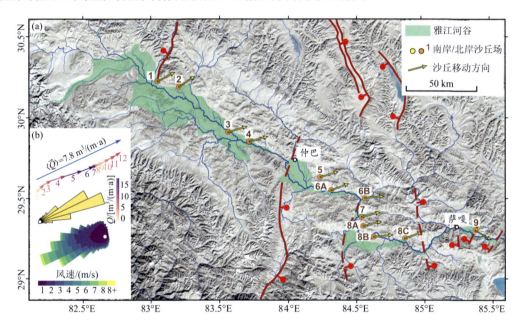

图 15.6　仲巴宽谷河段沙丘移动方向与风况资料对比

（a）仲巴宽谷沙丘场分布及沙丘移动方向。断层标志参见图 15.1。（b）沙丘场 3 附近（30°N，83.5°E）风况分析，其中蓝色箭头表示 1973～2022 年平均饱和净输沙通量（$\overline{\langle Q \rangle}$）及合成输沙方向；1～12 表示一年中 12 个月份；线段长短表示当月饱和净输沙通量大小，颜色表示当月总输沙通量（Q），箭头表示每个月的合成输沙方向；黄色为输沙通量玫瑰图（柱形表示输沙去向），底部为风玫瑰图（柱形表示风来向）。风况资料为 ERA5-Land 小时分辨率数据（Muñoz Sabater，2019），输沙通量计算方法参见 Liang 和 Yang（2023），其中粒径 d=200 μm

二、日喀则宽谷河段

日喀则宽谷宽度约为 1～4 km，其发育的沙丘多为新月形沙丘或横向沙丘。详细的沙丘沙脊线走向统计表明，沙粒是从不同方向运移来的［图 15.7（a）］。该地区展现了四种不同的沙丘类型：①年楚河北部的沙丘（沙丘场 21～24），其沙脊线走向特征表明物源来自西南的年楚河；②雅鲁藏布江心滩发育的沙丘（沙丘场 10B 和 10C），其沙脊线走向特征表明主导输沙风向平行于当地河谷的走向；③雅鲁藏布江北岸的沙丘（沙丘场 10A、12、14 及 15～19），其沙丘移动方向为东北东；④雅鲁藏布江南岸的沙丘（沙丘场 11 和 13）与其他类型不同，其沙丘移动方向为南或东南东方向。后两组沙丘表现出的沙粒运动方向呈现出很大的变化。这两个方向都背对雅鲁藏布江，即雅鲁藏布江南侧沙丘的物源来自北部，而北侧的沙丘来自于南部。该区域的风况与仲巴宽谷相似，尽管潜在输沙能力要弱得多，但是合成输沙方向也是 65°。其各月输沙方向变化更小，主要输沙月份为1～4 月[图 15.7（b）]。位于较宽河谷的大部分沙丘（如沙丘场 10A、12、15～19、24）的沙丘移动方向与合成输沙方向是一致的，但是较窄峡谷的沙丘则明显受到局地风的影响（图 15.7），发育成背向河道的爬坡沙丘。

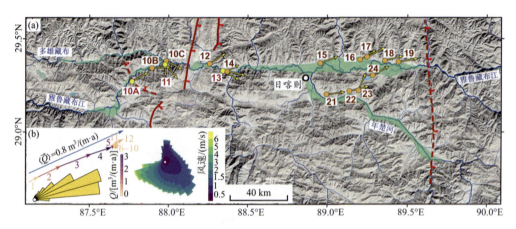

图 15.7　日喀则宽谷河段沙丘移动方向与 ERA5-Land 再分析数据风况资料对比

风况分析点位为（29.3°N，89.2°E）。详细图例、解释参见图 15.6

三、山南宽谷河段

山南宽谷的河谷宽度约为 2～5 km（图 15.3）。该地区主要沙丘类型也是新月形沙丘和横向沙丘。根据发育位置，该地区的沙丘可分为两组[图 15.8（a）]。一组是位于雅鲁藏布江南岸的沙丘（沙丘场 26、35A、35B、36、40B 及 42），其沙丘移动方向为东南东，但是沙丘场 26 明显受到其南部平坦宽谷以及北部山体导致的局地地形风的影响，沙丘移动方向为北西，形成了爬坡沙丘。另一组是位于雅鲁藏布江北侧的沙丘，其总体沙丘移动方向为北东，但是靠近现代河道的沙丘偏向于沿着河谷向东移动（如沙丘场 25、33A、33B、34、37B、38 等），而远离河道靠近山麓的沙丘则向山体移动形成爬坡沙丘（如沙丘场 27、31C、32A、39A）[图 15.8（a）]。山南宽谷风的搬运能力更小，多年平均单宽输沙通量约 0.1 m³/(m·a)[图 15.8（b）]。尽管该区域东南风的频率最高，但东南风大多小于 2 m/s，几乎不具备搬运风沙能力。具有搬运能力的风主要来自西南，各月份输沙方向稳定，具有输沙能力的风主要出现在 1～4 月，总体输沙方向仍然是北东方向

［图 15.8（b）］。与日喀则宽谷河段中发育的沙丘相似，雅鲁藏布江南岸和北岸的两组沙丘在运动方向上有明显的差异，但它们都背向雅鲁藏布江。这一观察结果也适用于拉萨河沿岸的沙丘。沙丘区 27 和 29A 分别位于拉萨河的西侧和东侧，两个沙丘区中沙丘沙脊线走向所揭示的沙粒运动方向是相反的，都背向拉萨河。总体来看，河谷较宽的部分和大尺度风场的合成输沙方向是一致的，但较窄河谷的沙丘则显然受到局地地形的影响，尤其是靠近山麓的沙丘易在坡面加速效应下形成爬坡山丘，靠近河道的沙丘则受到谷风影响易形成沿谷沙丘。

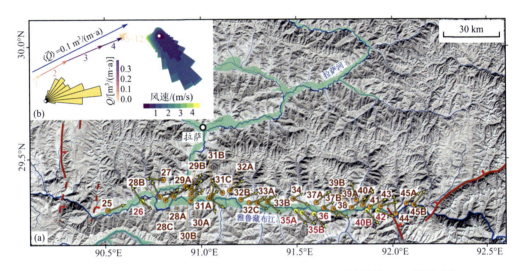

图 15.8　山南宽谷河段沙丘移动方向与 ERA5-Land 再分析数据风况资料对比

风况分析点位为（29.3°N，91.3°E）。详细图例、解释参见图 15.6

四、朗县-林芝宽谷河段

　　朗县-林芝宽谷相对前文三个宽谷来说较窄，分布沙丘的河段总体宽度介于 0.2～2 km（图 15.3）。该地区的沙丘场规模很小，主要是在雅鲁藏布江 200～600 m 宽的边滩上形成零星的低矮沙丘，大多为新月形沙丘或横向沙丘。根据沙丘发育地区河道宽度的不同，可以将该地区的沙丘分为两组。一组分布于河谷西段，与东段相比，其河道宽度较窄（图 15.9），该段沙丘（沙丘场 46～66）的特征表现为沙粒的运移方向平行或近平行于河谷走向。另一组分布于河谷东段（沙丘场 67～77），该段沙丘主要发育于雅鲁藏布江北岸或河道心滩上（图 15.9）。该段河谷的地表风速很低（图 15.9），尽管风玫瑰图显示其盛行风向为东南风，但是可能均无法产生输沙过程。然而，朗县-林芝宽谷存在的沙丘表明其河谷的地形风仍然产生了输沙过程，能够进行沙丘建造。但沙丘移动风向的无序性证实了该河段沙丘确实没有受到大尺度环流风场的影响，而是与各自所处的地貌位置有关（图 15.9）。

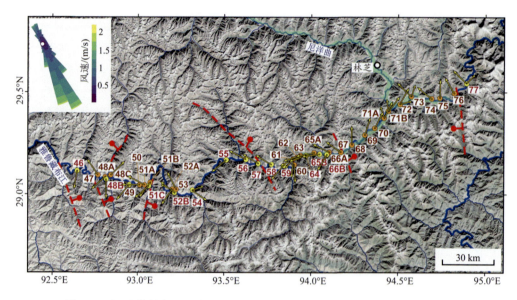

图 15.9　朗县-林芝宽谷河段沙丘移动方向与 ERA5-Land 再分析数据风玫瑰图
风况分析点位为（29.4°N，94.5°E）。详细图例、解释参见图 15.6

第三节　沙物质特征与沙丘发育过程

　　沙丘分布、沙脊线走向及粒度观测结果显示风成沙丘集中在雅鲁藏布江河道较宽且河流纵剖面较平缓的河段。沙丘沙脊线走向统计及其推测的沙丘移动方向表明，在较宽（>2 km）的河段，形成沙丘的风向与大尺度环流的风场合成输沙方向一致；而在较窄（<1 km）的河段，沙丘移动则受到局地地形的影响，通常从雅鲁藏布江两岸向山坡移动形成爬坡沙丘，或沿河谷移动。对雅鲁藏布江沿岸沙丘表沙的粒度分析表明，大多数样品的粒径呈现单峰或近单峰分布特征，个别样品呈双峰分布[图 15.10（a）]。所有样品的中值粒径范围为 183 μm 到 411 μm（大多数样品从 250 μm 到 350 μm），但没有表现出明显的系统性变化规律。从不同河段来看，日喀则宽谷中的沙丘粒度分布介于 180～400 μm，山南宽谷也大致集中在 200～400 μm 区间，林芝-朗县宽谷中的唯一样品中值粒径约为 200 μm（图 15.10）。不同河道内风成沉积物的粒度差异较小。

　　在活跃造山带地区，河流的宽谷河段与其中的风成沉积之间的关系有两种可能：一是宽谷河段提供了容纳风成沉积的空间，此时风所携带的沉积物遇阻堆积在宽广的河岸；二是这些宽谷河段具有来自主河道的分选良好的河成沙，可以作为风成沉积的直接物源。本书的研究结果从多角度印证了雅鲁藏布江宽谷河道的河流沉积物是两岸沙丘的直接物源。首先，雅鲁藏布江沿岸的风成沙丘大多发育在雅鲁藏布江较为平坦的部位（图 15.3），这本身为沙丘的河流起源提供了空间，利于河流沙物质的堆积和储存。此外，雅鲁藏布江沿岸的地形坡度呈现出系统性变化，由西向东呈递增[图 15.2（b）]，而沙丘不仅可发育在区域上的缓坡地区，还可发育在区域上的陡坡地区（如山南、朗县-林芝宽谷）。这表明沙丘发育与河岸边坡的关系不大，宽阔的河谷为风成沉积提供了空间。雅鲁藏布江沿岸风成沙丘的沙脊线走向统计分析表明，雅鲁藏布江南岸与北岸的沙粒运动方向不同，南岸沙丘的物源来自其北部，而北岸沙丘的物源来自于其南部，这种统计结果说明沙丘的物源直接来自于雅鲁藏布江。雅鲁藏布江河谷沙丘典型年龄模式也支持上述推论（李森等，1997），即距离河床越远，沙丘年龄越老，位于河漫滩的沙丘是最近300年以来发育的，阶地上的沙丘大多为 10 ka 以来发育的，谷坡上的沙丘年龄可能会老于 20 ka（图 15.11）。基于地层释光年龄的统计也表明雅鲁藏布江河谷的风沙沉积年龄记录都集中在 10 ka 以来（Ling et al.，2020；杨军怀等，2020）。

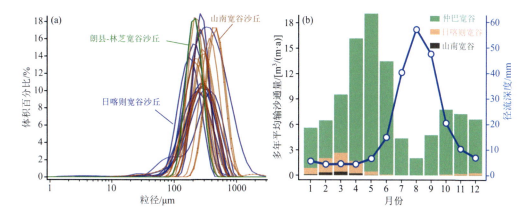

图 15.10 雅鲁藏布江河谷沙丘表沙粒度组成及风沙搬运能力、径流深度月际分布

（a）雅鲁藏布江沿岸沙丘表沙粒度组成；（b）雅鲁藏布江典型宽谷 1973～2022 年平均饱和输沙通量及中游平均径流深度月际分布。多年平均平均饱和输沙通量利用 ERA5-Land 再分析数据计算所得，计算方法同图 15.6。径流深度引自王蕊等（2015）

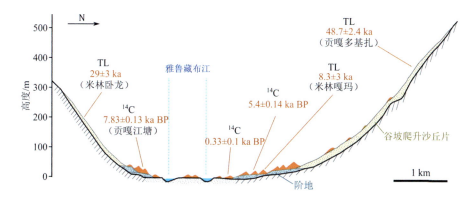

图 15.11 雅鲁藏布江山南宽谷沙丘发育年龄模式[修改自李森等（1997）]

控制雅鲁藏布江沿岸沙丘发育的关键因素是沙源供应。这其中最重要的问题是河流沉积物暴露的具体机制。实际上，有效沙源的供应量是通过河流径流量的季节变化来调节的。雅鲁藏布江月际径流量差异非常大，中游地区夏季径流深度可达 50 mm 以上，而冬春季节的径流深度不足 10 mm[图 15.10（b）]。以月径流量占全年总径流量的比例而

言，2 月小于 3%，而 8 月则高达 30%（高志友等，2007）。冬季大为降低的径流量可使宽谷河道中的水位下降约 3 m（李森等，1997），所以冬季的雅鲁藏布江宽谷中，河道心滩或河漫滩会暴露出大量河流沉积物，而冬春季节恰是全年中风沙搬运能力最强的时期[图 15.10（b）]，此时雅鲁藏布江河谷不仅具有丰富的松散沙源，还具有较强搬运能力的风，对沙丘建造十分有利。对沙丘的测年结果显示河漫滩上的沙丘很年轻（图15.11），可能与夏季径流量较大，使得冬春季节形成的许多沙丘无法保存有关，而在阶地上形成的沙丘相对较老，这是长时间加积的结果。

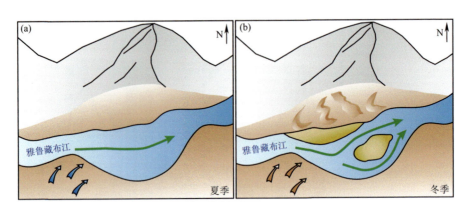

图 15.12　雅鲁藏布江沿岸风成沙丘发育模式示意图[修改自 Wang 等（2021）]

雅鲁藏布江主河道与其沿岸风成沙丘的关系可总结如下：①夏季雅鲁藏布江径流量大，宽谷河段中心滩及河漫滩出露面积小，无法为沿岸沙地提供物源，此时较难形成沙丘[图 15.12（a）]；②冬季雅鲁藏布江径流量显著减小，使宽谷河段中心滩及河漫滩大面积出露，加之冬季风力较强，因此心滩及河漫滩沉积物易于被搬运至两岸山地，在不同强度的风力作用下及不同坡度的地形发生遇阻沉降作用，形成不同形态的沙丘[图15.12（b）]。相对较弱的风力进行短距离搬运，在河岸或山麓形成新月形沙丘，有些新月形沙丘在移动过程中遇到植被阻隔或者因湿度较大发育植被，从而形成少量的抛物线形沙丘。沙丘移动过程中遇到山体缓坡，则可在坡面加速效应下形成爬坡沙丘，有些爬坡沙丘的拔河高度可达 500 多米（图 15.11）。总体而言，河流搬运过程提供了分选良好的沉积物，这些沉积物通过河流径流量的季节性和年际变化周期性地露出水面，随后通过上述机制被风力搬运至两岸形成沙丘。因此，河流堆积物为雅鲁藏布江沿岸风成沙丘的物质来源，这些沙丘均为典型的近源沙丘。

参 考 文 献

白乐, 李恩宽, 苏晓慧. 2019. 秃尾河流域径流量时空演变特征. 地球科学前沿, 9(11): 1136-1146.

白雪梅, 春喜, 斯琴毕力格, 等. 2016. 近 45a 内蒙古浑善达克沙地湖泊群的变化. 湖泊科学, 28(5): 1086-1094.

白旸, 王乃昂, 何瑞霞, 等. 2011. 巴丹吉林沙漠湖相沉积的探地雷达图像及光释光年代学证据. 中国沙漠, 31(4): 842-847.

柏春广, 穆桂金. 1999. 艾比湖的湖岸地貌及其反映的湖面变化. 干旱区地理, 22(1): 34-40.

包小庆, 陈渠昌. 1998. 库布齐沙漠侵蚀状况及治理构想. 水土保持研究, 5(3): 26-29.

鲍锋. 2016. 柴达木盆地察尔汗盐湖地区风沙地貌发育环境与过程. 西安: 陕西师范大学博士学位论文.

北京大学考古文博学院, 内蒙古阿拉善博物馆. 2016. 内蒙古阿拉善左旗苏红图遗址调查简报. 考古与文物, (1): 3-8.

蔡大伟, 汤卓炜, 陈全家, 等. 2010. 中国绵羊起源的分子考古学研究. 边疆考古研究, 9: 291-300.

蔡厚维. 1985. 巴丹吉林地区第四纪地层划分的探讨. 甘肃地质, 3(0): 142-153.

常学礼, 赵学勇, 王玮, 等. 2013. 科尔沁沙地湖泊消涨对气候变化的响应. 生态学报, 33(21): 7002-7012.

陈昌笃, 张立运, 胡文康. 1983. 古尔班通古特沙漠的沙地植物群落、区系及其分布的基本特征. 植物生态学与地植物学丛刊, 7(2): 89-99.

陈发虎, 朱艳, 李吉均, 等. 2001. 民勤盆地湖泊沉积记录的全新世千百年尺度夏季风快速变化. 科学通报, 46(17): 1414-1419.

陈发虎, 范育新, 春喜, 等. 2008. 晚第四纪 "吉兰泰-河套" 古大湖的初步研究. 科学通报, 53(10): 1207-1219.

陈广庭, 冯起. 1997. 塔里木盆地沙漠石油公路沿线风沙环境的形成与演变. 北京: 中国环境科学出版社.

陈国科. 2017. 西城驿——齐家冶金共同体——河西走廊地区早期冶金人群及相关问题初探. 考古与文物, (5): 37-44.

陈国科, 李延祥, 潜伟, 等. 2015. 张掖西城驿遗址出土铜器的初步研究. 考古与文物, (2): 105-118.

陈惠中, 金炯, 董光荣. 2001. 全新世古尔班通古特沙漠演化和气候变化. 中国沙漠, 21(4): 333-339.

陈克造, Bowler J M. 1985. 柴达木盆地察尔汗盐湖沉积特征及其古气候演化的初步研究. 中国科学(B辑 化学 生物学 农学 医学 地学), (5): 463-473.

陈坤龙, 梅建军, 潜伟. 2018. 丝绸之路与早期铜铁技术的交流. 西域研究, (2): 127-137.

陈涛, 宋友桂, 李云. 2016. 柴达木盆地末次盛冰期与全新世大暖期风沙活动的对比研究. 干旱区研究, 33(4): 877-883.

陈学林, 牛晟荣, 黄维东, 等. 2017. 敦煌西土沟沙漠洪水资源开发利用模式及成效分析. 水文, 37(2): 73-77.

陈艺鑫, 李英奎, 张跃, 等. 2011. 末次冰期以来格尔木河填充-切割及驱动机制初探. 第四纪研究, 31(2): 347-359.

陈永宗. 1981. 呼伦贝尔高平原地区风沙地貌的初步研究//中国科学院地理研究所. 地理集刊 (第 13 号). 北京: 科学出版社. 73-86.

陈宗器. 1936. 罗布淖尔与罗布荒原. 地理学报, 3(1): 19-49.

程东会, 王文科, 侯光才, 等. 2012. 毛乌素沙地植被与地下水关系. 吉林大学学报(地球科学版), 42(1): 184-189.

程绍平, 邓起东, 闵伟, 等. 1998. 黄河晋陕峡谷河流阶地和鄂尔多斯高原第四纪构造运动. 第四纪研究, 18(3): 238-239.

迟振卿, 王永, 姚培毅, 等. 2006. 内蒙古额济纳旗嘎顺淖尔 XK1 孔揭示的第四纪晚期沉积特点及古环境. 湖泊科学, 18(2): 106-113.

楚纯洁, 赵景波, 周金风. 2018. 毛乌素沙地中部黄土-古土壤剖面沉积特征与地层划分. 第四纪研究, 38(3): 623-635.

春喜, 陈发虎, 范育新, 等. 2009. 乌兰布和沙漠腹地古湖存在的沙嘴证据及环境意义. 地理学报, 64(3): 339-348.

崔之久, 赵亮, Vandenberghe J, 等. 2002. 山西大同、内蒙古鄂尔多斯冰楔、砂楔群的发现及其环境意义. 冰川冻土, 24(6): 708-716.

崔之久, 杨建强, 赵亮, 等. 2004. 鄂尔多斯大面积冰楔群的发现及 20 ka 以来中国北方多年冻土南界与环境. 科学通报, 49(13): 1304-1310.

大庆油田地质处. 1978. 关于松辽盆地构造发育特征的探讨. 石油勘探与开发, (2): 1-10.

戴尔俭, 盖培, 黄慰文. 1964. 阿拉善沙漠中的打制石器. 古脊椎动物与古人类, 8(4): 414-416.

戴应新. 1981. 统万城址勘测记. 考古, (3): 225-232.

党慧慧, 董军, 岳宁, 等. 2015. 贺兰山以北乌兰布和沙漠地下水水化学特征演化规律研究. 冰川冻土, 37(3): 793-802.

邓宏文, 钱凯. 1990. 柴达木盆地新构造运动与第四纪气田的形成. 现代地质, 4(2): 83-91.

邓辉, 夏正楷, 王瑨瑜. 2001. 从统万城的兴废看人类活动对生态环境脆弱地区的影响. 中国历史地理论丛, 16(2): 104-113.

丁仲礼, 孙继敏, 刘东生. 1999. 上新世以来毛乌素沙地阶段性扩张的黄土-红粘土沉积证据. 科学通报, 44(3): 324-326.

东丽娜. 2014. 中国西北地区晚第四纪戈壁演化初探. 南京: 南京大学硕士学位论文.

董光荣. 2002. 中国沙漠形成演化气候变化与沙漠化研究. 北京: 海洋出版社.

董光荣, 高尚玉, 李保生. 1981. 河套人化石的新发现. 科学通报, 26(19): 1192-1194.

董光荣, 李保生, 高尚玉. 1983a. 由萨拉乌苏河地层看晚更新世以来毛乌素沙漠的变迁. 中国沙漠, 3(2): 9-14.

董光荣, 李保生, 高尚玉, 等. 1983b. 鄂尔多斯高原的第四纪古风成沙. 地理学报, 38(4): 341-347.

董光荣, 李保生, 高尚玉, 等. 1986. 鄂尔多斯高原晚更新世以来的古冰缘现象及其与风成沙和黄土的关系//中国科学院兰州沙漠研究所集刊(第 3 号). 北京: 科学出版社. 63-81.

董光荣, 申建友, 金炯, 等. 1988. 关于"荒漠化"与"沙漠化"的概念. 干旱区地理, 11(1): 61-64.

董光荣, 李森, 李保生, 等. 1991. 中国沙漠形成演化的初步研究. 中国沙漠, 11(4): 23-32.

董光荣, 金炯, 李保生, 等. 1994. 科尔沁沙地沙漠化的几个问题——以南部地区为例. 中国沙漠, 14(1): 1-9.

董光荣, 高全洲, 邹学勇, 等. 1995a. 晚更新世以来巴丹吉林南缘地区沙漠化. 科学通报, 40(13): 1214-1218.

董光荣, 陈惠忠, 王贵勇, 等. 1995b. 150ka 以来中国北方沙漠、沙地演化和气候变化. 中国科学(B 辑), 25(12): 1303-1312.

董治宝, 屈建军, 卢琦, 等. 2008. 关于库姆塔格沙漠"羽毛状"风沙地貌的讨论. 中国沙漠, 28(6): 1005-1010.

董治宝, 屈建军, 陆锦华, 等. 2010. 1:35 万《库姆塔格沙漠地貌图》的编制. 中国沙漠, 30(3): 483-491.

董治宝, 吕萍. 2020. 70 年来中国风沙地貌学的发展. 地理学报, 75(3): 509-528.

杜婧, 鲁瑞洁, 刘小槺, 等. 2019. 全新世以来毛乌素沙地东南缘成壤环境演变研究——以榆林镇北台为例. 第四纪研究, 39(2): 420-428.

段义忠, 李娟, 杜忠毓, 等. 2018. 毛乌素沙地天然植物多样性组成及区系特征分析. 西北植物学报, 38(4): 770-779.

俄有浩, 苏志珠, 王继和, 等. 2006. 库姆塔格沙漠综合科学考察成果初报. 中国沙漠, 26(5): 693-697.

俄有浩, 王继和, 严平, 等. 2008. 库姆塔格沙漠古水系变迁与沙漠地貌的形成. 地理学报, 63(7): 725-734.

樊启顺, 赖忠平, 刘向军, 等. 2010. 晚第四纪柴达木盆地东部古湖泊高湖面光释光年代学. 地质学报, 84(11): 1652-1660.

范育新, 陈发虎, 范天来, 等. 2010. 乌兰布和北部地区沙漠景观形成的沉积学和光释光年代学证据. 中国科学: 地球科学, 40(7): 903-910.

范育新, 陈晓龙, 范天来, 等. 2013. 库布齐现代沙漠景观发育的沉积学及光释光年代学证据. 中国科学: 地球科学, 43(10): 1691-1698.

范育新, 张青松, 蔡青松, 等. 2022. 光释光年代学对腾格里沙漠化机制及风沙物源的指示. 第四纪研究, 42(2): 350-367.

方小敏, 史正涛, 杨胜利, 等. 2002. 天山黄土和古尔班通古特沙漠发育及北疆干旱化. 科学通报, 47(7): 540-545.

冯晗, 鹿化煜, 弋双文, 等. 2013. 末次盛冰期和全新世大暖期中国季风区西北缘沙漠空间格局重建初探. 第四纪研究, 33(2): 252-259.

冯起, 苏志珠, 金会军. 1999. 塔里木河流域 12kaBP 以来沙漠演化与气候变化研究. 中国科学(D 辑: 地球科学), 29(增刊): 87-96.

冯晓华, 阎顺, 倪健, 等. 2006. 新疆北部平原湖泊记录的晚全新世湖面波动及环境变化. 科学通报, 51(增刊): 49-55.

傅罗文, 袁靖, 李水城. 2009. 论中国甘青地区新石器时代家养动物的来源及特征. 考古, (05): 80-86.

甘肃地质局地质力学区队测队. 1982. 1/20 万区域地质调查报告: 建国营幅、额济纳旗幅、湖西新村幅、务桃亥幅、咸水幅和古鲁乃幅. 兰州: 甘肃省国土资源信息中心.

高博钰, 杨波, 张德国. 2021. U-Net 深度卷积神经网络在沙脊线提取中的应用. 中国沙漠, 41(5): 21-32.

高存海, 张青松. 1991. 中昆仑山北坡黄土特征及其环境. 地理研究, 10(4): 40-50.

高全洲, 董光荣, 李保生, 等. 1995. 晚更新世以来巴丹吉林南缘地区沙漠演化. 中国沙漠, 15(4): 345-352.

高尚玉, 陈渭南, 靳鹤龄, 等. 1993. 全新世中国季风区西北缘沙漠演化初步研究. 中国科学(B 辑), 23(2): 202-208.

高尚玉, 王贵勇, 哈斯, 等. 2001. 末次冰期以来中国季风区西边缘沙漠演化研究. 第四纪研究, 21(1): 66-71.

高志友, 王小丹, 尹观. 2007. 雅鲁藏布江径流水文规律及水体同位素组成. 地理学报, 62(9): 1002-1007.

葛肖虹, 刘俊来, 任收麦, 等. 2014. 中国东部中—新生代大陆构造的形成与演化. 中国地质, 41(1): 19-38.

耿侃, 张振春. 1988. 内蒙古达来诺尔地区全新世湖群地貌特征及其演化. 北京师范大学学报(自然科学版), (4): 94-101.

龚子同. 1999. 中国土壤系统分类: 理论、方法、实践. 北京: 科学出版社.

顾兆炎, 赵惠敏, 王振海, 等. 1998. 末次间冰期以来新疆巴里坤湖蒸发盐的沉积环境记录. 第四纪研究, 18(4): 328-334.

关有志. 1992. 科尔沁沙地的元素、粘土矿物与沉积环境. 中国沙漠, 12(1): 12-18.

管超, 刘丹, 周炎广, 等. 2017. 库布齐沙漠水沙景观的历史演变. 干旱区研究, 34(2): 395-402.

郭建英, 董智, 李锦荣, 等. 2016. 黄河乌兰布和沙漠段沿岸沙丘形态及其运移特征. 水土保持研究, 23(6): 40-44.

郭巧玲, 韩振英, 丁斌, 等. 2017. 窟野河流域径流变化及其影响因素研究. 水资源保护, 33(5): 75-80.

郭绍礼. 1962. 腾格里沙漠东部的湖盆与风沙地貌特征//中国科学院治沙队. 治沙研究(第四号). 北京: 科学出版社. 76-80.

郭绍礼. 1980. 西辽河流域沙漠化土地的形成和演变. 自然资源, (4): 46-52.

郭小宁. 2017. 陕北地区龙山晚期的生业方式——以木柱柱梁、神圪垯梁遗址的植物、动物遗存为例. 农业考古, (3): 19-23.

郭召杰, 张志诚. 1998. 阿尔金盆地群构造类型与演化. 地质论评, 44(4): 357-364.

哈斯, 董光荣, 王贵勇. 1999. 腾格里沙漠东南缘格状沙丘的形态动力学研究. 中国科学(D 辑: 地球科学), 29(5): 466-471.

韩广, 张桂芳. 2001. 河流演变在科尔沁沙地形成和演化中的作用初探——以科尔沁沙地南部教来河中游沙地为例. 中国沙漠, 21(2): 129-134.

韩鹏, 孙继敏. 2004. 浑善达克沙地的光释光测年研究. 第四纪研究, 24(4): 480.

韩淑媞, 袁玉江. 1990. 新疆巴里坤湖 35000 年来古气候变化序列. 地理学报, 28(3): 350-362.

韩淑媞, 瞿章. 1992. 北疆巴里坤湖内陆型全新世气候特征. 中国科学(B 辑 化学 生命科学 地学), 22(11): 1201-1209.

何飞, 李宜垠, 伍婧, 等. 2016. 内蒙古森林草原-典型草原-荒漠草原的相对花粉产量对比. 科学通报, 61(31): 3388-3400.

何彤慧, 王乃昂. 2010. 毛乌素沙地历史时期环境变化研究. 北京: 人民出版社.

侯仁之. 1973. 从红柳河上的古城废墟看毛乌素沙漠的变迁. 文物, (1): 35-41.

侯甬坚, 周杰, 王燕新. 2001. 北魏(AD386—534)鄂尔多斯高原的自然一人文景观. 中国沙漠, 21(2): 188-194.

胡金明, 崔海亭, 李宜垠. 2002. 西辽河流域全新世以来人地系统演变历史的重建. 地理科学, 22(5): 535-542.

胡珂. 2011. 无定河流域新石器时代至宋元时期人类活动与环境变化的关系. 北京: 北京大学博士学位论文.

胡松梅, 张鹏程, 袁明. 2008. 榆林火石梁遗址动物遗存研究. 人类学学报, 27(3): 232-248.

胡钰玲, 宁贵财, 康彩燕, 等. 2017. 库姆塔格沙漠周边地区极端降水的时空变化特征. 中国沙漠, 37(3): 536-545.

黄麒, 韩凤清. 2007. 柴达木盆地盐湖演化与古气候波动. 北京: 科学出版社.

黄麒, 孟昭强, 刘海玲. 1990. 柴达木盆地察尔汗湖区古气候波动模式的初步研究. 中国科学(B辑 化学 生命科学 地学), (6): 652-663.

黄强, 周兴佳. 2000. 晚更新世晚期以来古尔班通古特沙漠南部的气候环境演化. 干旱区地理, 23(1): 55-59.

黄银晓, 汪征菊. 1962. 内蒙古腾格里沙漠的植被及其改造利用意见//中国科学院治沙队. 治沙研究(第四号). 北京: 科学出版社. 167-186.

贾铁飞, 银山. 2004. 乌兰布和沙漠北部全新世地貌演化. 地理科学, 24(2): 217-221.

贾玉连, 施雅风, 王苏民, 等. 2001. 40ka 以来青藏高原的 4 次湖涨期及其形成机制初探. 中国科学(D 辑: 地球科学), 31(增刊): 243-251.

蒋庆丰, 钱鹏, 周侗, 等. 2016. MIS-3 晚期以来乌伦古湖古湖相沉积记录的初步研究. 湖泊科学, 28(2): 444-454.

金会军, 常晓丽, 郭东信, 等. 2011. 呼伦贝尔高平原全新世晚期砂、土楔及其古气候环境意义. 第四纪研究, 31(5): 765-779.

金会军, 金晓颖, 何瑞霞, 等. 2019. 两万年来的中国多年冻土形成演化. 中国科学: 地球科学, 49(8): 1197-1212.

靳鹤龄, 董光荣, 金炯, 等. 1994. 塔克拉玛干沙漠腹地冰期以来的环境与气候变化. 中国沙漠, 14(3): 31-37.

靳鹤龄, 董光荣, 苏志珠, 等. 2001. 全新世沙漠-黄土边界带空间格局的重建. 科学通报, 46(7): 538-543.

靳鹤龄, 苏志珠, 孙良英, 等. 2004. 浑善达克沙地全新世气候变化. 科学通报, 49(15): 1532-1536.

靳鹤龄, 李明启, 苏志珠, 等. 2007. 萨拉乌苏河流域地层沉积时代及其反映的气候变化. 地质学报, 81(3): 307-315.

景爱. 1988. 平地松林的变迁与西拉木伦河上游的沙漠化. 中国历史地理论丛, (4): 25-38.

柯曼红, 孙建中, 魏明健. 1992. 萨拉乌苏地区末次冰期的古气候与古环境. 植物学报, 34(9): 717-719.

库姆塔格沙漠综合科学考察队. 2012. 库姆塔格沙漠研究. 北京: 科学出版社.

赖忠平, 欧先交. 2013. 光释光测年基本流程. 地理科学进展, 32(5): 683-693.

蓝江湖, 徐海, 郁科科, 等. 2019. 中亚东部晚全新世水文气候变化及可能成因. 中国科学: 地球科学, 49(8): 1278-1292.

雷国良, 张虎才, 张文翔, 等. 2007. 柴达木盆地察尔汗古湖贝壳堤剖面粒度特征及其沉积环境. 沉积学报, 25(2): 274-282.

李得禄, 马全林, 张锦春, 等. 2020. 腾格里沙漠植被特征. 中国沙漠, 40(4): 223-233.

李国胜. 1993. 艾比湖冰消期以来的 $\delta^{13}C$ 记录与突变气候事件研究. 科学通报, 38(22): 2069-2071.

李鸿威. 2014. 内蒙古锡林郭勒地区近 30 年植被变化及荒漠化过程研究. 博士学位论文. 北京: 中国科学院大学.

李鸿威, 杨小平. 2010. 浑善达克沙地近 30 年来土地沙漠化研究进展与问题. 地球科学进展, 25(6): 647-655.

李吉均. 1990. 中国西北地区晚更新世以来环境变迁模式. 第四纪研究, 10(3): 197-204.

李吉均, 文世宣, 张青松, 等. 1979. 青藏高原隆起的时代、幅度和形式的探讨. 中国科学, (6): 608-616.

李锦轶, 刘建峰, 曲军峰, 等. 2019. 中国东北地区主要地质特征和地壳构造格架. 岩石学报, 35(10): 2289-3016.

李力刚. 2016. 地磁倒转的原因是什么? 科学通报, 61(13): 1395-1400.

李琼, 潘保田, 高红山, 等. 2006. 腾格里沙漠南缘末次冰盛期以来沙漠演化与气候变化. 中国沙漠, 26(6): 875-879.

李森, 王跃, 哈斯, 等. 1997. 雅鲁藏布江河谷风沙地貌分类与发育问题. 中国沙漠, 17(4): 342-350.

李森, 董光荣, 申建友, 等. 1999. 雅鲁藏布江河谷风沙地貌形成机制与发育模式. 中国科学(D 辑: 地球科学), 29(1): 88-96.

李树维, 阎顺, 孔昭宸, 等. 2005. 乌鲁木齐东道海子剖面的硅藻记录与环境演变. 干旱区地理, 28(1): 81-87.

李水城, 王辉. 2013. 东灰山遗址炭化小麦再议. 考古学研究, 10: 399-405.

李万春, 李世杰, 濮培民. 2001. 高原咸水湖水面蒸发估算——以兹格塘错为例. 湖泊科学, 13(3): 227-232.

李文鹏, 焦培新, 赵忠贤. 1995. 塔克拉玛干沙漠腹地地下水化学及环境同位素水文地质研究. 水文地质工程地质, 22(4): 22-24.

李先平, 张少华, 李林波, 等. 2015. 二连盆地早白垩世断陷及基底构造的耦合性. 地质科学, 50(1): 88-99.

李小强, 赵超, 周新郢. 2018. 末次盛冰期以来中国东北地区特征时期植被格局. 中国科学: 地球科学, 49(8): 1213-1230.

李孝泽, 董光荣. 1998. 浑善达克沙地的形成时代与成因初步研究. 中国沙漠, 18(1): 16-21.

李孝泽, 董光荣, 靳鹤龄, 等. 1999. 鄂尔多斯白垩系沙丘岩的发现. 科学通报, 44(8): 874-877.

李新荣. 1997. 毛乌素沙地灌木资源区系特征及其保护对策. 自然资源学报, 12(2): 146-152.

李亚光. 2021. 赤峰市西拉木伦河流域实测降雨量 径流量变化分析. 内蒙古水利, 229(9): 22-23.

李宜垠, 崔海亭, 胡金明. 2003. 西辽河流域古代文明的生态背景分析. 第四纪研究, 23(3): 291-298, 350.

李永山, 彭文昌, 任亮, 等. 2016. 近 50 年黄河乌兰布和沙漠段辫状河道演变. 中国沙漠, 36(6): 1689-1694.

李育, 张成琦, 周雪花. 2014. 亚洲夏季风西北缘千年尺度环境变化——猪野泽晚第四纪古湖泊学研究. 北京: 科学出版社.

李长安, 殷鸿福, 于庆文. 1999. 东昆仑山构造隆升与水系演化及其发展趋势. 科学通报, 44(2): 211-214.

李志飞, 吕雁斌, 陶士臣, 等. 2008. 新疆东部全新世气候变化特征——以巴里坤湖为例. 海洋地质与第四纪地质, 28(6): 107-112.

李志忠, 海鹰, 罗若愚, 等. 2000. 乌鲁木齐河下游地区湖泊沉积物的粒度特征与沉积环境. 干旱区研究, 17(3): 1-5.

李志忠, 海鹰, 周勇, 等. 2001. 乌鲁木齐河下游地区 30kaBP 以来湖泊沉积的孢粉组合与古植被古气候. 干旱区地理, 24(3): 201-205.

李壮伟. 1993. 内蒙古腾格里沙漠中的一处原始文化遗存. 考古, (11): 981-984.

梁爱民, 董治宝, 张正偲, 等. 2022. 沙漠倒置河床研究进展及其对火星类似物研究的启示. 中国沙漠, 42(5): 14-24.

林瑞芬, 卫克勤, 程致远, 等. 1996. 新疆玛纳斯湖沉积柱样的古气候古环境研究. 地球化学, 25(1): 63-72.

刘春茹, 尹功明, 韩非, 等. 2016. 石英 ESR 测年法在第四纪陆相沉积物测年中的应用. 第四纪研究, 36(5): 1236-1245.

刘东生. 1985. 黄土与环境. 北京: 科学出版社.

刘海江, 周成虎, 程维明, 等. 2008. 基于多时相遥感影像的浑善达克沙地沙漠化监测(英文). 生态学报, 28(2): 627-635.

刘嘉麒. 1987. 中国东北地区新生代火山岩的年代学研究. 岩石学报, (4): 21-31.

刘瑾, 王永, 姚培毅, 等. 2015. 末次冰消期以来内蒙古东部气候变化——基于风成砂-古土壤序列的地球化学记录. 中国地质, 42(4): 1103-1114.

刘美萍, 哈斯. 2015. 中全新世以来查干淖尔古湖面波动. 中国沙漠, 35(2): 306-312.

刘美萍, 哈斯, 春喜. 2015. 近 50 年来内蒙古查干淖尔湖水量变化及其成因分析. 湖泊科学, 27(1): 141-149.

刘倩倩, 杨小平. 2020. 毛乌素沙地和库布齐沙漠风成沙粒度参数的空间变化及其成因. 中国沙漠, 40(5): 158-168.

刘新民, 赵哈林, 赵爱芬. 1996. 科尔沁沙地风沙环境与植被. 北京: 科学出版社.

刘宇航, 夏敦胜, 周爱锋, 等. 2012. 乌伦古湖全新世气候变化的环境磁学记录. 第四纪研究, 32(4): 803-811.

刘子亭, 杨小平, 朱秉启. 2010. 巴丹吉林沙漠全新世环境记录的年代校正与古气候重建. 第四纪研究, 30(5): 925-933.

隆浩, 沈吉. 2015. 青藏高原及其邻区晚更新世高湖面事件的年代学问题——以柴达木盆地和腾格里沙漠为例. 中国科学: 地球科学, 45(1): 52-65.

卢良才, 黄宝林. 1993. 新疆艾比湖沉积物的热释光年龄及其环境意义. 核技术, 16(4): 251-253.

陆莹, 王乃昂, 李贵鹏, 等. 2010. 巴丹吉林沙漠湖泊水化学空间分布特征. 湖泊科学, 22(5): 774-782.

鹿化煜, Stevens T, 弋双文, 等. 2006. 高密度光释光测年揭示的距今约 15~10 ka 黄土高原侵蚀事件. 科学通报, 51(23): 2767-2772.

罗群. 2008. 柴达木盆地成因类型探讨. 石油实验地质, (2): 115-120.

罗永清, 赵学勇, 丁杰萍, 等. 2016. 科尔沁沙地不同类型沙地植被恢复过程中地上生物量与凋落物量变化. 中国沙漠, 36(1): 78-84.

吕鹏, 袁靖, 李志鹏. 2014. 再论中国家养黄牛的起源——商榷《中国东北地区全新世早期管理黄牛的形态学和基因学证据》一文. 南方文物, (3): 12.

马翼, 岳乐平, 杨利荣, 等. 2011. 毛乌素沙漠东南缘全新世剖面光释光年代及古气候意义. 第四纪研究, 31(1): 120-129.

马丽芳. 2002. 中国地质图集. 北京: 地质出版社.

马妮娜, 杨小平. 2008. 巴丹吉林沙漠及其东南边缘地区水化学和环境同位素特征及其水文学意义. 第四纪研究, 28(4): 702-711.

马妮娜, 穆桂金, 阎顺. 2005. 中全新世以来乌鲁木齐东道海子 B 剖面沉积物源探讨与分析. 干旱区地理, 28(2): 188-193.

马全林, 张德奎, 袁宏波, 等. 2019. 乌兰布和沙漠植被数量分类及环境解释. 干旱区资源与环境, 33(9): 160-167.

马雪云, 魏志福, 王永莉, 等. 2018. 末次冰盛期以来东北地区霍拉盆地湖泊沉积物记录的 C3/C4 植被演化. 第四纪研究, 38(5): 1193-1202.

马玉贞, 裴巧敏, 李丹丹, 等. 2015. 萨拉乌苏晚更新世以来古生物与环境的研究进展和展望. 第四纪研究, 35(3): 721-732.

马柱国, 符淙斌. 2006. 1951~2004 年中国北方干旱化的基本事实. 科学通报, 51(20): 2429-2439.

内蒙古文物考古研究所. 2007. 内蒙古巴丹吉林沙漠区域性考古调查. 内蒙古文物考古年报, (4): 43-45.

内蒙古自治区地质矿产局. 1991. 内蒙古自治区区域地质志. 北京: 地质出版社.

牛光明, 强明瑞, 宋磊, 等. 2010. 5000a 来柴达木盆地东南缘风成沉积记录的冬季风演化. 中国沙漠, 30(5): 1031-1039.

庞有智, 张虎才, 常凤琴, 等. 2010. 腾格里沙漠南缘末次冰消期气候不稳定性记录. 第四纪研究, 30(1): 69-79.

裴文中, 李有恒. 1964. 萨拉乌苏河系的初步探讨. 古脊椎动物学报, 8(2): 99-118.

齐丹卉, 杨洪晓, 卢琦, 等. 2021. 浑善达克沙地植物群落主要类型与特征. 中国沙漠, 41(4): 23-33.

奇文瑛. 2001. 清代呼伦贝尔地区的两次移民与得失. 中国边疆史地研究, 10(1): 58-66.

钱亦兵, 吴兆宁, 等. 2010. 古尔班通古特沙漠环境研究. 北京: 科学出版社.

强明瑞, 李森, 金明, 等. 2000. 60ka 来腾格里沙漠东南缘风成沉积与沙漠演化. 中国沙漠, 20(3): 25-28.

秦洁, 司建华, 贾冰, 等. 2021. 巴丹吉林沙漠植被群落特征与土壤水分关系研究. 干旱区研究, 38(1): 207-222.

秦小光, 刘嘉麒, 裴善文, 等. 2011. 科尔沁沙地及其古水文网的演化变迁. 第四纪研究, 30(1): 80-95.

裴善文. 2008. 中国东北西部沙地与沙漠化. 北京: 科学出版社.

裴善文, 王锡魁, 张淑芹, 等. 2012. 松辽平原古大湖演变及其平原的形成. 第四纪研究, 32(5): 1011-1021.

屈建军, 郑本兴, 俞祁浩, 等. 2004. 罗布泊东阿奇克谷地雅丹地貌与库姆塔格沙漠形成的关系. 中国沙漠, 24(3): 294-300.

任孝宗, 杨小平. 2021. 鄂尔多斯沙区天然水体水化学组成及其成因. 地理学报, 76(9): 2224-2239.

陕西省考古研究院. 2015. 陕西神木县木柱柱梁遗址发掘简报. 考古与文物, (5): 3-11.

陕西省考古研究院, 榆林市文物考古勘探工作队, 神木县文体广电局. 2016. 陕西神木县石峁遗址韩家圪旦地点发掘简报. 考古与文物, (4): 14-24.

陕西省文物局. 2012. 陕西第三次全国文物普查丛书·榆林卷. 西安: 陕西旅游出版社.

施雅风, 孔昭宸, 王苏民, 等. 1992. 中国全新世大暖期的气候波动与重要事件. 中国科学(B辑 化学 生命科学 地学), (12): 1300-1308.

施雅风, 刘晓东, 李炳元, 等. 1999. 距今 40～30ka 青藏高原特强夏季风事件及其与岁差周期关系. 科学通报, 44(14): 1475-1480.

史念海. 1980. 两千三百年来鄂尔多斯高原和河套平原农林牧地区的分布及其变迁. 北京师范大学学报(社会科学版), (6): 1-14.

史正涛, 宋友桂, 安芷生. 2006. 天山黄土记录的古尔班通古特沙漠形成演化. 中国沙漠, 26(5): 675-679.

宋小濂. 1909. 呼伦贝尔边务调查报告书. 清宣统元年铅印本.

苏志珠, 董光荣, 靳鹤龄. 1997. 萨拉乌苏组地层年代学研究. 地质力学学报, 3(4): 90-96.

孙博亚, 岳乐平, 赖忠平, 等. 2014. 14kaB.P.以来巴里坤湖有机碳同位素记录及古气候变化研究. 第四纪研究, 34(2): 418-424.

孙鸿烈, 郑度. 1998. 青藏高原形成演化与发展. 广州: 广东科技出版社.

孙继敏, 刘东生, 袁宝印, 等. 1995. 末次间冰期以来沙漠-黄土边界带的环境演变. 第四纪研究, 15(2): 117-122.

孙继敏, 丁仲礼, 袁宝印, 等. 1996a. 再论萨拉乌苏组的地层划分及其沉积环境. 海洋地质与第四纪地质, 16(1): 23-31.

孙继敏, 刘东生, 丁仲礼, 等. 1996b. 五十万年来毛乌素沙漠的变迁. 第四纪研究, 16(4): 359-367.

孙晓巍, 周亚利, 张岳敏, 等. 2019. 浑善达克沙地最老砂层的年龄. 科学通报, 64(17): 1844-1858.

索秀芬. 2005. 西辽河流域全新世人地关系. 边疆考古研究, 4(1): 247-260.

塔拉, 岳够明, 孙金松. 2007. 内蒙古巴丹吉林沙漠区域性考古调查概要. 中国文物报, 2007-12-7 (5-8 版).

谭见安. 1964. 内蒙古阿拉善荒漠的地方类型//中国科学院地理研究所. 地理集刊 (第 8 号). 北京: 科学出版社. 1-31.

唐进年. 2018. 库姆塔格沙漠沉积物特征与沉积环境研究. 北京: 中国林业科学研究院博士学位论文.

唐进年, 苏志珠, 丁峰, 等. 2010. 库姆塔格沙漠的形成时代与演化. 干旱区地理, 33(3): 325-333.

唐进年, 丁峰, 张进虎, 等. 2017. 库姆塔格沙漠东南缘 BL 剖面粒度记录的全新世快速气候事件. 干旱区地理, 40(6): 1171-1178.

陶士臣, 安成邦, 陈发虎, 等. 2010. 孢粉记录的新疆巴里坤湖 16.7cal ka BP 以来的植被与环境. 科学通报, 55(11): 1026-1035.

汪海燕, 岳乐平, 李建星, 等. 2014. 全新世以来巴里坤湖面积变化及气候环境记录. 沉积学报, 32(1): 93-100.

汪克奇, 赵晖, Sheng Y, 等. 2020. 基于 DEM 数据的巴丹吉林沙漠沙丘分布规律及其形态参数. 中国沙漠, 40(4): 81-94.

汪佩芳. 1992. 全新世呼伦贝尔沙地环境演变的初步研究. 中国沙漠, 12(4): 13-19.

汪宇平. 1957. 伊盟萨拉乌苏河考古调查简报. 文物, (4): 22-25.

王北辰. 1980. 古代居延道路. 历史研究, (3): 107-122.

王北辰. 1991. 库布齐沙漠历史地理研究. 中国沙漠, 11(4): 33-41.

王继和, 丁峰, 廖空太, 等. 2009. 库姆塔格沙漠综合考察的主要进展. 干旱区研究, 26(2): 243-248.

王静璞, 刘连友, 沈玲玲. 2013. 基于 Google Earth 的毛乌素沙地新月形沙丘移动规律研究. 遥感技术与应用, 28(6): 1094-1100.

王理想, 蔡明玉, 白雪莲, 等. 2020. 乌兰布和沙漠东南缘湖泊群消涨与驱动因素. 中国沙漠, 40(2): 59-67.

王牧兰, 包玉海, 阿拉腾图雅, 等. 2007. 浑善达克沙地景观格局变化研究. 干旱区资源与环境, 21(5): 121-125.

王乃昂, 李卓仑, 程弘毅, 等. 2011. 阿拉善高原晚第四纪高湖面与大湖期的再探讨. 科学通报, 56(17): 1367-1377.

王乃昂, 宁凯, 李卓仑, 等. 2016. 巴丹吉林沙漠全新世的高湖面与泛湖期. 中国科学: 地球科学, 46(8): 1106-1115.

王乃樑, 郭绍礼, 杨绪山. 1966. 呼伦贝尔盟达赉湖的形成及其变迁的初步分析//中国地理学会. 干旱区地理学术会议论文选集. 北京: 科学出版社. 151-156.

王蕊, 姚治君, 刘兆飞, 等. 2015. 雅鲁藏布江中游地区气候要素变化及径流的响应. 资源科学, 37(3): 619-628.

王尚义, 董靖保. 2001. 统万城的兴废与毛乌素沙地之变迁. 地理研究, 20(3): 347-353.

王树基. 1987. 罗布泊洼地及周边新构造运动的初步研究//中国科学院新疆分院罗布泊综合科学考察队. 罗布泊科学考察与研究. 北京: 科学出版社. 37-51.

王苏民, 冯敏. 1991. 内蒙古岱海湖泊环境变化与东南季风强弱的关系. 中国科学(B 辑 化学 生命科学 地学), (7): 759-768.

王苏民, 王富葆. 1992. 全新世气候变化的湖泊记录//施雅风. 中国全新世大暖期气候与环境. 北京: 海洋出版社. 146-152.

王涛. 1990. 巴丹吉林沙漠形成演变的若干问题. 中国沙漠, 10(1): 29-40.

王涛. 2003. 中国沙漠与沙漠化. 石家庄: 河北科学技术出版社.

王婷, 周道玮, 神祥金, 等. 2020. 中国柯本气候分类. 气象科学, 40(6): 752-760.

王伟, 李占斌, 杨瑞, 等. 2020. 无定河流域径流侵蚀功率时空变化特征. 水土保持研究, 27(1): 26-32.

王旭升, 胡晓农, 金晓媚, 等. 2014. 巴丹吉林沙漠地下水与湖泊的相互作用. 地学前缘, 21(4): 93-106.

王懿贤. 1983. 彭门蒸发力快速表算法. 地理研究, 2(1): 93-106.

王勇, 韩广, 杨林, 等. 2016. 河岸沙丘粒度分布特征. 干旱区研究, 33(1): 210-214.

卫三元, 秦明宽, 李月湘, 等. 2006. 二连盆地晚中生代以来构造-沉积演化与铀成矿作用. 铀矿地质, 22(2): 76-82.

魏传义, 刘春茹, 李长安, 等. 2018. 石英不同 Ti-Li 心电子自旋共振信号光晒退特征及其测年意义. 地球环境学报, 9(6): 607-613.

魏海成. 2011. 柴达木盆地晚更新世以来古环境变化记录及定量古环境重建. 西宁: 中国科学院青海盐湖研究所博士学位论文.

魏文寿, 刘明哲. 2000. 古尔班通古特沙漠现代沙漠环境与气候变化. 中国沙漠, 20(2): 77-83.

魏新俊, 姜继学. 1993. 柴达木盆地第四纪盐湖演化. 地质学报, 67(3): 255-265.

文启忠, 郑洪汉. 1987. 北疆地区晚更新世以来的气候环境变迁. 科学通报, 33(10): 771-774.

乌拉. 2007. 乌兰布和沙漠植被及其保护. 陕西林业科技, (4): 133-137.

乌兰图雅. 2000. 科尔沁沙地近 50 年的垦殖与土地利用变化. 地理科学进展, 19(3): 273-278.

吴国雄. 2004. 我国青藏高原气候动力学研究的近期进展. 第四纪研究, 24(1): 1-9.

吴敬禄. 1995. 新疆艾比湖全新世沉积特征及古环境演化. 地理科学, 15(1): 39-46, 99.

吴玉书. 1994. 新疆罗布泊 F4 浅坑孢粉组合及意义. 干旱区地理, 17(1): 24-29.

吴正. 1981. 塔克拉玛干沙漠成因的探讨. 地理学报, 36(3): 280-291.

夏训诚. 1987. 库姆塔格沙漠的基本特征//中国科学院新疆分院罗布泊综合科学考察队. 罗布泊科学考察与研究. 北京: 科学出版社. 78-94.

夏正楷, 邓辉, 武弘麟. 2000. 内蒙西拉木伦河流域考古文化演变的地貌背景分析. 地理学报, 55(3): 329-336.

辛彦林. 1995. 柴达木盆地盐湖中的风成砂. 中国沙漠, 15(3): 252-255.

徐丹蕾, 丁靖南, 伍永秋. 2019. 1989—2014 年毛乌素沙地湖泊面积. 中国沙漠, 39(6): 40-47.

徐志伟. 2014. 过去两万年毛乌素沙地风沙过程对气候变化的响应. 南京: 南京大学博士学位论文.

徐志伟, 鹿化煜. 2021. 毛乌素沙地风沙环境变化研究的理论和新认识. 地理学报, 76(9): 2203-2223.

薛积彬, 钟巍. 2008. 新疆巴里坤湖全新世环境记录及区域对比研究. 第四纪研究, 28(4): 610-620.

薛为平, 郑鸿明, 姚茂敏, 等. 2014. 准噶尔腹部沙漠结构特征分析. 新疆地质, 32(3): 361-364.

鄢犀利, 赵希涛, 郝彬. 2010. 内蒙克什克腾旗上新世含圆球形钙质结核古沙丘的发现. 地球学报, 31(6): 893-896.

闫德仁. 2004. 库布齐沙漠文化与土地沙漠化的演变探讨. 内蒙古林业科技, (2): 19-25.

严富华, 叶永英, 麦学舜. 1983. 新疆罗布罗 4 井的孢粉组合及其意义. 地震地质, 5(4): 75-80, 91.

阎顺, 穆桂金, 孔昭宸, 等. 2004. 天山北麓晚全新世环境演变及其人类活动的影响. 冰川冻土, 26(4): 403-410.

颜长珍, 李森, 逯军峰, 等. 2020. 1975—2015 年腾格里沙漠湖泊面积与数量. 中国沙漠, 40(4): 183-189.

杨秉赓, 孙肇春, 吕金福. 1983. 松辽水系的变迁. 地理研究, 2(1): 48-56.

杨东, 方小敏, 董光荣, 等. 2006. 1.8 Ma BP 以来陇西断岘黄土剖面沉积特征及其反映的腾格里沙漠演化. 中国沙漠, 26(1): 6-13.

杨富亿, 文波龙, 李晓宇, 等. 2020. 达里诺尔湿地水环境和鱼类多样性调查 I.达里湖水体中的主要离子、含盐量和电导率. 湿地科学, 18(5): 507-515.

杨馥宁, 吕萍, 马芳, 等. 2023. 腾格里沙漠南部格状沙丘的形态演变及移动特征. 中国沙漠, 43(1): 107-115.

杨根生, 拓万全, 戴丰年, 等. 2003. 风沙对黄河内蒙古河段河道泥沙淤积的影响. 中国沙漠, 23(2): 152-159.

杨军怀, 夏敦胜, 高福元, 等. 2020. 雅鲁藏布江流域风成沉积研究进展. 地球科学进展, 35(8): 863-877.

杨丽梅, 赵淑霞. 2002. 阿拉善岩画内容的初步探讨. 内蒙古文物考古, (1): 129-134.

杨利荣, 岳乐平. 2011. 浑善达克沙地末次冰期晚期到全新世的环境转型. 地球环境学报, 2(1): 301-306.

杨利荣, 邹宁, 岳乐平, 等. 2017. 库布齐沙漠碎屑锆石 U-Pb 年龄组成及其物源分析. 第四纪研究, 37(3): 560-569.

杨苗苗, 胡松梅, 郭小宁, 等. 2021. 陕西神木木柱柱梁遗址动物遗存研究. 人类学学报, 41(3): 394-405.

杨石岭, 董欣欣, 肖举乐. 2018. 末次冰盛期以来东亚季风变化历史——中国北方的地质记录. 中国科学: 地球科学, 49(8): 1169-1181.

杨小平. 1999. 克里雅河流域风成物质的粒度分析与讨论. 第四纪研究, 19(4): 373-379.

杨小平. 2000. 近 3 万年来巴丹吉林沙漠的景观发育与雨量变化. 科学通报, 45(4): 428-434.

杨小平. 2001. 绿洲演化与自然和人为因素的关系初探——以克里雅河下游地区为例. 地学前缘, 8(10): 83-88.

杨小平. 2002. 巴丹吉林沙漠腹地湖泊的水化学特征及其全新世以来的演变. 第四纪研究, 22(2): 97-104.

杨小平, 刘东生. 2003. 距今30ka前后我国西北沙漠地区古环境. 第四纪研究, 23(1): 25-30.

杨小平, 梁鹏, 张德国, 等. 2019. 中国东部沙漠/沙地全新世地层序列及其古环境. 中国科学: 地球科学, 49(8): 1293-1307.

杨小平, 杜金花, 梁鹏, 等. 2021. 晚更新世以来塔克拉玛干沙漠中部地区的环境演变. 科学通报, 66(24): 3205-3218.

杨逸畴. 1984. 雅鲁藏布江河谷风沙地貌的初步观察. 中国沙漠, 4(3): 12-15.

杨迎, 吕萍, 马芳, 等. 2021. 乌兰布和沙漠西南部风况对穹状沙丘形成的影响. 中国沙漠, 41(2): 19-26.

业渝光, 刁少波, 高钧成. 2003. 干旱地区石膏ESR测年的初步研究. 核技术, 26(1): 66-67.

叶传永, 王志明, 赵世勤, 等. 2014. 柴达木盆地西部尕斯库勒盐湖280ka以来沉积特征. 沉积学报, 32(1): 85-92.

弋双文, 鹿化煜, 曾琳, 等. 2013. 末次盛冰期以来科尔沁沙地古气候变化及其边界重建. 第四纪研究, 33(2): 206-217.

尹源, 范雪松. 2022. 1990-2019年达里诺尔湖水体面积变化遥感监测. 安徽农业科学, 50(2): 92-94.

俞少逸. 1957. 统万城遗址调查. 文物, (10): 52-55.

袁宝印, 魏兰英, 王振海, 等. 1998. 新疆巴里坤湖十五万年来古水文演化序列. 第四纪研究, 18(4): 319-327.

岳乐平, 李建星, 郑国璋, 等. 2007. 鄂尔多斯高原演化及环境效应. 中国科学(D辑: 地球科学), 37(增刊): 16-22.

云凌强, 唐力. 2009. 库布齐沙漠自然地带分异规律分析. 内蒙古农业大学学报(自然科学版), 30(3): 99-106.

张柏忠. 1991. 北魏至金代科尔沁沙地的变迁. 中国沙漠, 11(1): 36.

张德二. 1984. 我国历史时期以来降尘的天气气候学初步分析. 中国科学(B辑 化学 生物学 农学 医学 地学), 14(3): 278-288.

张德魁, 马全林, 靳虎甲, 等. 2011. 乌兰布和沙漠草本植物的组成和多样性. 草原与草坪, 31(5): 7-11.

张德平, 冯宗炜, 王效科, 等. 2006. 呼伦贝尔草原风蚀沙化的机理研究成果综述. 中国沙漠, 26(2): 300-306.

张宏, 樊自立. 1998. 气候变化和人类活动对塔里木盆地绿洲演化的影响. 中国沙漠, 18(4): 308-313.

张虎才, Wünnemann B. 1997. 腾格里沙漠晚更新世以来湖相沉积年代学及高湖面期的初步确定. 兰州大学学报(自然科学版), 33(2): 87-91.

张虎才, 马玉贞, 李吉均, 等. 1998. 腾格里沙漠南缘全新世古气候变化初步研究. 科学通报, 43(12): 1252-1258.

张虎才, 马玉贞, 彭金兰, 等. 2002. 距今42~18ka腾格里沙漠古湖泊及古环境. 科学通报, 47(24): 1847-1857.

张虎才, 雷国良, 常凤琴, 等. 2007. 柴达木盆地察尔汗贝壳堤剖面年代学研究. 第四纪研究, 27(4): 511-521.

张家桢, 刘恩宝. 1985. 柴达木盆地河流水文特性. 地理学报, 40(3): 242-255.

张锦春, 王继和, 廖空太. 2008. 库姆塔格沙漠植被特征分析. 西北植物学报, 28(11): 2332-2338.

张锦春, 王继和, 廖空太. 2010. 库姆塔格沙漠第四纪孢粉及古环境探讨. 干旱地理, 33(3): 346-352.

张克旗, 吴中海, 吕同艳, 等. 2015. 光释光测年法——综述及进展. 地质通报, 34(01): 183-203.

张立运, 陈昌笃. 2002. 论古尔班通古特沙漠植物多样性的一般特点. 生态学报, 22(11): 1923-1932.

张彭熹. 1987. 柴达木盆地盐湖. 北京: 科学出版社.

张彭熹, 张保珍. 1991. 柴达木地区近三百万年来古气候环境演化的初步研究. 地理学报, 46(3): 327-335.

张西营, 马海州, 韩凤清, 等. 2007. 德令哈盆地尕海湖DG03孔岩芯矿物组合与古环境变化. 沉积学报, 25(5): 767-773.

张元明, 王雪芹. 2008. 准噶尔荒漠生物结皮研究. 北京: 科学出版社.

张元明, 陈晋, 王雪芹, 等. 2005. 古尔班通古特沙漠生物结皮的分布特征. 地理学报, 60(1): 53-60.

张长俊, 龙永文. 1995. 海拉尔盆地沉积相特征与油气分布. 北京: 石油工业大学出版社.

张振瑜, 王乃昂, 马宁, 等. 2012. 近40a巴丹吉林沙漠腹地湖泊面积变化及其影响因素. 中国沙漠, 32(6): 1743-1750.

张正偲, 董治宝, 钱广强, 等. 2012. 腾格里沙漠西部和西南部风能环境与风沙地貌. 中国沙漠, 32(6): 1528-1533.

赵超, 李小强, 周新郢, 等. 2016. 北大兴安岭地区全新世植被演替及气候响应. 中国科学: 地球科学, 46(6): 870-880.

赵福岳. 2010. 松辽平原第四纪地质历史演化规律研究. 国土资源遥感, (增刊): 152-158.

赵杰, 李德文, 孙昌斌, 等. 2017. 末次冰期以来乌兰布和沙漠北缘的环境变迁. 第四纪研究, 37(2): 380-392.

赵力强, 张律吕, 王乃昂, 等. 2018. 巴丹吉林沙漠湖泊形态初步研究. 干旱区研究, 35(5): 1001-1011.

赵丽媛. 2017. 敦煌盆地伊塘湖钻孔沉积物有机质稳定碳同位素揭示的植被演替. 南京: 南京大学硕士学位论文.

赵丽媛, 鹿化煜, 张恩楼, 等. 2015. 敦煌伊塘湖沉积物有机碳同位素揭示的末次盛冰期以来湖面变化. 第四纪研究, 35(1): 172-179.

赵松乔, 杨利普, 杨勤业. 1990. 中国的干旱区. 北京: 科学出版社.

赵秀娟. 2012. 内蒙古西拉木伦河河流阶地及中更新世晚期以来的新构造运动研究. 北京: 中国地质大学(北京) 硕士学位论文.

赵学勇, 张春民, 左小安, 等. 2009. 科尔沁沙地沙漠化土地恢复面临的挑战. 应用生态学报, 20(7): 1559-1564.

赵阳. 2021. 榆林地区新石器至西周时期聚落的时空演变与家户研究. 郑州: 郑州大学硕士学位论文.

赵占仑, 温小浩, 李保生, 等. 2016. 腾格里沙漠南缘土门剖面末次冰消期层段主元素特征及其记录的古气候环境. 地球化学, 45(6): 623-633.

赵志军. 2009. 小麦东传与欧亚草原通道. 三代考古: 456-459.

曾琳, 鹿化煜, 弋双文, 等. 2013. 末次盛冰期和全新世大暖期呼伦贝尔沙地的环境变化. 第四纪研究, 33(2): 243-251.

曾永丰. 2003. 柴达木盆地环境演化与绿洲农牧业变迁初步研究——以诺木洪绿洲为例. 中国沙漠, 23(3): 125-127.

曾永年, 冯兆东, 曹广超. 2003. 末次冰期以来柴达木盆地沙漠形成与演化. 地理学报, 58(3): 452-457.

甄志磊, 徐立帅, 张俊, 等. 2021. 达里湖湖面演化过程及其影响因素. 生态学杂志, 40(10): 3314-3324.

郑本兴, 张林源, 胡孝宏. 2002. 玉门关西雅丹地貌的分布和特征及形成时代问题. 中国沙漠, 22(1): 40-46.

郑绵平, 赵元艺, 刘俊英. 1998. 第四纪盐湖沉积与古气候. 第四纪研究, 18(4): 297-307.

郑帅, 王琳, 柳长顺, 等. 2021. 鄂尔多斯毛乌素沙地湖泊水环境质量特征及多元统计分析. 水利水电技术, 52(5): 129-138.

中国科学院新疆分院罗布泊综合科学考察队. 1987. 罗布泊科学考察与研究. 北京: 科学出版社.

中国科学院新疆综合考察队. 1978. 新疆地貌. 北京: 科学出版社.

中国科学院中国植被图编辑委员会. 2007. 中国植被及其地理格局: 中华人民共和国植被图 (1:100 万) 说明书. 北京: 地质出版社.

中国科学院中国自然地理编辑委员会. 1984. 中国自然地理: 古地理. 北京: 科学出版社.

中国科学院自然区域工作委员会. 1959. 中国综合自然区划(初稿). 北京: 科学出版社.

中华人民共和国地貌图集编辑委员会. 2009. 中华人民共和国地貌图集(1:100 万). 北京: 科学出版社.

钟德才. 1986. 柴达木盆地沙漠形成和演变的初步研究//中国科学院兰州沙漠研究所集刊(第 3 号). 北京: 科学出版社. 124-136.

钟巍, 张进, 尹焕玲, 等. 2013. 新疆巴里坤湖全新世湖泊沉积物稳定氮同位素的气候与环境意义研究. 华南师范大学学报(自然科学版), 45(6): 182-188.

周琳, 孙照渤. 2015. 1961—2010 年我国冷空气的活动特征. 大气科学学报, 38(3): 342-353.

周廷儒. 1963. 新疆第四纪陆相沉积的主要类型及其和地貌气候发展的关系. 地理学报, 29(2): 109-129.

周兴佳. 1992. 塔里木河流域水系变迁与流域土地沙漠化的初步研究.//尹泽生等. 西北干旱地区全新世环境变迁与人类文明兴衰. 北京: 地质出版社. 158-178.

周亚利, 鹿化煜, Mason J A, 等. 2008. 浑善达克沙地的光释光年代序列与全新世气候变化. 中国科学(D 辑: 地球科学), 38(4): 452-462.

周亚利, 鹿化煜, 张小艳, 等. 2013. 末次盛冰期和全新世大暖期浑善达克沙地边界的变化. 第四纪研究, 33(2): 228-242.

周一兵, 毕风山. 1996. 岗更湖(牤牛泡)的水化学和水生生物学调查. 大连水产学院学报, 11(2): 16-22.

朱士光. 1982. 内蒙城川地区湖泊的古今变迁及其与农垦之关系. 农业考古, (1): 14-18.

朱震达. 1998. 中国土地荒漠化的概念,成因与防治. 第四纪研究, 18(2): 146-155.

朱震达, 王涛. 1992. 中国沙漠化研究的理论与实践. 第四纪研究, 12(2): 97-106.

朱震达, 吴正, 刘恕, 等. 1980. 中国沙漠概论(修订版). 北京: 科学出版社.

朱震达, 陈治平, 吴正, 等. 1981. 塔克拉玛干沙漠风沙地貌研究. 北京: 科学出版社.

竺可桢. 1961. 向沙漠进军. 人民日报, 1961-2-9(第 7 版).

卓海昕, 鹿化煜, 贾鑫, 等. 2013. 全新世中国北方沙地人类活动与气候变化关系的初步研究. 第四纪研究, 33(2): 303-313.

Adamiec G, Duller G A T, Roberts H M, et al. 2010. Improving the TT-OSL SAR protocol through source trap characterisation. Radiation Measurements, 45(7): 768-777.

Aitken M J. 1985. Thermoluminescence Dating. London: Academic Press.

Aitken M J. 1998. Introduction to Optical Dating: The Dating of Quaternary Sediments by the Use of Photon-stimulated Luminescence. New York: Oxford University Press.

Aizen E M, Aizen V B, Melack J M, et al. 2001. Precipitation and atmospheric circulation patterns at mid latitudes of Asia. International Journal of Climatology: A Journal of the Royal Meteorological Society, 21(5): 535-556.

Alley R B, Clark P U. 1999. The deglaciation of the northern hemisphere: a global perspective. Annual Review of Earth and Planetary Sciences, 27(1): 149-182.

An C-B, Feng Z-D, Barton L. 2006. Dry or humid? Mid-Holocene humidity changes in arid and semi-arid China. Quaternary Science Reviews, 25(3-4): 351-361.

An C-B, Lu Y, Zhao J, et al. 2011a. A high-resolution record of Holocene environmental and climatic changes from Lake Balikun (Xinjiang, China): Implications for central Asia. The Holocene, 22(1): 43-52.

An C-B, Zhao J, Tao S, et al. 2011b. Dust variation recorded by lacustrine sediments from arid Central Asia since ~ 15 cal ka BP and its implication for atmospheric circulation. Quaternary Research, 75(3): 566-573.

An F, Ma H, Wei H, et al. 2012. Distinguishing aeolian signature from lacustrine sediments of the Qaidam Basin in northeastern Qinghai-Tibetan Plateau and its palaeoclimatic implications. Aeolian Research, 4: 17-30.

An F, Liu X, Zhang Q, et al. 2018. Drainage geomorphic evolution in response to paleoclimatic changes since 12.8 ka in the eastern Kunlun Mountains, NE Qinghai-Tibetan Plateau. Geomorphology, 319: 117-132.

An P, Yu L, Wang Y, et al. 2020. Holocene incisions and flood activities of the Keriya River, NW margin of the Tibetan plateau. Journal of Asian Earth Sciences, 191: 104224.

An Z, Porter S C, Kutzbach J E, et al. 2000. Asynchronous Holocene optimum of the East Asian monsoon. Quaternary Science Reviews, 19(8): 743-762.

An Z, Huang Y, Liu W, et al. 2005. Multiple expansions of C_4 plant biomass in East Asia since 7 Ma coupled with strengthened monsoon circulation. Geology, 33: 705-708.

An Z, Colman S M, Zhou W, et al. 2012. Interplay between the Westerlies and Asian monsoon recorded in Lake Qinghai sediments since 32 ka. Scientific Reports, 2(1): 1-7.

Andreotti B, Fourriere A, Ould-Kaddour F, et al. 2009. Giant aeolian dune size determined by the average depth of the atmospheric boundary layer. Nature, 457(7233): 1120-1123.

Ankjærgaard C. 2019. Exploring multiple-aliquot methods for quartz violet stimulated luminescence dating. Quaternary Geochronology, 51: 99-109.

Ankjærgaard C, Jain M, Wallinga J. 2013. Towards dating Quaternary sediments using the quartz Violet Stimulated Luminescence (VSL) signal. Quaternary Geochronology, 18: 99-109.

Ankjærgaard C, Guralnik B, Buylaert J P, et al. 2016. Violet stimulated luminescence dating of quartz from Luochuan (Chinese loess plateau): Agreement with independent chronology up to ~600 ka. Quaternary Geochronology, 34: 33-46.

Anthony D W. 2008. The Horse, the Wheel, and Language: How Bronze-Age Riders from the Eurasian Steppes Shaped the Modern World. The Horse, the Wheel, and Language: How Bronze-Age Riders from the Eurasian Steppes Shaped the Modern World.

Arbogast A F, Muhs D R. 2000. Geochemical and mineralogical evidence from eolian sediments for northwesterly mid-Holocene paleowinds, central Kansas, USA. Quaternary International, 67(1): 107-118.

Arens S M, Mulder J P M, Slings Q L, et al. 2013. Dynamic dune management, integrating objectives of nature development and coastal safety: Examples from the Netherlands. Geomorphology, 199: 205-213.

Arnold L J, Demuro M, Parés J M, et al. 2015. Evaluating the suitability of extended-range luminescence dating techniques over early and Middle Pleistocene timescales: Published datasets and case studies from Atapuerca, Spain. Quaternary International, 389: 167-190.

Ash J, Wasson R. 1983. Vegetation and sand mobility in the Australian desert dunefield. Zeitschrift fuer Geomorphologie Neue Folge, 45: 7-25.

Auclair M, Lamothe M, Huot S. 2003. Measurement of anomalous fading for feldspar IRSL using SAR. Radiation Measurements, 37(4): 487-492.

Bailey R M, Thomas D S G. 2014. A quantitative approach to understanding dated dune stratigraphies. Earth Surface Processes and Landforms, 39(5): 614-631.

Baitis E, Kocurek G, Smith V, et al. 2014. Definition and origin of the dune-field pattern at White Sands, New Mexico. Aeolian Research, 15: 269-287.

Bateman M D, Boulter C H, Carr A S, et al. 2007. Preserving the palaeoenvironmental record in Drylands: Bioturbation and its significance for luminescence-derived chronologies. Sedimentary Geology, 195(1): 5-19.

Beerten K, Pierreux D, Stesmans A. 2003. Towards single grain ESR dating of sedimentary quartz: first results. Quaternary Science Reviews, 22(10): 1329-1334.

Blackwell B A B, Skinner A R, Mashriqi F, et al. 2012. Challenges in constraining pluvial events and hominin activity: Examples of ESR dating molluscs from the Western Desert, Egypt. Quaternary Geochronology, 10: 430-435.

Blair M W, Yukihara E G, McKeever S W S. 2005. Experiences with single-aliquot OSL procedures using coarse-grain feldspars. Radiation Measurements, 39(4): 361-374.

Blegen N, Tryon C A, Faith J T, et al. 2015. Distal tephras of the eastern Lake Victoria basin, equatorial East Africa: correlations, chronology and a context for early modern humans. Quaternary Science Reviews, 122: 89-111.

Blott S J, Pye K. 2001. GRADISTAT: A grain size distribution and statistics package for the analysis of unconsolidated sediments. Earth surface processes and Landforms, 26(11): 1237-1248.

Blümel W D. 2013. Wüsten. Stuttgart: Eugen Ulmer KG.

Booth R K, Jackson S T, Forman S L, et al. 2005. A severe centennial-scale drought in midcontinental North America 4200 years ago and apparent global linkages. The Holocene, 15(3): 321-328.

Bory A. 2014. A 10,000 km dust highway between the Taklamakan Desert and Greenland. PAGES Magazine, 22(2): 72-73.

Braudel F. 1972.The Mediterranean and the Mediterranean World in the Age of Philip II, F, New York.

Bray H E, Stokes S. 2004. Temporal patterns of arid-humid transitions in the south-eastern Arabian Peninsula based on optical dating. Geomorphology, 59(1): 271-280.

Bristow C S, Armitage S J. 2016. Dune ages in the sand deserts of the southern Sahara and Sahel. Quaternary International, 410: 46-57.

Bristow C S, Lancaster N, Duller G A T. 2005. Combining ground penetrating radar surveys and optical dating to determine dune migration in Namibia. Journal of the Geological Society, 162(2): 315.

Bristow C S, Duller G A T, Lancaster N. 2007. Age and dynamics of linear dunes in the Namib Desert. Geology, 35(6): 555-558.

Bubenzer O, Besler H, Hilgers A. 2007. Filling the gap: OSL data expanding ^{14}C chronologies of Late Quaternary environmental change in the Libyan Desert. Quaternary International, 175(1): 41-52.

Buch M, Rose D, Zöller L. 1992. A TL-calibrated pedostratigraphy of the western lunette dunes of Etosha Pan/northern Namibia: Palaeoenvironmental implications for the last 140 ka. Palaeoecology of Africa, 23: 129-147.

Buckland C E, Bailey R M, Thomas D S G. 2019. Using post-IR IRSL and OSL to date young (< 200 yrs) dryland aeolian dune deposits. Radiation Measurements, 126: 106131.

Buylaert J P, Murray A S, Huot S, et al. 2006. A comparison of quartz OSL and isothermal TL measurements on Chinese loess. Radiation Protection Dosimetry, 119(1-4): 474-478.

Buylaert J P, Murray A S, Thomsen K J, et al. 2009. Testing the potential of an elevated temperature IRSL signal from K-feldspar. Radiation Measurements, 44(5): 560-565.

Buylaert J-P, Jain M, Murray A S, et al. 2012. A robust feldspar luminescence dating method for Middle and Late Pleistocene sediments. Boreas, 41(3): 435-451.

Cai Y, Chiang J C H, Breitenbach S F M, et al. 2017. Holocene moisture changes in western China, Central Asia, inferred from stalagmites. Quaternary Science Reviews, 158: 15-28.

Cande S C, Kent D V. 1995. Revised calibration of the geomagnetic polarity timescale for the Late Cretaceous and Cenozoic. Journal of Geophysical Research: Solid Earth, 100(B4): 6093-6095.

Carr A S, Hay A S, Powell D M, et al. 2019. Testing post-IR IRSL luminescence dating methods in the southwest Mojave Desert, California, USA. Quaternary Geochronology, 49: 85-91.

Chase B. 2009. Evaluating the use of dune sediments as a proxy for palaeo-aridity: A southern African case study. Earth-Science Reviews, 93(1): 31-45.

Chen A, Zheng M, Yao H, et al. 2018. Magnetostratigraphy and 230Th dating of a drill core from the southeastern Qaidam Basin: Salt lake evolution and tectonic implications. Geoscience Frontiers, 9(3): 943-953.

Chen B, Yang X, Jiang Q, et al. 2022a. Geochemistry of aeolian sand in the Taklamakan Desert and Horqin Sandy Land, northern China: Implications for weathering, recycling, and provenance. Catena, 208: 105769.

Chen F, Cheng B, Zhao Y, et al. 2006. Holocene environmental change inferred from a high-resolution pollen record, Lake Zhuyeze, arid China. The Holocene, 16(5): 675-684.

Chen F, Yu Z, Yang M, et al. 2008. Holocene moisture evolution in arid central Asia and its out-of-phase relationship with Asian monsoon history. Quaternary Science Reviews, 27(3-4): 351-364.

Chen F, Li G, Zhao H, et al. 2014a. Landscape evolution of the Ulan Buh Desert in northern China during the late Quaternary. Quaternary Research, 81(3): 476-487.

Chen F, Xu Q, Chen J, et al. 2015a. East Asian summer monsoon precipitation variability since the last deglaciation. Scientific Reports, 5: 11186.

Chen F, Jia J, Chen J, et al. 2016. A persistent Holocene wetting trend in arid central Asia, with wettest conditions in the late Holocene, revealed by multi-proxy analyses of loess-paleosol sequences in Xinjiang, China. Quaternary Science Reviews, 146: 134-146.

Chen F, Chen J, Huang W, et al. 2019. Westerlies Asia and monsoonal Asia: Spatiotemporal differences in climate change and possible mechanisms on decadal to sub-orbital timescales. Earth-Science Reviews, 192: 337-354.

Chen F, Chen S, Zhang X, et al. 2020. Asian dust-storm activity dominated by Chinese dynasty changes since 2000 BP. Nature Communications, 11(1): 992.

Chen J, Zhang D, Yang X, et al. 2022b. The Effects of Seasonal Wind Regimes on the Evolution of Reversing Barchanoid Dunes. Journal of Geophysical Research: Earth Surface, 127(2): e2021JF006489.

Chen K, Bowler J. 1986. Late Pleistocene evolution of salt lakes in the Qaidam basin, Qinghai province, China. Palaeogeography, Palaeoclimatology, Palaeoecology, 54(1-4): 87-104.

Chen R, Shen J, Li C, et al. 2014b. Mid- to late-Holocene East Asian summer monsoon variability recorded in lacustrine sediments from Jingpo Lake, Northeastern China. The Holocene, 25(3): 454-468.

Chen Y, Li S-H, Li B, et al. 2015b. Maximum age limitation in luminescence dating of Chinese loess using the multiple-aliquot MET-pIRIR signals from K-feldspar. Quaternary Geochronology, 30: 207-212.

Chen Y, Yizhaq H, Mason J A, et al. 2021. Dune bistability identified by remote sensing in a semi-arid dune field of northern China. Aeolian Research, 53: 100751.

Cheng H, Zhang P Z, Spötl C, et al. 2012. The climatic cyclicity in semiarid-arid central Asia over the past 500,000 years. Geophysical Research Letters, 39(1): 1705.

Cheng H, Edwards R L, Sinha A, Spötl C, Yi L, Chen S, Kelly M, Kathayat G, Wang X, Li X, Kong X, Wang Y, Ning Y, Zhang H. 2016. The Asian monsoon over the past 640,000 years and ice age terminations. Nature, 534(7609): 640-646.

Chernykh E N. 2009. Formation of the Eurasian Steppe Belt Cultures: Viewed through the Lens of Archaeometallurgy and Radiocarbon Dating//Hanks B K, Linduff K M. Social Complexity in Prehistoric Eurasia: Monuments, Metals and Mobility. Cambridge: Cambridge University Press. 115-145.

Choi J H, Murray A S, Cheong C S, et al. 2006. Estimation of equivalent dose using quartz isothermal TL and the SAR procedure. Quaternary Geochronology, 1(2): 101-108.

Christophe C, Philippe A, Guérin G, et al. 2018. Bayesian approach to OSL dating of poorly bleached sediment samples: Mixture Distribution Models for Dose (MD2). Radiation Measurements, 108: 59-73.

Chun X, Chen F, Fan Y, et al. 2008. Formation of Ulan Buh desert and its environmental changes during the Holocene. Frontiers of Earth Science in China, 2(3): 327-332.

Cina S E, Yin A, Grove M, et al. 2009. Gangdese arc detritus within the eastern Himalayan Neogene foreland basin: Implications for the Neogene evolution of the Yalu–Brahmaputra River system. Earth and Planetary Science Letters, 285(1-2): 150-162.

Clark P U, Dyke A S, Shakun J D, et al. 2009. The last glacial maximum. Science, 325(5941): 710-714.

Clark P U, Shakun J D, Baker P A, et al. 2012. Global climate evolution during the last deglaciation. Proceedings of the National Academy of Sciences, 109(19): E1134-1142.

Cohen T J, Jansen J D, Gliganic L A, et al. 2015. Hydrological transformation coincided with megafaunal extinction in central Australia. Geology, 43(3): 195-198.

Cong N, Wang T, Nan H, et al. 2013. Changes in satellite-derived spring vegetation green-up date and its linkage to climate in China from 1982 to 2010: A multimethod analysis. Global Change Biology, 19(3): 881-891.

Courrech du Pont S, Narteau C, Gao X. 2014. Two modes for dune orientation. Geology, 42(9): 743-746.

Crutzen P J, Stoermer E F. 2000. The "Anthropocene". IGBP Newsletter, 41: 17-18.

Cui J, Sun Z, Burr G S, et al. 2019. The great cultural divergence and environmental background of Northern Shaanxi and its adjacent regions during the late Neolithic. Archaeological Research in Asia, 20: 100164.

Cunningham A C, DeVries D J, Schaart D R. 2012. Experimental and computational simulation of beta-dose heterogeneity in sediment. Radiation Measurements, 47(11): 1060-1067.

Dearing J A, Dann R, Hay K, et al. 1996. Frequency‐dependent susceptibility measurements of environmental materials. Geophysical Journal International, 124(1): 228-240.

Degroot D, Anchukaitis K, Bauch M, et al. 2021. Towards a rigorous understanding of societal responses to climate change. Nature, 591(7851): 539-550.

Ding J, Wu Y, Tan L, et al. 2021a. Trace and rare earth element evidence for the provenances of aeolian sands in the Mu Us Desert, NW China. Aeolian Research, 50: 100683.

Ding Z, Liu T, Rutter N W, et al. 1995. Ice-Volume Forcing of East Asian Winter Monsoon Variations in the Past 800,000 Years. Quaternary Research, 44(2): 149-159.

Ding Z, Derbyshire E, Yang S, et al. 2005. Stepwise expansion of desert environment across northern China in the past 3.5 Ma and implications for monsoon evolution. Earth and Planetary Science Letters, 237(1-2): 45-55.

Ding Z, Lu R, Wang L, et al. 2021b. Early-Mid Holocene climatic changes inferred from colors of eolian deposits in the Mu Us Desert. Geoderma, 401: 115172.

Dodson J, Li X, Ji M, et al. 2017. Early bronze in two Holocene archaeological sites in Gansu, NW China. Quaternary Research, 72(3): 309-314.

Dong Z, Lü P, Lu J, et al. 2012. Geomorphology and origin of Yardangs in the Kumtagh Desert, Northwest China. Geomorphology, 139: 145-154.

Dong Z, Qian G, Lü P, et al. 2013. Investigation of the sand sea with the tallest dunes on Earth: China's Badain Jaran Sand Sea. Earth-Science Reviews, 120: 20-39.

Dong Z, Hu G, Qian G, et al. 2017. High‐altitude aeolian research on the Tibetan Plateau. Reviews of Geophysics, 55(4): 864-901.

Drake N A, Breeze P, Parker A. 2013. Palaeoclimate in the Saharan and Arabian Deserts during the Middle Palaeolithic and the potential for hominin dispersals. Quaternary International, 300: 48-61.

Drennan R D, Peterson C E, Berrey C A. 2020. Environmental risk buffering in Chinese Neolithic villages: Impacts on community structure in the Central Plains and the Western Liao Valley. Archaeological Research in Asia, 21: 100165.

Du H, Hasi E, Yang Y, et al. 2012. Landscape pattern change and driving force of blowout distribution in the Hulun Buir Sandy Grassland. Sciences in Cold and Arid Regions, 4(5): 0431-0438.

Duan F, An C, Wang W, et al. 2020. Dating of a late Quaternary loess section from the northern slope of the Tianshan Mountains (Xinjiang, China) and its paleoenvironmental significance. Quaternary International, 544: 104-112.

Duller G A. 2008. Luminescence Dating: Guidelines on Using Luminescence Dating in Archaeology. Swindon: English Heritage.

Duller G A T. 1991. Equivalent dose determination using single aliquots. International Journal of Radiation Applications and Instrumentation Part D Nuclear Tracks and Radiation Measurements, 18(4): 371-378.

Duller G A T, Wintle A G. 2012. A review of the thermally transferred optically stimulated luminescence signal from quartz for dating sediments. Quaternary Geochronology, 7: 6-20.

Duller G A T, Tooth S, Barham L, et al. 2015. New investigations at Kalambo Falls, Zambia: Luminescence chronology, site formation, and archaeological significance. Journal of Human Evolution, 85: 111-125.

Durán O, Herrmann H J. 2006. Vegetation against dune mobility. Physical Review Letters, 97(18): 188001.

Duval M, Arnold L J, Guilarte V, et al. 2017. Electron spin resonance dating of optically bleached quartz grains from the Middle Palae-olithic site of Cuesta de la Bajada (Spain) using the multiple centres approach. Quaternary Geochronology, 37: 82-96.

Dykoski C A, Edwards R L, Cheng H, et al. 2005. A high-resolution, absolute-dated Holocene and deglacial Asian monsoon record from Dongge Cave, China. Earth and Planetary Science Letters, 233(1-2): 71-86.

Eitel B. 2008. Wüstenränder - Brennpunkte der Kulturentwicklung. Spektrum der Wissenschaft, 5(8): 70-78.

Engelbrecht J P, Derbyshire E. 2010. Airborne Mineral Dust. Elements, 6(4): 241-246.

Evans J, Geerken R. 2004. Discrimination between climate and human-induced dryland degradation. Journal of Arid Environments, 57(4): 535-554.

Fan A, Li S-H, Li B. 2011. Observation of unstable fast component in OSL of quartz. Radiation Measurements, 46(1): 21-28.

Fan A, Li S-H, Chen Y-G. 2012. Late pleistocene evolution of Lake Manas in western China with constraints of OSL ages of lacustrine sediments. Quaternary Geochronology, 10: 143-149.

Fan Q, Ma H, Ma Z, et al. 2014. An assessment and comparison of 230 Th and AMS ^{14}C ages for lacustrine sediments from Qarhan Salt Lake area in arid western China. Environmental Earth Sciences, 71: 1227-1237.

Fan Y, Zhang F, Zhang F, Liu W, et al. 2015. History and mechanisms for the expansion of the Badain Jaran Desert, northern China, since 20 ka: Geological and luminescence chronological evidence. The Holocene, 26(4): 532-548.

Fan Y, Mou X, Wang Y, et al. 2018. Quaternary paleoenvironmental evolution of the Tengger Desert and its implications for the prove-nance of the loess of the Chinese Loess Plateau. Quaternary Science Reviews, 197: 21-34.

Fan Y, Li Z, Yang G, et al. 2020. Sedimentary evidence and luminescence and ESR dating of Early Pleistocene high lake levels of Megalake Tengger, northwestern China. Journal of Quaternary Science, 35(8): 994-1006.

Fang X, An Z, Clemens S C, et al. 2020. The 3.6-Ma aridity and westerlies history over midlatitude Asia linked with global climatic cooling. Proceedings of the National Academy of Sciences, 117(40): 24729-24734.

Fattahi M, Stokes S. 2003. Red luminescence from potassium feldspar for dating applications: a study of some properties relevant for dating. Radiation Measurements, 37(6): 647-660.

Feng Y, Yang X. 2019. Moisture sources of the Alashan sand seas in western inner Mongolia, China during the Last Glacial Maximum and mid-Holocene. Journal of Geographical Sciences, 29(12): 2101-2121.

Fick S E, Hijmans R J. 2017. WorldClim 2: New 1-km spatial resolution climate surfaces for global land areas. International Journal of Climatology, 37(12): 4302-4315.

Folk R L, Ward W C. 1957. Brazos River bar: A   study in the significance of grain size parameters. Journal of Sedimentary Petrology, 27(1): 3-26.

Forman S L, Maat P. 1990. Stratigraphic evidence for late Quaternary dune activity near Hudson on the Piedmont of northern Colorado. Geology, 18(8): 745-748.

Forman S, Marin L, Pierson J, et al. 2005. Aeolian sand depositional records from western Nebraska: Landscape response to droughts in the past 1500 years. The Holocene, 15(7): 973-981.

Frachetti M D. 2012. Multiregional emergence of mobile pastoralism and nonuniform institutional complexity across Eurasia. Current Anthropology, 53(1): 2-38.

Fryberger S G, Dean G. 1979. Dune forms and wind regime//McKee E D. A Study of Global Sand Seas. Washington: U.S. Geological Survey Professional Paper. 137-169.

Fu X. 2014. The D_e (T, t) plot: A straightforward self-diagnose tool for post-IR IRSL dating procedures. Geochronometria, 41(4): 315-326.

Fu X, Li S-H. 2013. A modified multi-elevated-temperature post-IR IRSL protocol for dating Holocene sediments using K-feldspar. Quaternary Geochronology, 17: 44-54.

Fu X, Zhang J-F, Mo D-W, et al. 2010. Luminescence dating of baked earth and sediments from the Qujialing archaeological site, China. Quaternary Geochronology, 5(2): 353-359.

Fu X, Li B, Li S-H. 2012a. Testing a multi-step post-IR IRSL dating method using polymineral fine grains from Chinese loess. Quaternary Geochronology, 10: 8-15.

Fu X, Zhang J-F, Zhou L-P. 2012b. Comparison of the properties of various optically stimulated luminescence signals from potassium feldspar. Radiation Measurements, 47(3): 210-218.

Fu X, Li S-H, Li B. 2015. Optical dating of aeolian and fluvial sediments in north Tian Shan range, China: Luminescence characteris-tics and methodological aspects. Quaternary Geochronology, 30: 161-167.

Fu X, Cohen T J, Arnold L J. 2017a. Extending the record of lacustrine phases beyond the last interglacial for Lake Eyre in central Australia using luminescence dating. Quaternary Science Reviews, 162: 88-110.

Fu X, Li S-H, Li B, et al. 2017b. A fluvial terrace record of late Quaternary folding rate of the Anjihai anticline in the northern pied-mont of Tian Shan, China. Geomorphology, 278: 91-104.

Fu X, Li S-H, Cohen T J. 2018. Testing the applicability of a partial bleach method for post-IR IRSL dating of Holocene-aged K-feldspar samples. Quaternary Geochronology, 47: 1-13.

Fu X, Cohen T J, Fryirs K. 2019. Single-grain OSL dating of fluvial terraces in the upper Hunter catchment, southeastern Australia. Quaternary Geochronology, 49: 115-122.

Fu X, Romanyukha A A, Li B, et al. 2022. Beta dose heterogeneity in sediment samples measured using a Timepix pixelated detector and its implications for optical dating of individual mineral grains. Quaternary Geochronology, 68: 101254.

Fukuchi T. 1988. Applicability of ESR dating using multiple centres to fault movement — The case of the Itoigawa-Shizuoka tectonic line, a major fault in Japan. Quaternary Science Reviews, 7(3): 509-514.

Galbraith R, Green P. 1990. Estimating the component ages in a finite mixture. International Journal of Radiation Applications and Instrumentation Part D Nuclear Tracks and Radiation Measurements, 17(3): 197-206.

Galbraith R F, Roberts R G. 2012. Statistical aspects of equivalent dose and error calculation and display in OSL dating: An overview and some recommendations. Quaternary Geochronology, 11: 1-27.

Galbraith R F, Roberts R G, Laslett G M, et al. 1999. Optical dating of single and multiple grains of quartz from jinmium rock shelter, northern Australia, part 1, Experimental design and statistical models. Archaeometry, 41: 339-364.

Gao J, Shi Z, Xu L, et al. 2013. Precipitation variability in Hulunbuir, northeastern China since 1829 AD reconstructed from tree-rings and its linkage with remote oceans. Journal of Arid Environments, 95: 14-21.

Gao Q, Tao Z, Li B, et al. 2006. Palaeomonsoon variability in the southern fringe of the Badain Jaran Desert, China, since 130 ka BP. Earth Surface Processes and Landforms, 31(3): 265-283.

Gardner G J, Mortlock A J, Price D M, et al. 1987. Thermoluminescence and radiocarbon dating of Australian desert dunes. Australian Journal of Earth Sciences, 34(3): 343-357.

Glatz C, Casana J. 2016. Of highland-lowland borderlands: Local societies and foreign power in the Zagros-Mesopotamian interface. Journal of Anthropological Archaeology, 44: 127-147.

Glennie K W, Singhvi A K. 2002. Event stratigraphy, paleoenvironment and chronology of SE Arabian deserts. Quaternary Science Reviews, 21(7): 853-869.

Gliganic L A, Cohen T J, Slack M, et al. 2016. Sediment mixing in aeolian sandsheets identified and quantified using single-grain optically stimulated luminescence. Quaternary Geochronology, 32: 53-66.

Godfrey-Smith D I, Huntley D J, Chen W H. 1988. Optical dating studies of quartz and feldspar sediment extracts. Quaternary Science Reviews, 7(3): 373-380.

Godwin H. 1962. Half-life of radiocarbon. Nature, 195(4845): 984-984.

Goldsmith Y, Xu H. 2020. Samples not in stratigraphic order are not suitable for constraining ages of paleo-lake stands. Journal of Quaternary Science, 35(5): 726-727.

Goldsmith Y, Broecker W S, Xu H, et al. 2017a. Reply to Liu et al.: East Asian summer monsoon rainfall dominates Lake Dali lake area changes. Proceedings of the National Academy of Sciences, 114(15): E2989-E2990.

Goldsmith Y, Broecker W S, Xu H, et al. 2017b. Northward extent of East Asian monsoon covaries with intensity on orbital and mil-lennial timescales. Proceedings of the National Academy of Sciences, 114(8): 1817-1821.

Gong T, Lei H, Yang D, et al. 2017. Monitoring the variations of evapotranspiration due to land use/cover change in a semiarid shrub-land. Hydrology and Earth System Sciences, 21(2): 863-877.

Gong Z, Li S-H, Sun J, et al. 2013. Environmental changes in Hunshandake (Otindag) sandy land revealed by optical dating and multi-proxy study of dune sands. Journal of Asian Earth Sciences, 76: 30-36.

Gong Z, Sun J, Lü T. 2015. Investigating the components of the optically stimulated luminescence signals of quartz grains from sand dunes in China. Quaternary Geochronology, 29: 48-57.

Gou F, Liang W, Sun S, et al. 2021. Analysis of the desertification dynamics of sandy lands in Northern China over the period 2000–2017. Geocarto International, 36(17): 1938-1959.

Goudie A. 2002. Great Warm Deserts of the World-landscapes and Evolution. Oxford: Oxford University Press.

Goudie A. 2018. Human Impact on the Natural Environment: Past, Present and Future. Eighth Edition. Oxford: Wiley Blackwell.

Goudie A S, Goudie A M, Viles H A. 2021. Dome dunes: Distribution and morphology. Aeolian Research, 51: 100713.

Grunert J, Lehmkuhl F, Walther M. 2000. Paleoclimatic evolution of the Uvs Nuur basin and adjacent areas (Western Mongolia). Quaternary International, 65-66: 171-192.

Guan Q, Pan B, Li N, et al. 2011. Timing and significance of the initiation of present day deserts in the northeastern Hexi Corridor, China. Palaeogeography, Palaeoclimatology, Palaeoecology, 306(1-2): 70-74.

Guérin G, Jain M, Thomsen K J, et al. 2015. Modelling dose rate to single grains of quartz in well-sorted sand samples: the dispersion arising from the presence of potassium feldspars and implications for single grain OSL dating. Quaternary Geochronology, 27: 52-65.

Guérin G, Christophe C, Philippe A, et al. 2017. Absorbed dose, equivalent dose, measured dose rates, and implications for OSL age estimates: Introducing the Average Dose Model. Quaternary Geochronology, 41: 163-173.

Guibert P, Christophe C, Urbanová P, et al. 2017. Modeling incomplete and heterogeneous bleaching of mobile grains partially exposed to the light: Towards a new tool for single grain OSL dating of poorly bleached mortars. Radiation Measurements, 107: 48-57.

Gunn A, Casasanta G, Di Liberto L, et al. 2022. What sets aeolian dune height? Nature Communications, 13(1): 2401.

Guo L, Xiong S, Yang P, et al. 2018. Holocene environmental changes in the Horqin desert revealed by OSL dating and $\delta^{13}C$ analyses of paleosols. Quaternary International, 469(Part A): 11-19.

Guo L, Xiong S, Dong X, et al. 2019. Linkage between C_4 vegetation expansion and dune stabilization in the deserts of NE China during the late Quaternary. Quaternary International, 503(Part A): 10-23.

Guo Y, Li B, Zhao H. 2020. Comparison of single-aliquot and single-grain MET-pIRIR De results for potassium feldspar samples from the Nihewan Basin, northen China. Quaternary Geochronology, 56: 101040.

Guo Z T, Ruddiman W F, Hao Q Z, et al. 2002. Onset of Asian desertification by 22 Myr ago inferred from loess deposits in China. Nature, 416(6877): 159-163.

Guo Z T, Berger A, Yin Q Z, et al. 2009. Strong asymmetry of hemispheric climates during MIS-13 inferred from correlating China loess and Antarctica ice records. Climate of the Past, 5(1): 21-31.

Hajdas I, Ascough P, Garnett M H, et al. 2021. Radiocarbon dating. Nature Reviews Methods Primers, 1(1): 62.

Halfen A F, Johnson W C. 2013. A review of Great Plains dune field chronologies. Aeolian Research, 10: 135-160.

Halfen A F, Lancaster N, Wolfe S. 2016. Interpretations and common challenges of aeolian records from North American dune fields. Quaternary International, 410: 75-95.

Han G, Zhang G, Dong Y. 2007. A model for the active origin and development of source-bordering dunefields on a semiarid fluvial plain: A case study from the Xiliaohe Plain, Northeast China. Geomorphology, 86(3): 512-524.

Han Z, Li X. 2020. Reply to "Comments: Samples not in stratigraphic order are not suitable to constrain ages of palaeo-lake stands". Journal of Quaternary Science, 35(5): 728-729.

Hartmann K, Wünnemann B. 2009. Hydrological changes and Holocene climate variations in NW China, inferred from lake sediments of Juyanze palaeolake by factor analyses. Quaternary International, 194(1-2): 28-44.

He F. 2011. Simulating transient climate evolution of the last deglaciation with CCSM3. Doctor of Sciences. Madison: University of Wisconsin-Madison.

He Z, Zhou J, Lai Z, et al. 2010. Quartz OSL dating of sand dunes of Late Pleistocene in the Mu Us Desert in northern China. Quaternary Geochronology, 5(2-3): 102-106.

Hedin S. 1903. Central Asia and Tibet. London: Hurst and Blackett.

Heermance R V, Pullen A, Kapp P, et al. 2013. Climatic and tectonic controls on sedimentation and erosion during the Pliocene–Quaternary in the Qaidam Basin (China). GSA Bulletin, 125(5-6): 833-856.

Heller F, Liu X, Liu T, et al. 1991. Magnetic susceptibility of loess in China. Earth and Planetary Science Letters, 103(1-4): 301-310.

Herzschuh U, Kürschner H, Ma Y. 2003. The surface pollen and relative pollen production of the desert vegetation of the Alashan Plateau, western Inner Mongolia. Chinese Science Bulletin, 48(14): 1488-1493.

Hesse P P. 2016. How do longitudinal dunes respond to climate forcing? Insights from 25 years of luminescence dating of the Australian desert dunefields. Quaternary International, 410: 11-29.

Hoffmann J. 1996. The lakes in the SE part of Badain Jaran Shamo, their limnology and geochemistry. Geowissenschaften, 14: 275-278.

Hosner D, Wagner M, Tarasov P E, et al. 2016. Spatiotemporal distribution patterns of archaeological sites in China during the Neolithic and Bronze Age: An overview. The Holocene, 26(10): 1576-1593.

Hou M, Zhuang G, Ji J, et al. 2021. Profiling interactions between the Westerlies and Asian summer monsoons since 45 ka: Insights from biomarker, isotope, and numerical modeling studies in the Qaidam Basin. GSA Bulletin, 133(7-8): 1531-1541.

Hövermann J. 1998. Zur Palaeoklimatologie Zentralasiens – quantitative Bestimmung von Palaeoniederschlag und –temperatur. Petermanns Geographische Mitteilungen, 142: 251-257.

Hövermann J, Hövermann E. 1991. Pleistocene and Holocene geomorphological features between the Kunlun Mountains and the Taklimakan Desert. Die Erde, Erg.-H 6: 51-72.

Hövermann J, Süssenberger H. 1986. Zur Klimageschichte Hoch- und Ostasiens. Berliner Geographische Studien, 20: 173-186.

Hu C, Chen N, Kapp P, et al. 2017. Yardang geometries in the Qaidam Basin and their controlling factors. Geomorphology, 299: 142-151.

Hu F, Yang X. 2016. Geochemical and geomorphological evidence for the provenance of aeolian deposits in the Badain Jaran Desert, northwestern China. Quaternary Science Reviews, 131: 179-192.

Hu F, Yang X, Li H. 2019. Origin and morphology of barchan and linear clay dunes in the Shuhongtu Basin, Alashan Plateau, China. Geomorphology, 339: 114-126.

Huang Y, Wang N, He T, et al. 2009. Historical desertification of the Mu Us Desert, Northern China: A multidisciplinary study. Geomorphology, 110(3): 108-117.

Huntley D J. 2006. An explanation of the power-law decay of luminescence. Journal of Physics: Condensed Matter, 18(4): 1359-1365.

Huntley D J, Lamothe M. 2001. Ubiquity of anomalous fading in K-feldspars and the measurement and correction for it in optical dating. Canadian Journal of Earth Sciences, 38(7): 1093-1106.

Huntley D J, Godfrey-Smith D I, Thewalt M L W. 1985. Optical dating of sediments. Nature, 313(5998): 105-107.

Huot S, Lamothe M. 2003. Variability of infrared stimulated luminescence properties from fractured feldspar grains. Radiation Measurements, 37(4): 499-503.

Hütt G, Jaek I, Tchonka J. 1988. Optical dating: K-feldspars optical response stimulation spectra. Quaternary Science Reviews, 7(3): 381-385.

Jaang L. 2011. Long-distance interactions as reflected in the earliest Chinese bronze mirrors. The Lloyd Cotsen study collection of Chinese bronze mirrors, 2: 34-49.

Jaang L. 2015. The landscape of China's participation in the Bronze Age Eurasian Network. Journal of World Prehistory, 28(3): 179-213.

Jaang L. 2023. Erlitou: The making of a secondary state and a new sociopolitical order in early Bronze Age China. Journal of Archaeological Research, 31(2): 209-262.

Jaang L, Sun Z, Shao J, et al. 2018. When peripheries were centres: A preliminary study of the Shimao-centred polity in the loess highland, China. Antiquity, 92(364): 1008-1022.

Jackson J. 1997. Glossary of Geology (Fourth Edition). Alexandria: American Geological Institute.

Jacobel A W, McManus J F, Anderson R F, et al. 2017. Climate-related response of dust flux to the central equatorial Pacific over the past 150 kyr. Earth and Planetary Science Letters, 457: 160-172.

Jacobs Z, Li B, Shunkov M V, et al. 2019. Timing of archaic hominin occupation of Denisova Cave in southern Siberia. Nature, 565(7741): 594-599.

Jain M. 2009. Extending the dose range: Probing deep traps in quartz with 3.06eV photons. Radiation Measurements, 44(5): 445-452.

Jain M, Bøtter-Jensen L, Murray A S, et al. 2005. Revisiting TL: Dose measurement beyond the OSL range using SAR. Ancient TL, 23(1): 9-24.

Jain M, Duller G A T, Wintle A G. 2007. Dose response, thermal stability and optical bleaching of the 310°C isothermal TL signal in quartz. Radiation Measurements, 42(8): 1285-1293.

Jäkel D. 2002. Storeys of aeolian relief in North Africa and China//Yang X. Desert and Alpine Environments–Advances in Geomorphology and Palaeoclimatology. Beijing: China Ocean Press. 6-21.

Janz L. 2012. Chronology of Post-Glacial Settlement in the Gobi Desert and the Neolithization of Arid Mongolia and China. Tucson: The University of Arizona. Doctor of Philosophy.

Ji J, Wang G, Yang L, et al. 2019. Holocene climate in arid central Asia and timing of sand dunes accumulation in Balikun Basin, Northwest China. Geological Journal, 55(11): 7346-7358.

Jia F, Lu R, Gao S, et al. 2015. Holocene aeolian activities in the southeastern Mu Us Desert, China. Aeolian Research, 19: 267-274.

Jia H, Wu J, Zhang H, et al. 2020. Pollen-based climate reconstruction from Ebi Lake in northwestern China, Central Asia, over the past 37,000 years. Quaternary International, 544: 96-103.

Jia X, Yi S, Sun Y, et al. 2017. Spatial and temporal variations in prehistoric human settlement and their influencing factors on the south bank of the Xar Moron River, Northeastern China. Frontiers of Earth Science, 11(1): 137-147.

Jiang M, Han Z, Li X, et al. 2020. Beach ridges of Dali Lake in Inner Mongolia reveal precipitation variation during the Holocene. Journal of Quaternary Science, 35(5): 716-725.

Jiang Q, Yang X. 2019. Sedimentological and geochemical composition of aeolian sediments in the Taklamakan Desert: Implications for provenance and sediment supply mechanisms. Journal of Geophysical Research-Earth Surface, 124(5): 1217-1237.

Jiang Q, Shen J, Liu X, et al. 2007. A high-resolution climatic change since Holocene inferred from multi-proxy of lake sediment in westerly area of China. Chinese Science Bulletin, 52(14): 1970-1979.

Jiang W, Guo Z, Sun X, et al. 2006. Reconstruction of climate and vegetation changes of Lake Bayanchagan (Inner Mongolia): Holocene variability of the East Asian monsoon. Quaternary Research, 65(3): 411-420.

Jiang W, Leroy S A, Yang S, et al. 2019. Synchronous strengthening of the Indian and East Asian monsoons in response to global warming since the last deglaciation. Geophysical Research Letters, 46(7): 3944-3952.

Jin H, Chang X, Luo D, et al. 2016. Evolution of permafrost in Northeast China since the Late Pleistocene. Sciences in Cold and Arid Regions, 8(4): 269-295.

Jin M, Li G, Li F, et al. 2015. Holocene shorelines and lake evolution in Juyanze Basin, southern Mongolian Plateau, revealed by luminescence dating. The Holocene, 25(12): 1898-1911.

Jouzel J, Masson-Delmotte V, Cattani O, et al. 2007. Orbital and millennial Antarctic climate variability over the past 800,000 years. Science, 317(5839): 793-796.

Kabacińska Z, Buylaert J P, Yi S, et al. 2022. Revisiting natural and laboratory electron spin resonance (ESR) dose response curves of quartz from Chinese loess. Quaternary Geochronology, 70: 101306.

Kailath A J, Rao T K G, Dhir R P, et al. 2000. Electron spin resonance characterization of calcretes from Thar desert for dating applications. Radiation Measurements, 32(4): 371-383.

Kaiser K, Lai Z, Schneider B, et al. 2009. Stratigraphy and palaeoenvironmental implications of Pleistocene and Holocene aeolian sediments in the Lhasa area, southern Tibet (China). Palaeogeography, Palaeoclimatology, Palaeoecology, 271(3-4): 329-342.

Kaiser K, Lai Z, Schneider B, et al. 2010. Late Pleistocene genesis of the middle Yarlung Zhangbo Valley, southern Tibet (China), as deduced by sedimentological and luminescence data. Quaternary Geochronology, 5(2-3): 200-204.

Kang S G, Wang X L, Lu Y C. 2012. The estimation of basic experimental parameters in the fine-grained quartz multiple-aliquot regenerative-dose OSL dating of Chinese loess. Radiation Measurements, 47(9): 674-681.

Kapp P, Pelletier J D, Rohrmann A, et al. 2011. Wind erosion in the Qaidam basin, central Asia: implications for tectonics, paleoclimate, and the source of the Loess Plateau. GSA Today, 21(4/5): 4-10.

Kapp P, Pullen A, Pelletier J D, et al. 2015. From dust to dust: Quaternary wind erosion of the Mu Us Desert and Loess Plateau, China. Geology, 43: 253-259.

Kar A, Felix C, Rajaguru S N, et al. 1998. Late Holocene growth and mobility of a transverse dune in the Thar Desert. Journal of Arid Environments, 38(2): 175-185.

Kars R H, Wallinga J, Cohen K M. 2008. A new approach towards anomalous fading correction for feldspar IRSL dating — tests on samples in field saturation. Radiation Measurements, 43(2): 786-790.

Kasse C. 1997. Cold‐climate aeolian sand‐sheet formation in North‐Western Europe (c. 14–12.4 ka); a response to permafrost degradation and increased aridity. Permafrost and Periglacial Processes, 8(3): 295-311.

Kocurek G. 1998. Aeolian system response to external forcing factors - a sequence stratigraphic view of the Saharan region//Alsharhan A S, Glennie K W, Whittle G L. Quaternary Deserts and Climatic Change. Rotterdam: CRC Press. 327-337.

Kocurek G, Lancaster N. 1999. Aeolian system sediment state: Theory and Mojave Desert Kelso dune field example. Sedimentology, 46(3): 505-515.

Kug J-S, Jeong J-H, Jang Y-S, et al. 2015. Two distinct influences of Arctic warming on cold winters over North America and East Asia. Nature Geoscience, 8(10): 759-762.

Kumar R, Kook M, Jain M. 2021. Sediment dating using infrared photoluminescence. Quaternary Geochronology, 62: 101147.

Kutschera W. 2013. Applications of accelerator mass spectrometry. International Journal of Mass Spectrometry, 349-350: 203-218.

Kuzmina E E. 2015. The Prehistory of the Silk Road. Philadelphia: University of Pennsylvania Press.

Lai Z. 2010. Chronology and the upper dating limit for loess samples from Luochuan section in the Chinese Loess Plateau using quartz OSL SAR protocol. Journal of Asian Earth Sciences, 37(2): 176-185.

Lai Z, Kaiser K, Brückner H. 2009. Luminescence-dated aeolian deposits of late Quaternary age in the southern Tibetan Plateau and their implications for landscape history. Quaternary Research, 72(3): 421-430.

Lai Z, Mischke S, Madsen D. 2014. Paleoenvironmental implications of new OSL dates on the formation of the "Shell Bar" in the Qaidam Basin, northeastern Qinghai-Tibetan Plateau. Journal of Paleolimnology, 51(2): 197-210.

Lamothe M, Balescu S, Auclair M. 1994. Natural IRSL intensities and apparent luminescence ages of single feldspar grains extracted from partially bleached sediments. Radiation Measurements, 23(2): 555-561.

Lan J, Wang T, Dong J, et al. 2021. The influence of ice sheet and solar insolation on Holocene moisture evolution in northern Central Asia. Earth-Science Reviews, 217.

Lancaster N. 2023. Geomorphology of Desert Dunes. Cambridge: Cambridge University.

Lancaster N. 2008. Desert dune dynamics and development: insights from luminescence dating. Boreas, 37(4): 559-573.

Lancaster N, Kocurek G, Singhvi A, et al. 2002. Late Pleistocene and Holocene dune activity and wind regimes in the western Sahara Desert of Mauritania. Geology, 30(11): 991-994.

Lancaster N, Wolfe S, Thomas D, et al. 2016. The INQUA Dunes Atlas chronologic database. Quaternary International, 410 Part B: 3-10.

Laronne J B, Reid L. 1993. Very high rates of bedload sediment transport by ephemeral desert rivers. Nature, 366(6451): 148-150.

Laskar J, Robutel P, Joutel F, Gastineau M, Correia A, Levrard B. 2004. A long-term numerical solution for the insolation quantities of the Earth. Astronomy & Astrophysics, 428(1): 261-285.

Lehmkuhl F, Zens J, Krauß L, et al. 2016. Loess-paleosol sequences at the northern European loess belt in Germany: Distribution, geomorphology and stratigraphy. Quaternary Science Reviews, 153: 11-30.

Leighton C L, Bailey R M, Thomas D S G. 2013. The utility of desert sand dunes as Quaternary chronostratigraphic archives: Evidence from the northeast Rub' al Khali. Quaternary Science Reviews, 78: 303-318.

Leighton C L, Thomas D S G, Bailey R M. 2014. Reproducibility and utility of dune luminescence chronologies. Earth-Science Reviews, 129: 24-39.

Li B, Li S-H. 2006. Studies of thermal stability of charges associated with thermal transfer of OSL from quartz. Journal of Physics D: Applied Physics, 39(14): 2941-2949.

Li B, Li S-H. 2011. Luminescence dating of K-feldspar from sediments: A protocol without anomalous fading correction. Quaternary Geochronology, 6(5): 468-479.

Li B, Li S-H. 2012. Luminescence dating of Chinese loess beyond 130 ka using the non-fading signal from K-feldspar. Quaternary Geochronology, 10: 24-31.

Li B, Li S-H, Wintle A G, et al. 2008. Isochron dating of sediments using luminescence of K-feldspar grains. Journal of Geophysical Research: Earth Surface, 113: F02026.

Li B, Jacobs Z, Roberts R G, et al. 2013. Extending the age limit of luminescence dating using the dose-dependent sensitivity of MET-pIRIR signals from K-feldspar. Quaternary Geochronology, 17: 55-67.

Li B, Jacobs Z, Roberts R G, et al. 2014a. Review and assessment of the potential of post-IR IRSL dating methods to circumvent the problem of anomalous fading in feldspar luminescence. Geochronometria, 41(3): 178-201.

Li B, Roberts R G, Jacobs Z, et al. 2014b. A single-aliquot luminescence dating procedure for K-feldspar based on the dose-dependent MET-pIRIR signal sensitivity. Quaternary Geochronology, 20: 51-64.

Li B, Jacobs Z, Roberts R G, et al. 2017a. Variability in quartz OSL signals caused by measurement uncertainties: Problems and solutions. Quaternary Geochronology, 41: 11-25.

Li B, Sun D, Xu W, et al. 2017b. Paleomagnetic chronology and paleoenvironmental records from drill cores from the Hetao Basin and their implications for the formation of the Hobq Desert and the Yellow River. Quaternary Science Reviews, 156: 69-89.

Li G, Jin M, Wen L, et al. 2014c. Quartz and K-feldspar optical dating chronology of eolian sand and lacustrine sequence from the southern Ulan Buh Desert, NW China: Implications for reconstructing late Pleistocene environmental evolution. Palaeogeography, Palaeoclimatology, Palaeoecology, 393: 111-121.

Li G, Wen L, Xia D, et al. 2015a. Quartz OSL and K-feldspar pIRIR dating of a loess/paleosol sequence from arid central Asia, Tianshan Mountains, NW China. Quaternary Geochronology, 28: 40-53.

Li G, Rao Z, Duan Y, et al. 2016. Paleoenvironmental changes recorded in a luminescence dated loess/paleosol sequence from the Tianshan Mountains, arid central Asia, since the Penultimate Glaciation. Earth and Planetary Science Letters, 448: 1-12.

Li G, Li F, Jin M, et al. 2017c. Late Quaternary lake evolution in the Gaxun Nur basin, central Gobi Desert, China, based on quartz OSL and K‐feldspar pIRIR dating of paleoshorelines. Journal of Quaternary Science, 32(3): 347-361.

Li G, Wang Z, Zhao W, et al. 2020a. Quantitative precipitation reconstructions from Chagan Nur revealed lag response of East Asian summer monsoon precipitation to summer insolation during the Holocene in arid northern China. Quaternary Science Reviews, 239: 106365.

Li G, Yang H, Stevens T, et al. 2020b. Differential ice volume and orbital modulation of Quaternary moisture patterns between Central and East Asia. Earth and Planetary Science Letters, 530: 115901.

Li H, Yang X. 2014. Temperate dryland vegetation changes under a warming climate and strong human intervention — With a particular reference to the district Xilin Gol, Inner Mongolia, China. Catena, 119: 9-20.

Li H, Yang X. 2016. Spatial and temporal patterns of aeolian activities in the desert belt of northern China revealed by dune chronologies. Quaternary International, 410: 58-68.

Li H, Yang X, Scuderi L A, et al. 2023. East Gobi megalake systems reveal East Asian Monsoon dynamics over the last interglacial-glacial cycle. Nature Communications, 14(1): 2103.

Li J, Wang Y, Liu R, et al. 2019. Strong dune activity and the forcing mechanisms of dune fields in northeastern China during the last 2 kyr. Palaeogeography, Palaeoclimatology, Palaeoecology, 514: 92-97.

Li M. 2018. Social Memory and State Formation in Early China. Cambridge: Cambridge University Press.

Li S-H, Fan A. 2011. OSL chronology of sand deposits and climate change of last 18 ka in Gurbantunggut Desert, northwest China. Journal of Quaternary Science, 26(8): 813-818.

Li S-H, Sun J. 2006. Optical dating of Holocene dune sands from the Hulun Buir Desert, northeastern China. The Holocene, 16(3): 457-462.

Li S-H, Sun J-M, Zhao H. 2002. Optical dating of dune sands in the northeastern deserts of China. Palaeogeography, Palaeoclimatology, Palaeoecology, 181(4): 419-429.

Li S-H, Chen Y-Y, Li B, et al. 2007. OSL dating of sediments from deserts in northern China. Quaternary Geochronology, 2(1-4): 23-28.

Li X, Yi C, Chen F, et al. 2006a. Formation of proglacial dunes in front of the Puruogangri Icefield in the central Qinghai–Tibet Plateau: Implications for reconstructing paleoenvironmental changes since the Lateglacial. Quaternary International, 154: 122-127.

Li X, Zhao K, Dodson J, et al. 2011. Moisture dynamics in central Asia for the last 15 kyr: new evidence from Yili Valley, Xinjiang, NW China. Quaternary Science Reviews, 30(23): 3457-3466.

Li Y, Wang N A, Morrill C, et al. 2009. Environmental change implied by the relationship between pollen assemblages and grain-size in N.W. Chinese lake sediments since the Late Glacial. Review of Palaeobotany and Palynology, 154(1): 54-64.

Li Y C, Xu Q H, Yang X L, et al. 2005. Pollen‐vegetation relationship and pollen preservation on the Northeastern Qinghai‐Tibetan Plateau. Grana, 44(3): 160-171.

Li Y Y, Willis K J, Zhou L P, et al. 2006b. The impact of ancient civilization on the northeastern Chinese landscape: palaeoecological evidence from the Western Liaohe River Basin, Inner Mongolia. The Holocene, 16(8): 1109-1121.

Li Z, Sun D, Chen F, et al. 2014d. Chronology and paleoenvironmental records of a drill core in the central Tengger Desert of China. Quaternary Science Reviews, 85: 85-98.

Li Z, Wang N A, Cheng H, et al. 2015b. Formation and environmental significance of late Quaternary calcareous root tubes in the deserts of the Alashan Plateau, northwest China. Quaternary International, 372: 167-174.

Li Z, Yu X, Chen Q, D et al. 2022. Quantitative tracing of provenance for modern eolian sands with various grain size fractions in the Ulan Buh Desert, northwestern China. Catena, 217: 106487.

Lian O B, Roberts R G. 2006. Dating the Quaternary: progress in luminescence dating of sediments. Quaternary Science Reviews, 25(19): 2449-2468.

Liang P, Forman S L. 2019. LDAC: An Excel-based program for luminescence equivalent dose and burial age calculations. Ancient TL, 37(2): 21-40.

Liang P, Yang X. 2016. Landscape spatial patterns in the Maowusu (Mu Us) Sandy Land, northern China and their impact factors. Catena, 145: 321-333.

Liang P, Yang X. 2023. Grain shape evolution of sand-sized sediments during transport from mountains to dune fields. Journal of Geophysical Research: Earth Surface, 128(3): e2022JF006930.

Liang P, Li H, Zhou Y, et al. 2021. The enigma and complexity of landscape dynamics in Chinese deserts: From case studies to big data. PAGES Magazine, 29(1): 10-11.

Liang P, Chen B, Yang X, et al. 2022. Revealing the dust transport processes of the 2021 mega dust storm event in northern China. Science Bulletin, 67(1): 21-24.

Libby W F. 1952. Radiocarbon dating. Chicago: University of Chicago Press.

Ling Z, Yang S, Wang X, et al. 2020. Spatial-temporal differentiation of eolian sediments in the Yarlung Tsangpo catchment, Tibetan Plateau, and response to global climate change since the Last Glaciation. Geomorphology, 357: 107104.

Lister G S, Kelts K, Zao C K, et al. 1991. Lake Qinghai, China: closed-basin like levels and the oxygen isotope record for ostracoda since the latest Pleistocene. Palaeogeography, Palaeoclimatology, Palaeoecology, 84(1): 141-162.

Lisiecki L E, Raymo M E. 2005. A Pliocene‐Pleistocene stack of 57 globally distributed benthic $\delta^{18}O$ records. Paleoceanography, 20(1): PA1003.

Liu B, Jin H, Sun L, et al. 2017a. Grain size and geochemical study of the surface deposits of the sand dunes in the Mu Us desert, northern China. Geological Journal, 52(6): 1009-1019.

Liu B, Jin H, Sun L, et al. 2019. Multiproxy records of Holocene millennial-scale climatic variations from the aeolian deposit in eastern Horqin dune field, northeastern China. Geological Journal, 54(1): 351-363.

Liu H, Xu L, Cui H. 2002. Holocene history of desertification along the woodland-steppe border in Northern China. Quaternary Research, 57(2): 259-270.

Liu J, Chen J, Zhang X, et al. 2015. Holocene East Asian summer monsoon records in northern China and their inconsistency with Chinese stalagmite $\delta^{18}O$ records. Earth-Science Reviews, 148: 194-208.

Liu J, Chen S, Chen J, et al. 2017b. Chinese cave $\delta^{18}O$ records do not represent northern East Asian summer monsoon rainfall. Proceedings of the National Academy of Sciences, 114(15): E2987-E2988.

Liu K, Lai Z. 2012. Chronology of Holocene sediments from the archaeological Salawusu site in the Mu Us Desert in China and its palaeoenvironmental implications. Journal of Asian Earth Sciences, 45: 247-255.

Liu N, Liu Y, Bao G, et al. 2016. Drought reconstruction in eastern Hulun Buir steppe, China and its linkages to the sea surface temperatures in the Pacific Ocean. Journal of Asian Earth Sciences, 115: 298-307.

Liu Q, Yang X. 2018. Geochemical composition and provenance of aeolian sands in the Ordos Deserts, northern China. Geomorphology, 318: 354-374.

Liu T, Guo Z. 1997. Geological environments in China and global change//安芷生. 刘东生文集. 北京: 科学出版社. 192-202.

Liu W, Liu Z, An Z, et al. 2014a. Late Miocene episodic lakes in the arid Tarim Basin, western China. Proceedings of the National Academy of Sciences, 111(46): 16292-16296.

Liu W, Liu Z, Sun J, et al. 2020. Onset of permanent Taklimakan Desert linked to the mid-Pleistocene transition. Geology, 48(8): 782-786.

Liu X, Herzschuh U, Shen J, et al. 2008. Holocene environmental and climatic changes inferred from Wulungu Lake in northern Xinjiang, China. Quaternary Research, 70(3): 412-425.

Liu X, Lightfoot E, O'Connell T C, et al. 2014b. From necessity to choice: dietary revolutions in west China in the second millennium BC. World Archaeology, 46(5): 661-680.

Liu Z, Yang X. 2013. Geochemical-geomorphological evidence for the provenance of aeolian sands and sedimentary environments in the Hunshandake Sandy Land, Eastern Inner Mongolia, China. Acta Geologica Sinica - English Edition, 87(3): 871-884.

Livingstone I. 2003. A twenty-one-year record of surface change on a Namib linear dune. Earth Surface Processes and Landforms, 28(9): 1025-1031.

Lomax J, Hilgers A, Twidale C R, et al. 2007. Treatment of broad palaeodose distributions in OSL dating of dune sands from the western Murray Basin, South Australia. Quaternary Geochronology, 2(1): 51-56.

Long H, Lai Z, Fuchs M, et al. 2012. Timing of Late Quaternary palaeolake evolution in Tengger Desert of northern China and its possible forcing mechanisms. Global and Planetary Change, 92-93: 119-129.

Long H, Shen J, Tsukamoto S, et al. 2014. Dry early Holocene revealed by sand dune accumulation chronology in Bayanbulak Basin (Xinjiang, NW China). The Holocene, 24(5): 614-626.

Long H, Haberzettl T, Tsukamoto S, et al. 2015. Luminescence dating of lacustrine sediments from Tangra Yumco (southern Tibetan Plateau) using post-IR IRSL signals from polymineral grains. Boreas, 44(1): 139-152.

Long H, Shen J, Chen J, et al. 2017. Holocene moisture variations over the arid central Asia revealed by a comprehensive sand-dune record from the central Tian Shan, NW China. Quaternary Science Reviews, 174: 13-32.

Lorenz R D, Zimbelman J R. 2014. Dune Worlds: How Windblown Sand Shapes Planetary Landscapes. Heidelberg: Springer Science & Business Media.

Lowe J J, Walker M. 2014. Reconstructing Quaternary Environments. London: Routledge.

Lowick S E, Preusser F, Wintle A G. 2010. Investigating quartz optically stimulated luminescence dose–response curves at high doses. Radiation Measurements, 45(9): 975-984.

Lu F, Ma C, Zhu C, et al. 2018. Variability of East Asian summer monsoon precipitation during the Holocene and possible forcing mechanisms. Climate Dynamics, 52: 969-989.

Lu H, Miao X, Zhou Y, et al. 2005. Late Quaternary aeolian activity in the Mu Us and Otindag dune fields (north China) and lagged response to insolation forcing. Geophysical Research Letters, 32: L21716.

Lu H, Wang X, Li L. 2010a. Aeolian sediment evidence that global cooling has driven late Cenozoic stepwise aridification in central Asia. Geological Society, London, Special Publications, 342(1): 29-44.

Lu H, Zhao C, Mason J, et al. 2010b. Holocene climatic changes revealed by aeolian deposits from the Qinghai Lake area (northeastern Qinghai-Tibetan Plateau) and possible forcing mechanisms. The Holocene, 21(2): 297-304.

Lu H, Zhou Y, Liu W, et al. 2012. Organic stable carbon isotopic composition reveals late Quaternary vegetation changes in the dune fields of northern China. Quaternary Research, 77(3): 433-444.

Lu H, Yi S, Xu Z, et al. 2013. Chinese deserts and sand fields in Last Glacial Maximum and Holocene Optimum. Chinese Science Bulletin, 58(23): 2775-2783.

Lu H, Xu Y, Niu Y, et al. 2016. Late Quaternary loess deposition in the southern Chaiwopu Basin of the northern Chinese Tian Shan foreland and its palaeoclimatic implications. Boreas, 45(2): 304-321.

Lu H, Wang X, Wang X, et al. 2019. Formation and evolution of Gobi Desert in central and eastern Asia. Earth-Science Reviews, 194: 251-263.

Lü P, Narteau C, Dong Z, et al. 2017. Unravelling raked linear dunes to explain the coexistence of bedforms in complex dunefields. Nature Communications, 8: 14239.

Ma W, Wang X, Zhou N, et al. 2017. Relative importance of climate factors and human activities in impacting vegetation dynamics during 2000–2015 in the Otindag Sandy Land, northern China. Journal of Arid Land, 9(4): 558-567.

Mackie G, Claudi R. 2010. Monitoring and Control of Macrofouling Mollusks in Fresh Water Systems. Boca Raton: CRC Press.

Madsen A T, Murray A S. 2009. Optically stimulated luminescence dating of young sediments: A review. Geomorphology, 109(1-2): 3-16.

Maher B A, Taylor R M. 1988. Formation of ultrafine-grained magnetite in soils. Nature, 336(6197): 368-370.

Manabe S, Terpstra T B. 1974. The effects of mountains on the general circulation of the atmosphere as identified by numerical experiments. Journal of Atmospheric Sciences, 31(1): 3-42.

Maringer J. 1950. Contribution to the prehistory of Mongolia: Reports from the scientific expedition to the north-western provinces of China under the leadership of Dr. Sven Hedin. Sino-Swedish Expedition Publication. Stockholm: Statens Etnografiska Museum.

Martin L, Mercier N, Incerti S, et al. 2015. Dosimetric study of sediments at the beta dose rate scale: Characterization and modelization with the DosiVox software. Radiation Measurements, 81: 134-141.

Martin L, Fang F, Mercier N, et al. 2018. 2D modelling: A Monte Carlo approach for assessing heterogeneous beta dose rate in luminescence and ESR dating: Paper I, theory and verification. Quaternary Geochronology, 48: 25-37.

Mason J A, Swinehart J B, Lu H, et al. 2008. Limited change in dune mobility in response to a large decrease in wind power in semi-arid northern China since the 1970s. Geomorphology, 102(3): 351-363.

Mason J A, Lu H, Zhou Y, et al. 2009. Dune mobility and aridity at the desert margin of northern China at a time of peak monsoon strength. Geology, 37(10): 947-950.

Mason J A, Swinehart J B, Hanson P R, et al. 2011. Late Pleistocene dune activity in the central Great Plains, USA. Quaternary Science Reviews, 30(27): 3858-3870.

Mayewski P A, Rohling E E, Curt Stager J, et al. 2004. Holocene climate variability. Quaternary Research, 62(3): 243-255.

Mayya Y S, Morthekai P, Murari M K, et al. 2006. Towards quantifying beta microdosimetric effects in single-grain quartz dose distribution. Radiation Measurements, 41(7): 1032-1039.

Mckenna-Neuman C. 1989. Kinetic energy transfer through impact and its role in entrainment by wind of particles from frozen surfaces. Sedimentology, 36(6): 1007-1015.

Meng Q-R, Hu J-M, Jin J-Q, et al. 2003. Tectonics of the late Mesozoic wide extensional basin system in the China–Mongolia border region. Basin Research, 15(3): 397-415.

Meng Y, Liu X. 2018. Millennial-scale climate oscillations inferred from visible spectroscopy of a sediment core in Qarhan Salt Lake of Qaidam Basin between 40 and 10 cal ka BP. Quaternary International, 464: 336-342.

Merrill R, McElhinny M, et al. 1996. The Magnetic Field of the Earth-Paleomagnetism, the Core, and the Deep Mantle. San Diego: Academic Press.

Miao W, Fan Q, Wei H, et al. 2016. Clay mineralogical and geochemical constraints on late Pleistocene weathering processes of the Qaidam Basin, northern Tibetan Plateau. Journal of Asian Earth Sciences, 127: 267-280.

Muhs D R, Holliday V T. 1995. Evidence of active dune sand on the Great Plains in the 19th Century from accounts of early explorers. Quaternary Research, 43(2): 198-208.

Muñoz Sabater J. 2019. ERA5-Land hourly data from 1981 to present//Copernicus Climate Change Service of Climate Data Store (CDS).

Munyikwa K. 2005. Synchrony of southern hemisphere Late Pleistocene arid episodes: A review of luminescence chronologies from arid aeolian landscapes south of the Equator. Quaternary Science Reviews, 24(23): 2555-2583.

Murari M K, Kreutzer S, King G, et al. 2021. Infrared radiofluorescence (IR-RF) dating: A review. Quaternary Geochronology, 64: 101155.

Murray A, Arnold L J, Buylaert J-P, et al. 2021. Optically stimulated luminescence dating using quartz. Nature Reviews Methods Primers, 1(1): 72.

Murray A S, Roberts R G. 1997. Determining the burial time of single grains of quartz using optically stimulated luminescence. Earth and Planetary Science Letters, 152(1): 163-180.

Murray A S, Roberts R G. 1998. Measurement of the equivalent dose in quartz using a regenerative-dose single-aliquot protocol. Radiation Measurements, 29(5): 503-515.

Murray A S, Wintle A G. 2000. Luminescence dating of quartz using an improved single-aliquot regenerative-dose protocol. Radiation Measurements, 32(1): 57-73.

Murray A S, Wintle A G. 2003. The single aliquot regenerative dose protocol: Potential for improvements in reliability. Radiation measurements, 37(4): 377-381.

Murray A S, Svendsen J I, Mangerud J, et al. 2007. Testing the accuracy of quartz OSL dating using a known-age Eemian site on the river Sula, northern Russia. Quaternary Geochronology, 2(1): 102-109.

Murray A S, Buylaert J P, Thomsen K J, et al. 2009. The effect of preheating on the IRSL signal from feldspar. Radiation Measurements, 44(5): 554-559.

Myneni R B, Keeling C D, Tucker C J, et al. 1997. Increased plant growth in the northern high latitudes from 1981 to 1991. Nature, 386(6626): 698-702.

Nagar Y C, Sastry M D, Bhushan B, et al. 2010. Chronometry and formation pathways of gypsum using electron spin resonance and fourier transform infrared spectroscopy. Quaternary Geochronology, 5(6): 691-704.

Nanson G C, Price D M, Short S A. 1992. Wetting and drying of Australia over the past 300 ka. Geology, 20(9): 791-794.

Nathan R P, Thomas P J, Jain M, et al. 2003. Environmental dose rate heterogeneity of beta radiation and its implications for luminescence dating: Monte Carlo modelling and experimental validation. Radiation Measurements, 37(4): 305-313.

Nelson F E. 2003. (Un) frozen in time. Science, 299(5613): 1673-1675.

Nie J, Stevens T, Rittner M, et al. 2015. Loess Plateau storage of Northeastern Tibetan Plateau-derived Yellow River sediment. Nature Communications, 6(1): 8511.

Nield J M, Baas A C W. 2008. Investigating parabolic and nebkha dune formation using a cellular automaton modelling approach. Earth Surface Processes and Landforms, 33(5): 724-740.

Norin E. 1980. Sven Hedin Central Asia Atlas, Memoir on Maps. Stockholm: Statens Etnografiska Museum. 94-110.

O'Gorman K, Brink F, Tanner D, et al. 2021. Calibration of a QEM-EDS system for rapid determination of potassium concentrations of feldspar grains used in optical dating. Quaternary Geochronology, 61: 101123.

Olley J M, Murray A, Roberts R G. 1996. The effects of disequilibria in the uranium and thorium decay chains on burial dose rates in fluvial sediments. Quaternary Science Reviews, 15(7): 751-760.

Olley J M, Roberts R G, Murray A S. 1997. Disequilibria in the uranium decay series in sedimentary deposits at Allen's cave, nullarbor plain, Australia: Implications for dose rate determinations. Radiation Measurements, 27(2): 433-443.

Olley J M, Pietsch T, Roberts R G. 2004. Optical dating of Holocene sediments from a variety of geomorphic settings using single grains of quartz. Geomorphology, 60(3-4): 337-358.

Otto-Bliesner B, Brady E, Zhao A, et al. 2021. Large-scale features of Last Interglacial climate: Results from evaluating the lig127k simulations for the Coupled Model Intercomparison Project (CMIP6)-Paleoclimate Modeling Intercomparison Project (PMIP4). Climate of the Past, 17: 63-94.

Owen L A, Richards B, Rhodes E J, et al. 1998. Relic permafrost structures in the Gobi of Mongolia: Age and significance. Journal of Quaternary Science, 13(6): 539-547.

Pachur H-J, Wünnemann B, Zhang H. 1995. Lake evolution in the Tengger Desert, Northwestern China, during the Last 40,000 Years. Quaternary Research, 44(2): 171-180.

Pan B, Guan Q, Gao H, et al. 2014. The origin and sources of loess‐like sediment in the Jinsha River Valley, SW China. Boreas, 43(1): 121-131.

Pan B, Chen D, Hu X, et al. 2016. Drainage evolution of the Heihe River in western Hexi Corridor, China, derived from sedimentary and magnetostratigraphic results. Quaternary Science Reviews, 150: 250-263.

Peng J, Dong Z, Han F, et al. 2016. Aeolian activity in the south margin of the Tengger Desert in northern China since the Late Glacial Period revealed by luminescence chronology. Palaeogeography, Palaeoclimatology, Palaeoecology, 457: 330-341.

Peng J, Wang X, Yin G, et al. 2022. Accumulation of aeolian sediments around the Tengger Desert during the late Quaternary and its implications on interpreting chronostratigraphic records from drylands in north China. Quaternary Science Reviews, 275: 107-288.

Penman H L, Keen B A. 1948. Natural evaporation from open water, bare soil and grass. Proceedings of the Royal Society of London Series A Mathematical and Physical Sciences, 193(1032): 120-145.

Pigati J S, Quade J, Wilson J, et al. 2007. Development of low-background vacuum extraction and graphitization systems for ^{14}C dating of old (40–60ka) samples. Quaternary International, 166(1): 4-14.

Poisson B, Avouac J-P. 2004. Holocene hydrological changes inferred from alluvial stream entrenchment in north Tian Shan (northwestern China). The Journal of Geology, 112(2): 231-249.

Porter S C, Zhou W. 2006. Synchronism of Holocene East Asian monsoon variations and North Atlantic drift-ice tracers. Quaternary Research, 65(3): 443-449.

Prasad A K, Poolton N R J, et al. 2017. Optical dating in a new light: A direct, non-destructive probe of trapped electrons. Scientific Reports, 7(1): 12097.

Prokopenko A A, Hinnov L A, Williams D F, Kuzmin M I. 2006. Orbital forcing of continental climate during the Pleistocene: a complete astronomically tuned climatic record from Lake Baikal, SE Siberia. Quaternary Science Reviews, 25(23): 3431-3457.

Putnam A E, Putnam D E, Andreu-Hayles L, et al. 2016. Little Ice Age wetting of interior Asian deserts and the rise of the Mongol Empire. Quaternary Science Reviews, 131: 33-50.

Pye K, Tsoar H. 2008. Aeolian Sand and Sand Dunes. Heidelberg: Springer Science & Business Media.

Pye K, Tsoar H. 2009. Aeolian Bed Forms//Pye K, Tsoar H. Aeolian Sand and Sand Dunes. Berlin, Heidelberg: Springer Berlin Heidelberg. 175-253.

Qian Y-B, Zhou X-J, Wu Z-N, et al. 2003. Multi-sources of desert sands for the Jungger Basin. Journal of Arid Environments, 53(2): 241-256.

Qiang M, Jin Y, Liu X, et al. 2016. Late Pleistocene and Holocene aeolian sedimentation in Gonghe Basin, northeastern Qinghai-Tibetan Plateau: Variability, processes, and climatic implications. Quaternary Science Reviews, 132: 57-73.

Qu J, Niu Q. 2012. Relationship between the evolution of the Kumtag desert and the neotectonic movement, northwest China. International Journal of Land Processes Arid Environment, 1(1): 2-8.

Radtke U, Janotta A, Hilgers A, et al. 2001. The potential of OSL and TL for dating Lateglacial and Holocene dune sands tested with independent age control of the Laacher See tephra (12880 a) at the Section'Mainz-Gonsenheim'. Quaternary Science Reviews, 20(5): 719-724.

Ran M, Chen L. 2019. The 4.2 ka BP climatic event and its cultural responses. Quaternary International, 521: 158-167.

Ran Y, Li X, Cheng G, et al. 2012. Distribution of permafrost in China: An overview of existing permafrost maps. Permafrost and Periglacial Processes, 23(4): 322-333.

Rao W, Tan H, Chen J, et al. 2015. Nd–Sr isotope geochemistry of fine-grained sands in the basin-type deserts, West China: Implications for the source mechanism and atmospheric transport. Geomorphology, 246: 458-471.

Rao Z, Wu D, Shi F, et al. 2019. Reconciling the 'westerlies' and 'monsoon' models: A new hypothesis for the Holocene moisture evolution of the Xinjiang region, NW China. Earth-Science Reviews, 191: 263-272.

Reimann T, Tsukamoto S. 2012. Dating the recent past (<500 years) by post-IR IRSL feldspar – examples from the North Sea and Baltic Sea coast. Quaternary Geochronology, 10: 180-187.

Reimann T, Tsukamoto S, Naumann M, et al. 2011. The potential of using K-rich feldspars for optical dating of young coastal sediments – A test case from Darss-Zingst peninsula (southern Baltic Sea coast). Quaternary Geochronology, 6(2): 207-222.

Reimann T, Thomsen K J, Jain M, et al. 2012. Single-grain dating of young sediments using the pIRIR signal from feldspar. Quaternary Geochronology, 11: 28-41.

Reimer P J, Austin W E N, Bard E, et al. 2020. The IntCal20 Northern Hemisphere radiocarbon age calibration curve (0–55 cal kBP). Radiocarbon, 62(4): 725-757.

Reitz M D, Jerolmack D J, Ewing R C, Martin R L. 2010. Barchan-parabolic dune pattern transition from vegetation stability threshold. Geophysical Research Letters, 37: L19402.

Ren X, Yang X, Wang Z, et al. 2014. Geochemical evidence of the sources of aeolian sands and their transport pathways in the Minqin Oasis, northwestern China. Quaternary International, 334: 165-178.

Rhodes T E, Gasse F, Lin R, et al. 1996. A Late Pleistocene-Holocene lacustrine record from Lake Manas, Zunggar (northern Xinjiang, western China). Palaeogeography, Palaeoclimatology, Palaeoecology, 120(1-2): 105-121.

Rink W J. 1997. Electron spin resonance (ESR) dating and ESR applications in Quaternary science and archaeometry. Radiation Measurements, 27(5): 975-1025.

Rink W J, Bartoll J, Schwarcz H P, et al. 2007. Testing the reliability of ESR dating of optically exposed buried quartz sediments. Radiation Measurements, 42(10): 1618-1626.

Rink W J, Dunbar J S, Tschinkel W R, et al. 2013. Subterranean transport and deposition of quartz by ants in sandy sites relevant to age overestimation in optical luminescence dating. Journal of Archaeological Science, 40(4): 2217-2226.

Roberts R, Walsh G, Murray A, et al. 1997. Luminescence dating of rock art and past environments using mud-wasp nests in northern Australia. Nature, 387(6634): 696-699.

Roberts R G, Galbraith R F, Yoshida H, et al. 2000. Distinguishing dose populations in sediment mixtures: a test of single-grain optical dating procedures using mixtures of laboratory-dosed quartz. Radiation Measurements, 32(5): 459-465.

Romanyukha A A, Cunningham A C, George S P, et al. 2017. Deriving spatially resolved beta dose rates in sediment using the Timepix pixelated detector. Radiation Measurements, 106: 483-490.

Rubin D M, Rubin A M. 2013. Origin and lateral migration of linear dunes in the Qaidam Basin of NW China revealed by dune sediments, internal structures, and optically stimulated luminescence ages, with implications for linear dunes on Titan: Discussion. GSA Bulletin, 125(11-12): 1943-1946.

Rui X, Li B, Guo Y. 2020. Testing the upper limit of luminescence dating based on standardised growth curves for MET-pIRIR signals of K-feldspar grains from northern China. Quaternary Geochronology, 57: 101063.

Ryan W B F, Carbotte S M, Coplan J O, et al. 2009. Global multi‐resolution topography synthesis. Geochemistry, Geophysics, Geosystems, 10(3).

Sarnthein M. 1978. Sand deserts during glacial maximum and climatic optimum. Nature, 272(5648): 43-46.

Schaarschmidt M, Fu X, Li B, et al. 2019. pIRIR and IR-RF dating of archaeological deposits at Badahlin and Gu Myaung Caves – First luminescence ages for Myanmar. Quaternary Geochronology, 49: 262-270.

Scheffer M, Carpenter S, Foley J A, et al. 2001. Catastrophic shifts in ecosystems. Nature, 413(6856): 591-596.

Schellmann G, Beerten K, Radtke U. 2008. Electron sin resonance (ESR) dating of Quaternary materials. E&G Quaternary Science Journal, 57(1/2): 150-178.

Scuderi L A, Weissmann G S, Hartley A J, et al. 2017. Application of database approaches to the study of Earth's aeolian environments: Community needs and goals. Aeolian Research, 27: 79-109.

Serno S, Winckler G, Anderson R F, et al. 2017. Change in dust seasonality as the primary driver for orbital-scale dust storm variability in East Asia. Geophysical Research Letters, 44(8): 3796-3805.

Shakun J D, Carlson A E. 2010. A global perspective on Last Glacial Maximum to Holocene climate change. Quaternary Science Reviews, 29(15): 1801-1816.

Shakun J D, Clark P U, He F, et al. 2012. Global warming preceded by increasing carbon dioxide concentrations during the last deglaciation. Nature, 484(7392): 49-54.

Shao T, Zhao J, Zhou Q, et al. 2012. Recharge sources and chemical composition types of groundwater and lake in the Badain Jaran Desert, northwestern China. Journal of Geographical Sciences, 22(3): 479-496.

Shen W, Li H, Sun M, Jiang J. 2012. Dynamics of aeolian sandy land in the Yarlung Zangbo River basin of Tibet, China from 1975 to 2008. Global and Planetary Change, 86: 37-44.

Shen Z X, Mauz B, Lang A. 2011. Source-trap characterization of thermally transferred OSL in quartz. Journal of Physics D: Applied Physics, 44(29): 295405.

Shu P, Li B, Wang H, et al. 2018. Abrupt environmental changes during the last 30 kyr in the southern margin of the Taklimakan Desert, a record from an oasis. Quaternary Science Reviews, 201: 29-43.

Silverman B W. 2018. Density Estimation for Statistics and Data Analysis. London: Routledge.

Singhvi A K, Porat N. 2008. Impact of luminescence dating on geomorphological and palaeoclimate research in drylands. Boreas, 37(4): 536-558.

Singhvi A K, Sharma Y P, Agrawal D P. 1982. Thermoluminescence dating of sand dunes in Rajasthan, India. Nature, 295(5847): 313-315.

Smith B W, Rhodes E J. 1994. Charge movements in quartz and their relevance to optical dating. Radiation Measurements, 23(2): 329-333.

Soil Survey Staff USA. 1999. Soil taxonomy: A basic system of soil classification for making and interpreting soil surveys. Washington, DC: United States Department of Agriculture.

Song G, Wang H, Shi L. 2020. Climate evolution since 9.32 cal ka BP in Keluke Lake, northeastern Qaidam Basin, China. Journal of Arid Environments, 178: 104149.

Song H, Yang X, Preusser F, et al. 2023. Paleoenvironmental changes in the eastern Kumtag Desert, northwestern China since the late Pleistocene. Quaternary Research, 10.1017/qua.2023.38.

Southgate G A. 1985. Thermoluminescence dating of beach and dune sands: Potential of single-grain measurements. Nuclear Tracks and Radiation Measurements, 10(4): 743-747.

Srivastava A, Thomas D S G, Durcan J A, et al. 2020. Holocene palaeoenvironmental changes in the Thar Desert: An integrated assessment incorporating new insights from aeolian systems. Quaternary Science Reviews, 233: 106214.

Stauch G. 2016. Multi-decadal periods of enhanced aeolian activity on the north-eastern Tibet Plateau during the last 2ka. Quaternary Science Reviews, 149: 91-101.

Stauch G. 2018. A conceptual model for the interpretation of aeolian sediments from a semiarid high-mountain environment since the late glacial. Quaternary Research, 91(1): 24-34.

Stauch G, IJmker J, Pötsch S, et al. 2012. Aeolian sediments on the north-eastern Tibetan Plateau. Quaternary Science Reviews, 57: 71-84.

Stevens T, Carter A, Watson T P, V et al. 2013. Genetic linkage between the Yellow River, the Mu Us desert and the Chinese Loess Plateau. Quaternary Science Reviews, 78(19): 355-368.

Stevens T, Buylaert J P, Thiel C, et al. 2018. Ice-volume-forced erosion of the Chinese Loess Plateau global Quaternary stratotype site. Nature Communications, 9(1): 983.

Stokes S. 1994. The timing of OSL sensitivity changes in a natural quartz. Radiation Measurements, 23(2): 601-605.

Stokes S, Gaylord D R. 1993. Optical dating of Holocene dune sands in the Ferris Dune Field, Wyoming. Quaternary Research, 39(3): 274-281.

Stokes S, Fattahi M. 2003. Red emission luminescence from quartz and feldspar for dating applications: an overview. Radiation Measurements, 37(4): 383-395.

Stone A E C, Thomas D S G. 2008. Linear dune accumulation chronologies from the southwest Kalahari, Namibia: challenges of reconstructing late Quaternary palaeoenvironments from aeolian landforms. Quaternary Science Reviews, 27(17): 1667-1681.

Stott L, Cannariato K, Thunell R, et al. 2004. Decline of surface temperature and salinity in the western tropical Pacific Ocean in the Holocene epoch. Nature, 431(7004): 56-59.

Sun D, Bloemendal J, Yi Z, et al. 2011. Palaeomagnetic and palaeoenvironmental study of two parallel sections of late Cenozoic strata in the central Taklimakan Desert: Implications for the desertification of the Tarim Basin. Palaeogeography, Palaeoclimatology, Palaeoecology, 300(1): 1-10.

Sun J, Ding Z. 1998. Deposits and soils of the past 130,000 years at the desert–loess transition in Northern China. Quaternary Research, 50(2): 148-156.

Sun J, Liu T. 2006. The age of the Taklimakan Desert. Science, 312(5780): 1621.

Sun J, Yin G, Ding Z, et al. 1998. Thermoluminescence chronology of sand profiles in the Mu Us Desert, China. Palaeogeography, Palaeoclimatology, Palaeoecology, 144(1-2): 225-233.

Sun J, Ding Z, Liu T, et al. 1999. 580,000-year environmental reconstruction from aeolian deposits at the Mu Us Desert margin, China. Quaternary Science Reviews, 18(12): 1351-1364.

Sun J, Li S, Han P, et al. 2006. Holocene environmental changes in the central Inner Mongolia, based on single-aliquot-quartz optical dating and multi-proxy study of dune sands. Palaeogeography, Palaeoclimatology, Palaeoecology, 233(1): 51-62.

Sun J, Li S, Muhs D R, et al. 2007. Loess sedimentation in Tibet: Provenance, processes, and link with Quaternary glaciations. Quaternary Science Reviews, 26(17-18): 2265-2280.

Sun J, Zhang Z, Zhang L. 2009. New evidence on the age of the Taklimakan Desert. Geology, 37(2): 159-162.

Sun J, Ye J, Wu W, et al. 2010. Late Oligocene–Miocene mid-latitude aridification and wind patterns in the Asian interior. Geology, 38(6): 515-518.

Sun Q, Chu G, Xie M, et al. 2018a. An oxygen isotope record from Lake Xiarinur in Inner Mongolia since the last deglaciation and its implication for tropical monsoon change. Global and Planetary Change, 163: 109-117.

Sun Y, Hasi E, Liu M, et al. 2016. Airflow and sediment movement within an inland blowout in Hulun Buir sandy grassland, Inner Mongolia, China. Aeolian Research, 22: 13-22.

Sun Z, Shao J, Liu L, et al. 2018b. The first Neolithic urban center on China's north Loess Plateau: The rise and fall of Shimao. Archaeological Research in Asia, 14: 33-45.

Swezey C, Lancaster N, Kocurek G, et al. 1999. Response of aeolian systems to Holocene climatic and hydrologic changes on the northern margin of the Sahara: A high-resolution record from the Chott Rharsa basin, Tunisia. The Holocene, 9(2): 141-147.

Tao S, Fang J, Zhao X, et al. 2015. Rapid loss of lakes on the Mongolian Plateau. Proceedings of the National Academy of Sciences, 112(7): 2281-2286.

Taylor M, Yin A. 2009. Active structures of the Himalayan-Tibetan orogen and their relationships to earthquake distribution, contemporary strain field, and Cenozoic volcanism. Geosphere, 5(3): 199-214.

Telfer M W, Hesse P P. 2013. Palaeoenvironmental reconstructions from linear dunefields: recent progress, current challenges and future directions. Quaternary Science Reviews, 78: 1-21.

Telfer M W, Thomas D S G. 2007. Late Quaternary linear dune accumulation and chronostratigraphy of the southwestern Kalahari: Implications for aeolian palaeoclimatic reconstructions and predictions of future dynamics. Quaternary Science Reviews, 26(19): 2617-2630.

Thiel C, Buylaert J-P, Murray A, et al. 2011. Luminescence dating of the Stratzing loess profile (Austria) – Testing the potential of an elevated temperature post-IR IRSL protocol. Quaternary International, 234(1-2): 23-31.

Thomas D S G, Burrough S L. 2016. Luminescence-based dune chronologies in southern Africa: Analysis and interpretation of dune database records across the subcontinent. Quaternary International, 410: 30-45.

Thomas D S G, Bailey R M. 2017. Is there evidence for global-scale forcing of Southern Hemisphere Quaternary desert dune accumulation? A quantitative method for testing hypotheses of dune system development. Earth Surface Processes and Landforms, 42(14): 2280-2294.

Thomas D S G, Bailey R M. 2019. Analysis of late Quaternary dunefield development in Asia using the accumulation intensity model. Aeolian Research, 39: 33-46.

Thomas D S G, Shaw P A. 2002. Late Quaternary environmental change in central southern Africa: New data, synthesis, issues and prospects. Quaternary Science Reviews, 21(7): 783-797.

Thomsen K J, Murray A S, Bøtter-Jensen L, et al. 2007. Determination of burial dose in incompletely bleached fluvial samples using single grains of quartz. Radiation Measurements, 42(3): 370-379.

Thomsen K J, Murray A S, Jain M, et al. 2008. Laboratory fading rates of various luminescence signals from feldspar-rich sediment extracts. Radiation Measurements, 43(9): 1474-1486.

Toyoda S. 2015. Paramagnetic lattice defects in quartz for applications to ESR dating. Quaternary Geochronology, 30: 498-505.

Toyoda S, Voinchet P, Falguères C, et al. 2000. Bleaching of ESR signals by the sunlight: A laboratory experiment for establishing the ESR dating of sediments. Applied Radiation and Isotopes, 52(5): 1357-1362.

Trauerstein M, Lowick S, Preusser F, et al. 2012. Exploring fading in single grain feldspar IRSL measurements. Quaternary Geochronology, 10: 327-333.

Tripaldi A, Zárate M A. 2016. A review of Late Quaternary inland dune systems of South America east of the Andes. Quaternary International, 410: 96-110.

Tsoar H. 2005. Sand dunes mobility and stability in relation to climate. Physica A: Statistical Mechanics and its Applications, 357(1): 50-56.

Tsoar H. 2013. Critical Environments: Sand dunes and climate change. Treatise on Geomorphology, 11: 414-427.

Tsukamoto S, Denby P M, Murray A S, et al. 2006. Time-resolved luminescence from feldspars: New insight into fading. Radiation Measurements, 41(7): 790-795.

Tsukamoto S, Toyoda S, Tani A, et al. 2015. Single aliquot regenerative dose method for ESR dating using X-ray irradiation and preheat. Radiation Measurements, 81: 9-15.

Tsukamoto S, Porat N, Ankjærgaard C. 2017. Dose recovery and residual dose of quartz ESR signals using modern sediments: Implications for single aliquot ESR dating. Radiation Measurements, 106: 472-476.

Tsukamoto S, Long H, Richter M, et al. 2018. Quartz natural and laboratory ESR dose response curves: A first attempt from Chinese loess. Radiation Measurements, 120: 137-142.

UNCCD. 1994. United Nations: Convention to Combat Desertification in those Countries Experiencing Serious Drought and/or Desertification, Particularly in Africa. Cambridge: Cambridge University Press.

Ur J A. 2010. Cycles of civilization in Northern Mesopotamia, 4400–2000 BC. Journal of Archaeological Research, 18(4): 387-431.

Vandenberghe J, Zhijiu C, Liang Z, et al. 2004. Thermal‐contraction‐crack networks as evidence for late‐Pleistocene permafrost in inner Mongolia, China. Permafrost And Periglacial Processes, 15(1): 21-29.

Vandenberghe J, French H M, Gorbunov A, et al. 2014. The Last Permafrost Maximum (LPM) map of the Northern Hemisphere: permafrost extent and mean annual air temperatures, 25–17 ka BP. Boreas, 43(3): 652-666.

Visocekas R, Zink A. 1995. Tunneling afterglow and point defects in feldspars. Radiation Effects and Defects in Solids, 134(1-4): 265-272.

Visocekas R, Spooner N A, Zink A, et al. 1994. Tunnel afterglow, fading and infrared emission in thermoluminescence of feldspars. Radiation Measurements, 23(2): 377-385.

Voinchet P, Falguères C, Laurent M, T et al. 2003. Artificial optical bleaching of the Aluminium center in quartz implications to ESR dating of sediments. Quaternary Science Reviews, 22(10): 1335-1338.

Voinchet P, Toyoda S, Falguères C, et al. 2015. Evaluation of ESR residual dose in quartz modern samples, an investigation on environmental dependence. Quaternary Geochronology, 30: 506-512.

Wagner M, Tarasov P, Hosner D, et al. 2013. Mapping of the spatial and temporal distribution of archaeological sites of northern China during the Neolithic and Bronze Age. Quaternary International, 290-291: 344-357.

Wallinga J, Murray A, Wintle A. 2000. The single-aliquot regenerative-dose (SAR) protocol applied to coarse-grain feldspar. Radiation Measurements, 32(5): 529-533.

Walter H. 1960. Ein Klimadiagramm Weltatlas. Scientia, 54(95).

Wang B, Gong J, Zuza A V, et al. 2020. Aeolian sand dunes alongside the Yarlung River in southern Tibet: A provenance perspective. Geological Journal, 56(5): 2625-2636.

Wang B, Gong J, Zuza A V, et al. 2021. Aeolian sand dunes alongside the Yarlung River in southern Tibet: A provenance perspective. Geological Journal, 56(5): 2625-2636.

Wang F, Sun D, Chen F, et al. 2015. Formation and evolution of the Badain Jaran Desert, North China, as revealed by a drill core from the desert centre and by geological survey. Palaeogeography, Palaeoclimatology, Palaeoecology, 426: 139-158.

Wang W, Feng Z, Ran M, et al. 2013. Holocene climate and vegetation changes inferred from pollen records of Lake Aibi, northern Xinjiang, China: A potential contribution to understanding of Holocene climate pattern in East-central Asia. Quaternary International, 311: 54-62.

Wang X, Chen F, Hasi E, et al. 2008. Desertification in China: An assessment. Earth-Science Reviews, 88(3-4): 188-206.

Wang X, Zhao H, Yang H, et al. 2019. Optical dating reveals that the height of Earth's tallest megadunes in the Badain Jaran Desert of NW China is increasing. Journal of Asian Earth Sciences, 185: 104025.

Wang X L, Lu Y C, Wintle A G. 2006a. Recuperated OSL dating of fine-grained quartz in Chinese loess. Quaternary Geochronology, 1(2): 89-100.

Wang X L, Wintle A G, Lu Y C. 2006b. Thermally transferred luminescence in fine-grained quartz from Chinese loess: Basic observations. Radiation Measurements, 41(6): 649-658.

Wang X L, Wintle A G, Lu Y C. 2007. Testing a single-aliquot protocol for recuperated OSL dating. Radiation Measurements, 42(3): 380-391.

Wang Z, Wu Y, Li D, et al. 2022. The southern boundary of the Mu Us Sand Sea and its controlling factors. Geomorphology, 396: 108010.

Wanner H, Solomina O, Grosjean M, et al. 2011. Structure and origin of Holocene cold events. Quaternary Science Reviews, 30(21-22): 3109-3123.

Watanuki T, Murray A S, Tsukamoto S. 2005. Quartz and polymineral luminescence dating of Japanese loess over the last 0.6 Ma: Comparison with an independent chronology. Earth and Planetary Science Letters, 240(3): 774-789.

Wei C-Y, Liu C-R, Li C-A, et al. 2019. Application of long time artificial optical bleaching of the E' centre to sediment ESR dating. Geochronometria, 46(1): 79-84.

Wei H, Fan Q, Zhao Y, et al. 2015. A 94–10 ka pollen record of vegetation change in Qaidam Basin, northeastern Tibetan Plateau. Palaeogeography, Palaeoclimatology, Palaeoecology, 431: 43-52.

Wen R, Xiao J, Chang Z, et al. 2010. Holocene precipitation and temperature variations in the East Asian monsoonal margin from pollen data from Hulun Lake in northeastern Inner Mongolia, China. Boreas, 39(2): 262-272.

Wen R, Xiao J, Fan J, et al. 2017. Pollen evidence for a mid-Holocene East Asian summer monsoon maximum in northern China. Quaternary Science Reviews, 176: 29-35.

Wen Y, Wu Y, Tan L, et al. 2019. End-member modeling of the grain size record of loess in the Mu Us Desert and implications for dust sources. Quaternary International, 532: 87-97.

Werner S, Rothhaupt K-O. 2008. Mass mortality of the invasive bivalve Corbicula fluminea induced by a severe low-water event and associated low water temperatures. Hydrobiologia, 613(1): 143-150.

Wilkinson T J, Christiansen J H, Ur J, et al. 2007. Urbanization within a dynamic environment: Modeling Bronze Age communities in Upper Mesopotamia. American Anthropologist, 109(1): 52-68.

Williams M. 2014. Climate Change in Deserts: Past, Present, and Future. Cambridge: Cambridge University Press.

Wintle A G. 1973. Anomalous Fading of Thermo-luminescence in Mineral Samples. Nature, 245(5421): 143-144.

Wintle A G. 2008. Luminescence dating: Where it has been and where it is going. Boreas, 37(4): 471-482.

Wintle A G, Huntley D J. 1979. Thermoluminescence dating of a deep-sea sediment core. Nature, 279(5715): 710-712.

Wintle A G, Huntley D J. 1982. Thermoluminescence dating of sediments. Quaternary Science Reviews, 1(1): 31-53.

Wintle A G, Murray A S. 1997. The relationship between quartz thermoluminescence, photo-transferred thermoluminescence, and optically stimulated luminescence. Radiation Measurements, 27(4): 611-624.

Wintle A G, Murray A S. 2006. A review of quartz optically stimulated luminescence characteristics and their relevance in single-aliquot regeneration dating protocols. Radiation Measurements, 41(4): 369-391.

Wu G, Pan B, Gao H, et al. 2006. Climatic signals in the Chinese loess record for the Last Glacial: The influence of northern high latitudes and the tropical Pacific. Quaternary International, 154-155: 128-135.

Wu J, Liu Q, Wang L, et al. 2016. Vegetation and climate change during the last deglaciation in the Great Khingan mountain, northeastern China. PloS one, 11(1): e0146261.

Wu J, Liu Q, Cui Q Y, et al. 2019. Shrinkage of East Asia winter monsoon associated with increased ENSO events since the Mid‐Holocene. Journal of Geophysical Research: Atmospheres, 124(7): 3839-3848.

Wu W, Liu T. 2004. Possible role of the "Holocene Event 3" on the collapse of Neolithic Cultures around the Central Plain of China. Quaternary International, 117(1): 153-166.

Wünnemann B, Pachur H, Zang H. 1998. Climatic and environmental changes in the deserts of Inner Mongolia, China, since the Late Pleistocene//Alsharhan A S, Gleenie K W, Whittle G L, et al. Quaternary Deserts and Climatic Change. Balkema: Rotterdaman. 381-394.

Xiao J, Si B, Zhai D, et al. 2008. Hydrology of Dali Lake in central-eastern Inner Mongolia and Holocene East Asian monsoon variability. Journal of Paleolimnology, 40(1): 519-528.

Xiao J L, An Z S, Liu T S, et al. 1999. East Asian monsoon variation during the last 130,000 Years: Evidence from the Loess Plateau of central China and Lake Biwa of Japan. Quaternary Science Reviews, 18(1): 147-157.

Xiao W, Windley B F, Sun S, et al. 2015. A tale of amalgamation of three Permo-Triassic collage systems in Central Asia: Oroclines, sutures, and terminal accretion. Annual Review of Earth and Planetary Sciences, 43(1): 477-507.

Xie H, Zhang H, Ma J, et al. 2018. Trend of increasing Holocene summer precipitation in arid central Asia: Evidence from an organic carbon isotopic record from the LJW10 loess section in Xinjiang, NW China. Palaeogeography, Palaeoclimatology, Palaeoecology, 509: 24-32.

Xu H, Zhou K, Lan J, et al. 2019. Arid Central Asia saw mid-Holocene drought. Geology, 47(3): 255-258.

Xu Y, Lai Z, Chen T, et al. 2018a. Late Quaternary optically stimulated luminescence (OSL) chronology and environmental changes in the Hobq Desert, northern China. Quaternary International, 470: 18-25.

Xu Z, Mason J A, Lu H. 2015a. Vegetated dune morphodynamics during recent stabilization of the Mu Us dune field, north-central China. Geomorphology, 228: 486-503.

Xu Z, Lu H, Yi S, et al. 2015b. Climate-driven changes to dune activity during the Last Glacial Maximum and deglaciation in the Mu Us dune field, north-central China. Earth and Planetary Science Letters, 427: 149-159.

Xu Z, Mason J A, Lu H, et al. 2017. Crescentic dune migration and stabilization: Implications for interpreting paleo-dune deposits as paleoenvironmental records. Journal of Geographical Sciences, 27(11): 1341-1358.

Xu Z, Hu R, Wang K, et al. 2018b. Recent greening (1981-2013) in the Mu Us dune field, north-central China, and its potential causes. Land Degradation and Development, 29(5): 1509-1520.

Xu Z, Mason J A, Xu C, et al. 2020. Critical transitions in Chinese dunes during the past 12,000 years. Science Advances, 6(9): eaay8020.

Yan Y, Xu X, Xin X, et al. 2011. Effect of vegetation coverage on aeolian dust accumulation in a semiarid steppe of northern China. Catena, 87(3): 351-356.

Yang D, Peng Z, Luo C, et al. 2013a. High-resolution pollen sequence from Lop Nur, Xinjiang, China: Implications on environmental changes during the late Pleistocene to the early Holocene. Review of Palaeobotany and Palynology, 192: 32-41.

Yang L-R, Ding Z-L. 2013. Expansion and contraction of Hulun Buir Dunefield in north-eastern China in the last late glacial and Holocene as revealed by OSL dating. Environmental Earth Sciences, 68(5): 1305-1312.

Yang L, Chen F, Chun X, et al. 2008a. The Jilantai Salt Lake shorelines in Northwestern arid China revealed by remote sensing images. Journal of Arid Environments, 72(5): 861-866.

Yang L, Wang T, Zhou J, et al. 2012a. OSL chronology and possible forcing mechanisms of dune evolution in the Horqin dunefield in northern China since the Last Glacial Maximum. Quaternary Research, 78(2): 185-196.

Yang L, Wang T, Long H, et al. 2017a. Late Holocene dune mobilization in the Horqin dunefield of northern China. Journal of Asian Earth Sciences, 138: 136-147.

Yang S, Ding Z. 2008. Advance–retreat history of the East-Asian summer monsoon rainfall belt over northern China during the last two glacial–interglacial cycles. Earth and Planetary Science Letters, 274(3-4): 499-510.

Yang S, Ding Z, Li Y, et al. 2015a. Warming-induced northwestward migration of the East Asian monsoon rain belt from the Last Glacial Maximum to the mid-Holocene. Proceedings of the National Academy of Sciences, 112(43): 13178-13183.

Yang X. 1991. Geomorphologische Untersuchungen in Trockenräumen NW-Chinas unter besonderer Berücksichtigung von Badanjilin und Takelamagan. Göttinger Geographische Abhandlungen: Göttingen: Verlag Erich Goltze.

Yang X. 2000. Landscape evolution and precipitation changes in the Badain Jaran Desert during the last 30 000 years. Chinese Science Bulletin, 45(11): 1042-1047.

Yang X. 2001. The oases along the Keriya River in the Taklamakan Desert, China, and their evolution since the end of the last glaciation. Environmental Geology, 41(3): 314-320.

Yang X. 2002. Changes of the aridity index in the arid regions of northwestern China since the Late Pleistocene – An understanding based on climatic geomorphology. Zeitschrift fuer Geomorphologie Neue Folge, Supplementband 126: 169-181.

Yang X. 2004. Late Quaternary wetter epochs in the southeastern Badain Jaran Desert, Inner Mongolia, China. Zeitschrift fuer Geomorphologie Neue Folge, Supplementband 133: 129-141.

Yang X. 2006. Chemistry and late Quaternary evolution of ground and surface waters in the area of Yabulai Mountains, western Inner Mongolia, China. Catena, 66(1-2): 135-144.

Yang X, Eitel B. 2016. Understanding the interactions between climate change, landscape evolution, surface processes and tectonics in the Earth system: What can the studies of Chinese deserts contribute? Acta Geologica Sinica - English Edition, 90(4): 1444-1454.

Yang X, Scuderi L A. 2010. Hydrological and climatic changes in deserts of China since the late Pleistocene. Quaternary Research, 73(1): 1-9.

Yang X, Williams M A J. 2003. The ion chemistry of lakes and late Holocene desiccation in the Badain Jaran Desert, Inner Mongolia, China. Catena, 51(1): 45-60.

Yang X, Zhu Z, Jaekel D, et al. 2002. Late Quaternary palaeoenvironment change and landscape evolution along the Keriya River, Xinjiang, China: the relationship between high mountain glaciation and landscape evolution in foreland desert regions. Quaternary International, 97-98: 155-166.

Yang X, Liu T, Xiao H. 2003. Evolution of megadunes and lakes in the Badain Jaran Desert, Inner Mongolia, China during the last 31,000 years. Quaternary International, 104(1): 99-112.

Yang X, Rost K T, Lehmkuhl F, et al. 2004. The evolution of dry lands in northern China and in the Republic of Mongolia since the Last Glacial Maximum. Quaternary International, 118-119: 69-85.

Yang X, Preusser F, Radtke U. 2006a. Late Quaternary environmental changes in the Taklamakan Desert, western China, inferred from OSL-dated lacustrine and aeolian deposits. Quaternary Science Reviews, 25(9-10): 923-932.

Yang X, Liu Z, Zhang F, et al. 2006b. Hydrological changes and land degradation in the southern and eastern Tarim basin, Xinjiang, China. Land Degradation & Development, 17(4): 381-392.

Yang X, Zhu B, White P D. 2007a. Provenance of aeolian sediment in the Taklamakan Desert of western China, inferred from REE and major-elemental data. Quaternary International, 175(1): 71-85.

Yang X, Zhu B, Wang X, et al. 2008b. Late Quaternary environmental changes and organic carbon density in the Hunshandake Sandy Land, eastern Inner Mongolia, China. Global and Planetary Change, 61(1): 70-78.

Yang X, Ma N, Dong J, et al. 2010. Recharge to the inter-dune lakes and Holocene climatic changes in the Badain Jaran Desert, western China. Quaternary Research, 73(1): 10-19.

Yang X, Scuderi L, Liu T, et al. 2011a. Formation of the highest sand dunes on Earth. Geomorphology, 135(1-2): 108-116.

Yang X, Li H, Conacher A. 2012b. Large-scale controls on the development of sand seas in northern China. Quaternary International, 250: 74-83.

Yang X, Wang X, Liu Z, et al. 2013b. Initiation and variation of the dune fields in semi-arid China – with a special reference to the Hunshandake Sandy Land, Inner Mongolia. Quaternary Science Reviews, 78: 369-380.

Yang X, Scuderi L A, Wang X, et al. 2015b. Groundwater sapping as the cause of irreversible desertification of Hunshandake Sandy Lands, Inner Mongolia, northern China. Proceedings of the National Academy of Sciences, 112(3): 702-706.

Yang X, Forman S, Hu F, Zhang D, et al. 2016. Initial insights into the age and origin of the Kubuqi sand sea of northern China. Geomorphology, 259: 30-39.

Yang X P, Liu Y S, Li C Z, et al. 2007b. Rare earth elements of aeolian deposits in Northern China and their implications for determining the provenance of dust storms in Beijing. Geomorphology, 87(4): 365-377.

Yang X P, Scuderi L, Paillou P, et al. 2011b. Quaternary environmental changes in the drylands of China - A critical review. Quaternary Science Reviews, 30(23-24): 3219-3233.

Yang Y, Guan C, Hasi E. 2017b. Dynamic changes of typical blowouts based on high-resolution data: A case study in Hulunbuir Sandy Land, China. Mathematical Problems in Engineering, 2017: 9206963.

Ye Z, Chen Y, Zhang X. 2014. Dynamics of runoff, river sediments and climate change in the upper reaches of the Tarim River, China. Quaternary International, 336: 13-19.

Yi S, Buylaert J-P, Murray A S, et al. 2015. High resolution OSL and post-IR IRSL dating of the last interglacial–glacial cycle at the Sanbahuo loess site (northeastern China). Quaternary Geochronology, 30: 200-206.

Yin G, Lin M, Lu Y, et al. 2007. Preliminary ESR dating results on loess samples from the loess–paleosol sequence at Luochuan, Central Loess Plateau, China. Quaternary Geochronology, 2(1): 381-385.

Yu L, Lai Z. 2012. OSL chronology and palaeoclimatic implications of aeolian sediments in the eastern Qaidam Basin of the northeastern Qinghai-Tibetan Plateau. Palaeogeography, Palaeoclimatology, Palaeoecology, 337: 120-129.

Yu L, Lai Z. 2014. Holocene climate change inferred from stratigraphy and OSL chronology of aeolian sediments in the Qaidam Basin, northeastern Qinghai–Tibetan Plateau. Quaternary Research, 81(3): 488-499.

Yu L, Lai Z, An P, et al. 2015. Aeolian sediments evolution controlled by fluvial processes, climate change and human activities since LGM in the Qaidam Basin, Qinghai-Tibetan Plateau. Quaternary International, 372: 23-32.

Yu L, Sun Y, An P, et al. 2022. Dunefield expansion and paleoclimate during MIS3 in the Qaidam Basin, Northeastern Tibetan Plateau: Evidence from Aeolian-Fluvial processes and revised luminescence chronologies. Catena, 215: 206354.

Yu S, Du J, Hou Z, et al. 2019. Late-Quaternary dynamics and palaeoclimatic implications of an alluvial fan-lake system on the southern Alxa Plateau, NW China. Geomorphology, 327: 1-13.

Yu Z, Liu X, Wang Y, et al. 2014. A 48.5-ka climate record from Wulagai Lake in Inner Mongolia, Northeast China. Quaternary International, 333: 13-19.

Zeng F, Xiang S. 2017. Geochronology and mineral composition of the Pleistocene sediments in Xitaijinair salt lake region, Qaidam Basin: preliminary results. Journal of Earth Science, 28(4): 622-627.

Zeng L, Yi S, Lu H, et al. 2018. Response of dune mobility and pedogenesis to fluctuations in monsoon precipitation and human activity in the Hulunbuir dune field, northeastern China, since the last deglaciation. Global and Planetary Change, 10.1016/j.gloplacha.2018.06.001.

Zhang D, Liang P, Yang X, et al. 2020a. The control of wind strength on the barchan to parabolic dune transition. Earth Surface Processes and Landforms, 45(10): 2300-2313.

Zhang D D. 1998. Geomorphological problems of the middle reaches of the Tsangpo River, Tibet. Earth Surface Processes and Landforms, 23(10): 889-903.

Zhang D D. 2001. Tectonically controlled fluvial landforms on the Yaluzangbu River and their implications for the evolution of the river. Mountain Research and Development, 21(1): 61-68.

Zhang H C, Ma Y Z, Wünnemann B, et al. 2000. A Holocene climatic record from arid northwestern China. Palaeogeography, Palaeoclimatology, Palaeoecology, 162(3): 389-401.

Zhang H C, Peng J L, Ma Y Z, et al. 2004. Late Quaternary palaeolake levels in Tengger Desert, NW China. Palaeogeography, Palaeoclimatology, Palaeoecology, 211(1): 45-58.

Zhang J, Lai Z, Jia Y. 2012. Luminescence chronology for late Quaternary lake levels of enclosed Huangqihai lake in East Asian monsoon marginal area in northern China. Quaternary Geochronology, 10: 123-128.

Zhang J, Feng J, Hu G, et al. 2015. Holocene proglacial loess in the Ranwu valley, southeastern Tibet, and its paleoclimatic implications. Quaternary International, 372: 9-22.

Zhang K, Chai F, Zhang R, et al. 2010. Source, route and effect of Asian sand dust on environment and the oceans. Particuology, 8(4): 319-324.

Zhang X, Zhou A, Huang Z, et al. 2020b. Moisture evolution in North Xinjiang (northwest China) during the last 8000 years linked to the westerlies' winter half-year precipitation. Quaternary Research, 100: 122-134.

Zhang Y M, Chen J, Wang L, et al. 2007. The spatial distribution patterns of biological soil crusts in the Gurbantunggut Desert, Northern Xinjiang, China. Journal of Arid Environments, 68(4): 599-610.

Zhang Z, Liang A, Dong Z, et al. 2022. Sand provenance in the Gurbantunggut Desert, northern China. Catena, 214: 106242.

Zhao H, Li S H. 2002. Luminescence isochron dating: A new approach with different grain Sizes. Radiation Protection Dosimetry, 101(1-4): 333-338.

Zhao H, Yanchou L, Yin J. 2007. Optical dating of Holocene sand dune activities in the Horqin sand-fields in inner Mongolia, China, using the SAR protocol. Quaternary Geochronology, 2(1-4): 29-33.

Zhao H, Li G, Sheng Y, et al. 2012a. Early–middle Holocene lake-desert evolution in northern Ulan Buh Desert, China. Palaeogeography, Palaeoclimatology, Palaeoecology, 331-332: 31-38.

Zhao H, Li S-H, Li B, et al. 2015a. Holocene climate changes in westerly-dominated areas of central Asia: Evidence from optical dating of two loess sections in Tianshan Mountain, China. Quaternary Geochronology, 30: 188-193.

Zhao H, Sun Y, Qiang X. 2022. Mid-Pleistocene formation of modern-like desert landscape in North China. Catena, 216: 106399.

Zhao J, An C-B, Huang Y, et al. 2017a. Contrasting early Holocene temperature variations between monsoonal East Asia and westerly dominated Central Asia. Quaternary Science Reviews, 178: 14-23.

Zhao L, Jin H, Li C, et al. 2014. The extent of permafrost in China during the local Last Glacial Maximum (LLGM). Boreas, 43(3): 688-698.

Zhao Y, Liu H, Li F, et al. 2012b. Application and limitations of the *Artemisia*/Chenopodiaceae pollen ratio in arid and semi-arid China. The Holocene, 22(12): 1385-1392.

Zhao Y, An C-B, Mao L, et al. 2015b. Vegetation and climate history in arid western China during MIS2: New insights from pollen and grain-size data of the Balikun Lake, eastern Tien Shan. Quaternary Science Reviews, 126: 112-125.

Zhao Y, An C-B, Duan F, et al. 2017b. Consistent vegetation and climate deterioration from early to late MIS3 revealed by multi-proxies (mainly pollen data) in north-west China. Review of Palaeobotany and Palynology, 244: 43-53.

Zhao Y, An C B, Zhou A, et al. 2021. Late Pleistocene hydroclimatic variabilities in arid north‐west China: geochemical evidence from Balikun Lake, eastern Tienshan, China. Journal of Quaternary Science, 36(3): 415-425.

Zheng H, Powell C M, Zhao H. 2003. Eolian and lacustrine evidence of late Quaternary palaeoenvironmental changes in southwestern Australia. Global and Planetary Change, 35(1): 75-92.

Zheng H, Wei X, Tada R, et al. 2015. Late Oligocene–early Miocene birth of the Taklimakan Desert. Proceedings of the National Academy of Sciences, 112(25): 7662-7667.

Zheng J, Wang W-C, Ge Q, et al. 2006. Precipitation variability and extreme events in eastern China during the past 1500 years. Terrestrial, Atmospheric and Oceanic Sciences, 17(3): 579.

Zheng Y, Wu Y, Li S, et al. 2009. Grain-size characteristics of sediments formed since 8600 yr BP in middle reaches of Yarlung Zangbo River in Tibet and their paleoenvironmental significance. Chinese Geographical Science, 19(2): 113-119.

Zhou D, Zhao X, Hu H, et al. 2015. Long-term vegetation changes in the four mega-sandy lands in Inner Mongolia, China. Landscape Ecology, 30(9): 1613-1626.

Zhou J, Xu F, Wang T, et al. 2006. Cenozoic deformation history of the Qaidam Basin, NW China: Results from cross-section restoration and implications for Qinghai–Tibet Plateau tectonics. Earth and Planetary Science Letters, 243(1-2): 195-210.

Zhou J, Zhu Y, Yuan C. 2012. Origin and lateral migration of linear dunes in the Qaidam Basin of NW China revealed by dune sediments, internal structures, and optically stimulated luminescence ages, with implications for linear dunes on Titan. GSA Bulletin, 124(7-8): 1147-1154.

Zhou J, Wu J, Ma L, et al. 2019. Late Quaternary environmental change record in biomarker lipid compositions of Lake Ebinur sediments, Northwestern China. International Journal of Earth Sciences, 108(7): 2361-2371.

Zhou W J, Dodson J, Head M J, et al. 2002. Environmental variability within the Chinese desert-loess transition zone over the last 20000 years. The Holocene, 12(1): 107-112.

Zhou X, Sun L, Zhan T, et al. 2016. Time-transgressive onset of the Holocene Optimum in the East Asian monsoon region. Earth and Planetary Science Letters, 456: 39-46.

Zhou Y, Qiu G, Guo D. 1991. Quaternary permafrost in China. Quaternary Science Reviews, 10(6): 511-517.

Zhu Z, Piao S, Myneni R B, et al. 2016. Greening of the Earth and its drivers. Nature Climate Change, 6(8): 791-795.

Zong H, Fu X, Li Z, et al. 2022. Multi-method pIRIR dating of sedimentary sequences at the southern edge of the Gurbantunggut Desert, NW China and its palaeoenvironmental implications. Quaternary Geochronology, 70: 101300.